普通高等教育"十四五"规划教材

工程教育认证培养计划配套教材

材料加工冶金传输原理

宋仁伯　编著

U0315768

北　京

冶 金 工 业 出 版 社

2023

内 容 提 要

　　本书根据"材料成型及控制工程"的教学内容和专业特点，全面介绍材料加工及成型工艺过程中冶金传输过程的基本原理，涵盖材料加工冶金过程传输现象的基础概念、普遍规律，动量、热量与质量传输的定性和定量关系、影响因素和控制措施。全书共 5 章，主要内容包括绪论、动量传输、热量传输、质量传输、材料加工及成型过程中的冶金传输问题与理论应用；侧重于介绍冶金传输问题的物理模型和数学模型，材料加工及成型过程中的各种冶金传输现象与各因素的影响机理及相关的生产及科研案例等内容。

　　本书可作为材料成型及控制工程以及相关专业的本科教材，也可供从事金属材料研究、生产和使用的科研及工程技术人员参考。

图书在版编目(CIP)数据

　　材料加工冶金传输原理/宋仁伯编著. —北京：冶金工业出版社，2021.4（2023.6 重印）

　　普通高等教育"十四五"规划教材

　　ISBN 978-7-5024-7603-8

　　Ⅰ.①材…　Ⅱ.①宋…　Ⅲ.①金属材料—热加工—高等学校—教材②冶金过程—传输—高等学校—教材　Ⅳ.①TG15　②TF01

　　中国版本图书馆 CIP 数据核字（2021）第 034517 号

材料加工冶金传输原理

出版发行	冶金工业出版社	电　话	(010)64027926
地　址	北京市东城区嵩祝院北巷 39 号	邮　编	100009
网　址	www.mip1953.com	电子信箱	service@mip1953.com

责任编辑　曾　媛　美术编辑　吕欣童　版式设计　禹　蕊
责任校对　李　娜　责任印制　窦　唯
三河市双峰印刷装订有限公司印刷
2021 年 4 月第 1 版，2023 年 6 月第 2 次印刷
787mm×1092mm　1/16；18 印张；437 千字；280 页
定价 52.00 元

投稿电话　(010)64027932　投稿信箱　tougao@cnmip.com.cn
营销中心电话　(010)64044283
冶金工业出版社天猫旗舰店　yjgycbs.tmall.com
（本书如有印装质量问题，本社营销中心负责退换）

前　言

目前针对"材料成型及控制工程"的专业背景，缺乏全面系统的金属材料加工及成型过程冶金传输理论的知识体系介绍，同时有关理论应用于生产、建设、管理、服务等一线的最新成果没有及时反馈到教材之中，使得教材明显滞后于实践。此外，对具体的不同金属材料的加工及成型工艺和方法中冶金传输理论相关的生产及科研案例的内容介绍较少，这不利于学生对材料加工冶金传输理论的理解，不利于学生创新能力的培养。因此，目前的教材内容不全面、缺乏新颖性，为进一步适应材料成型及控制工程专业的学生学好这门课，必须加强"材料加工冶金传输原理"教材体系与内容的研究与改革。

同时，根据"工程教育专业认证"的要求，需修订"材料加工冶金传输原理"课程的教学大纲、教学计划，编写和开发"材料加工冶金传输原理"课程的教材、讲义、电子教案、生产案例及试题库、网络课件等。

本教材的出版将有助于"材料加工冶金传输原理"教学课程体系、教学内容、教学方法和教学手段的改革一体化的研究和探讨，进一步确定材料成型及控制工程方向课程体系和内容与其他系列课程的教学内容之间的相互关系，保证"材料加工冶金传输原理"的科学性和先进性，同时探索对学生能力和素质的培养，积极开展实践性、案例式教学。从知识、能力、素质要求出发，重基础、强实践，培养学生的综合应用和创新能力；并且在教材编写过程中引入一些材料加工冶金传输原理前沿研究成果，同时结合不同金属材料的成型工艺及质量控制与冶金传输理论相关的主要案例介绍，以提高学生的学习兴趣和动力，激发学生综合应用和创新能力的培养。本教材不仅可以面向高等院校广大的本科专业学生，还可以面向材料加工领域的工程人士，既全面系统阐述材料加工冶金传输原理，又重点介绍其工程应用实例及发展前景等。

本书由北京科技大学宋仁伯教授主编。其中，宋仁伯编写第1~4章，张鸿编写 5.1 节，陈树海编写 5.2 节，王永金编写 5.3 节和 5.4 节。全书由北京科技大学刘雅政教授、孙建林教授和辽宁科技大学李胜利教授审定。

本教材的编写与出版得到了北京科技大学教材建设经费资助，在此深表谢意。

由于编者水平所限，书中不妥之处在所难免，诚请广大读者批评指正。

编　者

2020 年 8 月

目　　录

1 绪 论

【本章概要】

　　本章主要介绍材料加工冶金传输原理中的动量传输、热量传输和质量传输的基本概况；主要包括以上的研究对象和任务，以及相关的理论体系和研究方法。

【关键词】

　　冶金传输原理，动量传输，热量传输，质量传输，研究对象，研究任务，研究方法。

【章节重点】

　　本章应重点理解冶金传输过程的定义、特点和分类，在此基础上了解材料加工各冶金传输过程的适用范围以及涉及各种过程的参数、特点、特性等因素；掌握对冶金过程中各种现象的分类，能够在实际应用中正确理解材料加工冶金传输过程所主要完成的任务；了解冶金传输原理的发展概况以及未来的进步方向。

1.1　材料加工冶金传输的研究对象和任务

　　在冶金工业中，大多数冶金过程都是在高温、多相条件下进行的复杂物理化学过程，同时伴有动量、热量和质量的传输现象。在实际的冶金生产过程中，为了使某一冶金反应进行，必须使参与反应的物质尽快达到足够的状态并尽快传输到反应进行的区域内，同时尽快输送该冶金反应过程的产物。在这种高温、多相条件下的冶金过程大多受传质环节影响，往往传质速度成为控制该冶金过程的关键，而传质速度又往往与动量和热量的传输有着密切关系。

　　动量传输是冶金传输过程之一，是研究流体在外界作用下的运动规律的一门科学，是指在流体的流动过程中垂直于其流动方向，动量由高速度区向低速度区转移的现象。流体是动量传输的研究对象，是在任何剪切应力的作用下会发生连续性变形的物质，即自然界和生产过程中没有固定形状、易于流动的物质，包括液体和气体。流体一般具有流动性、连续性、压缩性和黏性等特性。流体的连续性是指不考虑分子之间的间隙，将流体视为无数连续分布的流体质点组成的整体，流体的速度、压强、温度、密度、浓度等属性都可以看作是时间和空间的连续函数，这样就可以使用数学方法来描述和研究流体的规律。但是，在高真空条件下，流体将不能够视为连续介质。如此，流体就在一定条件下具有一定范围的密度、重度、比体积等参数。

　　在材料加工过程中，具有动量传输现象的工艺包括浇铸、连铸、吹炼、焊接等。在模铸过程中，液态金属从移动容器内倾倒至铸造模具中，在模具中流速趋于均匀并伴随着凝固而逐渐降低，直至成为固体。在连铸过程中，外层液态金属在连铸机中因激冷凝固成壳容纳内部的液态金属，内部液态金属继承在中间包和结晶器时的流动，在凝固层的内部随着冷却而逐渐凝固，动量逐渐降低。在转炉吹炼过程中，高温高速的空气吹向钢包中的液态金属，与其中含有的碳元素发生氧化反应，提供着吹炼所需的温度和必要的搅拌效果（见图1-1）。在电弧焊过程中，高温的电弧携带着热量冲击焊接区域，使焊接熔化区的金属液搅动起来，形成成分更均匀的焊缝（见图1-2）。

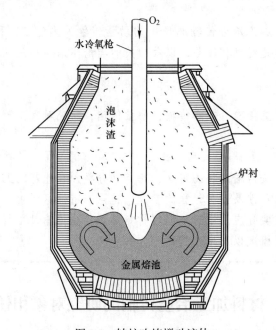

图 1-1　转炉吹炼搅动液体

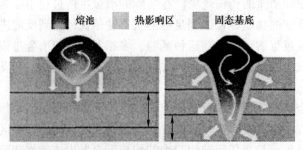

图 1-2　焊接过程中的熔池搅动

　　热量传输是指在冶金过程中，热量由高温区向低温区转移的现象。热量的传输，又称为传热，是在自然界和生产过程中普遍存在的一种极为重要的现象。热量传输几乎伴随着冶金全过程，在部分环节甚至成为冶金过程的控制因素，与冶金过程有着密切的联系。可以说，在许多场合，热量的传输对冶金过程起着控制作用，因此，讨论热量传递的本质，研究热量传递的规律，掌握和控制热量传递的速率，对冶金及其生产领域都有重要意义。

热量的传输是由系统或者物体内部的温度差引起的。根据传热机制的不同，可以将传热的基本方式分为热传导、对流传热和辐射传热三种：

热传导是指在物体内部或两个直接接触的物体之间存在着温度差时，物体中温度较高的部分通过分子的振动将热量传递给邻接的温度较低的部分，同时并不发生物质的迁移现象的过程。热传导一般发生于固体内部具有温度差的部分，也发生于静止的液体或气体之中。此外，在层流流体中，垂直于流动方向上热量的传递也属于热传导现象。

对流传热是指因液体或气体等流体本身的流动而将热能从空间的一处传递至另一处的现象，又称为热对流。对流传热又因使流体产生运动的原因不同而分为自然对流和强制对流两种。

辐射传热是指以电磁波的形式发射或传递热量的现象，也称为热辐射。任何绝对温度不为零的物体都会以电磁波的形式向外辐射能量，当物体发射的辐射能被另一个物体吸收又重新转变为热能时，即发生了辐射传热现象。物体发射辐射能的多少与物体的温度有关，热量越高所发射的辐射能越多，反之则越少。辐射能不仅仅能够从温度高的物体转移到温度低的物体，而且也能从温度低的物体转移到温度高的物体，但是因为温度高的物体所输出的辐射能较温度低的物体所输出的辐射能较多，总的结果依旧是温度高的物体失去能量，而温度低的物体吸收能量。与热传导和对流传热不同，辐射传热不需要通过任何介质就能够实现，即便是在真空中也能够进行，但是另外两种传热形式则需要中间介质来实现，包括固体或液体等。

在实际的冶金过程中，各种传热方式往往不是单独出现，而是两种或三种同时出现。如钢包中的钢水向钢包通过热传导散热，向空气中通过辐射传热实现散热，而钢水内部又因为自身流动的因素而存在钢水各部分之间的对流传热现象。

在材料加工过程中，几乎都涉及温度的变化，而温度的变化又对材料加工过程产生重要的影响。在铸造过程中，热量由模具中的高温液态金属向模具和环境中散失；在液态金属刚刚进入模具时，与模具相接触的表层金属液体受到激冷凝固，温度梯度随即在铸锭中形成，心部处于高温状态，表层处于较低温度，热量由心部向周围及环境散失，心部液体随即凝固，最终达到铸锭与环境同温（见图 1-3）。在热处理过程中，材料吸收一定的热量然后再按照一定的散热规律将热量散失出去，从而使钢材获得所需的组织、性能等。在轧制、锻造、挤压等工艺过程中，不但需要考虑热量从材料向环境中的散失过程，还需要考虑加工过程使材料升温的现象（见图 1-4）。

图 1-3 连铸板坯边角比心部温度低

质量传输是指冶金过程中，多相物系一个或多个组分由各自的高浓度区向低浓度区转

图 1-4　中频感应加热及水淬

移，以减弱这种浓度分布不均匀的趋势的现象。根据质量传输所依靠的途径可分为扩散传质、对流传质和相间传质三种：扩散传质是由分子运动引起的，类似于黏性动量传输和导热；对流传质是由流体宏观运动引起的物质迁移；相间传质是相界面上的质量传递，是扩散和对流共同作用的结果。质量传递过程又可以根据是否伴随化学反应而分为两类：一类是伴随化学反应的质量传递过程，通常发生在反应器中，遵循各自的反应机理，由反应物通过化学反应现象转化为产物实现质量传递过程，该类质量传递主要受化学反应速度和进程的控制，通过对化学反应的控制以实现对质量传输的控制。另一类是不进行化学反应的质量传递过程，通过物理状态参数的变化实现质量传输过程；一般是通过控制某相或某些相的分布状态达到控制质量传输过程，也可通过人为添加和移出组分实现质量传输过程，或者控制物系的物理参数达到对质量传输过程的控制。

在材料加工过程中，体现质量传输现象的工艺有铁水的吹炼、钢水的精炼、材料的均匀化热处理、渗碳处理等。铁水吹炼过程中，铁水被高速的气流搅动起来，形成较为稳定的流动，碳元素在靠近气流的附近被氧化排除，其余位置的碳元素主要经对流传质扩散到气流附近，从而实现降低碳含量。在精炼钢水过程中，往往需要向钢水中喂入钙线、合金元素线等，这些元素经过质量传输均匀地分布在整个钢水里，从而使凝固后的材料获得目标组织、达到目标性能。一些中间材料可能存在元素分布不均匀、混晶等现象，通过均匀化热处理，可以将这些元素由高浓度区向低浓度区扩散达到分布均匀的目的；让材料经历均匀化热处理使得组织尺寸均匀一致，从而达到所需的性能（见图 1-5）。

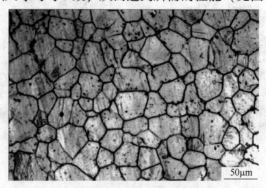

图 1-5　均匀化后的镁合金组织

1.2 材料加工冶金传输理论体系

1.2.1 动量传输

流体的动量传输包含流体的运动以及产生运动的力。根据牛顿第二定律，体系的受力等于其动量的时间变化率。除重力之外，作用在流体的压力和剪切力，均认为是由微观动量传递所引起的。流体力学，又称为动量传输，包含以下几个发展阶段。

1.2.1.1 静力学

该阶段以两千多年前阿基米德和帕斯卡二人分别关于浮力和静水压力的研究为代表，至今流传着阿基米德利用浮力原理确定皇冠含金量的传说。

1.2.1.2 理想流体力学

从 17 世纪开始，一批卓越的数学家从不计流体的黏性、压缩性和表面张力的纯数学角度研究流体的运动，构建了流体力学的前身——理想流体力学，这一阶段以伯努利、欧拉和拉格朗日的成就为代表。由于忽略了黏性，导致流体绕过物体流动而阻力为零的错误结论。

1.2.1.3 计算流体力学

20 世纪中叶，随着计算机的出现，流体力学的求解有了一个强大的工具。计算机、数学计算在流体力学中的应用催生了计算流体力学新分支。虽然其发展时间不长，但是它的崛起为这一古老的学科添加了新的活力。其解决实际工程问题的能力，以及取得的巨大成就，使得它越来越受到关注。

流体力学发展至今，不断发展出新的学科分支，但是从研究手段上可以划分为理论流体力学、实验流体力学和计算流体力学。这三大分支共同组成了流体力学的完整体系。

自然界中能够流动的物体，如液体和气体，一般统称为流体。流体的共同特征是不能保持一定的形状，而是有很大的流动性。流体可以用分子间的空隙与分子的活动来描述。在流体中，分子之间的空隙比在固体中的大，分子运动的范围也比在固体中的大，而且分子的移动与转动为其主要的运动形式。而在固体中，分子绕固定位置振动是主要的运动形式。

从力学性质来说，固体具有抵抗压力、拉力和切力三种能力，因而在外力作用下通常发生较小变形，而且到一定程度后变形就停止。由于流体不能保持一定形状，所以它仅能抵抗压力，而不能抵抗拉力或切力。当它受到切力作用时，就要发生连续不断的变形，这就是流动，也是流体同固体的力学性质的显著区别。流体一般分为两类，包括液体与气体。液体具有一定的体积，与盛装液体的容器大小无关，可以有自由面；液体的分子间距和分子的有效直径差不多是相等的。当对液体加压时，由于分子间距稍有缩小而出现强大的分子斥力来抵抗外压力。这就是说，液体的分子间距很难缩小，因而可以认为液体具有一定的体积，通常称液体为不可压缩流体。另外，由于分子间引力的作用，液体有使自身表面积收缩到最小的特性，所以一定量的液体在大容器内只能占据一定的容积，而上部形成自由分界面。

总之，流体都是由分子组成的，它们的性质和运动也都是与分子的状态密切相关的。但是在大多数情况下，特别在实际工程问题所涉及的系统中，其尺寸与流体分子间距及分子运动的自由行程相比是非常大的，这时就不必讨论流体个别分子的微观性质，而只研究其大量分子的形态及平均统计的宏观性质。1753 年欧拉首先采用了"连续介质"作为宏观流体模型，将流体看成是由无限多个流体质点组成的密集而无间隙的连续介质，也称作流体连续性的基本假设。就是说，流体质点是组成流体的最小单位，质点与质点之间不存在空隙。流体既然被看成是连续介质，那么反映宏观流体的各种物理量就都是空间坐标的连续函数，如压力、速度和密度等。因此，在以后的讨论中都可以引用连续函数的解析方法，研究流体处于平衡和运动状态下的有关物理参数之间的数量关系。当然，流体连续性的基本假设只是相对的。例如，在研究稀薄气体流动问题时，这种经典流体动力学的连续性将不再适用了，而应以统计力学和运动理论的微观近似来代替。此外，对流体的某些宏观特性，也需要从微观分子运动的角度来说明其产生的原因，如黏性和表面张力等。

1.2.2 热量传输

热量的传输是研究由于"温度差异"所引起的传递过程。差异就是矛盾，当物体内部或者物体之间的温度出现差异的时候，或者两个温度不同的物体相互接触的时候，就存在了相对的"热"和"冷"的矛盾双方，这时候总会发生热量从温度高的地方向温度低的地方传输。虽然在此过程中，所传递的热量我们无法看到，但是其产生的效应是可以被观察和测量到的。一般而言体积不变的物体在失去或得到热量的时候，其内能都将发生降低或升高，具体的表现在温度的降低或升高，或者发生物相的转变。对于自发的传热，将永远向使矛盾的双方向自己的反面转变，原来温度较高的物体因为其部分热量被转移而发生温度的降低，原来温度较低的物体因为得到外界或其他区域失去的热量而发生温度的升高。随着各自部分的温度的升降，最终都将建立起温度一致的平衡态。若要保持某物体或者某部分的温度持续低于其他物体或者另一部分，就需要持续性地将该物体或部分的热量转移，向外界不断输出它所具有的热量，并向高温物体或者高温区输出热量。

在自然界中，所有的物体都是具有能量的，这里的能量包括但不限于热量、机械能量等，并且这些能量可以从一种能量形式转化为另一种能量形式。可能在转化的过程中，可见的或者有用的能量出现降低，但是将转化的全过程中的所有能量综合起来发现，能量的总和是保持不变的。在经过大量的实验证明后，建立了能量守恒与转化定律，这就是热力学第一定律，包括热量在内的能量守恒与转化定律。可以表述为：自然界的一切物质都具有能量，能量有各种形式，并且可以从一种形式转化为另一种形式，在转化过程中能量的总和保持不变。

物理化学系统中将所研究的对象称为系统，和系统相关的以外的部分称为环境。根据系统与环境的关系，可以将系统分为三类：孤立系统、封闭系统和敞开系统。其中，在孤立系统中，系统和环境之间没有物质和能量的交换；在封闭系统中，系统和环境之间没有物质的交换，但是存在能量的交换；在敞开系统中，系统和环境之间既有物质交换，也有能量交换。在衡量各种系统状态或者系统变化量的时候，可以使用其可以观测的宏观性质来描述，这些性质称为系统的性质，可以分为两种：广度性质和强度性质。广度性质，又称为容量性质，其数值与系统的量成正比，具有加和性，整个系统的广度性质是系统中各部分的这种性质的总和，例如体积、质量、热力学能等；强度性质，其数值取决于系统自身的特性，不具有加和性，如温度、压力、密度等，通常系统的一个广度性质除以系统中综合物质的量或质量后得到一个强度性质。在以上的各种性质不随时间变化时，系统就处于热力学的平衡态，就是所谓的热力学平衡，包括以下四个平衡态：热平衡、力学平衡、相平衡和化学平衡。当系统的各部分的温度相同时即达到热平衡；当系统的各部分压力相同时即达到力学平衡；当系统中不只存在一种相的时候，物质在各个相之间的分配达到平衡，在相之间没有经过物质的转移，此时达到相平衡；在系统中存在化学反应时达到平衡后，系统的组成不随时间变化。

在系统变化过程中，热量是由于系统和环境间温度的不同而在它们之间传递的能量之和，并且规定系统吸热过程中热量为正值。在热力学中，除热量外，系统与环境之间以其他的形式传递的能量称为功，并且规定对系统做功时，功表示为正值。所以，当环境对系统做功或者向系统输入热量时，系统总的能量升高，以上的两个变化量均为正值。热量和功都不是状态函数，它们的大小和过程有关，单位均为"焦耳"，简称"焦"，符号为"J"。其中，功可以分为体积功和非体积功。各种功的微小量可以表示为环境对系统施加影响的一个强度性质与其共轭的广度性质的微变量的乘积。

1.2.3 质量传输

在多组分系统中，当组分存在浓度差时，系统将会自发地进行各组分由高浓度区向低浓度区的迁移过程，这样的过程被称作质量传输过程。质量传输现象在工程应用中极为普遍，出现的原因可能有很多，比如浓度梯度、温度梯度、压力梯度等都会导致质量传输过程。从本质上来讲，质量传输是由系统中的化学势差引起的。另外，具有动量的宏观流体也会出现物质从一处迁移到另一处。需要明确的是，质量传输过程主要研究的是物质分子、原子等微观粒子的迁移，不是物质的宏观移动，着眼点是浓度场的变化。质量传输包括两种基本方式：分子扩散和对流传质。分子扩散是多组分系统中由于各区域浓度的不同，由微观粒子的不规则运动产生的质量传输过程，与系统内的宏观流动没有任何关联。固体和静止流体内的分子扩散和层流流动条件下的质量传输属于分子传递。类似地，固体和静止流体内的导热以及层流流动条件下的动量传输、热量传输均为由微观分子热运动所产生的传递现象。而湍流流动条件下的动量传输和热量传输则为微观的分子运动和宏观的流体微团湍流相结合的湍流传输。壁面与运动流体之间或者两个有限互溶的运动流体之间的质量传输为对流传质。湍流流动下的质量传输则属于湍流传输。由此可见，质量传输与动量传输、热量传输具有相似的机理。动量传输和热量传输只需要考虑传输介质的流速或温度的变化以及因为分子传输或者湍流传输所产生的动量或者热量传输速率，而质量传输除此之外还需要考虑传输介质自身在传输方向上的移动，以及多组分物质宏观运动由一处向另一处移动所携带的传输组分的速率。这种由多组分物质整体流动所携带的传输组分的速率取决于该物质的宏观运动速率和多组分构成，与浓度梯度往往不构成比例。由于整体流动的影响，质量传输的定量描述比动量传输和热量传输更加复杂。

质量传输必须具有浓度梯度的存在才能进行，质量传输方式可以分为两种：分子扩散和对流传质。

分子扩散在气相、液相和固相中均可以发生。例如，气体混合物中的组分浓度不均匀将会通过分子不规律的热运动，在一定时间内组分由高浓度区域向低浓度区域迁移的分子数目多，使得组分在各处的浓度逐渐趋于一致，这种不依靠宏观的混合作用发生的质量传输现象称为分子扩散。描述分子扩散速率的基本定律为菲克第一定律。对于两个组分组成的混合物，如果不考虑主体的流动现象，根据菲克第一定律，某组分的扩散速率正比于浓度差，反比于扩散距离。

对流传质主要发生在流动介质不同浓度之间或者相际的不同浓度之间，发生在流体内部、流体与流体的分界面或者流体与壁面之间。这类质量传输不但与质量传输的特性因素有关，而且与动量传输的动力学因素有关。由于对流传质的活跃度非常高，往往可以忽略分子扩散传质的影响。对流传质可以分为对流流动传质和对流传质。其中，对流流动传质与对流传热的热对流类似，是指流体在流动中将物质从一处移到另一处的质量传输过程。对流传质是运动着的流体与固体表面，或者不互溶的两种运动的流体之间发生的质量传递。

由于冶金反应过程大部分是在高温条件下进行的，整个过程的生产效率往往取决于质量传输的快慢，因此研究质量传输有着重要的意义。冶金学的理论基础是热力学和动力学，热力学确定的是反应平衡和选择的条件；反应没有达到平衡时，体系的实际浓度取决于动力学条件。伴随着流动、传热、传质的反应速率，高温下的控制环节多为质量传输过程。因此，确定不同情况下的传质机理和传质系数，对于发展和完善反应过程动力学也是非常重要的。

1.3　材料加工冶金传输过程的研究方法

冶金传输过程主要包括流体的流动特性、传质和传热的特点等，关于这部分的研究又称为冶金宏观动力学。要求在化学反应动力学基础上，研究流体的相关特点和特性对传输过程速率的影响。

通常，冶金反应由一系列步骤组成，每一个步骤都具有一定的阻力。在传质步骤中，传质系数的倒数相当于该步骤的阻力；在界面化学反应步骤中，反应速率常数的倒数相当于该步骤的阻力；而在任何一个复杂步骤中，如包括两个或多个平行的途径组成的步骤，这一步骤阻力的倒数等于两个或全部平行反应阻力倒数之和。

对不存在或者无法找出唯一的限制性环节的过程，通常采用准稳态的处理方法。稳态处理方法时，串联反应经历一段时间后，各个步骤的速率经过相互调整达到速率相同；此时，反应的中间产物和反应体系不同位置上的浓度相对稳定。准稳态处理方法时，实际上稳态不存在，各个步骤速率只是近似相等。无论是在稳态处理中还是准稳态处理中，各步骤的阻力都不能忽略，串联过程中的总阻力等于各个步骤阻力之和。总过程的速率等于达到稳态或者准稳态时各个步骤的速率。

在冶金过程中，同一相内发生的反应称为均相反应，而在不同相间发生的反应称为多相反应。在多相反应中包含以下几个基本环节：

（1）反应物向反应界面扩散；

（2）在界面处发生化学反应，通常伴随有吸附、脱附和新相生成；

（3）生成物离开反应界面。

具有以上几个基本环节的非均相反应包含以下几种：

（1）气固界面反应：吸附、金属氧化、硫酸盐及碳酸盐的分解、硫化物的焙烧、氧化物的还原等；

（2）液固界面反应：熔化、溶解、结晶、进出、置换沉淀等；

（3）气液界面反应：转炉吹炼、气体的吸收、蒸馏等；

（4）液液界面反应：溶剂萃取、炉渣或金属反应等；

（5）固固界面反应：烧结、固相中的相变等。

研究冶金过程主要是确定反应速率。反应的总速率取决于各个环节中最慢的环节，这一环节称为限制性环节。限制性环节不是一成不变的，当外界条件改变时，限制性环节可能发生相应的变化。限制性环节的理论表述可以反映整个冶金过程的动力学特性。

冶金传输过程的基本研究方法是数学模型法，按照建立数学模型的方法，可将动力学模型分为以下三种类型：

（1）理论模型，又称机理模型或"白箱"模型，是基于理论推导出来的动力学模型。这种模型的理论来自物理的和化学的基本原理，通常涉及热力学平衡、化学动力学、传热、传质、流体传动等方面的理论。理论模型的建立有赖于对反应过程的透彻了解，一般难以建立。

（2）经验模型，又称"黑箱"模型，它不是根据理论，而是根据实验数据归纳和分析得到的动力学模型。这种模型通常是反应速率与关键变量之间的一种总的经验表达式，它不反映过程的本质，不能外推到实验条件范围以外使用，否则有可能导致较大的偏差。

（3）半经验模型，又称综合模型、唯像模型、准理论模型和"灰箱"模型等。这种模型综合理论与经验，模型形式来自理论，常数利用经验值。在这种模型中，或者是由于缺少某种数据，或者是由于模型方程过于复杂难以求解，而不得不对反应体系提出一些经验性的假设。在冶金过程动力学的研究中，大量经常使用的数学模型都属于这一类型。

在建立模型过程中，需要注意以下几个问题：

（1）收集文献资料要全面，并且对目前已知的模型进行相应的分析；

（2）对模型进行简化；

（3）着重分析多种可能性，优化模型；

（4）充分利用传输理论，建立速率与影响因素的表达式；

（5）准确采集所必需的数据。

习题及思考题

1. 在砂型浇铸铸铁件所经历的冶金传输过程是什么，具体表现有哪些？

2. 在钢板热轧过程中，轧制区域的边界条件是什么？

3. 在熔化焊接过程中，热量传递的形式和方向是什么？

4. 分子扩散传质与传导传热的区别与联系有哪些？

5. 简述辐射传热与其他两种传热方式的区别。

参 考 文 献

[1] 沈巧珍, 杜建明. 冶金传输原理 [M]. 北京: 冶金工业出版社, 2006.

[2] 吴铿. 冶金传输原理 [M]. 2版. 北京: 冶金工业出版社, 2020.

[3] 吴树森. 材料加工冶金传输原理 [M]. 北京: 机械工业出版社, 2001.

[4] 施卫东. 动量传输的基本方程与应用 [J]. 佳木斯工学院学报, 1996 (3): 219~223.

[5] Raessi M, Pitsch H. Consistent mass and momentum transport for simulating incompressible interfacial flows with large density ratios using the level set method [J]. Computers and Fluids, 2012: 63.

[6] 陈黟, 吴味隆, 等. 热工学 [M]. 3版. 北京: 高等教育出版社, 2004.

[7] 尤乙照. 热工学: 冶金类 [M]. 北京: 中国工业出版社, 1963.

[8] Whitaker S. Simultaneous heat, mass, and momentum transfer in porous media: a theory of drying [J]. Advances in heat transfer, 1977: 119~203.

[9] Gultekin D H, Gore J C. Measurement of heat transfer coefficients by nuclear magnetic resonance [J]. Magnetic Resonance Imaging, 2008, 26 (9): 1323~1328.

[10] Sunil K, Kumar A, Kothiyal A D, et al. A review of flow and heat transfer behaviour of nanofluids in micro channel heat sinks [J]. Thermal Science and Engineering Progress, 2018 (8): 477~493.

[11] Hribersek M, Sajn V, Pusavec F, et al. The procedure of solving the inverse problem for determining surface heat transfer coefficient between liquefied nitrogen and inconel 718 workpiece in cryogenic machining [J]. Procedia CIRP, 2017 (58): 617~622.

[12] Rao J H, Jeng D R, De Witt K J. Momentum and heat transfer in a power-law fluid with arbitrary injection/suction at a moving wall [J]. International Journal of Heat and Mass Transfer, 1999, 42 (15): 2837~2847.

[13] Wang C C, Lin Y T, Lee C J. Heat and momentum transfer for compact louvered fin-and-tube heat exchangers in wet conditions [J]. International Journal of Heat and Mass Transfer, 2000, 43 (18): 3443~3452.

[14] Mishan Y, Mosyak A, Pogrebnyak E, et al. Effect of developing flow and thermal regime on momentum and heat transfer in micro-scale heat sink [J]. International Journal of Heat and Mass Transfer, 2006, 50 (15): 3100~3114.

[15] Deen N, Kuipers J. Direct Numerical Simulation (DNS) of mass, momentum and heat transfer in dense fluid-particle systems [J]. Current Opinion in Chemical Engineering, 2014 (5): 84~89.

2 动 量 传 输

【本章概要】

本章介绍了流体动量传输的相关问题，包括基本概念、理论及规律。首先是流体的性质，从流体的概念和流体问题分析时常用到的连续介质假设出发，介绍了流体的主要物理性质，总结了流体黏性的本质和影响规律；其次是流体静力学和动力学问题，描述了流体静压力特性和相关静力学基本方程，得到了流体运动的连续性方程，以及理想流体和实际流体的运动微分方程；最后是流体的状态和边界层理论，着重介绍了流体在圆管和平行平板间层流运动的特征，通过边界层的基本概念，给出了边界层的动量积分方程。

【关键词】

流体，连续介质假设，流体的概念，牛顿黏性定律，黏度，伯努利方程，帕斯卡定律，流场，欧拉法，稳定流与非稳定流，连续性方程，欧拉方程，纳维尔-斯托克斯方程，流体状态，雷诺试验，层流和边界层，湍流及其边界层，流动阻力，运动微分方程，边界层动量积分方程。

【章节重点】

本章的重点在于从传输的角度，研究流体的运动规律。应掌握流体的基本概念和连续介质假设的主要内容，了解流体的主要物理性质的定义和计算方法，能够运用流体黏度的概念和相关方程进行动力黏度和运动黏度的相关计算；在理解流体静力学和动力学相关特性的基础上，掌握流体流动的连续性方程和伯努利方程在冶金和材料热加工过程中的应用，并能够通过运动传输方程对比分析理想流体和实际流体的差异；了解流体运动状态的分类，重点掌握流体在圆管和平行平板间进行层流运动时的运动分析和相关计算，理解边界层理论的基本概念及其动量积分方程的推导过程。

2.1 流体的性质

2.1.1 流体的概念及连续介质假设

2.1.1.1 流体的概念

自然界中能够流动的物体，一般统称为流体（Fluid）。流体的共同特征是：不能保持一定的形状，具有很大的流动性。流体可以用分子间的空隙与分子的活动来描述。在流体中，分子之间的空隙比在固体中的大，分子运动的范围也比在固体中的大，与固体中分子绕固定位置振动的运动形式不同，分子的移动与转动为流体主要的运动形式。流体中质点在空间的相互位置很容易改变，主要指液体和气体，在工程中也可把带有固相颗粒、液相颗粒的气体和含有固相颗粒、液相颗粒、微小气泡的液体（如悬浮液、乳浊液等）视为流体。

从力学性质来说，固体具有抵抗压力、拉力和切力的三种能力，因而在外力作用下通常发生较小变形，而且到一定程度后变形就停止。与固体不同，流体不能传递拉力，但可承受压力，传递压力和切力，并在压力和切力作用下出现流动，这种流动一直可持续下去，直至撤去压力或切力为止，流体因此不能保持一定形状。

流体一般分为两类：液体与气体。液体具有一定的体积，与盛装液体的容器大小无关，可以有自由面。液体的分子间距和分子的有效直径差不多是相等的。当对液体加压时，由于分子间距稍有缩小而出现强大的分子斥力来抵抗外压力。这就是说，液体的分子间距很难缩小，因而可以认为液体具有一定的体积，通常称液体为不可压缩流体。另外，由于分子间引力的作用，液体有力求使自身表面积收缩到最小的特性，所以一定量的液体在大容器内只能占据一定的容积，而在上部形成自由分界面。

与液体不同，气体则会因扩散运动膨胀而充满其所占的空间。气体的显著特点是分子间距大，例如，常温常压下空气的分子间距为 $3.3 \times 10^{-7} cm$，其分子有效直径为 $3.5 \times 10^{-8} cm$。可见，气体分子间距比其分子有效直径大得多。根据分子动理论，气体始终存在着分子间作用力（引力和斥力）。当分子间距很小时（约小于 $10^{-9} m$）作用力表现为斥力，因此通常称气体为可压缩流体。另外，因为气体分子间距很大，分子引力很小，此时分子热运动起决定性的作用，这就决定了气体既没有一定形状也无法保持一定体积。因此，一定量气体在较大容器内会由于分子的剧烈运动均匀地充满容器，不能形成自由表面。

根据液体和气体的特点，当所研究的问题不涉及压缩性时，所建立的流体力学规律对液体与气体都适用；当涉及压缩性时，就必须对它们分别处理。但在工程中，当气体的压力和温度变化不大、气流速度远小于声速时，可以忽略气体的压缩性，这时气流与液流的规律在"质"的方面是相同的，只是在"量"的方面有区别。因此，液体运动的基本理论，对于上述气流来说也是完全适用的。

2.1.1.2　连续介质假设

流体是由分子组成的，它们的性质和运动也都是与分子的状态密切相关的。但在大多数情况下，特别在工程实际问题所涉及的系统中，其尺寸与流体分子间距及分子运动的自由行程相比是非常大的，这时就不必讨论流体个别分子的微观性质，而只研究其大量分子的形态及平均统计的宏观性质。1753 年欧拉（Euler）首先提出以"连续介质"（continuous medium）作为宏观流体模型，将流体看成是由无限多个流体质点所组成的密集而无间隙的连续介质，也称为流体连续性的基本假设。就是说，流体质点是组成流体的最小单位，质点与质点之间不存在空隙。

流体既然被看成是连续介质，那么反映宏观流体的各种物理量（如压力、速度和密度等）就都是空间坐标和时间的单值连续可微函数。因此，在以后的讨论中都可以引用数学上连续函数的解析方法，来研究和描述流体流动规律（处于平衡和运动状态下的有关物理参数之间的数量关系），这也就是连续介质假设的意义。本书所提到的流体，均指连续介质。

当然，流体连续性的基本假设只是相对的。例如，在研究稀薄气体流动问题时，这种经典流体动力学的连续性将不再适用了，而应以统计力学和运动理论的微观近似来代替。此外，对流体的某些宏观特性（如黏性和表面张力等），也需要从微观分子运动的角度来说明其产生的原因。

2.1.2 流体的主要物理性质

流体的物理性质主要包括密度、重度、比体积、压缩性和膨胀性。

2.1.2.1 流体的密度、重度及比体积

流体具有质量和重量，流体的密度、重度及比体积是流体最基本的物理量。

单位体积流体所具有的质量称为流体的密度（ρ），单位为 kg/m³；单位体积流体所具有的重量称为流体的重度（γ），单位为 N/m³。

对质量分布不均匀的流体，某点密度的定义式为：

$$\rho = \lim_{\Delta V \to 0} \frac{\Delta m}{\Delta V} = \frac{\mathrm{d}m}{\mathrm{d}V} \tag{2-1}$$

式中 ΔV ——流体微元体积，m³；

Δm ——流体微元体积的质量，kg。

对质量分布均匀的流体（均质流体），某点密度的定义式为：

$$\rho = \frac{m}{V} \tag{2-2}$$

式中 V ——流体的体积，m³；

m ——流体的质量，kg。

均值流体的重度为：

$$\gamma = \frac{G}{V} = \frac{mg}{V} = \rho g \tag{2-3}$$

式中 G ——流体的重量，N；

g ——重力加速度，m/s²。

单位质量流体所具有的体积称为比体积，用 v 表示，单位为 m³/kg。显然，比体积与密度互为倒数，即：

$$v = \frac{V}{m} = \frac{1}{\rho} \tag{2-4}$$

重度的概念一般只在工程单位制中应用，在国际单位制中常用 ρg 来代表，但要注意其单位是 N/m³。

2.1.2.2 流体的压缩性及膨胀性

流体的体积随所受压力的增加而减小、随温度的升高而增大，这种性质称为流体的压缩性和膨胀性。液体和气体在这两种性质方面表现的差别很大，需要分别讨论。

A   液体的压缩性及膨胀性

当作用在流体上的压力增加时，流体所占有的体积将缩小，这种特性称为流体的压缩性。通常用等温压缩率 κ_T 来表示。κ_T 是指在温度不变时，压力每增加一个单位时流体体

积的相对变化量，即：

$$\kappa_T = -\frac{1}{V}\left(\frac{\Delta V}{\Delta p}\right)_T \tag{2-5}$$

式中　κ_T——等温压缩率，Pa^{-1}；

　　　　Δp——压力增高量，Pa；

　　　　ΔV——体积变化量，m^3；

　　　　V——流体原有体积，m^3。

　　式（2-5）中的负号表示压力增加时体积缩小，故加上负号后 κ_T 永远为正值。对于 0℃ 的水在压力为 5.065×10^5Pa 时，κ_T 为 $5.39\times10^{-10}Pa^{-1}$，可见水的可压缩性是很小的。

　　当温度变化时，流体的体积也随之变化。温度升高时，体积膨胀，这种特性称为流体的膨胀性，用体胀系数 α_V 来表示。α_V 是指当压力保持不变，温度升高 1K 时流体体积的相对增加量，即：

$$\alpha_V = \frac{1}{V}\left(\frac{\Delta V}{\Delta T}\right)_P \tag{2-6}$$

式中　α_V——体积膨胀系数，K^{-1}；

　　　　ΔT——流体温度的增加量，K。

　　在温度较低时（10~20℃），水的体积膨胀系数仅为 $1.5\times10^{-4}/K$。

　　因为液体分子间距比较小，当压缩液体时会导致斥力增加，分子越靠近斥力越大，故液体很难被压缩；而随温度的升高，液体体积的膨胀也非常小。所以水和其他流体的 κ_T 和 α_V 都很小，工程上一般不考虑它们的压缩性或膨胀性。但当压力、温度的变化比较大时（如在高压锅炉中），就必须考虑它们的数值了。

　　B　气体的压缩性及膨胀性

　　气体不同于液体，分子间距较大，彼此间的吸引力小，当压力或温度发生变化时，其体积（或比体积）、密度（或重度）等将发生很大变化。对理想气体而言，这种变化的数量关系可用气体状态方程表示，即：

$$pv = RT \tag{2-7}$$

式中　p——气体压力，Pa；

　　　　v——比体积，m^3/kg；

　　　　R——气体常数，$N\cdot m/(kg\cdot K)$；

　　　　T——气体温度，K。

　　对空气来说，气体常数 $R = 287N\cdot m/(kg\cdot K)$。式（2-7）也可写成：

$$\frac{p}{\rho} = RT \tag{2-8}$$

或

$$\frac{p}{\gamma} = \frac{RT}{g} \tag{2-9}$$

式中　γ——流体的重度，N/m^3。

　　当气体的温度不变时，式（2-7）~式（2-9）变为：

$$p_1v_1 = p_2v_2$$

$$\frac{p_1}{\rho_1} = \frac{p_2}{\rho_2} \tag{2-10}$$

式（2-10）表明：在温度不变时，单位质量理想气体的体积与压力成反比，而它的密度与压力成正比，这就是波义耳（Boyle）定律。显然，随着压力的增大，气体的体积或比体积减小，密度或重度增大，此性质即为气体的压缩性。

当气体的压力保持不变时，式（2-7）~式（2-9）可写成：

$$\frac{v_1}{T_1} = \frac{v_2}{T_2}$$

$$\gamma_1 T_1 = \gamma_2 T_2$$

$$\rho_1 T_1 = \rho_2 T_2 \tag{2-11}$$

根据体积膨胀系数的定义，有：

$$V_t = V_0 + \Delta V = V_0 + V_0 \alpha_V t = V_0(1 + \alpha_V t) \tag{2-12}$$

式中　V_0，V_t——标准状态和 t℃下气体的体积。

将式（2-12）代入式（2-11）中，得：

$$\alpha_V = \frac{1}{273} \tag{2-13}$$

因此可以得到：

$$\rho_t = \frac{\rho_0}{1 + \alpha_V t} \tag{2-14}$$

$$\gamma_t = \frac{\gamma_0}{1 + \alpha_V t} \tag{2-15}$$

式中　ρ_0，ρ_t——标准状态和 t℃下气体的密度，kg/m^3；

　　　γ_0，γ_t——标准状态和 t℃下气体的重度，N/m^3。

由此可见，在压力不变时，一定质量气体的体积随温度升高而膨胀，体现了气体的膨胀性，此即盖·吕萨克定律。

若气体的变化过程既不向外散热，又没有热量输入，即绝热过程，则据热力学可得：

$$pv^\kappa = \text{Const} \tag{2-16}$$

将式（2-16）与式（2-7）联立可得：

$$\frac{T_2}{T_1} = \left(\frac{v_1}{v_2}\right)^{\kappa-1} = \left(\frac{p_2}{p_1}\right)^{\frac{\kappa-1}{\kappa}} \tag{2-17}$$

式中　T_1，T_2——气体变化前后的温度，K；

　　　v_1，v_2——变化前后的比体积，m^3/kg；

　　　p_1，p_2——变化前后的压力，Pa；

　　　κ——等熵指数，$\kappa = c_p/c_v$，对于空气和多原子气体，在通常温度下，可取

　　　$\kappa = 1.4$。

需要指出：在一般情况下，对于流体的 κ_T 和 α_V 都很小，能够忽略其压缩性的流体称为不可压缩流体，不可压缩流体的密度和重度均可看成常数；反之，对于 κ_T 和 α_V 比较大而不能被忽略，或密度和重度不能看成常数的流体称为可压缩流体。

但是，可压缩流体和不可压缩流体的划分并不是绝对的。例如，通常可把气体看成可压缩流体，但是当气体的压力和温度在整个流动过程中变化很小时（如通风系统），它的重度和密度的变化也会很小，这时可近似地看作常数。再如，当气体对于固体的相对速度比在这种气体中当时温度下的声速小得多时，气体密度的变化也可被忽略，同样可把气体的密度看成常数，按不可压缩流体来处理。

2.1.3　流体的黏性

2.1.3.1　流体黏性的概念

在自然界中，实际流体流动时，其本身所表现出的一种阻碍流体流动的性质称为黏性。流体的黏性是由流体分子之间的内聚力和分子的热运动造成的。流体与另一流体表面或固体表面接触时，表现为流体分子对表面的附着力。

根据图 2-1 所示，两块平行平板间充满流体，下板固定不动，上板相对运动。平行下板运动时，两板间的流体便发生不同速度的运动状态。表现为：从附着在动板下面的流体层具有与动板等速的 v_0 开始，越往下速度越小，直到附着在定板上流体层的速度为零的速度分布规律。

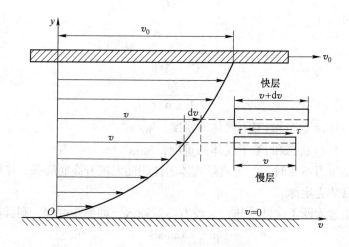

图 2-1　流体速度分布示意图

这一现象表明，运动速度较慢的流体层（慢层）会在速度较快的流体层（快层）的带动下运动，同时，快层也会受到慢层的阻碍而不能运动得更快。也就是说，在做相对运动的两个流体层之间，存在着一对等值而反向的作用力（牛顿第三定律）来阻碍相邻流体层做相对运动，流体的这种性质就是之前提到的黏性。由黏性产生的作用力称为黏性阻力或内摩擦力。

对于黏性阻力产生的物理原因，一般认为有以下两种：

（1）由于分子做不规则运动时，各流体层之间互有分子迁移掺混，快层分子进入慢层时给慢层以向前的碰撞使慢层加速，慢层分子迁移到快层时，给快层以向后碰撞，形成阻力而使快层减速，这就是分子不规则运动的动量交换形成的黏性阻力。

（2）当相邻流体层有相对运动时，快层分子的引力拖动慢层，而慢层分子的引力阻滞快层，这就是两层流体之间吸引力所形成的阻力。

2.1.3.2 牛顿黏性定律

早在 1686 年，牛顿就提出了黏性定律的假说，直到 1841 年被普阿节尔通过实验证实。牛顿的黏性定律指出：当流体的流层之间存在着相对位移，也就是速度梯度时，会由于流体之间的黏性作用，在流层之间和流体与固体表面之间产生黏性力，黏性力（F）与速度（v_0）成正比，与接触面积（A）成正比，与两板距离（Y）成反比。数学表达式为：

$$F = \eta \frac{v_0}{Y} A \tag{2-18}$$

式中 η——动力黏度或者动力黏度系数，Pa·s。

η 表示当速度梯度为 1 个单位时，单位面积上摩擦力的大小，η 值越大，流体的黏性相应也越大。

这是一种剪切力系，单位面积上所受的力（F/A）为切应力（τ_{yx}）。在稳定状态下，如果速度分布是线性分布，那么 v_0/Y 可用恒定的速度梯度 dv_x/dy 来代替，于是任意两个流层之间的切应力 τ_{yx} 可以表示为：

$$\tau_{yx} = -\eta \frac{dv_x}{dy} \tag{2-19}$$

τ_{yx} 又称为黏性动量通量。也可用动量传输原理来解释式（2-19）。假想流体是一系列平行于平板的薄层，每个薄层具有相应的动量，同时导致直接位于其下薄层的流动，因此动量沿 y 方向进行传输。τ_{yx} 的下角说明了动量传输的方向（y 向）和所讨论的速度分量（x 向）。式（2-19）中的负号表示动量是从流体的上层传向下层，即负 y 向。在这种情况下 dv_x/dy 是负值，所以负号就使 τ_{yx} 变成正值。

这个经验式（2-19）就是众所周知的牛顿黏性定律。所有气体以及绝大多数简单液体、熔融金属和炉渣都遵循式（2-19），这些流体称为牛顿流体。某些聚合物，如泥浆和糨糊不服从式（2-19），这些流体称为非牛顿流体。

2.1.3.3 理想流体、实际流体、牛顿流体和非牛顿流体

事实上，流体都具有黏性。因此，具有黏性的流体称为实际流体（或黏性流体）。但是在考虑黏性研究流体流动时，有时问题会变得复杂。早在牛顿之前，帕斯卡（B. Pascal）在 1663 年就提出了理想液体的概念，是一种内部不能出现摩擦力、无黏性的流体，既不能传递拉力，也不能传递切力，只能传递压力并在压力作用下流动，同时还是不可被压缩的。在一些流体黏性作用表现不出来（如静止流体）的场合，可以把实际流体视为理想流体。在研究一些动量传输的问题中，可先采用理想流体的概念以简化对问题的分析，最后对得出结果引进黏性的影响，加以必要的修正。

但是，仍然有一些黏性流体的黏性力和速度梯度的关系不满足牛顿黏性定律，称为非牛顿流体，常见的非牛顿流体有以下几种：

（1）宾海姆塑流型流体。宾海姆塑流型流体切应力和速度梯度之间的关系为：

$$\tau = \tau_0 + \eta \frac{dv_x}{dy}$$

在流变学等场合，常将稳定态下的速度梯度 $\mathrm{d}v_x/\mathrm{d}y$ 称为剪切速率，以 γ 表示。对于宾海姆塑流型流体，需要一个切应力 τ_0 才能流动，这个切应力为塑变应力（见图 2-2）。也就是说，当切应力小于 τ_0 时，该流体处于固结状态；只有当切应力大于 τ_0 时才开始流动。例如，细粉煤泥浆、乳液、砂浆、矿浆等均属于这类流体。

（2）伪塑流型流体和胀流型流体。两种流体的切应力的特征为：

$$\tau = \eta \left(\frac{\mathrm{d}v_x}{\mathrm{d}y} \right)^n$$

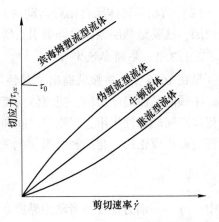

图 2-2　各种流体的切应力-剪切速率关系曲线

式中　η, n ——常数。

当 $n < 1$ 时，为伪塑流型流体；当 $n > 1$ 时，为胀流型流体。它们的 τ-γ 关系如图 2-2 所示。由图 2-2 可知，伪塑流型流体的曲线斜率随切应力增大而减小。而胀流型流体的曲线斜率随切应力的增大而加大，属于这类流体的有半固态金属液、石灰和水泥岩悬浮液等。

（3）屈服-伪塑流型流体。其特征为：

$$\tau = \tau_0 + \eta \left(\frac{\mathrm{d}v_x}{\mathrm{d}y} \right)^n$$

这类流体与宾海姆流型流体相类似，但切应力与速度梯度之间的关系是非线性的。

此外，在研究半固态金属或铸造涂料时，会遇到在剪切速率固定不变的情况下，流体的切应力（τ）随切变运动时间的增加而减小的非牛顿流体，称为触变性流体，如图 2-3 所示，图中 a 为触变性流体，b 为牛顿流体。由图 2-3 可知，曲线 b 与时间无关，在固定的剪切速率下其切应力不随时间而变化；但曲线 a 随时间而变化。

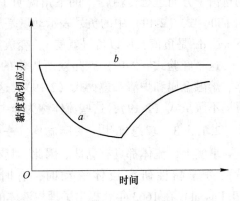

图 2-3　触变性流体和牛顿流体的特性曲线

综上所述，实际上很多流体未必依从牛顿黏性定律。在本书的其他章节中讨论流体运动或动量传输过程等问题时，将只讨论牛顿流体。

2.1.3.4　黏度

由式（2-19）可以求得动力黏度值：

$$\eta = -\frac{\tau_{yx}}{\mathrm{d}v_x/\mathrm{d}y} \tag{2-20}$$

在工程计算中也常采用流体的动力黏度与其密度的比，这个比值称为运动黏度，用 υ 表示，即：

$$\upsilon = \frac{\eta}{\rho} \tag{2-21}$$

运动黏度是个基本参数，它是动量扩散系数的一种度量，单位为 m^2/s。

【例 2-1】 两平行板相距 3.2mm，下板不动，而上板以 1.52m/s 的速度运动。欲使上板保持运动状态，需要施加 $2.39N/m^2$ 的力，求板间流体的动力黏度？

解：由式（2-18）可知：

$$F = \eta \frac{v_0}{Y} A$$

$$\eta = \frac{F/A}{v_0/Y}$$

因为

$$F/A = 2.39N/m^2$$

$$v_0/Y = \frac{1.52m/s}{3.2mm} = 480s^{-1}$$

所以

$$\eta = \frac{2.39N/m^2}{480s^{-1}} = 4.99 \times 10^{-3} Pa \cdot s$$

一般来讲，压力变化对流体的黏性没有多大影响，可以认为黏度仅与温度有关。流体的黏度随温度的变化关系取决于流体的种类。对液体，由于其分子的间距小，黏性的产生以分子内聚力为主；当温度升高时，分子间的内聚力减小，η 值降低，所以液体的黏度随温度升高而减小。

水的运动黏度 v 与温度之间的关系可用式（2-22）表示：

$$v = \frac{0.01775 \times 10^{-4}}{1 + 0.0837t + 0.000221t^2} \tag{2-22}$$

对气体，其分子间距大，内聚力小，黏性主要由分子热运动产生；当温度升高时，分子热运动加剧，η 值增大，所以气体的黏度随温度升高而增大。气体的黏度 η 可用式（2-23）近似计算：

$$\eta = \eta_0 \frac{273 + C}{T + C} \left(\frac{T}{273}\right)^{3/2} \tag{2-23}$$

式中　η_0——气体在0℃的黏度，$Pa \cdot s$；

　　　T——气体的绝对温度，K；

　　　C——实验常数。

混合气体的黏度按式（2-24）近似计算：

$$\eta = \frac{\sum_{i=1}^{n} \varphi_i M_i^{1/2} \mu_i}{\sum_{i=1}^{n} \varphi_i M_i^{1/2}} \tag{2-24}$$

式中　φ_i——混合气体中 i 组分的体积分数，%；

　　　M_i——混合气体中 i 组分的相对分子质量；

　　　μ_i——混合气体中 i 组分的黏度，$Pa \cdot s$。

【例 2-2】 天然气燃烧的烟气成分为：$\varphi(CO_2) = 8.8\%$，$\varphi(H_2O) = 17.4\%$，$\varphi(N_2) = 72.1\%$，$\varphi(O_2) = 1.7\%$；烟气的密度 $\rho = 1.24kg/m^3$。试计算烟气在819℃时的动力黏度和运动黏度。

解： 按式（2-23）计算各组分在 819℃ 的动力黏度

$$\eta = \eta_0 \frac{273 + C}{T + C} \left(\frac{T}{273}\right)^{3/2}$$

$$\eta_{CO_2} = 13.80 \times 10^{-6} \times \frac{273 + 254}{819 + 273 + 254} \times \left(\frac{819 + 273}{273}\right)^{3/2} = 4.3 \times 10^{-5} Pa \cdot s$$

$$\eta_{H_2O} = 8.93 \times 10^{-6} \times \frac{273 + 961}{819 + 273 + 961} \times \left(\frac{819 + 273}{273}\right)^{3/2} = 4.29 \times 10^{-5} Pa \cdot s$$

$$\eta_{N_2} = 16.60 \times 10^{-6} \times \frac{273 + 104}{819 + 273 + 104} \times \left(\frac{819 + 273}{273}\right)^{3/2} = 4.19 \times 10^{-5} Pa \cdot s$$

$$\eta_{O_2} = 19.20 \times 10^{-6} \times \frac{273 + 125}{819 + 273 + 125} \times \left(\frac{819 + 273}{273}\right)^{3/2} = 5.0 \times 10^{-5} Pa \cdot s$$

按式（2-24）计算烟气的动力黏度：

$$\eta = \frac{\sum\limits_{i=1}^{n} \varphi_i M_i^{1/2} \mu_i}{\sum\limits_{i=1}^{n} \varphi_i M_i^{1/2}}$$

$$= \frac{8.8 \times 44^{1/2} \times 4.3 + 17.4 \times 18^{1/2} \times 4.29 + 72.1 \times 28^{1/2} \times 4.19 + 1.7 \times 32^{1/2} \times 50}{8.8 \times 44^{1/2} + 17.4 \times 18^{1/2} + 72.1 \times 28^{1/2} + 1.7 \times 32^{1/2}} \times 10^{-5}$$

$$= 4.23 \times 10^{-5} Pa \cdot s$$

计算烟气的运动黏度为：

$$v = \frac{\mu}{\rho} = \frac{4.23 \times 10^{-5}}{1.24} = 3.41 \times 10^{-5} m/s^2$$

一些常见液态金属的黏度也随温度的升高而降低，而液态合金的黏度不仅与温度有关，合金元素对黏度也有很大影响。图 2-4 和图 2-5 列出了两种重要的二元系合金（Al-Si 合金和 Fe-C 合金）的黏度随温度和合金元素含量的变化。

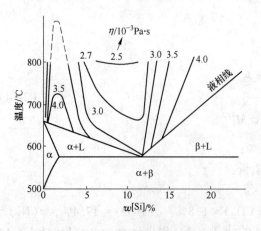

图 2-4　Al-Si 合金熔液的黏度

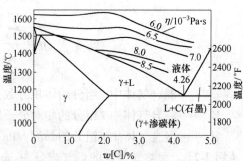

图 2-5　Fe-C 合金熔液的黏度

2.2 流体静力学和动力学

流体静力学专门研究流体静止或平衡状态下的力学规律和这些规律在工程技术方面的应用。静止流体是指相对于一个参考坐标，其外观和内部质点都不表现有位移的流体。相对于惯性参考系（地面）不运动的流体（如不动容器中的水）可视为绝对静止流体；若参考系相对地球运动，但流体的各部分相对此坐标系是静止的，此种静止称相对静止。如旋转容器中与容器做同样角速度旋转的水，此时参考系为旋转的容器。做等速前进或等加速前进汽车油箱中的油也可视为相对静止的液体。

由于流体不能传递拉力，任何微小的切力都会促使流体（不含具有屈服极限的流体）流动。静止的流体只能传递压力，在流体中也只能出现压力，流体内质点上的压力来自周围各个方向，而且大小都相等。在流体中某一面上的压力，只能指向此面的内法线方向；静止流体外表面（指与其他相接触的表面）所能承受的也是指向该面内法线方向的压力。

在流体（不论是否静止）质点上还作用着由流体本身质量引起的力（质量力），如由地球地心引力引起的重力 mg；做等速圆周运动时由离心加速度引起的离心力 $m\omega^2 r$（其中 ω 为流体旋转角速度，r 为流体旋转半径）；把动力学问题当作静力学问题研究时，施加在流体上反加速度方向的惯性力（达朗伯（d'Alembert）力）。对做直线加速度为 a 运动的流体而言，惯性力为 $-ma$。其实，离心力也是惯性力的一种。

所以流体静力学研究的是处于相对静止（绝对静止只是相对静止的一个特例）流体中压力、质量力平衡的问题。

流体动力学（包括运动学）是研究流体在外力作用下的运动规律，内容包括流体运动的方式和速度、加速度、位移、转角等随空间与时间的变化，以及研究引起运动的原因与决定作用力、力矩、动量和能量的方法。

流体动力学的基础是基于三个基本的物理定律，不论所考虑的流体性质如何，它们对每一种流体都是适用的。这三个定律及其所涉及流体动力学的方程见表 2-1。

表 2-1　流体力学的三个定律及其方程

定　律	流体力学的方程
物质不变定律（质量守恒定律）	连续性方程
牛顿第二定律（$F = ma$）	能量方程（纳维尔-斯托克斯方程、欧拉方程）
热力学第一定律（能量守恒定律）	能量方程（伯努利方程）

如前所述，流体是有黏性的，在静止流体中可以不考虑黏性；但在运动流体中，由于流体间存在相对运动，因而必须考虑黏性的影响。也就是说，在研究流体动力学时，除了考虑质量力和压力的作用外，还要考虑黏性力的作用。如果再考虑流体压缩性的影响，那问题就变得更复杂了。但是，对于流体动力学的研究方法可以先从研究理想流体出发，推导其基本方程，然后根据实际流体的条件对基本方程的应用加以简化或修正。在推导基本方程之前，先要对流体的运动方式作一概要分析。

2.2.1 流体静压力及其特性

静压力的表示方法有多种，主要是因为以不同的基准起点来计算压力值。利用图解的方法来表示，图 2-6 中 p 为绝对压力；p_a 为大气压力；p_V 为真空度；p_M 为表压力。由图 2-6 可以看出，静压力的表示方法可以是绝对压力（以绝对压力为零作基准点）或相对压力（以任意压力作基准点）。相对压力可正可负，特殊地，当以大气压为基准点时，正压力常称为表压力，负压力常称为真空度。它们之间的关系为：

$$p_M = p - p_a$$
$$p_V = p_a - p$$

（2-25）

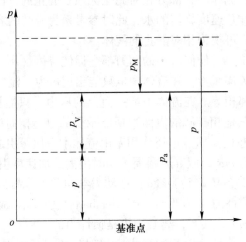

图 2-6　流体静压力的表示方法

一般情况下，仪表测得的压力为表压力，工程上习惯将表压力简称为压力。有的公式中，压力为绝对压力时必须加以注明，以免混淆。

在充满平衡流体的空间里，静压力相等的各点所组成的平面称为等压面。通过每一点的等压面必与该点所受力相互垂直。例如，只受重力的静止流体，其质量力竖直向下，等压面必为一水平面；两种互不相溶的流体，静止时它们的分界面必为等压面。

2.2.2　流体静力学基本方程

2.2.2.1　静止流体的压力分布方程

理想流体运动的伯努利方程为：

$$gz + \frac{p}{\rho} + \frac{1}{2}v^2 = C$$

（2-26）

式中　g——重力加速度，m/s^2；

z——竖直方向的高度，m；

p——流体压力，Pa；

ρ——流体密度，kg/m^3；

v——流体流速，m/s；

C——常数。

当流体静止时，即 $v=0$，将伯努利方程式（2-26）简化可得：

$$p_1 + \rho g z_1 = p_2 + \rho g z_2$$

（2-27）

式中 z_1，z_2——两截面的高度；

p_1，p_2——两截面对应高度上的压力。

对于任意截面，式（2-27）可表示为：

$$p + \rho gz = C \tag{2-28}$$

式（2-27）、式（2-28）就是静止流体的压力分布方程，说明了流体压力与重力之和为一常数。

【例 2-3】 设有两种密度不同的流体 A 和 B，试求出以下三种情况下的应力分布：（1）容器顶部相通；（2）容器底部相通；（3）容器中部相通。根据静压力平衡方程，分别求出流体压力沿高度的分布规律，并给出其压力变化图。

解：（1）容器顶部相通：

参考图 2-7（a），在容器顶部相通处，静压力相等，$p_{A_1} = p_{B_1}$，根据式（2-27），取 z_2 为基准面，即 $z_2 = 0$，得：

$$p_{A_1} + \rho_A gz_1 = p_{A_2} + \rho_A gz_2 = p_{A_2}$$
$$p_{B_1} + \rho_B gz_1 = p_{B_2} + \rho_B gz_2 = p_{B_2}$$

两式相减，并考虑到 $p_{A_1} = p_{B_1}$，得：

$$p_{A_2} - p_{B_2} = (\rho_A - \rho_B)gz_1$$

当 $\rho_A > \rho_B$ 时，则 $p_{A_2} > p_{B_2}$，如图 2-7（a）所示。若 $p_A < p_B$，则 $p_{A_2} < p_{B_2}$。

（2）容器底部相通：

容器底部相通时，底部压力相等，即 $p_{A_2} = p_{B_2}$，由图 2-7（b）得：

$$p_{A_2} = p_{A_1} + \rho_A gz_1$$
$$p_{B_2} = p_{B_1} + \rho_B gz_1$$

两式相减得：

$$p_{A_1} - p_{B_1} = (\rho_B - \rho_A)gz_1$$

当 $\rho_A > \rho_B$ 时，则 $p_{A_1} < p_{B_1}$，如图 2-7（b）所示；反之亦然。

（3）容器中部相通：

中部相通时，中间压力相等，即 $p_{A_0} = p_{B_0}$，相同的方法可推知，若 $\rho_A > \rho_B$ 时，则 $p_{A_1} < p_{B_1}$，而 $p_{A_2} > p_{B_2}$ 时，如图 2-7（c）所示。

2.2.2.2 不同情况下静止流体的等压面和静压力

等压面上任意两点间的压力差总是为零，即 $dp = 0$，或者 $\rho dU = 0$。由此可见，等压面是等势面，它们成立的条件为：

$$Xdx + Ydy + Zdz = 0 \tag{2-29}$$

式（2-29）即为等压面的微分方程式。

A 重力场中静止流体的等压面和静压力

图 2-8 所示为静置于重力场的容器中的静止流体，z 轴垂直向上，在流体的任意点上作用的质量力只有重力，故单位质量力的分布情况为：

$$X = 0, \ Y = 0, \ Z = -g$$

将此条件代入式（2-29）可得：

$$-gdz = 0 \tag{2-30}$$

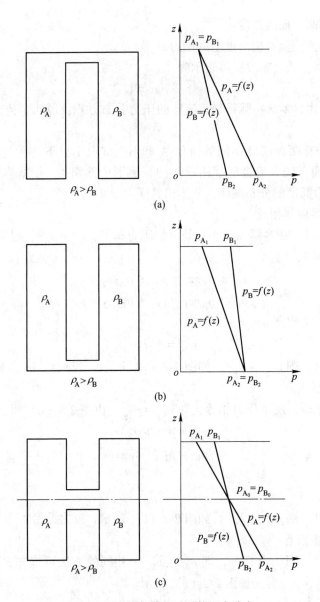

图 2-7　两容器部分相通时静压力分布

（a）容器顶部相通；（b）容器底部相通；（c）容器中部相通

对此式积分，并取 $\rho = \mathrm{Const}$，则有：

$$z = C \tag{2-31}$$

由此式可见，只受重力作用的静止流体中等压面为平行于地面的平面族，即静止流体中同一高度上流体质点上的压力都相等。

把 $X = 0$，$Y = 0$ 和 $Z = -g$ 的条件代入欧拉方程式 $\rho(X\mathrm{d}x + Y\mathrm{d}y + Z\mathrm{d}z) = \mathrm{d}p$，可以得：

$$\mathrm{d}p = -\rho g\mathrm{d}z$$

将此式积分可得：

$$\frac{p}{\rho g} + z = C \tag{2-32}$$

此式为流体静力学的基本方程式，说明在重力场中任意点的 $\dfrac{p}{\rho g}+z$ 均相等。如图 2-8 中不同深度的点 1、点 2，以及自由表面上的点 3，利用式（2-32）可得：

$$\frac{p_1}{\rho g}+z_1=\frac{p_2}{\rho g}+z_2=\frac{p_a}{\rho g}+z_0=C \tag{2-33}$$

式中　p_a——作用在自由表面的压力。

式（2-32）中 z 代表单位重量流体的位势能，流体质点所处位置越高，则位势能 z 越大，故称为位置水头；$\dfrac{p}{\rho g}$ 代表压力所做的功，因为如在压力为 p 的流体接入一垂直而立的真空管，在 p 作用下流体可在真空管上升一定的高度，显然此时压力 p 克服流体的重力做了功，所以可称 $\dfrac{p}{\rho g}$ 为单位重量流体的压力势能或压力水头。对占一定体积的在重力场中的流体而言，单位重量流体的位势能和压力势能之和称为单位重量流体的总势能，或位置水头与压力水头之和称为静水头。所以式（2-32）的物理意义又可理解为重力场中静止流体的任意点上的单位重量流体总势能都相等，或者说，它们的静水头连线是一条水平线。图 2-9 示出了静止流体中任意两点 1 和 2 的静水头线 AA 或 $A'A'$。

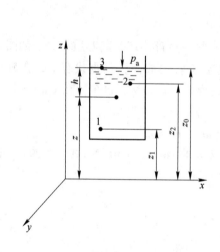

图 2-8　重力作用下的静止流体

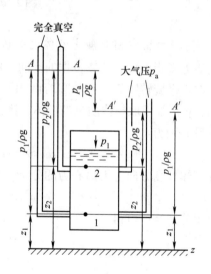

图 2-9　静止流体的静水头线

结合图 2-8，由式（2-32）和式（2-33）可得：

$$\frac{p}{\rho g}+z=\frac{p_a}{\rho g}+z_0$$

即

$$p=p_a+(z_0-z)\rho g=p_a+\rho gh \tag{2-34}$$

式（2-34）即为重力场中静止流体中的各点静压力计算公式，即静压力 p 等于流体自由面上的压力 p_a 加上观察点处单位面积上流体柱的重量。因此，静止流体中各点的压力随观察点在流体中的深度而增加。

由式（2-34）还可发现，作用在流体自由表面上的压力 p_a 可在流体中的任何点上起到同样的增加各点压力的作用。法国人帕斯卡（B. Pascal）将此归纳为："不可压缩静止流体表面上的压力可不变大小地传递到流体的任何点"，也就是帕斯卡定律。如水压机、压铸机上的增压油缸结构就是以此原理为基础而设计的（见图2-10），压力为 p_1 的油输入大活塞左腔，大活塞左端面上作用的总压力为 p_1A_1（A_1 为大活塞左端面的面积），大活塞右腔中的油向外流，故不对活塞作用；而在小活塞的右端面（面积为 A_2）上作用的总压力为 p_2A_2，p_2 为小活塞作用在油上的压力，它大小不变地传至小活塞全部右腔的油中，故由该腔输出的油的压力也为 p_2。由大小活塞这一整体受力平衡条件出发，$p_1A_1 = p_2A_2$，$p_2 = \dfrac{A_1}{A_2}p_1$，由于 $A_1 > A_2$，故通过增压器使工作油的压力增大为原来的 $\dfrac{A_1}{A_2}$ 倍。

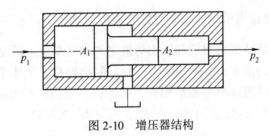

图 2-10　增压器结构

B　离心力场中相对静止液体的等压面和静压力

离心力场指由旋转流体占据的空间，此空间中每一点都能产生离心质量力。如图 2-11 所示，在水平旋转圆筒中有与圆筒做相同角速度 ω 旋转的液体，失重状态下，在旋转半径 $r(x, y)$ 处截取单位质量的液体，则其受到的离心力为 $\omega^2 r$，这个力在 x 轴、y 轴方向上的分量分别为：

$$X = \omega^2 r\cos\theta = \omega^2 x, \quad Y = \omega^2 r\sin\theta = \omega^2 y$$

在液体长度方向上无离心力的分量，也就是 $Z = 0$，将 X、Y 值代入式（2-29），得：

$$\omega^2 x\mathrm{d}x + \omega^2 y\mathrm{d}y = 0$$

经积分运算后可得：

$$x^2 + y^2 = r^2 \tag{2-35}$$

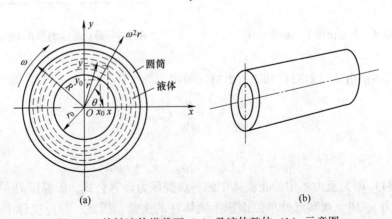

图 2-11　旋转液体横截面（a）及液体整体（b）示意图

由式（2-35）可知，不考虑重力场影响的前提下，绕水平轴做圆周运动液体的等压面应是以液体旋转轴线作为轴线的圆柱面系列，液体的自由表面也是同样性质的圆柱面。如果考虑重力场的影响，绕水平轴做圆周运动的液体在由上往下和由下往上转动时就会出现受重力加速度影响而产生的加速和减速运动，液体就不处于相对静止状态，问题就变成流体动力学研究的对象，流体静力学的规律已不适用。

把 $X = \omega^2 x$，$Y = \omega^2 y$，$Z = 0$ 代入 $\rho(X\mathrm{d}x + Y\mathrm{d}y + Z\mathrm{d}z) = \mathrm{d}p$ 得：

$$\rho(\omega^2 x\mathrm{d}x + \omega^2 y\mathrm{d}y) = \mathrm{d}p$$

对此式取自 $r = r_0 \sim r$ 的定积分，需要注意 $x^2 + y^2 = r^2$ 的几何关系，以及由于自由表面里层没有液体，由离心力引起的压力 $p_{r_0} = 0$ 的特点，可得半径 r 处的离心压力计算式为：

$$p_r = \frac{\rho\omega^2}{2}(r^2 - r_0^2) \tag{2-36}$$

旋转圆筒壁上的离心压力计算式应为：

$$p_R = \frac{\rho\omega^2}{2}(R - r_0^2) \tag{2-37}$$

卧式离心铸造时，常可在不考虑重力影响假设下，单纯地把离心压力作为金属液质量力引起的压力。

C 重力场、离心力场共同作用时相对静止液体的等压面和静压力

如图 2-12 所示，盛有液体的容器绕垂直轴 z 以角速度 ω 旋转（立式离心铸造时也有同样情况），黏性液体被带动做同样角速度的旋转，液体处于相对静止状态，其自由表面呈现如图 2-12 所示的曲面。在液体中的旋转半径 r 处任意截取单位质量微元体，其所处位置为 x、y、z。在微元体上的离心力和重力共同组成了质量力，也就是：

$$X = \omega^2 r\cos\theta = \omega^2 x,\ Y = \omega^2 r\sin\theta = \omega^2 y,\ Z = -g$$

将它们代入式（2-29）得：

$$\omega^2 x\mathrm{d}x + \omega^2 y\mathrm{d}y - g\mathrm{d}z = 0$$

对此式积分，并利用 $x^2 + y^2 = r^2$ 的关系，得：

$$z = \frac{\omega^2 r^2}{2g} + C \tag{2-38}$$

上式中的 C 为积分常数。由式（2-38）可知，等速旋转容器中相对静止液体内的等压面为一系列以旋转轴为轴线的回转抛物面。自由表面也是回转抛物面，由图 2-12 可知：自由面上 $r = 0$ 时，$z = h_0$，即 $C = h_0$，故自由表面的数学式为：

$$z = \frac{\omega^2 r^2}{2g} + h_0 \tag{2-39}$$

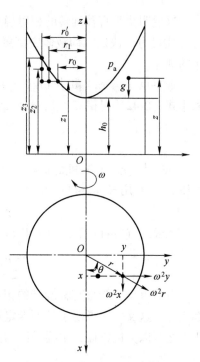

图 2-12 旋转液体示意图

如把 $X = \omega^2 x$、$Y = \omega^2 y$ 和 $Z = -g$ 代入 $\rho(X\mathrm{d}x + Y\mathrm{d}y + Z\mathrm{d}z) = \mathrm{d}p$，则积分后得：

$$p_{rz} = \rho\left(\frac{\omega^2 r^2}{R} - gz\right) + C$$

根据自由表面上的条件：$r = 0$ 时，$z = h_0$，在自由表面上的压力为大气压力，即 $p_{rz} = p_a$，则 $C = p_a$，故最后等速旋转容器中相对静止液体内的各点压力计算公式为：

$$p_{rz} = \rho \left[\frac{\omega^2 r^2}{2} - g(z - h_0) \right] + p_a \tag{2-40}$$

如在同一高度上观察液体中的两个点 (r_1, z_1) 和 (r_0', z_1)，$r_0' > r_1$，求这两点的压力差 p'，可将 (r_1, z_1) 和 (r_0', z_1) 分别代入式（2-40），并将所得到的两式相减，可得：

$$p' = \frac{\omega^2 \rho}{2}(r_0'^2 - r_1^2) \tag{2-41}$$

r_1 在 z_1 高度位置便是自由表面的半径，即 $r_1 = r_0$，则式（2-41）可变为：

$$p' = \frac{\omega^2 \rho}{2}(r_0'^2 - r_0^2) \tag{2-42}$$

此式的形式与式（2-36）一致，因此可认为绕垂直轴旋转的相对静止液体中，同一高度上的两点压力差由离心力（质量力）决定，即同一高度平面上各点压力分布服从离心压力分布的规律。

如果观察同一半径 r_0' 上，两个不同高度 z_1 和 z_2（$z_2 > z_1$）上的液体中两点的压力差 p''，同样利用式（2-40）进行上述相似的运算，可得：

$$p'' = \rho g(z_2 - z_1) \tag{2-43}$$

这说明绕垂直轴旋转的相对静止液体中同一半径处不同高度上的两点压力差主要由重力（质量力）决定，即液体中高度方向上的压力分布服从于重力场的静止液体中压力分布的规律。

观察点 (r_0', z_1) 和点 (r_0, z_1)，后者处于自由表面上，该点处的压力为大气压 p_a，利用式（2-42）可得点 (r_0', z_1) 处的压力 $p_{r_0' z_1}$ 为：

$$p_{r_0' z_1} = \frac{\omega^2 \rho}{2}(r_0'^2 - r_0^2) + p_a \tag{2-44}$$

观察点 (r_0', z_1) 和点 (r_0, z_3)，后者同样处于自由表面上，故该点处的压力也为大气压 p_a，利用式（2-43）可得：

$$p_{r_0' z_1} = \rho g(z_3 - z_1) + p_a \tag{2-45}$$

比较式（2-44）和式（2-45），在点 (r_0', z_1) 处可得：

$$\frac{\omega^2 \rho}{2}(r_0'^2 - r_0') = \rho g(z_3 - z_1) \tag{2-46}$$

由此可见，绕垂直轴旋转的相对静止液体中每一点上的离心压力与由重力引起的压力都相等，这又一次说明了帕斯卡定律的正确性。也可以理解为：绕垂直轴旋转液体中的等压面之所以为抛物面，主要是因为离心压力与重力引起的压力之间相互平衡所促成的。

2.2.3　流体运动的描述

充满运动流体的空间称为"流场"，用来表示流体运动特征的一切物理量称为"运动参数"（如速度、加速度、密度、重度、压力和黏性力等），动力学也就是研究流体质点在流场中所占有的空间的一切点上，运动参数随时间和空间位置的分布和连续变化的规律。

2.2.3.1　研究流体运动的方法

在流体力学中根据出发点不同，采用两种分析方法，即拉格朗日（Lagrange）法及欧拉法。拉格朗日法的出发点是流体质点，即研究流体各个质点的运动参数随时间的变化规律，综合所有流体质点运动参数的变化，便得到了整个流体的运动规律。在研究流体的波动和振荡问题时常用此法。

欧拉法的出发点在于流场中的空间点，即研究流体质点通过空间固定点时的运动参数随时间的变化规律，综合流场中所有点的运动参数变化情况，就得到整个流体的运动规律。

由于研究流体运动时，常常希望了解整个流场的速度分布、压力分布及其变化规律，因此欧拉法得到了广泛的应用。下面对欧拉法予以介绍。

首先分析速度表示的方法。显然，同一时刻流场内各空间点的流体质点速度是不相同的，即速度是空间位置坐标 (x, y, z) 的函数；另一方面，在同一空间点的不同时刻，流体通过该点的速度也可以是不相同的，所以速度也是时间 t 的函数。由于流体是连续介质，所以某点的速度应是 x，y，z 及 t 的连续函数，即：

$$
\begin{aligned}
v_x &= v_x(x, y, z, t) \\
v_y &= v_y(x, y, z, t) \\
v_z &= v_z(x, y, z, t)
\end{aligned}
\tag{2-47}
$$

当然也满足

$$
v = \sqrt{v_x^2 + v_y^2 + v_z^2}
$$

通过流场中某点的流体质点加速度的各分量可表示为：

$$
\begin{aligned}
a_x &= \frac{\mathrm{d}v_x}{\mathrm{d}t} = \frac{\partial v_x}{\partial t} + \frac{\partial v_x}{\partial x} \cdot \frac{\mathrm{d}x}{\mathrm{d}t} + \frac{\partial v_x}{\partial y} \cdot \frac{\mathrm{d}y}{\mathrm{d}t} + \frac{\partial v_x}{\partial z} \cdot \frac{\mathrm{d}z}{\mathrm{d}t} \\
a_y &= \frac{\mathrm{d}v_y}{\mathrm{d}t} = \frac{\partial v_y}{\partial t} + \frac{\partial v_y}{\partial x} \cdot \frac{\mathrm{d}x}{\mathrm{d}t} + \frac{\partial v_y}{\partial y} \cdot \frac{\mathrm{d}y}{\mathrm{d}t} + \frac{\partial v_y}{\partial z} \cdot \frac{\mathrm{d}z}{\mathrm{d}t} \\
a_z &= \frac{\mathrm{d}v_z}{\mathrm{d}t} = \frac{\partial v_z}{\partial t} + \frac{\partial v_z}{\partial x} \cdot \frac{\mathrm{d}x}{\mathrm{d}t} + \frac{\partial v_z}{\partial y} \cdot \frac{\mathrm{d}y}{\mathrm{d}t} + \frac{\partial v_z}{\partial z} \cdot \frac{\mathrm{d}z}{\mathrm{d}t}
\end{aligned}
\tag{2-48}
$$

或

$$
\begin{aligned}
a_x &= \frac{\mathrm{d}v_x}{\mathrm{d}t} = \frac{\partial v_x}{\partial t} + v_x \frac{\partial v_x}{\partial x} + v_y \frac{\partial v_x}{\partial y} + v_z \frac{\partial v_x}{\partial z} \\
a_y &= \frac{\mathrm{d}v_y}{\mathrm{d}t} = \frac{\partial v_y}{\partial t} + v_x \frac{\partial v_y}{\partial x} + v_y \frac{\partial v_y}{\partial y} + v_z \frac{\partial v_y}{\partial z} \\
a_z &= \frac{\mathrm{d}v_z}{\mathrm{d}t} = \frac{\partial v_z}{\partial t} + v_x \frac{\partial v_z}{\partial x} + v_y \frac{\partial v_z}{\partial y} + v_z \frac{\partial v_z}{\partial z}
\end{aligned}
\tag{2-49}
$$

式（2-49）等号右边的第一项表示通过空间固定点的流体质点速度随时间的变化率，称为当地加速度；等号右边后三项反映了同一时刻流体质点从一个空间点转移到另一个空间点的速度变化率，称为迁移加速度。质点的总加速度等于当地加速度与迁移加速度之和，即 $\mathrm{d}v/\mathrm{d}t$ 称为全加速度。

2.2.3.2　稳定流与非稳定流

如果流场的运动参数不仅随位置改变，也随时间不同而变化，这种流动称为非稳定流；如果运动参数只随位置改变而与时间无关，这种流动称为稳定流。

对于非稳定流，流场中速度和压力分布可表示为：

$$v_x = v_x(x, y, z, t)$$
$$v_y = v_y(x, y, z, t)$$ 　(2-50)
$$v_z = v_z(x, y, z, t)$$
$$p = p(x, y, z, t)$$ 　(2-51)

对于稳定流，上述参数可表示为：

$$v_x = v_x(x, y, z)$$
$$v_y = v_y(x, y, z)$$ 　(2-52)
$$v_z = v_z(x, y, z)$$
$$p = p(x, y, z)$$ 　(2-53)

所以稳定流的数学条件是：

$$\frac{\partial v_x}{\partial t} = 0, \quad \frac{\partial v_y}{\partial t} = 0, \quad \frac{\partial v_z}{\partial t} = 0, \quad \frac{\partial p}{\partial t} = 0$$ 　(2-54)

上述两种流动可用流体流过薄壁容器壁的小孔泄流来说明。图 2-13 中的容器内有充水和溢流装置来保持水位恒定，流体经孔口的流速和压力不随时间变化，流体经孔口流出后为一束形状不变的射流，这就是稳定流。但在图 2-14 中，没有一定的装置来保持容器中水位的恒定，由于经孔口泄流后水位下降，因此在变水位下经孔口的液体外流，其速度及压力都随时间而变化，液体经孔口外流便是随时间不同而改变形状的射流，这就是非稳定流。

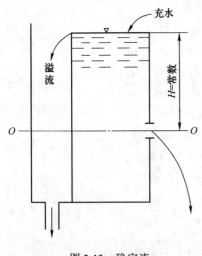

图 2-13　稳定流

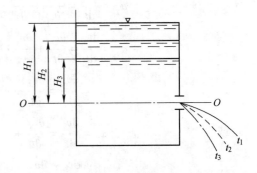

图 2-14　非稳定流

研究稳定流是有实际意义的。因为实际工程中绝大部分流体流动都可近似地看作是稳定流动，特别是在容器截面较大、孔口又较小的情况下，即使没有液体补充装置，其水位的下降也相当缓慢，这时按稳定流处理误差不会很大。因此，本书主要研究稳定流的基本规律。

2.2.3.3　迹线和流线

除了研究流体质点的流动参量随时间变化外，为了使整个流场形象化，从而得到不同流场的运动特性，还要研究同一瞬时质点与质点间或同一质点在不同时间流动参量的关系，也就是质点参量的综合特性；前者称为流线研究法，后者称为迹线研究法。

A 迹线

迹线就是流体质点运动的轨迹线。迹线的特点是：对于每一个质点都有一个运动轨迹，所以迹线是一族曲线，而且迹线只随质点不同而异，与时间无关。

B 流线

流线和迹线不同，它不是某一质点经过一段时间所走过的轨迹，而是在同一瞬时流场中连续的不同位置质点的流动方向线。现在用图 2-15 来理解流线的物理概念。

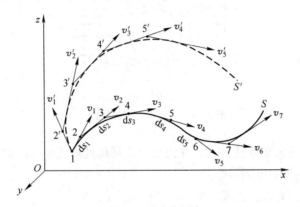

图 2-15 流线概念

设在某瞬时 t_1，流场中某点 1 处流体质点的流速为 v_1；沿 v_1 矢量方向无穷小距离 ds_1 取点 2，点 2 处流体质点在同一瞬时 t_1 的流速为 v_2；沿 v_2 矢量方向无穷小距离 ds_2 取点 3，点 3 处流体质点在同一瞬时 t_1 的流速为 v_3；依此类推，可以找到点 4，点 5，…。这样，在 t_1 瞬时我们可以得到一条空间折线 1—2，2—3，3—4，…，当各折线段 ds 趋近零时，该折线的极限为一条光滑的曲线 S。曲线 S 就称为瞬时 t_1 流场中经过点 1 的流线。由此看出流线的定义为：流场中某一瞬间的一条空间曲线，在该线上各点的流体质点所具有的速度方向与曲线在该点的切线方向重合。

通过流场中其他点，也可用上述方法作出流线。因此，整个流场成为被无数流线充满的空间，它显示出流体运动清晰的几何形象。

流线具有以下三个特征：

（1）非稳定流时，由于流场中速度随时间改变，所以在瞬时 t_2 通过流场空间点 1 的速度矢量将改变为 v_1'，按流线定义则 t_2 瞬时流过点 1 的流线将改变为 S'（见图 2-15）。因此，非稳定流时，经过同一点的流线其空间方位和形状是随时间改变的。

（2）稳定流时，由于流场中各点流速不随时间改变，所以同一点的流线始终保持不变，且流线上质点的迹线与流线重合。

（3）流线不能相交也不能转折。

有了流线的概念和特性，就可以形象地描述不同边界条件下的流体流动。如用"流线谱"描绘的闸门下的液体流出，如图 2-16（a）所示；经突然放大的流体流动，如图 2-16（b）所示；绕球体运动的流线分布，如图 2-16（c）所示。

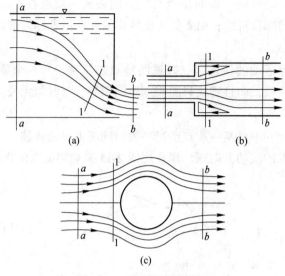

(a)　　　　　　　　　　(b)

(c)

图 2-16　不同边界的流线图

显然，在流线分布密集处流速大，在流线分布稀疏处流速小。因此，流线分布的疏密程度就表示了流体运动的快慢程度。

2.2.3.4　流管、流束、流量

流线只能表示流场中质点的流动参量，但不能表明流过的流体数量，因此需引入流管和流束的概念。

在流场内取任意封闭曲线 l（见图 2-17），通过曲线 l 上每一点连续地作流线，则流线族构成一个管状表面，称为流管。非稳定流时流管形状随时间而改变，稳定流时流管形状不随时间而改变。因为流管是由流线组成的，所以流管上各点的流速都在其切线方向，而不穿过流管表面（否则就要有流线相交），所以流体不能穿出或穿入流管表面。这样，流管就像刚体管壁一样，把流体运动局限在流管之内或流管之外。在流管内取一微小曲面 $\mathrm{d}A$，通过 $\mathrm{d}A$ 上每个点作流线，这族流线称为流束。

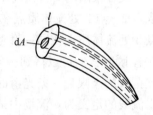

图 2-17　流管示意图

如果曲面 $\mathrm{d}A$ 与流束中每一根流线都正交，$\mathrm{d}A$ 就称为有效断面。断面无穷小的流束称为微小流束。由于微小流束的断面 $\mathrm{d}A$ 很小，可以认为在微小断面 $\mathrm{d}A$ 上各点的运动参数是相同的，这样就可以运用数学积分的方法求出相应的总有效断面的运动参数。

因为在微小流束的有效断面中流速 v 相同，所以单位时间内流过此微小流束的流量 $\mathrm{d}Q$ 应等于 $v\mathrm{d}A$。

一个流管是由许多流束组成的，这些流束的流动参量并不一定相同，所以流管的流量应为：

$$Q = \int_A v\mathrm{d}A \qquad\qquad (2\text{-}55)$$

由于流体有黏性，任一有效断面上各点的速度大小不等。由实验可知，总有效断面上的速度分布呈曲线图形，边界处 v 为零，管轴处 v 最大。工程上引用平均速度 $\bar{v}$ 的概念，

根据流量相等的原则，单位时间内匀速流过有效断面的流体体积应与按实际流体通过同一断面的流体体积相等，即：

$$\bar{v}\int_A dA = \int_A v dA = Q$$

则
$$\bar{v} = \frac{\int_A v dA}{\int_A dA} = \frac{Q}{A}$$
(2-56)

平均速度的概念反映了流道中各微小流束的流速是有差别的。工程上所指的管道中流体的流速，就是这个断面的平均速度 $\bar{v}$。

2.2.4 连续性方程

因为流体是连续介质，所以在研究流体运动时，同样认为流体是连续地充满它所占有的空间。根据质量守恒定律，对于空间固定的封闭曲面，稳定流时流入的流体质量必然等于流出的流体质量；非稳定流时流入与流出的流体质量之差，应等于封闭曲面内流体质量的变化量，反映这个原理的数学关系就是连续性方程。

2.2.4.1 直角坐标系的连续性方程

在流场中取一个六面空间体作为微元控制体，其边长为 dx、dy、dz，如图 2-18 所示，下面研究该微元体内部流体的质量变化。

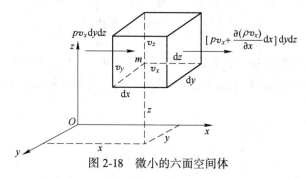

图 2-18 微小的六面空间体

设六面体点 $m(x, y, z)$ 上流体质点的速度为 v_x、v_y 和 v_z，密度为 ρ。根据质量守恒定律有：单位时间输入微元体的质量减去单位时间输出微元体的质量，等于单位时间微元体累积的质量。

首先分析与 x 轴垂直的面。单位时间内通过 x 处的平面输入的质量流量是 $dydz(\rho v_x)\big|_x$；同样，通过 $x + dx$ 处的平面输出的质量流量是 $dydz(\rho v_x)\big|_{x+dx} = \left[\rho v_x + \frac{\partial(\rho v_x)}{\partial x}dx\right]dydz$，故 dt 时间内沿 x 方向从六面体 x 处与 $x + dx$ 处输入与输出的质量差为：

$$dydz(\rho v_x)\big|_x dt - dydz(\rho v_x)\big|_{x+dx} dt$$

$$= (\rho v_x)dydzdt - \left[\rho v_x + \frac{\partial(\rho v_x)}{\partial x}dx\right]dydzdt$$

$$= -\frac{\partial(\rho v_x)}{\partial x}dxdydzdt$$

同理，沿 y、z 两个方向 dt 时间内输入与输出微元六面体的质量差分别为：

$$-\frac{\partial(\rho v_y)}{\partial y}dxdydzdt, \quad -\frac{\partial(\rho v_z)}{\partial z}dxdydzdt$$

因此，dt 时间内整个六面体内输入与输出的流体质量差应为：

$$-\frac{\partial(\rho v_x)}{\partial x}dxdydzdt - \frac{\partial(\rho v_y)}{\partial y}dxdydzdt - \frac{\partial(\rho v_z)}{\partial z}dxdydzdt \tag{2-57}$$

$$= -\left[\frac{\partial(\rho v_x)}{\partial x} + \frac{\partial(\rho v_y)}{\partial y} + \frac{\partial(\rho v_z)}{\partial z}\right]dxdydzdt$$

接下来分析累积质量的变化。dt 时间开始时 m 点上的流体密度为 ρ，则经 dt 时间后该点上的流体密度则变为 $\rho + \frac{\partial\rho}{\partial t}dt$。由于在 dt 时间内从六面体要多流出到外部一定的流体质量，即式（2-57）所列，所以其内部质量必然要减少。因此，在 dt 时间内六面体中因密度变化而引起总的质量变化（即累积的质量）为：

$$\left(\rho + \frac{\partial\rho}{\partial t}dt\right)dxdydz - \rho(dxdydz) = \frac{\partial\rho}{\partial t}dxdydz \tag{2-58}$$

当六面体内无源无汇，且流体流动为连续时，按式（2-56），应将式（2-57）与式（2-58）等同，有：

$$-\left[\frac{\partial(\rho v_x)}{\partial x} + \frac{\partial(\rho v_y)}{\partial y} + \frac{\partial(\rho v_z)}{\partial z}\right]dxdydzdt = \frac{\partial\rho}{\partial t}dxdydzdt$$

或

$$\frac{\partial\rho}{\partial t} + \frac{\partial(\rho v_x)}{\partial x} + \frac{\partial(\rho v_y)}{\partial y} + \frac{\partial(\rho v_z)}{\partial z} = 0 \tag{2-59}$$

这就是流体的连续性方程。其物理意义是：流体在单位时间内流经单位体积空间输出与输入的质量差与其内部质量变化的代数和为零。这个方程实际上是质量守恒定律在流体力学中的具体体现。

将式（2-59）展开，并取：

$$\frac{d\rho}{dt} = \frac{\partial\rho}{\partial t} + v_x\frac{\partial\rho}{\partial x} + v_y\frac{\partial\rho}{\partial y} + v_z\frac{\partial\rho}{\partial z}$$

则连续性方程又可写成：

$$\frac{1}{\rho}\frac{d\rho}{dt} + \frac{\partial v_x}{\partial x} + \frac{\partial v_y}{\partial y} + \frac{\partial v_z}{\partial z} = 0 \tag{2-60}$$

应用哈密顿算子 $\nabla = \frac{\partial}{\partial x} + \frac{\partial}{\partial y} + \frac{\partial}{\partial z}$，并使用矢量符号 $\boldsymbol{V}$ 将其简化，式（2-60）成为：

$$\frac{1}{\rho}\frac{d\rho}{dt} + \nabla\boldsymbol{V} = 0 \tag{2-61}$$

或

$$\frac{d\rho}{dt} + \rho\nabla\boldsymbol{V} = 0 \tag{2-62}$$

对于可压缩性流体稳定流动，$\frac{\partial\rho}{\partial t} = 0$（但 $\frac{d\rho}{dt} \neq 0$），则式（2-59）变为：

$$\frac{\partial(\rho v_x)}{\partial x} + \frac{\partial(\rho v_y)}{\partial y} + \frac{\partial(\rho v_z)}{\partial z} = 0 \tag{2-63}$$

或 $$\nabla(\rho V) = 0 \qquad (2-64)$$

式（2-63）即为可压缩性流体稳定流动的三维连续性方程。它说明流体在单位时间流经单位体积空间流出与流入的质量相等，或者说空间体内质量保持不变。

对于不可压缩流体，ρ 为常数，则式（2-63）成为：

$$\frac{\partial v_x}{\partial x} + \frac{\partial v_y}{\partial y} + \frac{\partial v_z}{\partial z} = 0 \qquad (2-65)$$

或 $$\nabla V = 0 \qquad (2-66)$$

式（2-65）即为不可压缩流体流动的空间连续性方程。它说明单位时间单位空间内的流体体积保持不变。

2.2.4.2　一维总流的连续性方程

在工程中常见的一维（一元）流动，此时，$v_y = v_x = 0$。可以证明，当同一微小流束的两个不同的断面面积分别为 $\mathrm{d}A_1$ 和 $\mathrm{d}A_2$ 时，可压缩流体沿微小流束稳定流动时的连续性方程为：

$$\rho_1 v_1 \mathrm{d}A_1 = \rho_2 v_2 \mathrm{d}A_2 \qquad (2-67)$$

对式（2-67）两边积分，并取 ρ_1 和 ρ_2 为平均密度 $\rho_{1均}$ 和 $\rho_{2均}$，可得一维总流的方程为：

$$\rho_{1均} \int_{A_1} v_1 \mathrm{d}A_1 = \rho_{2均} \int_{A_2} v_2 \mathrm{d}A_2$$

有： $$\rho_{1均} v_1 \mathrm{d}A_1 = \rho_{2均} v_2 \mathrm{d}A_2 \qquad (2-68)$$

式中　v_1，v_2——断面 A_1 及 A_2 处的流体平均速度，m/s；

A_1，A_2——有效断面面积，m^2。

式（2-68）说明可压缩流体稳定流动时，沿流程的质量流量保持不变，为一常数。

对于不可压缩流体，即 ρ 为常数，则式（2-68）成为：

$$v_1 A_1 = v_2 A_2$$

$$\frac{v_1}{v_2} = \frac{A_2}{A_1} \qquad (2-69)$$

式（2-69）为一维总流不可压缩流体稳定流动的连续性方程。它确立了一维总流在稳定流动条件下，沿流程体积流量保持不变为一常值；各有效断面平均流速与有效断面面积成反比，即断面大流速小，断面小流速大，这是不可压缩流体运动的一个基本规律。

【例 2-4】　一化铁炉的送风系统如图 2-19 所示。将风量 $Q = 50\mathrm{m}^3/\mathrm{min}$ 的冷空气经风机送入冷风管（0℃时空气密度为 $\rho_{1均} = 1.293\mathrm{kg/m}^3$），再经密筋炉胆换热器被炉气加热，使空气预热至 $t = 250℃$。然后，经热风管送至风箱中。若冷风管和热风管的内径相等，即 $d_1 = d_2 = 300\mathrm{mm}$。试计算两管实际风速 v_1 及 v_2。

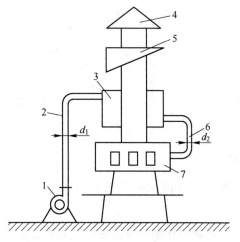

图 2-19　化铁炉送风系统

1—风机；2—冷风管；3—换热器；

4—烟囱帽；5—除尘器；6—热风管；7—风箱

解：因冷风经炉胆预热，到热风管时空气密度有了变化（此处由于压力变化引起的密度变化不大，可以忽略不计）。因此，在确定风速时，应根据可压缩流体的连续方程式（2-68）计算，即：

$$\rho_{1均}v_1 dA_1 = \rho_{2均}v_2 dA_2$$

因为：

$$v_1 = \frac{Q}{A} = \frac{50/60}{\frac{\pi}{4} \times 0.3^2}\ \text{m/s} = 11.8\text{m/s}$$

再由气体密度与体积膨胀系数 α_V 及温度 t 的关系，求 250℃ 温度时相应的空气密度 $\rho_{2均}$ ，即：

$$\rho_{2均} = \frac{\rho_{1均}}{1 + \alpha_V t} = \frac{1.293}{1 + \frac{250}{273}}\ \text{kg/m}^3 = 0.674\text{kg/m}^3$$

因此：

$$v_2 = \frac{\rho_{1均}v_1 A_1}{\rho_{2均}A_2} = \frac{1.293 \times 11.8}{0.674}\ \text{m/s} = 22.6\text{m/s}$$

以上结果表明：由于温度 t 的改变，热风的流速 v_2 为标准状态下（0℃，98.06kPa，即 1at）流速 v_1 的 $(1 + \alpha_V t)$ 倍，即 $v_2 = (1 + \alpha_V t)v_1$。体积膨胀系数 $\alpha_V = 1/273℃^{-1}$。

2.2.4.3　圆柱坐标系和球坐标系的连续性方程

在圆柱坐标系和球坐标系中，取出一微单元体，如图 2-20 和图 2-21 所示。与上述推导方式相同，可得：

$$\frac{\partial \rho}{\partial t} + \frac{\rho v_r}{r} + \frac{\partial (\rho v_r)}{\partial r} + \frac{1}{r}\frac{\partial (\rho v_\theta)}{\partial \theta} + \frac{\partial (\rho v_z)}{\partial z} = 0 \tag{2-70}$$

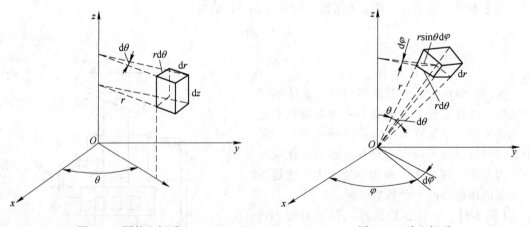

图 2-20　圆柱坐标系　　　　　　　　图 2-21　球坐标系

此即圆柱坐标系的连续性方程。对于不可压缩流体，其连续性方程为：

$$\frac{v_r}{r} + \frac{\partial v_r}{\partial r} + \frac{1}{r}\frac{\partial v_\theta}{\partial \theta} + \frac{\partial v_z}{\partial z} = 0 \tag{2-71}$$

对于球坐标系，流体流动的连续性方程为：

$$\frac{\partial \rho}{\partial t} + \frac{1}{r\sin\theta} \frac{\partial (\rho v_\theta \sin\theta)}{\partial \theta} + \frac{1}{r\sin\theta} \frac{\partial (\rho v_\varphi)}{\partial \varphi} + \frac{1}{r^2} \frac{\partial (\rho v_r r^2)}{\partial r} = 0 \tag{2-72}$$

对于不可压缩流体，其连续性方程为：

$$\frac{1}{r\sin\theta} \frac{\partial (v_\theta \sin\theta)}{\partial \theta} + \frac{1}{r\sin\theta} \frac{\partial v_\varphi}{\partial \varphi} + \frac{1}{r^2} \frac{\partial (v_r r^2)}{\partial r} = 0 \tag{2-73}$$

式中 r，θ，φ——球坐标参量。

【例 2-5】 已知空气流动的速度场为 $v_x = 6(x + y^2)$，$v_y = 6(2y + z^3)$，$v_z = 6(x + y + 4z)$，试分析这种流动状况是否连续？

解： 因为 $\frac{\partial v_x}{\partial x} = 6$，$\frac{\partial v_y}{\partial y} = 2$，$\frac{\partial v_z}{\partial z} = 4$，故 $\frac{\partial v_x}{\partial x} + \frac{\partial v_y}{\partial y} + \frac{\partial v_z}{\partial z} = 12 \neq 0$，根据式（2-65）可以说明空气的流动是不连续的。

2.2.5 理想流体和实际流体的运动微分方程

2.2.5.1 理想流体动量传输方程——欧拉方程

前面建立的连续性方程，给出了流体运动的速度场必须满足的条件，这是一个运动学方程。现在，我们来讨论流体在运动中所受的力和动量与流动参量之间的关系，即建立理想流体动力学方程。理想流体是指无黏性的流体，可以不考虑由黏性产生的内摩擦力，因而作用在流体表面上的力只有垂直指向受压面的压力。

作用于某一流体块或微元体积的力可分为两大类：表面力、质量力或者体积力。所谓表面力，是指作用于流体块外界面的力，如压力和切应力。所谓质量力，是指直接作用在流体块中各质点上的非接触力，如重力、惯性力等。质量力与受力流体的质量成正比，也叫体积力。单位质量流体上承受的质量力称为单位质量力。

本节的动力学方程是从流体运动的动量守恒定律（牛顿第二定律）得出的。在理想流体流场中取一微元六面体，如图 2-22 所示，其边长为 dx、dy、dz，微元体的中心 $A(x, y, z)$ 处的流体静压力为 p，流速沿各坐标轴的分量分别为 v_x、v_y、v_z，密度为 ρ。微元体所受的力有表面力（压力）和质量力。现以 x 方向受力（其表面力如图 2-22 所示）为例进行分析。

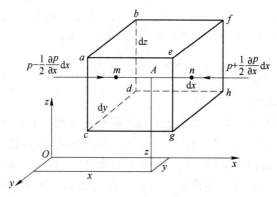

图 2-22　微元六面体受力分析

作用在微元体中心 A 点的压力为 p ，左侧 $abdc$ 面形心 m 点压力为 $\left(p - \dfrac{1}{2}\dfrac{\partial p}{\partial x}\mathrm{d}x\right)$ ，其中 $\dfrac{\partial p}{\partial x}$ 是压力 p 沿 x 轴的变化率（又称压力梯度）。由于 m 点相对 A 点只有 $\left(-\dfrac{1}{2}\mathrm{d}x\right)$ 的坐标变化，其变化很小，所以可认为 $\dfrac{\partial p}{\partial x}$ 不变，因此 $\left(-\dfrac{1}{2}\dfrac{\partial p}{\partial x}\mathrm{d}x\right)$ 项应是 m 点相对于 A 点压力的变化量。这样 m 点的压力就为 $\left(p - \dfrac{1}{2}\dfrac{\partial p}{\partial x}\mathrm{d}x\right)$ 。同理，右侧 $efhg$ 面形心 n 点的压力为 $\left(p + \dfrac{1}{2}\dfrac{\partial p}{\partial x}\mathrm{d}x\right)$ 。

此外，流体的单位质量力在 x 轴上的分量为 X ，则微元体的质量力在 x 轴的分量就为 $F_x = X\rho\mathrm{d}x\mathrm{d}y\mathrm{d}z$ 。

根据牛顿第二定律（ $F = ma$ ），作用在微元六面体上的诸力在任一轴投影的代数和应等于该微元六面体的质量与该轴上的分加速度 $\dfrac{\mathrm{d}v}{\mathrm{d}t}$ 的乘积。于是对于 x 轴有：

$$X\rho\mathrm{d}x\mathrm{d}y\mathrm{d}z + \left(p - \frac{1}{2}\frac{\partial p}{\partial x}\mathrm{d}x\right)\mathrm{d}y\mathrm{d}z - \left(p + \frac{1}{2}\frac{\partial p}{\partial x}\mathrm{d}x\right)\mathrm{d}y\mathrm{d}z = \rho\mathrm{d}x\mathrm{d}y\mathrm{d}z\frac{\mathrm{d}v_x}{\mathrm{d}t} \qquad (2\text{-}74)$$

等式两边除以微元体质量 $\rho\mathrm{d}x\mathrm{d}y\mathrm{d}z$ ，则得单位质量流体的运动方程为：

$$\begin{aligned}
X - \frac{1}{\rho}\frac{\partial p}{\partial x} &= \frac{\mathrm{d}v_x}{\mathrm{d}t} \\
Y - \frac{1}{\rho}\frac{\partial p}{\partial y} &= \frac{\mathrm{d}v_y}{\mathrm{d}t} \\
Z - \frac{1}{\rho}\frac{\partial p}{\partial z} &= \frac{\mathrm{d}v_z}{\mathrm{d}t}
\end{aligned} \qquad (2\text{-}75)$$

若用矢量表示，则为：

$$\boldsymbol{W} - \frac{1}{\rho}\nabla p = \frac{\mathrm{D}\boldsymbol{v}}{\mathrm{D}t} \qquad (2\text{-}76)$$

式中　$\boldsymbol{W}$ ——质量力， $\boldsymbol{W} = \boldsymbol{i}X + \boldsymbol{j}Y + \boldsymbol{k}Z$ ；

　　　∇p ——压力梯度，有时写成 $\mathrm{grad}P$ ，这里需要注意的是，压力 p 本来是个标量，而压力梯度是矢量，矢量与标量之积仍是矢量；

　　　$\dfrac{\mathrm{D}v}{\mathrm{D}t}$ ——实质导数，即加速度，若从 x 轴来计算， $\dfrac{\mathrm{D}v_x}{\mathrm{D}t} = \dfrac{\partial v_x}{\partial t} + v_x\dfrac{\partial v_x}{\partial x} + v_y\dfrac{\partial v_y}{\partial y} + v_z\dfrac{\partial v_z}{\partial z} = a_x$ ，这就是式（2-49）。

式（2-75）及式（2-76）就是理想流体的动量平衡方程，它是1755年由欧拉首先提出，故又名欧拉方程。它建立了作用在理想流体上的力与流体运动加速度之间的关系，是研究理想流体各种运动规律的基础。它对可压缩及不可压缩理想流体的稳定流或非稳定流都是适用的，在不可压缩流体中密度 ρ 为常数，在可压缩流体中密度是压力和温度的函数，即 $\rho = f(p, T)$ ，是流体动力学中的一个重要方程。

这里需要特别指出的是：上述方程完全是从一般力学中的力及其平衡的关系中得出

的。如果从另一种角度，即从动量传输和动量平衡的角度来看，力的平衡也可看成是动量的（或更准确地说是动量通量的）。只要从力和动量（或动量通量）两者的因次上应可看出它们的类同关系：

$$[动量] = [质量] \times [速度]$$
$$[动量通量] = [动量/时间]$$
$$= [质量\times速度/时间]$$
$$= [质量\times加速度]$$
$$= [力]$$

由此，动量通量和力可看成为同一物理量。建立起这个概念在材料加工及冶金传输过程中是极其重要的。因为在整个材料加工或冶金过程中一切过程都是包括动量、热量和质量在内的传输过程。描述传输现象中的三个基本定律，即牛顿黏度定律、傅里叶热传导定律和菲克扩散定律，就是从本质上反映了诸多物理量间的传输关系。关于这个观点，可在下一节中得到完整的理解。

当 $v_x = v_y = v_z = 0$ 时，说明流体运动状态没有改变，可得流体静力学的欧拉平衡微分过程，所以平衡方程只是运动方程的特例。

若将式（2-49）各分加速度代入式（2-75），则得：

$$X - \frac{1}{\rho}\frac{\partial p}{\partial x} = \frac{dv_x}{dt} + v_x\frac{dv_x}{dx} + v_y\frac{dv_x}{dy} + v_z\frac{dv_x}{dz}$$

$$Y - \frac{1}{\rho}\frac{\partial p}{\partial y} = \frac{dv_y}{dt} + v_x\frac{dv_y}{dx} + v_y\frac{dv_y}{dy} + v_z\frac{dv_y}{dz} \qquad (2\text{-}77)$$

$$Z - \frac{1}{\rho}\frac{\partial p}{\partial z} = \frac{dv_z}{dt} + v_x\frac{dv_z}{dx} + v_y\frac{dv_z}{dy} + v_z\frac{dv_z}{dz}$$

这是相较于式（2-75）更为详细的欧拉运动方程。

一般情况下，作用在流体上的单位质量力 X、Y、Z 是已知的，所以对理想不可压缩流体，由于 $\rho =$ 常数，故上述方程中包含了以 x、y 和 z 为独立变量的四个未知数 v_x、v_y、v_z 和 p，方程式（2-77）再加上一个连续性方程共有四个方程，因此从理论上讲是可以求解的。即使对于可压缩流体，将还多出一个变量 ρ，此时可引入一个气体状态方程式，因此还是可以求解的。

2.2.5.2 实际流体动量传输方程——纳维尔-斯托克斯方程

实际上流体是具有黏性的，因此作用在微元六面体上的力将复杂得多。现仍取如图2-23所示的流场中边长为 dx，dy，dz 的微元六面体来分析。作用在每个正六面体上的力，除去法向力 σ 外，由于流体的黏性而产生了切向力 τ（剪切力）。而法向力也和理想流体情况不同，它不单是流体的表面力（压力），而且还有由于剪切变形而引起的附加法向力，各个方向的切向应力有 τ_{xy}、τ_{xz}、τ_{yx}、τ_{yz}、τ_{zx} 和 τ_{zy}（下角标按下述规定：前一个字母表示和受力面垂直的轴，后一个字母表示和应力指向平行的轴，譬如 τ_{xz}，x 表示这个受力面是垂直于 x 轴的，z 表示这个力的指向是平行于 z 轴的）。设微元体中心的坐标为 x、y、z，其法向应力和切向应力分别为 σ 和 τ，则：

垂直于 x 轴的 AB 面上的应力：法向应力为 $\sigma_{xx} - \frac{\partial\sigma_{xx}}{\partial x}\frac{dx}{2}$（ $-x$ 方向），切向应力为

$\tau_{xy} - \dfrac{\partial \tau_{xy}}{\partial x}\dfrac{\mathrm{d}x}{2}$（$-y$ 方向）和 $\tau_{xz} - \dfrac{\partial \tau_{xz}}{\partial x}\dfrac{\mathrm{d}x}{2}$（$-z$ 方向）；垂直于 y 轴的 AC 面上的应力：法向应

力为 $\sigma_{yy} - \dfrac{\partial \sigma_{yy}}{\partial y}\dfrac{\mathrm{d}y}{2}$（$-y$ 方向），切向应力为 $\tau_{yz} - \dfrac{\partial \tau_{yz}}{\partial y}\dfrac{\mathrm{d}y}{2}$（$-z$ 方向）和 $\tau_{yx} - \dfrac{\partial \tau_{yx}}{\partial y}\dfrac{\mathrm{d}y}{2}$

（$-x$ 方向）；垂直于 z 轴的 AD 面上的应力：法向应力为 $\sigma_{zz} - \dfrac{\partial \sigma_{zz}}{\partial z}\dfrac{\mathrm{d}z}{2}$（$-z$ 方向），切向应

力为 $\tau_{zx} - \dfrac{\partial \tau_{zx}}{\partial z}\dfrac{\mathrm{d}z}{2}$（$-x$ 方向）和 $\tau_{zy} - \dfrac{\partial \tau_{zy}}{\partial z}\dfrac{\mathrm{d}z}{2}$（$-y$ 方向）。CD，BD，BC 面上的应力如图

2-23 所示。

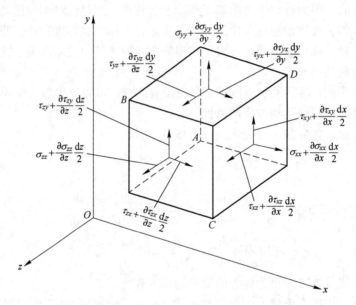

图 2-23　实际流体的微元六面体受力分析

根据前述讨论，并由牛顿第二定律，可沿 x 方向写出如下方程：

$$X\rho\mathrm{d}x\mathrm{d}y\mathrm{d}z + \dfrac{\partial \sigma_{xx}}{\partial x}\mathrm{d}x\mathrm{d}y\mathrm{d}z + \dfrac{\partial \tau_{yx}}{\partial x}\mathrm{d}x\mathrm{d}y\mathrm{d}z + \dfrac{\partial \tau_{zx}}{\partial x}\mathrm{d}x\mathrm{d}y\mathrm{d}z = \rho\dfrac{\partial v_x}{\partial t}\mathrm{d}x\mathrm{d}y\mathrm{d}z$$

将上式中各项均除以 $\mathrm{d}x\mathrm{d}y\mathrm{d}z$，并同理得到 y 和 z 方向的方程为：

$$\begin{aligned}
\rho\frac{\mathrm{d}v_x}{\mathrm{d}t} &= \rho X + \left(\frac{\partial \sigma_{xx}}{\partial x} + \frac{\partial \tau_{yx}}{\partial y} + \frac{\partial \tau_{zx}}{\partial z}\right) \\
\rho\frac{\mathrm{d}v_y}{\mathrm{d}t} &= \rho Y + \left(\frac{\partial \sigma_{yy}}{\partial y} + \frac{\partial \tau_{xy}}{\partial x} + \frac{\partial \tau_{zy}}{\partial z}\right) \\
\rho\frac{\mathrm{d}v_z}{\mathrm{d}t} &= \rho Z + \left(\frac{\partial \sigma_{zz}}{\partial z} + \frac{\partial \tau_{xz}}{\partial x} + \frac{\partial \tau_{yz}}{\partial y}\right)
\end{aligned} \tag{2-78}$$

式（2-78）与式（2-75）是类似的，不同之处是在式（2-78）中多出了切应力项，如

τ_{yx}、τ_{zx}、…。

注意到黏性动量通量 τ 与变形率之间的关系，即式（2-19），以及法向力 σ 与压力 p

的关系，可以进一步对式（2-78）进行推导。其中的第一式可以写成：

$$\rho \frac{\mathrm{d}v_x}{\mathrm{d}t} = \rho X - \frac{\partial p}{\partial x} + \eta\left(\frac{\partial^2 v_x}{\partial x^2} + \frac{\partial^2 v_y}{\partial y^2} + \frac{\partial^2 v_z}{\partial z^2}\right) + \eta \frac{\partial}{\partial x}\left(\frac{\partial v_x}{\partial x} + \frac{\partial v_y}{\partial y} + \frac{\partial v_z}{\partial z}\right)$$

对于不可压缩流体，根据连续性方程，上式等式的右侧最后一项为零，则：

$$\rho \frac{\mathrm{d}v_x}{\mathrm{d}t} = \rho X - \frac{\partial p}{\partial x} + \eta\left(\frac{\partial^2 v_x}{\partial x^2} + \frac{\partial^2 v_y}{\partial y^2} + \frac{\partial^2 v_z}{\partial z^2}\right)$$

将上式等式两边均除以 ρ ，以 $v = \dfrac{\eta}{\rho}$ 代入，并对式（2-78）第二、第三式进行相似处理，同理得：

$$
\begin{aligned}
\frac{\mathrm{d}v_x}{\mathrm{d}t} &= X - \frac{1}{\rho} \cdot \frac{\partial p}{\partial x} + v\left(\frac{\partial^2 v_x}{\partial x^2} + \frac{\partial^2 v_x}{\partial y^2} + \frac{\partial^2 v_x}{\partial z^2}\right) \\
\frac{\mathrm{d}v_y}{\mathrm{d}t} &= Y - \frac{1}{\rho} \cdot \frac{\partial p}{\partial y} + v\left(\frac{\partial^2 v_y}{\partial x^2} + \frac{\partial^2 v_y}{\partial y^2} + \frac{\partial^2 v_y}{\partial z^2}\right) \\
\frac{\mathrm{d}v_z}{\mathrm{d}t} &= Z - \frac{1}{\rho} \cdot \frac{\partial p}{\partial z} + v\left(\frac{\partial^2 v_z}{\partial x^2} + \frac{\partial^2 v_z}{\partial y^2} + \frac{\partial^2 v_z}{\partial z^2}\right)
\end{aligned}
\tag{2-79}
$$

应用拉普拉斯（Laplace）运算子 $\nabla^2 = \dfrac{\partial^2}{\partial x^2} + \dfrac{\partial^2}{\partial y^2} + \dfrac{\partial^2}{\partial z^2}$ ，并用实质导数符号 $\dfrac{\mathrm{D}v}{\mathrm{D}t}$ 表示 v 对 t 的三个导数，则式（2-79）可改为：

$$
\begin{aligned}
\frac{\mathrm{d}v_x}{\mathrm{d}t} &= X - \frac{1}{\rho} \frac{\partial p}{\partial x} + v\,\nabla^2 v_x \\
\frac{\mathrm{d}v_y}{\mathrm{d}t} &= Y - \frac{1}{\rho} \frac{\partial p}{\partial y} + v\,\nabla^2 v_y \\
\frac{\mathrm{d}v_z}{\mathrm{d}t} &= Z - \frac{1}{\rho} \frac{\partial p}{\partial z} + v\,\nabla^2 v_z
\end{aligned}
\tag{2-80}
$$

或

$$\frac{\mathrm{D}v}{\mathrm{D}t} = W - \frac{1}{\rho}\,\nabla p + v\,\nabla^2 v$$

式中 ∇p ——压力梯度， $\nabla p = \dfrac{\partial}{\partial x}p + \dfrac{\partial}{\partial y}p + \dfrac{\partial}{\partial z}p$ 。

这就是实际流体的动量守恒方程，也是不可压缩黏性流体的动量传输方程，由法国的纳维尔（Navier）和英国的斯托克斯（Stokes）于 1826 年和 1847 年先后提出，故又称纳维尔-斯托克斯方程式（也被称为 N-S 方程）。可以认为式（2-80）是牛顿黏度定律的一种表达形式，将矢量表达式改写为：

$$\rho \frac{\mathrm{D}v}{\mathrm{D}t} = -\nabla p + \eta\,\nabla^2 v + \rho W$$

可以看出：密度（ ρ ）乘以加速度（ $\mathrm{D}v/\mathrm{D}t$ ）等于压力（ $-\nabla p$ ）、黏滞力（ $\eta\,\nabla^2 v$ ）和质量力（ ρW ）或重力等力的总和。

到此为止，一直是沿用一般力学关系推导出实际流体的运动方程；也可以从动量传输的角度出发，仍然能导出纳维尔-斯托克斯方程式，此处不再赘述。

如果流体是无黏性的，即 υ 等于零，则式（2-80）即可简化为欧拉方程式（2-75）。

2.2.5.3　理想流体和实际流体的伯努利方程

A　理想流体的伯努利方程

本节讨论理想流体动量守恒方程在一定条件下的积分形式——伯努利方程，它表述了运动流体所具有的能量以及各种能量之间的转换规律，是流体动力学的重要理论。

积分是在下述条件下进行的：

（1）单位质量力（X、Y、Z）是定常而有势的，势函数 $W = f(x，y，z)$ 的全微分是：

$$\mathrm{d}W = X\mathrm{d}x + Y\mathrm{d}y + Z\mathrm{d}z = \frac{\partial W}{\partial x}\mathrm{d}x + \frac{\partial W}{\partial y}\mathrm{d}y + \frac{\partial W}{\partial z}\mathrm{d}z$$

（2）流体是不可压缩的，即 $\rho =$ 常数。

（3）流体运动是定常的（稳定流），即：

$$\frac{\partial \rho}{\partial t} = 0，\quad \frac{\partial v_x}{\partial t} = \frac{\partial v_y}{\partial t} = \frac{\partial v_z}{\partial t} = 0$$

而且流线与迹线重合，即对流线来说，符合 $\mathrm{d}x = v_x\mathrm{d}t$，$\mathrm{d}y = v_y\mathrm{d}t$，$\mathrm{d}z = v_z\mathrm{d}t$。

在满足上述条件的情况下，将式（2-75）中的各个方程均乘以 $\mathrm{d}x$、$\mathrm{d}y$、$\mathrm{d}z$，然后相加，得：

$$(X\mathrm{d}x + Y\mathrm{d}y + Z\mathrm{d}z) - \frac{1}{\rho}\left(\frac{\partial p}{\partial x}\mathrm{d}x + \frac{\partial p}{\partial y}\mathrm{d}y + \frac{\partial p}{\partial z}\mathrm{d}z\right)$$
$$= \frac{\mathrm{d}v_x}{\mathrm{d}t}\mathrm{d}x + \frac{\mathrm{d}v_y}{\mathrm{d}t}\mathrm{d}y + \frac{\mathrm{d}v_z}{\mathrm{d}t}\mathrm{d}z \tag{2-81}$$

上式等号左边第一项为势函数 W 的全微分 $\mathrm{d}W$。因为是不可压缩流体的定常流动，则式（2-81）等号左边的第二项等于 $\frac{1}{\rho}\mathrm{d}p$。因为在定常流动中流线与迹线重合，故式（2-81）右边的三项之和为：

$$\frac{\mathrm{d}v_x}{\mathrm{d}t}\mathrm{d}x + \frac{\mathrm{d}v_y}{\mathrm{d}t}\mathrm{d}y + \frac{\mathrm{d}v_z}{\mathrm{d}t}\mathrm{d}z = v_x\mathrm{d}v_x + v_y\mathrm{d}v_y + v_z\mathrm{d}v_z$$
$$= \frac{1}{2}\mathrm{d}(v_x^2 + v_y^2 + v_z^2) = \mathrm{d}\left(\frac{v^2}{2}\right)$$

将此结果代入式（2-81），得：

$$\mathrm{d}W - \frac{1}{\rho}\mathrm{d}p = \mathrm{d}\left(\frac{v^2}{2}\right) \tag{2-82}$$

式（2-80）为单位质量流体所受的外力和运动的全微分方程。考虑到 $\rho =$ 常数，式（2-82）可写为：

$$\mathrm{d}\left(W - \frac{p}{\rho} - \frac{v^2}{2}\right) = 0 \tag{2-83}$$

沿流线将式（2-83）积分，得：

$$W - \frac{p}{\rho} - \frac{v^2}{2} = C \tag{2-84}$$

式中，C 为常数，此即理想流体运动微分方程的伯努利积分。它表明在有势质量力的作用下，理想不可压缩流体做定常流动时，函数值（$W - \dfrac{p}{\rho} - \dfrac{v^2}{2}$）是沿流线不变的。

因此，如沿同一流线，取相距一定距离的任意两点 1 和 2，可得：

$$W_1 - \frac{p_1}{\rho} - \frac{v_1^2}{2} = W_2 - \frac{p_2}{\rho} - \frac{v_2^2}{2} \tag{2-85}$$

式中　W_1，p_1，v_1——在某一条流线上点 1 处的势能、压力、流速；

　　　W_2，p_2，v_2——在同一条流线上点 2 处的势能、压力、流速。

在实际工程问题中经常遇到的质量力场只有重力场，即 $X = 0$，$Y = 0$，$Z = -g$，g 是重力加速度，则势函数 W 的全微分为：

$$\mathrm{d}W = 0 + 0 + (-g)\mathrm{d}z = -g\mathrm{d}z$$

将此式代入式（2-84），则得：

$$-gz - \frac{p}{\rho} - \frac{v^2}{2} = C$$

将此式除以 g，并考虑到 $\gamma = \rho g$，则上述结果可以写为：

$$z + \frac{p}{\rho} + \frac{v^2}{2g} = C \tag{2-86}$$

仿照式（2-85），对处在同一流线上的任意两点 1 和 2 来说，也可将式（2-86）改写成：

$$z_1 + \frac{p_1}{\rho} + \frac{v_1^2}{2g} = z_2 + \frac{p_2}{\rho} + \frac{v_2^2}{2g} \tag{2-87}$$

式（2-87）是对于只有重力场作用下的稳定流动、理想的不可压缩流体沿流线的运动方程式的积分形式，称为伯努利方程式（Bernoulli equation），它是伯努利在 1738 年发表的。此式说明在上述限定条件下，任意点的 $\left(z + \dfrac{p}{\rho} + \dfrac{v^2}{2g} \right)$ 为常量。

B　实际流体的伯努利方程

和讨论理想流体的伯努利方程一样，以下只讨论有势质量力作用下实际流体（黏性流体）运动微分方程的积分问题。

如果运动流体所受的质量力只有重力，则质量力可用势函数 W 表示。以此代入式（2-80）并经整理，可得：

$$\frac{\partial}{\partial x}\left(W - \frac{p}{\rho} - \frac{v^2}{2} \right) + \upsilon \, \nabla^2 v_x = 0$$

$$\frac{\partial}{\partial y}\left(W - \frac{p}{\rho} - \frac{v^2}{2} \right) + \upsilon \, \nabla^2 v_y = 0 \tag{2-88}$$

$$\frac{\partial}{\partial z}\left(W - \frac{p}{\rho} - \frac{v^2}{2} \right) + \upsilon \, \nabla^2 v_z = 0$$

如果流体是定常流动，流体质点沿流线运动的微元长度 $\mathrm{d}l$ 在各轴上的投影分别是 $\mathrm{d}x$、$\mathrm{d}y$、$\mathrm{d}z$，而且 $\mathrm{d}x = v_x \mathrm{d}t$，$\mathrm{d}y = v_y \mathrm{d}t$，$\mathrm{d}z = v_z \mathrm{d}t$，则可将式（2-88）中的各个方程分别对应地乘以 $\mathrm{d}x$、$\mathrm{d}y$、$\mathrm{d}z$，然后相加，得出：

$$d\left(W - \frac{p}{\rho} - \frac{v^2}{2}\right) + v(\nabla^2 v_x dx + \nabla^2 v_y dy + \nabla^2 v_z dz) = 0 \qquad (2\text{-}89)$$

从式（2-89）中可以看出，$\nabla^2 v_x$、$\nabla^2 v_y$、$\nabla^2 v_z$ 项系单位质量黏性流体所受切向应力在相应轴上的投影。所以式（2-89）中的第二项即为这些切向应力在流线微元长度 dl 上所做的功。又由于黏性而产生的这些切向应力的合力总是与流体运动方向相反的，故所做的功应为负功。因此，式（2-89）中的第二项可表示为：

$$v(\nabla^2 v_x dx + \nabla^2 v_y dy + \nabla^2 v_z dz) = -dW_R \qquad (2\text{-}90)$$

式中 W_R ——阻力功。

将式（2-90）代入式（2-89），则：

$$d\left(W - \frac{p}{\rho} - \frac{v^2}{2} - W_R\right) = 0$$

将此式沿流线积分，得：

$$W - \frac{p}{\rho} - \frac{v^2}{2} - W_R = C \qquad (2\text{-}91)$$

式（2-91）即实际流体运动微分方程的伯努利方程。它表明：在质量力为有势，且做定常流动的情况下，函数值 $\left(W - \dfrac{p}{\rho} - \dfrac{v^2}{2} - W_R\right)$ 是沿流线不变的。

如在同一流线上取 1 和 2 两点，则可列出下列方程：

$$W_1 - \frac{p_1}{\rho} - \frac{v_1^2}{2} - W_{R1} = W_2 - \frac{p_2}{\rho} - \frac{v_2^2}{2} - W_{R2} \qquad (2\text{-}92)$$

当质量力只有重力时，则 $W_1 = -z_1 g$，$W_2 = -z_2 g$。

代入式（2-92），经整理得：

$$z_1 g + \frac{p_1}{\rho} + \frac{v_1^2}{2} = z_2 g + \frac{p_2}{\rho} + \frac{v_2^2}{2} + (W_{R2} - W_{R1}) \qquad (2\text{-}93)$$

式中，$(W_{R2} - W_{R1})$ 表示单位质量黏性流体自点 1 运动到点 2 的过程中内摩擦力所做功的增量，其值总是随着流动路程的增加而增加。

令 $h_w' = (W_{R2} - W_{R1})$ 表示单位质量的黏性流体沿流线从点 1 到点 2 的路程上所受的摩擦阻力功（或摩擦阻力损失），则式（2-93）可写为：

$$z_1 g + \frac{p_1}{\rho} + \frac{v_1^2}{2} = z_2 g + \frac{p_2}{\rho} + \frac{v_2^2}{2} + h_w' \qquad (2\text{-}94)$$

或

$$z_1 + \frac{p_1}{\gamma} + \frac{v_1^2}{2g} = z_2 + \frac{p_2}{\gamma} + \frac{v_2^2}{2g} + \frac{h_w'}{g}$$

这就是黏性流体运动的伯努利方程。

C 伯努利方程的几何意义和物理意义

a 几何意义

z 是指流体质点流经给定点时所具有的位置高度，称为位置水头，简称位头；z 的量纲是长度的量纲。$\dfrac{p}{\gamma}$ 是指流体质点在给定点的压力高度（受到压力 p 而能上升的高度），称为压力水头，简称压头；$\dfrac{p}{\gamma}$ 的量纲也是长度的量纲。$\dfrac{v^2}{2g}$ 表示流体质点流经给定点时，以速度 v 向上喷射时所能达到的高度，称为速度水头，其量纲为 $\left[\dfrac{v^2}{2g}\right] = \dfrac{\mathrm{L^2 T^{-2}}}{\mathrm{LT^{-2}}} = \mathrm{L}$，也是长度的量纲。

伯努利方程中位置水头、压力水头、速度水头三者之和称为总水头，用 H 表示，则：

$$H = z + \frac{p}{\gamma} + \frac{v^2}{2g}$$

由于伯努利方程中每一项都代表一个高度，所以就可以用几何图形来表示各物理量之间的关系了。如图 2-24 所示，连接 $\dfrac{p}{\gamma}$ 各顶点而成的线称为静水头线，它是一条随过水断面改变而起伏的曲线；连接 $\dfrac{p}{\gamma}$ 各顶点而成的线称为总水头线。由图 2-24 看出，理想流体运动中，因为不形成水头损失，故有 $H_1 = H_2 = H_3 = $ 常数，即流线上各点的总水头是相等的，其总水头顶点的连线是一条水平线。也就是说，虽然速度水头 $\dfrac{v^2}{2g}$ 是随过水断面的改变而变化的，但包括位置水头（连接各点 z 而成的）在内的三个水头可以相互转化，而总水头仍不变。

按式（2-94）可绘出实际流体总流的几何图形，如图 2-25 所示。可以看出，在黏性流体运动中，因为形成水头损失，故 $H_1 \neq H_2 \neq H_3$，即沿着流向总水头必然是降低的，所以其总水头线是一条沿流向向下倾斜的曲线。与理想流体运动的情形一样，此时其静水头线还是一条随着过水断面改变而起伏的曲线。

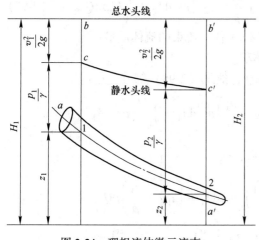

图 2-24　理想流体微元流束
伯努利方程图解

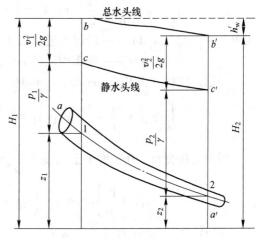

图 2-25　黏性流体微元流束
伯努利方程图解

b　物理意义

从前述几何意义的讨论可以看出，方程中的每一项都具有相应的能量意义。

zg 可看成是单位质量流体流经该点时所具有的位置势能，称为比位能；$\dfrac{p}{\rho}$ 可看成是单位质量流体流经该点时所具有的压力能，称比压能；$\dfrac{v^2}{2}$ 是单位质量流体流经给定点时的动能，称比动能；W_R 是单位质量流体在流动过程中所损耗的机械能，称为随量损失。

对于理想流体，$z_1g + \dfrac{p_1}{\rho} + \dfrac{v_1^2}{2} = z_2g + \dfrac{p_2}{\rho} + \dfrac{v_2^2}{2}$ 表明单位质量无黏性流体沿流线自位置1流到位置2时，其各项能量可以相互转化，但它们的总和是不变的。

对于黏性流体，式（2-94）的物理意义为：单位质量黏性流体沿流线自位置1流到位置2时，不但各项能量可以相互转化，而且它的总机械能也是有损失的。设 E 表示总比能，ΔE 表示单位质量流体总比能的损失，则：

$$E_1 = E_2 + \Delta E$$

该式表明，单位质量黏性流体在整个流动过程中，其总比能是一定有损失的。

D　实际流体总流的伯努利方程

通过一个流道的流体的总流量是由许多流束组成的，每个流束的流动参量都有差异。而对于总流，希望用平均参量来描述其流动特性。

由实际流束的伯努利方程式（2-94），可以在流道的缓变流区写出整个流道的伯努利方程式（图2-26）。缓变流区是指流束中流线之间的夹角很小，且流线趋于平行并近似于直线。

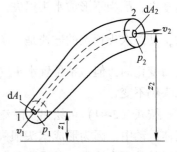

图 2-26　流体总流示意图

流道的伯努利方程如下：

$$\int_{A_1}\left(z_1g + \frac{p_1}{\rho} + \frac{v_1^2}{2}\right)\rho v_1 \mathrm{d}A_1 = \int_{A_2}\left(z_2g + \frac{p_1}{\rho} + \frac{v_2^2}{2}\right)\rho v_2 \mathrm{d}A_2 + \int_Q h_w'\rho \mathrm{d}Q \qquad (2\text{-}95)$$

式中　$\rho v_1 \mathrm{d}A_1$，$\rho v_2 \mathrm{d}A_2$——经过流通截面 A_1 和 A_2 上任一流束的流体质量；

$\mathrm{d}Q$——流束中流过流体的体积。

根据连续性方程可知：$\rho v_1 \mathrm{d}A_1 = \rho v_2 \mathrm{d}A_2 = \rho \mathrm{d}Q$，故式（2-95）等号左边：

$$\int_{A_1}\left(z_1g + \frac{p_1}{\rho} + \frac{v_1^2}{2}\right)\rho v_1 \mathrm{d}A_1 = \int_{A_1}\left(z_1g + \frac{p_1}{\rho}\right)\rho v_1 \mathrm{d}A_1 + \int_{A_1}\frac{v_1^2}{2}\rho v_1 \mathrm{d}A_1$$

因为是缓变流，在截面1上，$z_1g + \dfrac{p_1}{\rho} =$ 常数，故：

$$\int_{A_1}\left(z_1g + \frac{p_1}{\rho}\right)\rho v_1 \mathrm{d}A_1 = \left(z_1g + \frac{p_1}{\rho}\right)\int_{A_1}\rho v_1 \mathrm{d}A_1 = \left(z_1g + \frac{p_1}{\rho}\right)\rho Q_1$$

而　$\displaystyle\int_{A_1}\frac{v_1^2}{2}\rho v_1 \mathrm{d}A_1 = \int_{A_1}\frac{v_1^3}{2}\rho \mathrm{d}A_1 = \frac{\rho}{2}\int_{A_1}v_1^3 \mathrm{d}A_1 = \frac{\rho\alpha_1}{2}\bar{v}_1^{\,3}A_1 = \frac{\alpha_1}{2}\bar{v}_1^{\,2}\rho\,\bar{v}_1 A_1 = \frac{\alpha_1}{2}\bar{v}_1^{\,2}\rho Q_1$

式中　α——动能修正系数。

令

$$\alpha = \frac{\displaystyle\int_A v^3 \mathrm{d}A}{\bar{v}^{\,3}A}$$

所以式（2-95）等号左边等于：

$$\int_{A_1}\left(z_1g + \frac{p_1}{\rho} + \frac{v_1^2}{2}\right)\rho v_1 \mathrm{d}A_1 = \left(z_1g + \frac{p_1}{\rho} + \alpha_1\frac{\bar{v}_1^2}{2}\right)\rho Q_1 \tag{2-96}$$

同理，可得式（2-95）等号右边第一项为：

$$\int_{A_2}\left(z_2g + \frac{p_2}{\rho} + \frac{v_2^2}{2}\right)\rho v_2 \mathrm{d}A_2 = \left(z_2g + \frac{p_2}{\rho} + \alpha_1\frac{\bar{v}_2^2}{2}\right)\rho Q_2 \tag{2-97}$$

将式（2-96）及式（2-97）代入式（2-95）得（之后平均流速都用 v 来表示，以省去字母上的平均符号）：

$$\left(z_1g + \frac{p_1}{\rho} + \alpha_1\frac{v_1^2}{2}\right)\rho Q_1 = \left(z_2g + \frac{p_2}{\rho} + \alpha_2\frac{v_2^2}{2}\right)\rho Q_2 + \int_Q h'_\mathrm{w}\rho\mathrm{d}Q$$

因为 $Q_1 = Q_2$，所以：

$$z_1g + \frac{p_1}{\rho} + \alpha_1\frac{v_1^2}{2} = z_2g + \frac{p_2}{\rho} + \alpha_2\frac{v_2^2}{2} + \frac{1}{\rho Q}\int_Q h'_\mathrm{w}\rho\mathrm{d}Q$$

令 $\dfrac{1}{\rho Q}\displaystyle\int_Q h'_\mathrm{w}\rho\mathrm{d}Q = h_\mathrm{w}$，则：

$$z_1g + \frac{p_1}{\rho} + \alpha_1\frac{v_1^2}{2} = z_2g + \frac{p_2}{\rho} + \alpha_2\frac{v_2^2}{2} + h_\mathrm{w} \tag{2-98a}$$

或

$$z_1 + \frac{p_1}{\gamma} + \alpha_1\frac{v_1^2}{2g} = z_2 + \frac{p_2}{\gamma} + \alpha_2\frac{v_2^2}{2g} + \frac{h_\mathrm{w}}{g} \tag{2-98b}$$

式中，h_w 为通过流道截面 1 与 2 之间的距离时单位质量流体的平均能量损失。式（2-98）就是描述实际流体经流道流动的伯努利方程式。

利用式（2-98），可以在取得 p_1 和 p_2 的实际测量数据和流量数据后推算出流道中的阻力损失 h_w。也可用经验公式求出流道阻力损失 h_w 后再来决定流道中的某些参量，如 p、v 等。

式（2-98）中的动能修正系数 α_1、α_2 通常都大于 1。若流道中的流速越均匀，α 值越趋近于 1。在一般工程中，大多数情况下流速都比较均匀，α 在 $1.05 \sim 1.10$ 之间，所以在工程计算中可取 $\alpha = 1$。

流道的伯努利方程是很重要的公式，它与连续性方程和后面将要讨论的动量方程一起用于解决许多工程实际问题。

2.3 流体状态及边界层理论

由于实际流体有黏性，在流动时呈现两种不同的流动形态——层流流动及湍流流动，并在流动过程中产生阻力。对于不可压缩流体来说，这种阻力使流体的一部分机械能不可逆地转化为热能而散失。这部分能量便不再参与流体的动力学过程，在流体力学中称为能量损失。单位质量（或单位体积）流体的能量损失，称为水头损失（或压力损失）并以 h_w（或 Δp）表示。水头损失的正确计算，在工程上是一个极其重要的问题。本章首先讨论流体的两种流动形态，然后对黏性流体在两种不同流动方式下的能量损失进行分析及具体计算。

2.3.1　流体的流动状态

2.3.1.1　雷诺试验

雷诺（Reynolds）最早于 1882 年在圆管内进行了流体流动形态的试验。试验状况如图 2-27 所示。当水在圆管内的流速很小时，加入有色液体，则它将随水流共同前进而不与周围的水流混合，而自己形成一条流线。水流各质点有规则有秩序地向前运动，互相平行，互不干扰，如图 2-27（a）所示。当增加圆管内水流速度时，有色液体所形成的流线便发生振荡，上下波动；流速再大时，流线产生弯曲或呈波浪形，如图 2-27（b）所示。当再进一步增加圆管内水流速度至一定值时，有色液体刚从细管流出，就被周围的水流掺混而消失，不再保持线状。此时流体的质点是杂乱无章的，不规则无秩序地向前涌进，形成了互相干扰紊乱的流动，如图 2-27（c）所示。

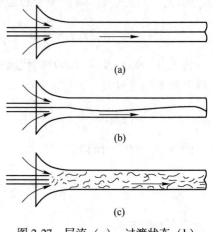

图 2-27　层流（a）、过渡状态（b）及湍流（c）

2.3.1.2　层流和边界层

流体质点在流动方向上分层流动，各层互不干扰和渗混，这种流线呈平行状态的流动称为层流，或称流线型流。一般说来，层流是在流体具有很小的速度或黏度较大的流体流动时才出现的。如果流体沿平板流动，则形成许多与平板平行流动的薄层，互不干扰地向前运动，就像一叠纸张向前滑动一样。如果流体在圆管内流动，则构成许多同心的圆筒，形成与圆管平行的薄层，互不干扰地向前运动，就像一束套管向前滑动。

对于管内流动（图 2-28（a）），由于实际流体的黏性而在流层之间及流体与管壁之间产生摩擦阻力，使原来均匀分布的速度逐渐变得不均匀，在管壁附近一定厚度的区域内流体的速度要减低，造成速度的曲线分布规律（图 2-28（b））。近壁处，由流速为零的壁面到速度分布较均匀的地方（严格地说，到速度为均匀速度的99%的地方），这一流体层称为边界层（boundary layer）或附面层。边界层厚度用 δ 表示，δ 是随流体流进管内的距离增加而增大的。流体黏性大，δ 增大得就快。由于流过圆管各截面的流量不变，边界层内流速降低，必定会引起边界层外流速的提高，最后形成如图 2-28（a）中的 C 截面上的速度分布。由实验和理论计算都可确定，不论入口速度分布如何，只要管内是层流状态，流体的最终速度分布总是呈旋转抛物面规律分布。图 2-28 中 AC 管段称为"层流起始段"。对于直径为 d 的直管来说，层流起始段的长度 $l = 0.065d \cdot Re$（Re 为雷诺数）。

2.3.1.3　湍流及湍流边界层

流体流动时，各质点在不同方向上做复杂的无规则运动，互相干扰地向前运动，这种流动称为湍流。湍流运动在宏观上既非旋涡运动，在微观上又非分子运动。在总的向前运动过程中，流体微团具有各个方向上的脉动。在湍流流场空间中的任一点上，流体质点的运动速度在方向和大小上均随时间而变化，这种运动状态可称为湍流脉动。图 2-29（a）所示为流

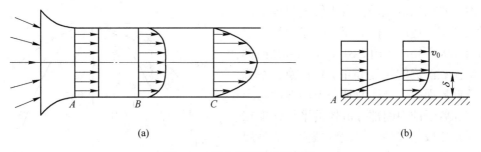

(a)

(b)

图 2-28 管内层流的速度发展

线上 O 点在某瞬间的速度示意图。该点的速度 v 随时间而变化，因此该点的分速度，即脉动分速度 v'_x 和 v'_y 也随时间而变。图 2-29（b）所示为流体上某点分速度 v'_x 随时间变化的示意图。由于脉动的存在，空间中任一质点速度均随时间而变化，因而产生了瞬时速度的概念。瞬时速度在一定时间 t 内的平均值，称为瞬时平均速度，如图 2-29（b）中的 $\bar{v}_x$ 所示。

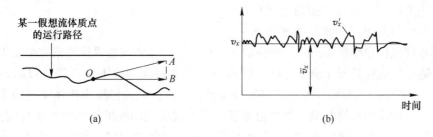

(a)

(b)

图 2-29 湍流质点的运动

图 2-30 为两个流体混合运动的状况。放射入的流体并不是做直线运动，在自身流体的内部进行着湍流流动，流体微团剧烈地运动，在运动过程中逐渐与另一个流体混合。

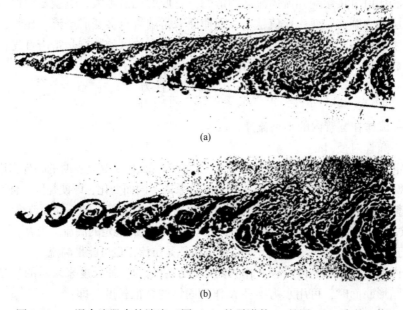

(a)

(b)

图 2-30 一混合流股中的湍流（图（a）的雷诺数 Re 是图（b）中的 2 倍）

对于管内湍流流动，由于管内流体质点的横向迁移，造成湍流的速度分布及流动阻力与层流大不相同。图 2-31 表示圆管径向截面上层流和湍流的速度分布。请注意，在流体与管壁界面处，上述两种情况的速度均为零，但在管子的中间部分流体的平均速度在湍流时是比较均匀的。在此区域内，流体层与层之间的相对速度很小，因而黏性摩擦阻力很小，以至可以忽略。然而，正是在这个区域，由于流体微团的无规则迁移、脉动，使得流体微团间的动量交换得很激烈，湍流中的流动阻力主要是由这种原因造成的，它要比层流中的黏性阻力大得多。

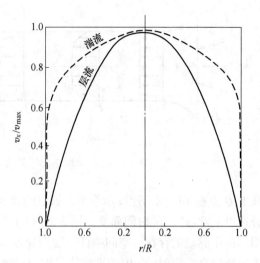

图 2-31　管道内层流和湍流的速度分布

湍流边界层的结构也与层流边界层的不同。由于黏性力的作用，紧贴壁面的那一层流体对邻近层流体产生阻滞作用。在管的入口处，管内湍流与边界层均未充分发展，边界层极薄，边界层内还是层流流动。进入管内一段距离后（湍流下，直管进口起始段的长度 $l = (25 \sim 40)d$），管内湍流已获得充分发展，这时，原边界层内流体质点的横向迁移也相当强烈，层流边界层变成了湍流边界层，只不过湍流的程度不如边界层外的主流大。但在贴近壁面处仍有一薄层流体处于层流状态，这层流体称为层流底层。可见，湍流边界层包括层流底层和它外面的湍流部分。

2.3.1.4　流动状态判别准则——雷诺数

在实验基础上，雷诺提出了在流体流动过程中存在着两种力，即惯性力和黏性阻力，它们的大小和比值直接影响到流体流动的形态。它们的比值越大，也就是惯性力越大，就越趋向于由层流向湍流转变；比值越小，即使原来是湍流也会变成层流。显然，若用代表流动过程的物理量来表达上述关系会更确切。表示这个关系的数群是雷诺首先提出的，所以称为雷诺数（Reynolds number），常用 Re 来表示。

$$Re = \frac{\bar{v}\rho D}{\eta} = \frac{\bar{v}D}{\nu} = \frac{惯性力}{黏性力} \tag{2-99}$$

式中　$\bar{v}$——流体在圆管内的平均流速，m/s；

　　　　D——圆管内径，m。

实验确定，对于在圆管内强制流动的流体，由层流开始向湍流转变时的临界雷诺数（也叫下临界雷诺数）$Re_{cr} \approx 2320$。通常临界雷诺数随体系的不同而变化，即使是同一体系，它也会随其外部因素（如圆管内表面粗糙度和流体中的起始扰动程度等）的不同而改变。一般来说，在雷诺数超过上临界雷诺数 $Re_{cr}' \approx 13000$ 时，流动形态转变为稳定的湍流。当 $Re_{cr} < Re < Re_{cr}'$ 时，流动处于过渡区域，是一个不稳定的区域，可能是层流，也可能是湍流。

以上所讲的雷诺数都是以直径 d 作为圆形过水断面的特征长度来表示的。当流道的过水断面是非圆形断面时，可用水力半径 R 作为固体的特征长度，即：

$$R = A/x$$

$$Re = \frac{\bar{v}A}{vx}$$

式中 A——过水断面的面积；

x——过水断面的润湿周长。

取 Re_{cr} 为 500，对于工程中常见的明渠水流，Re_{cr} 则会更低一些，常取 300。

当流体绕过固体（如绕过球体）而流动时，也出现层状绕流（物体后面无旋涡）和紊乱绕流（物体后面形成旋涡）的现象。此时，雷诺数用下式计算：

$$Re = \frac{\bar{v}l}{v}$$

式中 $\bar{v}$——主流体的绕流速度；

l——固体的特征长度（球形物体为直径 d）。

$Re = 1$ 的流动情况称为蠕流。这一判别数据，对于选矿、水力运输等工程计算是很有实用意义的。

【例 2-6】   在水深 $h = 2\text{cm}$，宽度 $b = 80\text{cm}$ 的槽内，水的流速 $v = 6\text{cm/s}$，已知水的运动黏性系数 $v = 0.013\text{cm}^2/\text{s}$，水流处于什么运动状态？如需改变其流态，速度 v 应为多大？

解：对于这种宽槽是属于非圆形断面，可取水深 h 代表水力半径 R，并作为固体特征长度 l。因为 $R = \dfrac{A}{x} = \dfrac{bh}{b + 2h} = \dfrac{80 \times 2}{80 + 2 \times 2}\text{cm} \approx 2\text{cm}$，槽内水流的雷诺数为：

$$Re = \frac{vl}{v} = \frac{6 \times 2}{0.013} = 923 > 300$$

所以此水流处于湍流状态。如需改变流态，应计算出层流的临界速度，即：

$$v = \frac{Re_{cr}v}{R} = \frac{300 \times 0.013}{2}\text{cm/s} = 1.95\text{cm/s}$$

故当 $v \leqslant 1.95\text{cm/s}$ 时水流将改变为层流状态。

2.3.1.5   流动阻力分类

流体运动时，由于外部条件不同，其流动阻力与能量损失可分为以下两种形式。

A   沿程阻力

它是沿流动路程上由于各流体层之间的内摩擦而产生的流动阻力，因此也称为摩擦阻力。在层流状态下，沿程阻力完全是由黏性摩擦产生的。在湍流状态下，沿程阻力的一小部分由边界层内的黏性摩擦产生，主要还是由流体微团的迁移和脉动造成。

B   局部阻力

流体在流动中因遇到局部障碍而产生的阻力称局部阻力。所谓局部障碍，包括流道发生弯曲、流道截面扩大或缩小、流体通道中设置了各种各样的物件，如阀门等。

流体在流动时，上述两类流动阻力都会产生，因此掌握计算流动阻力的方法是必要的。

2.3.2   流体在圆管中的层流运动

2.3.2.1   有效断面上的速度分布

圆管中的层流运动是与管轴对称的，所以在以管轴为中心轴的圆柱面上，其速度 v 和

切应力 τ 将是均匀分布的。取一半径为 r，长度为 l 的圆柱形流体段（图 2-32），设 1—1 及 2—2 断面的中心距基准面 O—O 的垂直高度为 z_1 和 z_2；压力分别为 p_1 和 p_2；圆柱侧表面上的切应力为 τ；圆柱形流体段的重力为 $\pi r^2 l \gamma$。由于所取流体段沿管轴是做等速运动，所以流体段沿管轴方向必满足力的平衡条件，即：

$$\pi r^2 (p_1 - p_2) - 2\pi r l \tau + \pi r^2 l \gamma \sin\theta = 0 \qquad (2\text{-}100)$$

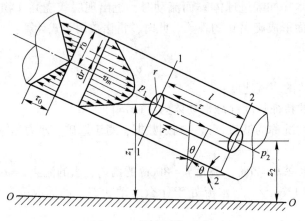

图 2-32　管中层流运动

由图中可知 $\sin\theta = (z_1 - z_2)/l$，由牛顿内摩擦定律可得：

$$\tau = \eta \frac{dv}{dy} = -\eta \frac{dv}{dr}$$

式中　v——半径为 r 处流体的速度。

由于在管壁处的速度为零，故可知 v 随 r 的增加而减小，如图 2-32 左端所示。

将 $\sin\theta$ 及 τ 的关系式代入式（2-29）得：

$$dv = -\frac{\gamma}{2\eta l}\left(\frac{p_1 - p_2}{\gamma} + z_1 - z_2\right) r dr \qquad (2\text{-}101)$$

写出 1 及 2 两断面的总流伯努利方程：

$$z_1 + \frac{p_1}{\gamma} + \frac{v_1^2}{2g} = z_2 + \frac{p_2}{\gamma} + \frac{v_2^2}{2g} + h_f$$

因为是等断面，所以 $v_1 = v_2$，故上式可写为：

$$h_f = \frac{p_1 - p_2}{\gamma} + z_1 - z_2$$

将此关系代入式（2-101），得：

$$dv = -\frac{\gamma h_f}{2\eta l} r dr$$

积分后得：

$$v = -\frac{\gamma h_f}{4\eta l} r^2 + C$$

取边界条件：$r = r_0$ 时，$v = 0$，故积分常数为：

$$C = \frac{\gamma h_\mathrm{f}}{4\eta l} r_0^2$$

结果得：

$$v = \frac{\gamma h_\mathrm{f}}{4\eta l}(r_0^2 - r^2) \qquad (2\text{-}102)$$

式（2-102）即为管中层流有效断面上的速度分布公式。它表明速度在有效断面上按抛物线规律变化，最大速度 v_max 在管轴上，即 $r = 0$ 处，此时：

$$v_\mathrm{max} = \frac{\gamma h_\mathrm{f}}{4\eta l} r_0^2 \qquad (2\text{-}103)$$

2.3.2.2　平均流速和流量

根据平均流速的表达式（2-56）有 $\bar{v} = \dfrac{\displaystyle\int_A v\mathrm{d}A}{\displaystyle\int_A \mathrm{d}A}$ 。注意到 $\mathrm{d}A = 2\pi r\mathrm{d}r$ ，并将式（2-102）代入，得：

$$\bar{v} = \int_0^{r_0} \frac{\gamma h_\mathrm{f}}{4\eta l}(r_0^2 - r^2)2\pi r\mathrm{d}r / \pi r_0^2$$

$$= \frac{\gamma h_\mathrm{f}}{2\eta l r_0^2}\left(\int_0^{r_0} r_0^2 r\mathrm{d}r - \int_0^{r_0} r^3\mathrm{d}r\right)$$

$$= \frac{\gamma h_\mathrm{f}}{2\eta l r_0^2}\left(\frac{r_0^4}{2} - \frac{r_0^4}{4}\right) = \frac{\gamma h_\mathrm{f}}{8\eta l}r_0^2 = \frac{1}{2}v_\mathrm{max} \qquad (2\text{-}104)$$

它表明，层流中平均流速恰好等于管轴上最大流速的一半。如用毕托管测出管轴上的点速，即可利用这一关系计算出圆管层流中的平均流速 $\bar{v}$ 和流量 Q 。

$$Q = \bar{v}A = \frac{\gamma h_\mathrm{f}}{8\eta l} r_0^2 \pi r_0^2 = \frac{\gamma h_\mathrm{f}}{128\eta l}d_0^4 \qquad (2\text{-}105)$$

式（2-105）即为管中层流流量公式，也称亥根-伯肃叶（Hagen-Poiseuille）定律。它表明，流量与沿程损失水头及管径四次方成正比。由于式中的 Q、γ、h_f、l 及 d_0 都是可测出的量，因此利用式（2-105）可求得流体的动力黏性系数 η 。有些黏度计就是根据这一原理制成的。

2.3.2.3　管中层流沿程损失的达西公式

由式（2-104）可写出沿程损失水头为：

$$h_\mathrm{f} = \frac{8\eta l}{\gamma r_0^2}\bar{v} = \frac{32\eta l}{g\rho d^2}\bar{v} \qquad (2\text{-}106)$$

式（2-106）即为管中层流沿程损失水头的表达式。它从理论上说明，沿程损失水头 h_f 与平均流通 $\bar{v}$ 的一次方成正比。这同雷诺实验结果是一致的。

在流体力学中，常用速度头 $\dfrac{\bar{v}^2}{2g}$ 来表示损失水头。为此，将上式加以变化而写成：

$$h_f = \frac{32 \times 2}{\dfrac{\bar{v}\rho d}{\eta}} \frac{l}{d} \frac{\bar{v}^2}{2g} = \frac{64}{Re} \frac{l}{d} \frac{\bar{v}^2}{2g}$$

令
$$\lambda = \frac{64}{Re} \tag{2-107}$$

则
$$h_f = \lambda \frac{l}{d} \frac{\bar{v}^2}{2g}$$

或
$$\Delta p_f = \gamma h_f = \lambda \frac{l}{d} \rho \frac{\bar{v}^2}{2} \tag{2-108}$$

式中 λ ——沿程阻力系数或摩擦阻力系数（无量纲数），它仅由 Re 确定，对于管内层流，$\lambda = \dfrac{64}{Re}$；

$\bar{v}$ ——平均流速，m/s；

h_f ——沿程损失水头（流体柱）；

Δp_f ——沿程压力损失，N/m²。

式（2-108）即为流体力学中著名的达西（Darcy）公式。

如果流量为 Q 的流体，在管中做层流运动时，其沿程损失的功率为：

$$N_f = Q\gamma h_f = \frac{128\eta l Q^2}{\pi d^4} \tag{2-109}$$

式（2-109）表明，在一定的 l、Q 情况下，流体的 η 越小，则损失功率 N_f 越小。在长距离输送石油时，要预先将石油加热到某一温度然后再输送，就是这个道理。

【例2-7】 沿直径 $d = 305\mathrm{mm}$ 的管道，输送密度 $\rho = 980\mathrm{kg/m^3}$、运动黏性系数 $\upsilon = 4\mathrm{cm^2/s}$ 的重油。若流量 $Q = 60\mathrm{L/s}$，管道起点标高 $z_1 = 85\mathrm{m}$，终点标高 $z_2 = 105\mathrm{m}$，管长 $l = 1800\mathrm{m}$。试求管道中重油的压力降及损失功率各为若干？

解：（1）本题所求的压力降，是指管道起点 1 断面与终点 2 断面之间的静压差 $\Delta p = p_1 - p_2$。为此，首先列出 1、2 两断面的总流伯努利方程。因为是等断面管，所以有：

$$z_1 + \frac{p_1}{\gamma} = z_2 + \frac{p_2}{\gamma} + h_f$$

故得压力降：

$$\Delta p = p_1 - p_2 = \gamma(z_2 - z_1 + h_f)$$

可见，须计算沿程水头 h_f，因此应确定流动类型，要先计算 Re：

$$Q = 60\mathrm{L/s} = 0.06\mathrm{m^3/s}$$

$$v = \frac{Q}{A} = \frac{0.06}{0.785 \times 0.305^2}\mathrm{m/s} = 0.824\mathrm{m/s}$$

$$Re = \frac{vd}{\upsilon} = \frac{0.824 \times 0.305}{4 \times 10^{-4}} = 625 < 2320 \text{ 为层流}$$

按达西公式（2-108）求沿程损失水头：

$$h_f = \frac{64}{Re} \frac{l}{d} \frac{v^2}{2g} = \frac{64 \times 1800 \times 0.824^2}{625 \times 0.305 \times 2 \times 9.81}\mathrm{m} = 20.85\mathrm{m}(\text{重油柱})$$

将已知值代入，则得压力降：

$$\Delta p = \gamma(z_2 - z_1 + h_f) = 980 \times 9.81(105 - 85 + 20.85)\text{N/m}^2 = 394000\text{N/m}^2$$

（2）计算损失功率，将已知值代入式（2-109）中，得：

$$N_f = \frac{128\eta l Q^2}{\pi d^4} = \frac{128 \times 980 \times 4 \times 10^{-4} \times 1800 \times 0.06^2}{3.14 \times 0.305^4}\text{W} = 12050\text{W}$$

或

$$N_f = Q\gamma h_f = 0.06 \times 980 \times 9.81 \times 20.85\text{W} = 12050\text{W} = 12.05\text{kW}$$

2.3.3 流体在平行平板间的层流运动

2.3.3.1 运动微分方程

设有相距为 $2h$ 的两块平行板如图 2-33 所示，其垂直于图面的宽度假定是无限的。质量力为重力的流体，在其间做层流运动。现在来分析其速度分布、流量及水头损失计算问题。

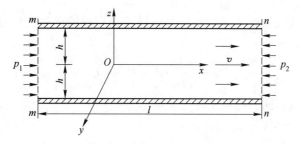

图 2-33 平行平板间的层流运动

因为质量力只有重力，取坐标系如图 2-33 所示，则得单位质量力在各轴上的投影分别为 $X = 0$，$Y = 0$，$Z = -g$。因为是定常（稳态）流动，故有：

$$\frac{\partial p}{\partial t} = \frac{\partial v_x}{\partial t} = \frac{\partial v_y}{\partial t} = \frac{\partial v_z}{\partial t} = 0$$

又因为速度 v 与 x 轴方向一致，故有：$v_x = v$，$v_y = v_z = 0$

由此可得：

$$\frac{\partial v_y}{\partial y} = 0 , \quad \frac{\partial^2 v_y}{\partial y^2} = \frac{\partial^2 v_y}{\partial x^2} = \frac{\partial^2 v_y}{\partial z^2} = 0$$

及

$$\frac{\partial v_z}{\partial z} = 0 , \quad \frac{\partial^2 v_z}{\partial z^2} = \frac{\partial^2 v_z}{\partial y^2} = \frac{\partial^2 v_z}{\partial x^2} = 0$$

由于假定平板沿 y 方向是无限宽的，则在此方向的边界面对流体运动无影响，故有：

$$\frac{\partial v_y}{\partial y} = 0 , \quad \frac{\partial^2 v}{\partial y^2} = \frac{\partial^2 v_x}{\partial x^2} = \frac{\partial^2 v_y}{\partial y^2} = \frac{\partial^2 v_z}{\partial z^2} = 0$$

由上述条件可知，p，v 都不是时间 t 的函数，v 仅是坐标 z 的函数，将其代入式（2-80），得：

$$-\frac{1}{\rho}\frac{\partial p}{\partial x} + v\frac{\partial^2 v}{\partial z^2} = 0$$

$$-\frac{1}{\rho}\frac{\partial p}{\partial y} = 0 \tag{2-110}$$

$$-g - \frac{1}{\rho}\frac{\partial p}{\partial z} = 0$$

式（2-110）中的第一式可改写为：

$$\frac{\partial p}{\partial x} = \eta \frac{\partial^2 v}{\partial z^2} \qquad (2-111)$$

因为是黏性流体在水平的平板间流动，故：

$$v = -\frac{\Delta p}{2\eta l} z^2 + C_1 z + C_2 , \quad \frac{\partial p}{\partial x} = -\frac{p_1 - p_2}{l} = -\frac{\Delta p}{l}$$

又因 v 只是 z 的函数，式（2-111）等号右边可写成 $\eta \dfrac{\partial^2 v}{\partial z^2} = \eta \dfrac{\mathrm{d}^2 v}{\mathrm{d} z^2}$。将此两式代回到式 (2-111)中去，则有：

$$\frac{\mathrm{d}^2 v}{\mathrm{d} z^2} = -\frac{\Delta p}{\eta l} \qquad (2-112)$$

式（2-112）即为黏性流体在水平的平板间做层流运动时的运动微分方程。将其积分两次可得：

$$v = -\frac{\Delta p}{2\eta l} z^2 + C_1 z + C_2 \qquad (2-113)$$

积分常数 C_1、C_2 可从不同的边界条件去求得。

2.3.3.2　应用举例

（1）$\Delta p = 0$，上板以定速 v_0 运动，下板不动，如图 2-34 所示。

在这种情况下，边界条件是：

$z = +h$ 时，　　　　　　　　　　$v = v_0$

$z = -h$ 时，　　　　　　　　　　$v = 0$

由此可定出两个积分常数为：

$$C_1 = \frac{v_0}{2h} , \quad C_2 = \frac{v_0}{2}$$

代入式（2-113）得：

$$v = \frac{v_0}{2}\left(1 + \frac{z}{h}\right) \qquad (2-114)$$

上式表明，两个平行平板间的流体层流运动，其速度呈线性规律分布。润滑油在轴颈与轴承间的流动，就是属于这种例子之一。

如图 2-35 所示，因轴承不动，轴颈以等角速度绕轴线做旋转运动；而轴承与轴颈间的环形间隙 Δ 远小于轴颈直径 d，也远小于轴颈长度 B，故可将此环形间隙视为无限宽的两平行平板间的间隙。润滑油在这其间流动，其过水断面为 $A = B\Delta$，湿周为 $x = 2B + 2\Delta$，故水力半径为：

$$R = \frac{A}{x} = \frac{B\Delta}{2B + 2\Delta} \approx \frac{\Delta}{2}$$

若以水力半径作为过水断面上的特征长度，则雷诺数为 $Re = \dfrac{\rho v R}{\eta} = \dfrac{\rho v \Delta}{2\eta}$。

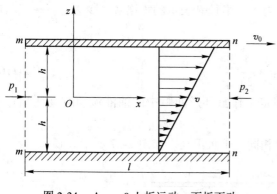

图 2-34 $\Delta p = 0$ 上板运动，下板不动

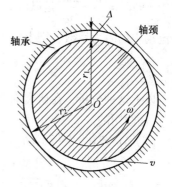

图 2-35 轴颈轴承

一般来说，润滑油的 η 值很大，Δ 值很小，故通常 Re 值很小，流动属于层流。但必须注意，只有当轴颈负荷小、转速高，因而轴承与轴颈几乎同心时才可以这样分析。

（2）$\Delta p \neq 0$，两板均静止，如图 2-36 所示。

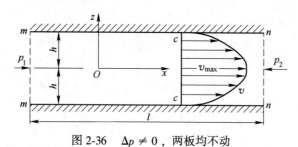

图 2-36 $\Delta p \neq 0$，两板均不动

此时的边界条件：

$z = + h$ 时，$\qquad\qquad\qquad v = 0$

$z = - h$ 时，$\qquad\qquad\qquad v = 0$

由此可得：

$$v = \frac{\Delta p}{2\eta l}(h^2 - z^2) \tag{2-115}$$

上式说明：在这样的平行平板中间，任意过水断面 c—c 上的速度是按抛物线规律分布的。

1）平均速度 $\bar{v}$：若取 y 轴方向（与图面垂直）的宽度为 B，由此得：

$$\bar{v} = \frac{Q}{A} = \frac{1}{2hB}\int_{-h}^{+h} v \mathrm{d}zB = \frac{1}{2hB}\int_{-h}^{+h} \frac{\Delta p}{2\eta l}(h^2 - z^2) \mathrm{d}zB$$

$$= \frac{1}{2hB} \times \frac{2}{3} \frac{\Delta p}{\eta l} h^3 B = \frac{\Delta p h^2}{3\eta l}$$

2）水头损失 h_f：因为是均匀流动，故：

$$h_\mathrm{f} = \frac{\Delta p}{\gamma} = \frac{1}{\gamma}\frac{3\eta l \bar{v}}{h^2} = \frac{24\eta}{2h\rho\bar{v}}\frac{1}{2h}\frac{\bar{v}^2}{2g} = \frac{24}{Re_{2h}}\frac{1}{2h}\frac{\bar{v}^2}{2g}$$

式中，$Re_{2h} = \dfrac{\bar{v}R}{v} = \dfrac{2h\bar{v}}{v}$ 是以液流深度 $2h$ 作为水力半径 R 表示的雷诺数。令 $\lambda = \dfrac{24}{Re_{2h}}$ 表示这种流动中的阻力系数，则上式为：

$$h_f = \lambda \frac{1}{2h} \frac{\bar{v}^2}{2g} \tag{2-116}$$

以上这种分析，在研究固定柱塞与固定工作缸环形间隙中的油液流动时（两端存在 Δp）是适用的。

（3）$\Delta p \neq 0$，上板运动，v 与 Δp 方向相同，下板不动。如图 2-37 所示。

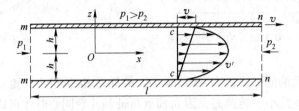

图 2-37　上板运动，下板不动

边界条件为：

$z = +h$ 时，　　　　　　　　　　　　$v' = v$

$z = -h$ 时，　　　　　　　　　　　　$v' = 0$

由此可得：

$$v' = \frac{\Delta p}{2\eta l}(h^2 - z^2) + \frac{v}{2}\left(1 + \frac{z}{h}\right) \tag{2-117}$$

从图 2-37 看出，这种平行平板之间的流速分布规律正是前面两种速度分布的合成。

2.3.4　边界层的基本概念

从前面各节可以看到，对于实际流体的流动，无论流动形态是层流还是湍流，真正能够求解的问题很少。这主要是因为流体流动的控制方程本身是非线性的偏微分方程，处理非线性偏微分方程的问题是当今科学界的一大难题，至今还没有一套完整的求解方案。但在实际工程中的大多数问题，是流体在固体容器或管道限制的区域内的流动，这种流动除靠近固体表面的一薄层流体速度变化较大之外，其余的大部分区域内的速度梯度很小。对具有这样特点的流动，控制方程可以简化。由于远离固体壁面的大部分流动区域流体的速度梯度很小，可略去速度的变化，这部分流体之间将无黏性力存在，视为理想流体，用欧拉方程或伯努利方程就可求解。而靠近固体壁面的一个薄层——称为流动边界层，在它内部由于速度梯度较大，不能略去黏性力的作用，但可以利用边界层很薄的特点，在边界层内把控制方程简化后再求解。这样对整个区域求解的问题就转化为求解主流区内理想流体的流动问题和靠近壁面的边界层内的流动问题。当然，在这样的求解过程中还有一个重要的求解对象，就是两个区域的分界线，即下面我们要谈到的边界层厚度的问题。普朗特于 1904 年首先提出这种把受固体限制的流动的问题转化为两个区域来求解的思想，他的工作为把黏性流体流动的理论应用于实际问题中开辟了一条道路，同时也进一步明确了研究无黏性流体（理想流体）流动的实际意义，在流体力学的发展史上发挥了非常重要的作用。

2.3.4.1　边界层的定义

流体在绕流过固体壁面流动时紧靠固体壁面形成速度梯度较大的流体薄层称为边界层。随着流体流过壁面的距离不断增加，因受壁面黏性力传递的影响边界层的厚度在不断加厚，如图 2-38 所示。但不管边界层厚度怎样变化，我们总是把流速相当于主流区速度的 0.99 处（即 $v = 0.99v_0$）到固体壁面间的距离定义为边界层的厚度。这样，边界层以外的速度变化量充其量只有 1/100，这与前述仅在边界层内部有速度变化的观点是相一致的。

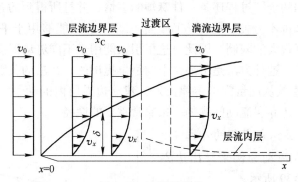

图 2-38　边界层定义

2.3.4.2　边界层的形成与特点

如图 2-38 所示，当流体流过一平板时，与平板紧临的流体受平板的黏附作用而与平板保持相对停止，其他边界层内的流体依次受到下层流体的黏性力作用而使其速度减小，在固体的壁面附近就形成了有较大的速度变化的边界层。

我们知道流体流过管道时，两种不同的流动形态的判别标准是雷诺数 $Re = Dv\rho/\eta$。当 $Re < Re_{cr}$ 时流动形态为层流；$Re > Re_{cr}$ 时流动形态为湍流。对于流体绕平板的流动，两种不同流态的分界线仍然由雷诺数给出，只不过这时的雷诺数表示形式为 $Re_x = xv_0\rho/\eta$，这里 x 为流体进入平板的长度，v_0 为主流区速度。对光滑平板而言，$Re_x < 2 \times 10^5$ 时流体为层流，$Re_x > 3 \times 10^6$ 时流体为湍流，而 $2 \times 10^5 \leqslant Re_x \leqslant 3 \times 10^6$ 为层流到湍流的过渡区。

由图 2-38 所示的平板绕流流动来分析边界层的特点：

（1）层流区：流体绕流进入平板后，当进流长度不是很长，$x < x_C$（x_C 为对应于 $Re_x = 2 \times 10^5$ 的进流深度），这时 $Re_x < 2 \times 10^5$，边界层内部为层流流动，这一区域称为层流区。

（2）过渡区：随着进流深度的增长，当 $x > x_C$，使得 $Re_x > 2 \times 10^5$，且 $Re_x < 3 \times 10^6$ 时，边界层内处于一种不清楚的流动形态，部分为层流，部分为湍流，故称为过渡区。在这一区域内边界层的厚度随进流深度增加得相对较快。

（3）湍流区：随着进流深度的进一步增加，使得 $Re_x > 3 \times 10^6$，这时边界层内流动形态已进入湍流状态，边界层的厚度随进流深度的增加而迅速增加。

应当注意，无论是过渡区还是湍流区，边界层最靠近壁面的一层始终做层流流动，这一层称为层流底层，这主要是因为在最靠近壁面处壁面的作用使该层流体所受的黏性力永远大于惯性力所致。这里要特别说明的是，边界层与层流底层是两个不同的概念。层流底层是根据有无脉动现象来划分的，而边界层则是根据有无速度梯度来划分的。因此，边界层内的流动既可以为层流，也可以为湍流。

2.3.5　边界层动量积分方程

从普朗特边界层理论的思想出发，将不可压缩流体的纳维尔-斯托克斯（N-S）方程简化到普朗特边界层方程，方程的形式被大大简化，数学上求解的困难也大大减小。但无论怎样，普朗特方程的求解过程还是一件麻烦的事情，并且所得到的布拉修斯解还是一个无穷级数，使用起来也不方便；另一方面，布拉修斯解只能够用于平板表面的层流边界层，其应用也受到了很大的限制。因此，这里引入能用于不同流动形态和不同几何形状边界层问题的近似解法，这种方法是由冯·卡门最早提出的。此法的关键是避开复杂的纳维尔-斯托克斯方程，直接从动量守恒定律出发，建立边界层内的动量守恒方程，然后对其求解。它是求解复杂边界层流动问题的一条非常重要的途径。

2.3.5.1　边界层积分方程的建立

现以二维绕平面流动为例来导出边界层积分方程，如图 2-39 所示。

首先对控制体（单元体）做动量平衡计算（在计算过程中取垂直于纸面 z 方向为单位长度）：

（1）流体从 AB 面单位时间流入的动量记为 M_x。由图 2-39 可知，从 AB 面单位时间流入的质量为：

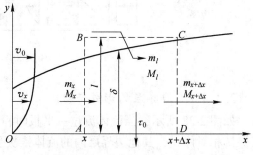

图 2-39　平面流体及单元体

$$m_x = \int_0^l \rho v_x \mathrm{d}y$$

所以

$$M_x = \int_0^l \rho v_x^2 \mathrm{d}y \tag{2-118}$$

（2）流体从 CD 面单位时间流出的动量记为 $M_{x+\Delta x}$，从 CD 面单位时间流出的质量为：

$$m_{x+\Delta x} = \int_0^l \rho v_x \mathrm{d}y + \frac{\mathrm{d}}{\mathrm{d}x}\left(\int_0^l \rho v_x \mathrm{d}y\right)\Delta x$$

所以

$$M_{x+\Delta x} = \int_0^l \rho v_x^2 \mathrm{d}y + \frac{\mathrm{d}}{\mathrm{d}x}\left(\int_0^l \rho v_x^2 \mathrm{d}y\right)\Delta x \tag{2-119}$$

（3）流体从 BC 面单位时间流入的动量为 M_l，由质量守恒可知，因为 AD 面没有流体的流入与流出，所以 BC 面流入的质量流量必须等于 CD 面及 AB 面上的质量流量之差，即：

$$m_l = m_{x+\Delta x} - m_x = \frac{\mathrm{d}}{\mathrm{d}x}\left(\int_0^l \rho v_x \mathrm{d}y\right)\Delta x$$

又因为 BC 面取在边界层之外，所以流体沿 x 方向所具有的速度近似等于 v_0，由 BC 面流入的动量的 x 分量为：

$$M_l = m_l v_0 = v_0 \frac{\mathrm{d}}{\mathrm{d}x}\left(\int_0^l \rho v_x \mathrm{d}y\right)\Delta x \tag{2-120}$$

（4）AD 面上的动量：由于 AD 是固体表面，无流体通过 AD 流入或流出，即质量通量为零，但由黏性力决定的黏性动量是存在的，其量为 τ_0，所以在控制体内由 AD 面单位时间传给流体的黏性动量为 $\tau_0 \Delta x$。

沿 x 方向一般来说可能还会存在着压力梯度，所以作用在 AB 面与 CD 面上的压力差而施加给控制体的冲量为：

$$I_p = \int_0^l p\mathrm{d}y - \left[\int_0^l p\mathrm{d}y + \frac{\mathrm{d}}{\mathrm{d}x}\left(\int_0^l p\mathrm{d}y\right)\Delta x\right] = -\frac{\mathrm{d}}{\mathrm{d}x}\left(\int_0^l p\mathrm{d}y\right)\Delta x \qquad (2\text{-}121)$$

讨论边界层微分方程时我们知道 $\partial p/\partial y = 0$，所以：

$$I_p = -\frac{\mathrm{d}p}{\mathrm{d}x}\Delta x l \qquad (2\text{-}122)$$

由动量守恒可得：

$$\int_0^l \rho v_x^2 \mathrm{d}y - \left[\int_0^l \rho v_x^2 \mathrm{d}y + \frac{\mathrm{d}}{\mathrm{d}x}\left(\int_0^l \rho v_x^2 \mathrm{d}y\right)\Delta x\right] +$$
$$v_0 \frac{\mathrm{d}}{\mathrm{d}x}\left(\int_0^l \rho v_x \mathrm{d}y\right)\Delta x - \tau_0 \Delta x - \frac{\mathrm{d}p}{\mathrm{d}x}\Delta x l = 0$$

即

$$\frac{\mathrm{d}}{\mathrm{d}x}\left[\int_0^l \rho(v_0 - v_x)v_x\mathrm{d}y\right] = \tau_0 + \frac{\mathrm{d}p}{\mathrm{d}x}l \qquad (2\text{-}123)$$

将积分 $\int_0^l$ 换为 $\int_0^\delta + \int_\delta^l$，且注意到 $y > \delta$ 时，$v_x \approx v_0$，得：

$$\frac{\mathrm{d}}{\mathrm{d}x}\left[\int_0^\delta \rho(v_0 - v_x)v_x\mathrm{d}y\right] = \tau_0 + \frac{\mathrm{d}p}{\mathrm{d}x}\delta \qquad (2\text{-}124)$$

式（2-124）为边界层积分方程，也称冯·卡门方程。

对绕平板流动按前面的分析 $\frac{\mathrm{d}p}{\mathrm{d}x}$ 是一个小量，可略去，这时方程可简化为：

$$\frac{\mathrm{d}}{\mathrm{d}x}\left[\int_0^\delta \rho(v_0 - v_x)v_x\mathrm{d}y\right] = \tau_0 \qquad (2\text{-}125)$$

式（2-125）称为简化的冯·卡门方程。应该说明的是，在推导冯·卡门方程时，没有对边界层内的流动形态附加任何限制，所以这个方程可适用于不同流动形态，只要是不可压缩流体就行。冯·卡门方程是由一个小的有限控制体而得出来的，故仅是一种近似求解方案。它也可由普朗特微分方程通过积分而得来，这里不详细给出推导过程，有兴趣的读者可参阅有关书籍。

2.3.5.2 层流边界层积分方程的解

波尔豪森是最早解出冯·卡门积分方程解的人，他分析了冯·卡门方程的特点，并假设在层流情况下速度分布曲线是 y 的三次方函数关系，即：

$$v_x = a + by + cy^2 + dy^3 \qquad (2\text{-}126)$$

式中，a，b，c，d 是一些特定常数，可由一些边界条件来确定。这些边界条件是：

（1）$y = 0$ 时，$v_x = 0$；

（2）$y > \delta$ 时，$v_x = v_0$；

（3）$y > \delta$ 时，$\frac{\partial v_x}{\partial y} = 0$；

（4） $y = 0$ 时，$\dfrac{\partial^2 v_x}{\partial y^2} = 0$。

前三个边界条件是显然的，而第四个边界条件的得出是因为 $v_x \big|_{y=0} = v_y \big|_{y=0} = 0$，再结合普朗特微分方程 $v_x \dfrac{\partial v_x}{\partial x} + v_y \dfrac{\partial v_x}{\partial y} = v \dfrac{\partial^2 v_x}{\partial y^2}$，并取 $y = 0$ 时而得到。

利用上述边界条件而定出式（2-126）中的系数为：

$$a = 0，c = 0，b = \frac{3}{2} \times \frac{v_0}{6}，d = -\frac{v_0}{2\delta^3}$$

因此速度分布可表示为：

$$v_x = \frac{v_0}{2\delta}\left(3y - \frac{y^3}{\delta^2}\right)$$

即

$$\frac{v_x}{v_0} = \frac{3}{2}\frac{y}{\delta} - \frac{1}{2}\left(\frac{y}{\delta}\right)^3 \tag{2-127}$$

式（2-127）为速度分布与边界层厚度之间的一个关系式，联立它与式（2-125），可求出速度分布与边界层厚度：

$$\delta = 4.64\sqrt{\frac{vx}{v_0}} = 4.64\frac{1}{\sqrt{Re_x}} \tag{2-128}$$

式（2-128）为边界层厚度随进流距离变化的关系，它与微分方程解出的结论基本相符。有了边界层厚度的公式，速度场就由式（2-127）具体给出，所以式（2-127）与式（2-128）是边界层积分方程的层流边界层的条件下最终的解。它像边界层微分方程理论给出的结论一样，也回答了边界层内的速度变化及边界层厚度分布的问题。

2.3.5.3　湍流边界层内积分方程的解

在湍流情况下，冯·卡门积分方程式（2-125）中 τ_0 为一般的应力项，要想解上述方程也必须补一个 v_x 与 δ 之间的关系式，它不能由波尔豪森的三次方函数关系给出。

借助于圆管内湍流速度分布的 1/7 次方定律：

$$v_x = v_0\left(\frac{y}{R}\right)^{1/7} \tag{2-129}$$

用边界层厚度 δ 代替式中的 R 得到：

$$v_x = v_0\left(\frac{y}{\delta}\right)^{1/7} \tag{2-130}$$

用它来代替多项式的速度分布，根据圆管湍流阻力的关系式，得出壁面切应力 τ_0 为：

$$\tau_0 = 0.0225\rho v_0^2\left(\frac{v}{v_0\delta}\right)^{1/4} \tag{2-131}$$

用它代替牛顿黏性力，代入式（2-129）可解得：

$$\delta = 0.37\left(\frac{v}{v_0 x}\right)^{1/5} x \tag{2-132}$$

式（2-132）为湍流边界层厚度的分布，把它代入式（2-130）即可求出湍流边界层的速度分布。从式（2-132）还可以看出，湍流边界层厚度 $\delta \propto x^{4/5}$ 与层流时 $\delta \propto x^{1/2}$ 相比，

边界层厚度随 x 增加的要快得多，这也是湍流边界层区分子层流边界的一个显著特点。

2.4 动量传输的类别

在冶金与材料制备及加工中，都存在着特殊的流体流动。例如，炼铁高炉中的气固两相流动、炼钢转炉中的气液两相流动、炼铜的埋吹、钢包底吹、泡沫材料制备及复合材料压力渗透工艺中的流体通过填料层的流动、材料加工中的热气体流动等。

本节对在冶金与材料制备及加工中经常出现的气液两相流动、气固两相流动和热气体的流动进行深入分析，并说明其对生产过程的影响。

2.4.1 气液两相流动

2.4.1.1 气体流过液体表面的流动

气体流过液体表面时，流动着的液体流向可能与气体射流同向或反向。一股初速度为 v_0 的气体射入静止液体表面、与气体逆向的液体表面、与气体同向的液体表面的情况，分别如图 2-40 所示，液体的流速为 v_L。气体流过液体表面时的特性与前述半限制射流的情况有很多共同点，当射流速度不大时，形成具有一定厚度的层流射流边界层；当流动速度增大，雷诺数增加并超过某一临界值时，将出现紊流边界层。雷诺数的临界值与来流的扰动情况有关，一般认为，当 $Re > 7.0 \times 10^4$ 时就形成紊流边界层。工程实际中遇到的都是紊流情况，且射流边界层内无压力变化，射流截面上速度分布相似，截面上动量保持不变。

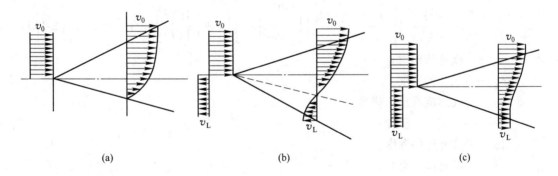

(a)　　　　　　　　　　(b)　　　　　　　　　　(c)

图 2-40　气体射流掠过液体表面
（a）静止；（b）逆向；（c）同向

2.4.1.2 气体喷入液体的流动

首先讨论气体水平喷入液体中的流动。当气体自直径为 d_0 的喷口以速度 v_0 喷入液体中时，由于气体流本身具有较大速度而产生前冲力，同时，气体又受到液体的浮力作用，所以在气流喷入液体一定深度后（即射流的穿透深度）将转向，其运动轨迹 oo' 将与水平线呈一角度 θ，如图 2-41 所示。θ 值由气体的原始动量和所受液体的浮力比值所确定，即：

$$\tan\theta = \frac{浮力(F)}{原始动量(M_0)}$$

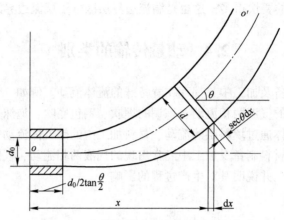

图 2-41　气体水平喷入液体的运动轨迹

显然

$$\frac{\mathrm{d}(\tan\theta)}{\mathrm{d}x} = \frac{1}{M_0} \cdot \frac{\mathrm{d}F}{\mathrm{d}x} \tag{2-133}$$

式（2-133）即为描述运动轨迹 oo' 的基本公式。

当喷口水平布置时：

$$\frac{\mathrm{d}^2Y}{\mathrm{d}X^2} = 4\left[\frac{(\rho_1 - \rho_g)gd_0}{\rho_1 v_0^2}\tan^2\left(\frac{\theta_c}{2}\right)\right]\left[1 + \left(\frac{\mathrm{d}Y}{\mathrm{d}X}\right)^2\right]^{\frac{1}{2}}x^2c \tag{2-134}$$

当喷口与水平线呈 θ_0 角布置时：

$$\frac{\mathrm{d}^2Y}{\mathrm{d}X^2} = 4\left[\frac{(\rho_1 - \rho_g)gd_0}{\rho_1 v_0^2}\right]\left[\frac{\tan^2\left(\frac{\theta_c}{2}\right)}{\cos\theta_0}\right]\left[1 + \left(\frac{\mathrm{d}Y}{\mathrm{d}X}\right)^2\right]^{\frac{1}{2}}x^2c \tag{2-135}$$

式中　ρ_1——液体的密度；

$\quad\quad\rho_g$——气体的密度；

$\quad\quad\theta_c$——气体流股出口张角；

$\quad\quad x$——气流喷入深度；

$\quad\quad \mathrm{d}x$——微元体的深度；

$\quad\quad d$——微元体的直径；

$\quad\quad y$——微元体与喷口中心线的距离；

$\quad\quad c$——气体在微元体中的比例。

除上述参数之外，$X = x/d_0$；$Y = y/d_0$。

若给出边界条件，求解式（2-134）和式（2-135）可获得气体水平喷入液体中的流动规律。

其次讨论气体垂直喷入液体中的流动。气体流股从容器底部垂直喷入液体介质中的流动特征，如图 2-42 所示。气体流股喷入容器后即形成大量气泡，上浮的气泡驱动液体随其向上流动，形成上升的气泡柱，这个区域的液体被加速，常称为力作用区（图中 A 区）。被加速的液滴离开力作用区，像射流那样喷射到系统的其余部分区域，一般称为射流区（图中 B 区）。当射流冲击容器壁或自由表面时就会产生折射，并取壁面或自由表面的方向。在器壁处射流再次折射向下移动。为了加速力作用区的液体，必须把力作用区以外的液体引入力作用区的液体中。对于封闭体系来说，这部分液体仅来自非射流区，这个区域称为回流区（图中 C 区）。对流循环的流股和整个容器内的紊流扩散，使得容器内的液体可以进行迅速地混合。

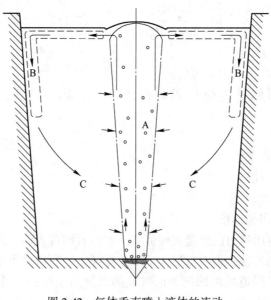

图 2-42　气体垂直喷入液体的流动
A—力作用区；B—射流区；C—回流区

气流从容器底部垂直喷入液体内部时，需要确定所需的最低压力，否则无法形成气柱。喷入所需的最低压力与液体密度及深度有关，可用式（2-136）计算：

$$p_c = \rho_1 g H \tag{2-136}$$

式中　p_c——喷入所需的最低压力，Pa；

　　　ρ_1——液体密度，kg/m^3；

　　　H——液体深度，m。

2.4.1.3　气体垂直喷向液体表面的流动

图 2-43 所示为气体以超声速从喷嘴流出后的射流。气流喷出后，一部分气流流速降到声速或亚声速，但还存在一个超声速核心，如图 2-43 中①所示。超声速核心在与喷嘴相距一定距离处消失，此后整个射流都为声速及亚声速。在超声速核心区，射流沿高度几乎不扩张，达到衰变点后，射流就以一定的夹角扩张，而且马赫数越大，扩张角越小。超声速射流中心线处的冲击压力实际上全部为动压力，随马赫数的增加而增加；而且该动压力随着与喷口距离的增加而急剧下降，但其下降程度与马赫数无关。

当超声速气流从初速度 v_0 喷向液体表面时，则形成如图 2-44 所示的凹坑，显然，射流特性对凹坑的形状有决定

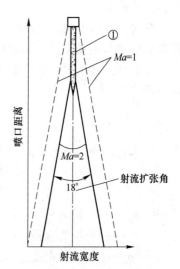

图 2-43　超声速射流图

性影响。图 2-44 中，v_c 表示射流断面速度，H_c 表示射流穿透深度。实验表明，随着动量的增加，穿透深度增加；随着喷口与液面距离的增加，穿透深度急剧减小，它们之间的关系为：

$$\frac{H_c}{H_0}\left(\frac{H_0+H_c}{H_0}\right)^2 = \frac{154M_0}{2\pi g\rho_1 H_0^3} \tag{2-137}$$

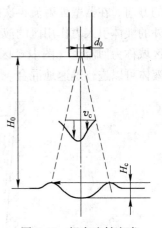

图 2-44　超声速射流喷向液面的流动

式中　H_c——穿透深度；

$\quad\quad H_0$——喷嘴与静止液面的距离；

$\quad\quad M_0$——单位时间通过喷口截面的动量，且 $M_0 = \frac{\pi}{4}d_0^2\rho_g v_0^2$；

$\quad\quad \rho_1$——液体的密度；

$\quad\quad \rho_g$——气体的密度；

$\quad\quad d_0$——喷口直径；

$\quad\quad v_0$——气体喷出初速度。

根据空气射流向水面喷射的模型实验证实，水沿着凹坑表面上升，经凹坑凸缘后，沿凹坑周边的外表面流向器壁，再沿器壁向下产生循环流，在器壁附近形成涡流。容器内液体的这种运动，是由于射流冲击凹坑表面气流的摩擦力引起的。若在增加射流速度的同时，减小喷口与液面的距离，那么，就有促进在凹坑表面上产生冲击波的趋势。在冲击波作用下，液体被破碎成液滴并呈抛物线状飞散，这就是所谓的喷溅现象。

2.4.2　气固两相流动

气固两相流动存在着不同的形式，这里的固相是指粒状的固体料块和由料块堆积的散料层而言。因此，气固两相流动实际上是气体与固体料块的混合流动过程。如将固体料块或由料块堆积的散料层作为气体的流动对象，则气固两相流动一般可视为气体通过料块或散料层的流动。

料块在气体中的沉降或浮升，决定于料块在气体中的下降力，还有料块在下降（或浮升）的相对运动中，气体对料块的作用力及阻力（拖力）的平衡关系。

设有处于静止状态的一个球形料块，气体自下向上从其周围流过，淹没于气流中的料块下降力为：

$$G = (\rho_s - \rho)g\frac{\pi}{6}d_s^3 \tag{2-138}$$

气体对料块的拖力为：

$$F = k\frac{v^2}{2}\rho\frac{\pi}{4}d_s^2 \tag{2-139}$$

式中　ρ_s——料块的密度；

$\quad\quad d_s$——料块的直径；

$\quad\quad \rho$——气体的密度；

$\quad\quad v$——气流速度。

在两作用力平衡状况不同时，料块也随之处于不同的运动状态。当 $G > F$ 时，料块在气流中下降；$G = F$ 时，料块在气流中悬浮（不动）；$G < F$ 时，料块随气流上升。

气体通过散料层的流动与上述情形相类似。根据力的平衡关系，相应有三种不同流动状态，即：

（1）固定料层流动。这种流动属于料层的下降力大于气体对它的拖力的情况。在气体流过料层时，料块相互堆积的位置不变，气体从料块间的孔隙通过。当整个料层下降很慢、与气体流速相比很小时，也可视为固定料层流动，如炼铁高炉、化铁炉等竖炉就属于此种情况。

（2）流化料层流动。流化料层相当于两种作用力平衡条件下所出现的两相流动。此时，料层中的料块有移动，料块之间脱离固定接触位置，整个料层松动，料块悬浮于气流中而不被气流带走，从而形成沸腾状态的料层，如流态化干燥过程。

（3）气动输送过程。若气流对料层的作用力超过料层的下降力时，则流动状态由流态化转入气动输送状态。此时，料层中的料块与气流混合，固体料块被带出料层而与气体一起流动，如喷粉脱硫、粉煤喷吹等气动输送的管道系统，即为气固两相混合流的输送过程。

2.4.2.1　固定料层流动

A　气体流过固定料层时的压力降及埃根方程

气流流过散料层时因阻力而消耗能量。对气体而言，阻力表现为通过散料层而产生的压力降。求解散料层阻力损失的典型方法称为"管束理论"。这种方法是将气体通过的料层中不规则的孔隙通道，看成由平行导管并联而成的管束，先按管束过流情况从理论上确定阻力损失或气流压降，再按料层特性因素由实验方法给以补正，确定出实际料层的压降公式。

在工程计算中，通常以气体的体积流量和料层的总截面积（即容器的总截面积）来定义流速，按流量公式有：

$$v_0 = \frac{q_V}{A_0} \tag{2-140}$$

式中　q_V——气体的体积流量，m^3/s；

A_0——料层的总截面积，m^2。

气流在孔隙中的流速，也可按照流量公式定义为：

$$v = \frac{q_V}{A} \tag{2-141}$$

式中　A——孔隙通道的总截面积，m^2。

由式（2-140）和式（2-141）可得：

$$\frac{v_0}{v} = \frac{A}{A_0} \tag{2-142}$$

将料层中孔隙的总体积（V_b）与料层总体积（V_a）之比定义为孔隙率，以 ω 表示，则有：

$$\omega = \frac{V_b}{V_a} = \frac{L \cdot A}{L \cdot A_0} = \frac{A}{A_0} \tag{2-143}$$

式中　L——料层高度。

料层中孔隙的当量直径按式（2-144）计算：

$$D_k = \frac{4V_b}{A_b} \tag{2-144}$$

式中　D_k——料层中孔隙的当量直径；

　　　A_b——料层中孔隙的总表面积。

料块的总体积为 V_s，且 $V_s = V_a - V_b$，则由式（2-143）得：

$$V_s = V_a - \omega V_a = (1 - \omega)V_a \tag{2-145}$$

将单位体积料块所具有的表面积定义为比表面积，以 S_0 表示，则：

$$A_b = S_0 V_s = S_0(1 - \omega)V_a \tag{2-146}$$

将式（2-143）及式（2-146）代入式（2-144）得：

$$D_k = \frac{4\omega V_a}{S_0(1 - \omega)V_a} = \frac{4\omega}{S_0(1 - \omega)} \tag{2-147}$$

根据管束摩擦阻力公式推得，气体通过散料层的压降公式为：

$$\frac{\Delta p}{H} = \frac{4.2\mu S_0^2(1 - \omega)^2 v_0}{\omega^3} + \frac{0.292\rho S_0(1 - \omega)v_0^2}{\omega^3} \tag{2-148}$$

式中　Δp——散料层的压降；

　　　H——散料层的长度（高度）；

　　　μ——气体的黏度；

　　　v_0——定义流速；

　　　ρ——气体密度；

　　　ω——孔隙率；

　　　S_0——比表面积。

式（2-148）称为埃根（Ergun）方程。方程等号右边第一项为黏性项，第二相为惯性项。若 $Re < 2$，则可忽略惯性项而只计算黏性项；$Re > 100$ 时，则可忽略黏性项而只计算惯性项；$Re = \dfrac{\rho v_0}{\mu S_0(1 - \omega)}$。

若料块为均匀球形料块，则：

$$\frac{\Delta p}{H} = \frac{150\mu(1 - \omega)^2 v_0}{d^2 \omega^3} + \frac{1.75\rho(1 - \omega)v_0^2}{d\omega^3} \tag{2-149}$$

式中　d——球形料块直径。

B　料层特性及压降公式修正

散料层的特性是指料层的孔隙率及比表面积。若按式（2-148）进行计算时，首先需要确定 ω 及 S_0；若按式（2-149）进行计算时，则应按料层的特性来修正。

a　料层孔隙率

按前述定义：

$$\omega = \frac{V_b}{V_a} = \frac{V_b}{V_b + V_s} \tag{2-150}$$

以及
$$1 - \omega = 1 - \frac{V_b}{V_b + V_s} = \frac{V_s}{V_a} \tag{2-151}$$

对不规则的料块，V_s 及 V_b 很难计算，此时 ω 可按下述方法确定。设料层、流体、料块的质量分别为 m_a、m、m_s，则有如下关系存在：

$$m_a = m + m_s \quad \text{或} \quad \frac{m_a}{V_a} = \frac{m}{V_a} + \frac{m_s}{V_a}$$

已知 $V_a = \dfrac{V_b}{\omega} = \dfrac{V_s}{1 - \omega}$，代入上式可得：

$$\bar{\rho} = \frac{m_a}{V_a} = \frac{m\omega}{V_b} + \frac{m_s(1 - \omega)}{V_s} = \rho\omega + \rho_s(1 - \omega) \tag{2-152}$$

式中　$\bar{\rho}$——料层平均密度，由料层的质量和体积确定；

　　　ρ——流体的密度；

　　　ρ_s——料块的密度。

显然，当已知 ρ 和 ρ_s 时，则可由式（2-152）确定 ω。一般 ω 均由实验方法确定。

b　料块比表面积

料块比表面积 S_0 与料块的形状有关。例如，直径为 d 的球体变为边长为 a 的立方体时，由于体积未变，则有 $a^3 = \dfrac{\pi}{6}d^3$，即 $a \approx 0.8d$，而表面积由 πd^2 变为 $6a^2$，即增加了 24%。这个比表面积的增加倍数称为放大倍数。由于放大倍数与料块形状有关，故常称为形状系数，以 λ 表示。表 2-2 列出了一些规则料块的形状系数值。

表 2-2　几种规则料块的形状系数值

料块形状	料块的特性尺寸 d_p[①]	d_p 与同体积球体直径 d 的关系	按同体积球体直径 d 表示的面积	形状系数 λ
球体	直径，$d_p = d$		$A = \pi d^2$	1.2
立方体	边长，$d_p = a$	$d_p = a = 0.8d$	$3.9d^2$	1.24
圆柱体	d（直径）$= h$（高），$d_p = h$	$d_p = h = 0.87d$	$3.6d^2$	1.15
圆柱体	$d = h/10$，$d_p = d$	$d_p = d = 0.4d$	$5.16d^2$	1.64
方柱体	边长 a，高 $10a$，$d_p = a$	$d_p = a = 0.37d$	$5.88d^2$	1.87
圆盘	b（厚）$= d/10$，$d_p = b$	$d_p = b = 0.188d$	$6.88d^2$	2.12
方盘	$b = a/10$，$d_p = b$	$d_p = b = 0.174d$	$7.28d^2$	2.32

①料块的特性尺寸 d_p，指料块计算时有代表性的尺寸。

当料层中料块为大小均匀的球体时，比表面积为：

$$S_0 = \frac{\pi d^2}{\frac{\pi}{6}d^3} = \frac{6}{d} \tag{2-153}$$

式中　d——球体直径。

对于均匀的非球形料块，比表面积应以形状系数修正，式（2-153）将变为：

$$S_0 = \frac{6\lambda}{d_p} \tag{2-154}$$

式中　d_p——换算直径。

对于粒度大小不等的球形料块，则以平均筛分直径 $\bar{d}$ 代替式（2-153）中的球体直径 d 来计算 S_0。若料块粒度不等且为非球形，则 $\bar{d}$ 还应以形状系数修正，比表面积为：

$$S_0 = \frac{6\lambda}{\bar{d}} \tag{2-155}$$

将式（2-155）代入式（2-148）后，得到经修正后的埃根方程为：

$$\frac{\Delta p}{H} = \frac{150\mu\lambda^2(1-\omega)^2 v_0}{\bar{d}^2\omega^3} + \frac{1.75\rho\lambda(1-\omega)v_0^2}{\bar{d}\omega^3} \tag{2-156}$$

埃根方程中，将料层的孔隙率 ω 作为常数考虑，但实际上并非如此。在充满散料层的容器内，靠近器壁处料层的 ω 大于内部的 ω，这种孔隙率分布不均匀的现象称为围壁效应，它直接影响气流的分布及压降。实验表明：容器直径 D 与料块直径 d 的比值 D/d 越小时，围壁效应越显著；在 $Re = 2 \sim 150$ 范围内，用埃根方程计算压降时，当 $D/d > 20$ 时，误差在 10% 左右；要完全消除围壁效应，D/d 则应大于 50。

C　埃根方程的应用

埃根方程除了计算散料层的压降外，还可以计算气体通过散料层的流量、确定散料层的透气性指数、分析气体压力对散料层压降的影响。

a　气体通过散料层的流量

气体通过散料层时，一般处于紊流状态，可将式（2-148）简化为：

$$\frac{\Delta p}{H} = 0.292\rho S_0 \frac{1-\omega}{\omega^3} v_0^2 \tag{2-157}$$

得　　　　　　　$$v_0 = \left[\frac{\omega^3}{0.292\rho S_0(1-\omega)}\right]^{1/2} \left(\frac{\Delta p}{H}\right)^{1/2} \tag{2-158}$$

当料层结构一定时，ρ、ω、S_0 的组合为一常数，令 $\dfrac{\omega^3}{0.292\rho S_0(1-\omega)} = k_D$，则式（2-158）变为：

$$v_0 = (k_D)^{1/2} \left(\frac{\Delta p}{H}\right)^{1/2} \tag{2-159}$$

当料层的总截面积为 A_0 时，气体的体积流量为：

$$q_V = A_0 v_0 = (k_D)^{1/2} A_0 \left(\frac{\Delta p}{H}\right)^{1/2} \tag{2-160}$$

式中　k_D——料层渗透系数，由实验确定。

b　散料层的透气性指数

散料层的气体流量与压降的关系，称为散料层的透气性指数。在紊流情况下，由式（2-156）得：

$$\frac{v_0^2}{\Delta p} = \frac{\bar{d}}{1.75\rho\lambda H} \frac{\omega^3}{1-\omega} \quad 或 \quad \frac{q_V^2}{\Delta p} = \frac{\bar{d}A_0^2}{1.75\rho\lambda H} \frac{\omega^3}{1-\omega} \tag{2-161}$$

当 ρ、λ、A_0 一定时，令 $\dfrac{\overline{d}A_0^2}{1.75\rho\lambda H} = k$，由式（2-161）变为：

$$\frac{q_V^2}{\Delta p} = k\left(\frac{\omega^3}{1-\omega}\right) \tag{2-162}$$

式中 $\dfrac{q_V^2}{\Delta p}$ ——散料层的透气性指数。

显然，k 一定时，透气性指数与 ω 有关。ω 除供料条件外，与操作制度有关。所以，透气性指数是高炉操作的重要参数。

c 气体压力对散料层压降的影响

当气体在较高压力下流过散料层时，气体的密度不为常数，它随压力的增加而增加。根据推导，在较高压力下，气体流过散料层时所产生的压力降由式（2-163）计算：

$$\Delta p = p_1 - p_2 = \sqrt{2k'H + p_2^2} - p_2 \tag{2-163}$$

式中 p_1 ——气体通过散料层前的压力；

p_2 ——气体通过散料层后的压力；

H ——散料层的高度；

k' ——系数，且 $k' = k\rho_0 p_0 v_0^2 = \dfrac{0.292S_0(1-\omega)}{\omega^3}\rho_0 v_0^2 p_0$，$\rho_0$、$p_0$ 为标准状态下的密度

及压力。

由此分析可知，当料层结构一定、气体流量不变时，随着 p_2 的增大，气体流过散料层的压力降减小；当料层结构一定，气体流过散料层的压力降一定时，随着 p_2 的增大，气体流量增大。

【例2-8】 在实验中做空气通过散料层的压降试验。已知容器直径 0.2m，料层高度 1.5m，料块直径 0.01m，$\lambda = 1.176$，$\omega = 0.45$，空气的流量 $q_V = 0.04\mathrm{m}^3/\mathrm{s}$，黏度 $\mu = 1.85\times 10^{-5}\mathrm{Pa\cdot s}$，$\rho = 1.21\mathrm{kg/m}^3$，试计算空气通过散料层的压力降。

解：首先计算流速： $v_0 = \dfrac{q_V}{A_0} = \dfrac{0.04}{\dfrac{\pi}{4}\times 0.2^2} = 1.27\mathrm{m/s}$

再按式（2-156）计算压力降：

$$\Delta p = H\left[\frac{150\mu\lambda^2(1-\omega)^2 v_0}{d^2\omega^3} + \frac{1.75\rho\lambda(1-\omega)v_0^2}{d\omega^3}\right]$$

$$= 1.5\times\left[\frac{150\times 1.85\times 10^{-5}\times 1.176^2\times(1-0.45)^2\times 1.27}{0.01^2\times 0.45^3} + \frac{1.75\times 1.21\times 1.176\times(1-0.45)\times 1.27^2}{0.01\times 0.45^3}\right]$$

$$= 3.88\times 10^3\mathrm{Pa}$$

【例2-9】 已知一散料层高 $H = 20\mathrm{m}$，料层截面直径 $D_0 = 2.0\mathrm{m}$，料层的孔隙率 $\omega = 0.4$，比表面积 $S_0 = 1200/\mathrm{m}$，测出料层的压降为 $\Delta p = 9800\mathrm{Pa}$，流过气体的密度 $\rho = 1.24\mathrm{kg/m}^3$，气体的黏度 $\mu = 1.80\times 10^{-5}\mathrm{Pa\cdot s}$。试求：（1）流过气体的平均流速 v_0 及流量 q_V；（2）当流量增加 1 倍时，料层的压降增加多少。

解：（1）求流速及流量。

依式（2-159）及式（2-160）先计算 k_{D}：

$$k_{\mathrm{D}} = \frac{\omega^3}{0.292\rho S_0(1-\omega)} = \frac{0.4^3}{0.292 \times 1.24 \times 1200 \times (1-0.4)} = 2.45 \times 10^{-4}$$

求流速：$v_0 = (k_{\mathrm{D}})^{1/2}\left(\dfrac{\Delta p}{H}\right)^{1/2} = (2.45 \times 10^{-4})^{1/2} \times \left(\dfrac{9800}{20}\right)^{1/2} = 0.346\mathrm{m/s}$

求流量：$A_0 = \dfrac{\pi}{4}D_0^2 = \dfrac{\pi}{4} \times 2.0^2 = 3.142\mathrm{m}^2$，$q_{\mathrm{V}} = v_0A_0 = 0.346 \times 3.142 = 1.087\mathrm{m}^3/\mathrm{s}$

计算雷诺数：$Re = \dfrac{\rho v_0}{\mu S_0(1-\omega)} = \dfrac{1.24 \times 0.346}{1.80 \times 10^{-5} \times 1200 \times (1-0.4)} = 33.1$

显然，$Re = 33.1 > 2$，即为紊流区。所以上述计算有效，否则应用式（2-148）计算。

（2）计算流量增加1倍时的压降。流量 q_{V} 增加1倍，流速 v_0 也增加1倍，故 $v_0 = 2 \times 0.346\mathrm{m/s}$，此时进入更强烈的紊流区，故可用式（2-159）来确定压降，即：

$$\Delta p = \frac{H}{k_{\mathrm{D}}}v_0^2 = \frac{20}{2.45 \times 10^{-4}} \times (2 \times 0.346)^2 = 39090\mathrm{Pa}$$

可见，流速增加1倍，压降则增加3倍。

2.4.2.2　气动输送过程

A　气动输送过程的实现

气体通过散料层时，气体的速度与料层的压降关系如图2-45所示。从图中可以看出，气体的流速与压降之间的关系共分四个区域，即：

（1）区域 I（OB 段）。此段为固定料层的区域。其中，A 点以前为层流区，压降的变化比较小，与速度呈线性。A 点以后，压降变化比较大，与流速呈二次方关系，此段为紊流区域。

（2）区域 II（BCD 段）。此段为从固定料层进入流态化状态的过渡区域，又称料层的膨胀段。当流速增加到 B 点时，压降与单位截面上料层的下降力相等，是料块开始松动的临界点。超过 B 点，料块开始重新排列，即料层开始松动，ω 开始增大，但此时料块尚未脱离接触。从 B 点到 D 点，在料块重新排列、消耗能量，致使在压降 Δp 增加的同

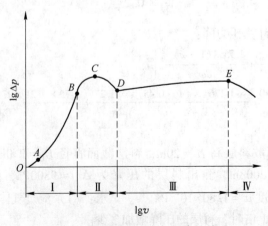

图 2-45　料层流化速度与压降的关系

时，存在着由于 ω 的增加使阻力降低的相反作用，故有最高点 C 的出现。到达 D 点时，料块重新排列完毕，料层孔隙率 ω 达到料块接触条件下的最大值，料层压降与 B 点相近似。

（3）区域Ⅲ（DE 段）。此段为流态化阶段。超过 D 点后，料块间脱离接触，散布于气流之中，称为沸腾状态。气流在流过沸腾状态的气固混合区时仍有一定阻力，但同时料层孔隙率 ω 也在增加，故料层压降的增加并不明显。

（4）区域Ⅳ（E 点以后）。到达 E 点时，气流速度已达到料块的自由沉降速度值，此时料块有被气流带走的趋势。超过 E 点，料块将被气流带走，即进入气动输送过程。

B　气动输送的速度

从上述分析得知，到达 E 点时的速度为气动输送时气流的最小速度，它应等于料块的自由沉降速度。根据推导，在 $\omega = 1$ 时，球形料块的自由沉降速度为：

$$v_c = \sqrt{\frac{4}{3} \cdot \frac{d(\rho_s - \rho)g}{\rho k_f}} \tag{2-164}$$

式中　v_c——极限速度，m/s；

　　　ρ_s——料块密度，kg/m³；

　　　ρ——气流密度，kg/m³；

　　　d——料块直径，非球形料块取决于特性尺寸或平均筛分直径，m；

　　　k_f——取决于雷诺数 Re_d 的球体绕流摩擦阻力。

对于垂直向上气流中的单个料块，料块对地面或基准面的绝对速度为 v_s，设气流速度 v，则 v、v_c、v_s 三者之间的关系为：

$$v = v_c + v_s \quad \text{或} \quad v_s = v - v_c \tag{2-165}$$

也就是说，当气流速度等于料块自由沉降速度时，料块的绝对速度为零，即料块在气流中不动。料块加以一定速度随气流向上运动，则气流速度应等于料块的绝对速度加上自由沉降速度。在料块群的气动输送过程中，除了料块的下降力与气流对料块的拖力外，还存在气固相流中的阻力，因此实际气动输送的速度较单个料块的理想速度要大。对球形料块做力平衡分析可导出：

$$v = v_s + \sqrt{\frac{4}{3} \cdot \frac{d(\rho_s - \rho)g}{\rho k_f}} \cdot \sqrt{\left(1 + \frac{\xi_s}{d'} \cdot \frac{v_s^2}{2g}\right)\omega^{4.7}} \tag{2-166}$$

式中　v——气流对基准面的绝对速度，m/s；

　　　v_s——料块对基准面的绝对速度，m/s；

　　　d——球形料块直径，m；

　　　d'——输送管道直径，m；

　　　ρ_s——料块密度，kg/m³；

　　　ρ——气体密度，kg/m³；

　　　ω——料层孔隙率；

　　　ξ_s——料块摩擦系数，取经验值。

水平输送管道的气动输送过程比垂直管道更复杂些。要使料块在气流中悬浮流动，必须克服气流中旋涡产生的向上分力、料块与器壁相撞后可能将水平动量分解为一部分的垂直动量、不规则料块受气流作用所产生的向上运动，以及转动中的料块受气流作用可能产生的垂直向上运动等。因此，水平管道内的气动输送速度将大大超过料块的沉降速度，即理想输送速度。

实验发现，在气体流量与固体流量之比为 20~80 的条件下，为了防止物料的沉积，各种物料的气动输送存在一个最小安全速度。在气动输送时，气流速度应大于最小安全速度。一些材料的最小安全速度值可参考表 2-3 中的数据。

表 2-3　气动输送的安全值

物料	平均堆积密度 /kg·m⁻³	近似粒径/μm	气流最小安全速度 /m·s⁻¹		流动时最大安全密度 /g·cm⁻³	
			水平	垂直	水平	垂直
煤	$0.72×10^3$	<$1.27×10^3$	15.3	12.2	0.012	0.016
		<$6.35×10^3$	12.2	9.2	0.016	0.024
小麦	$0.75×10^3$	<$4.76×10^3$	12.2	9.2	0.024	0.032
水泥	$(1.04~1.44)×10^3$	95%<88	7.6	1.5	0.16	0.96
煤粉	$0.56×10^3$	100%<380 且 75%<76	4.6	1.5	0.11	0.32
粉尘	$0.72×10^3$	90%<150	4.6	1.5	0.16	0.48
膨润土	$(0.77~1.04)×10^3$	95%<76	7.6	1.5	0.16	0.48
石英粉	$(0.80~0.96)×10^3$	95%<105	6.1	1.5	0.08	0.32
磷酸石	$1.28×10^3$	90%<152	9.2	3.1	0.11	0.32
食盐	$1.36×10^3$	5%<152	9.2	3.1	0.08	0.24
苏打粉（稀）	$0.56×10^3$	66%<105	9.2	3.1	0.08	0.24
苏打粉（浓）	$1.04×10^3$	50%<177	12.2	3.1	0.048	0.16
硫酸钠	$(1.28~1.44)×10^3$	100%<500 且 50%<105	12.2	3.1	0.08	0.24
铁矾土粉	$1.44×10^3$	100%<105	7.6	1.5	0.13	0.64
铝粉	$0.93×10^3$	100%<105	7.6	1.5	0.096	0.48
菱镁土	$1.60×10^3$	90%<76	9.2	3.1	0.16	0.48
二氧化铀	$3.52×10^3$	100%<152 且 50%<76	18.3	6.1	0.16	0.096

C　气动输送过程中的阻力损失

为了确定气动输送系统的气源供气压力，需根据输送条件计算输送管系的总阻力。总阻力，即总压降损失包括下列三项：

(1) 气体单相流动的压降 Δp_1。此项损失存在于固体加料器前的气体管流系统，按管流系统的阻力损失计算方法计算。

(2) 加速物料的压降阻失 Δp_2。散料由加料器进入气固相管流中时，将由气体将料块加速到 v_s 所需的能量作为阻力损失来考虑，由下式确定：

$$\Delta p_2 = (C + R_s)\frac{v_s^2}{2}\rho \tag{2-167}$$

式中　C——由供料方式确定的系数，$1 \sim 10$；

　　　R_s——气固混合比。

（3）料块流动的压降损失 Δp_3。这部分能量消耗有两种不同的计算方法。

1）对直管：

$$\Delta p_3 = \xi \frac{L}{d'} \cdot \frac{v^2}{2} \rho a \qquad (2\text{-}168)$$

式中　ξ——单位气流的摩擦阻力功；

　　　L——管道的长；

　　　d'——管道的直径；

　　　a——与气体流速及气固混合比有关的系数，按经验公式计算。

对水平管：

$$a = \sqrt{\frac{30}{v}} + 0.2 v_s \qquad (2\text{-}169)$$

对垂直管：

$$a = \frac{250}{v^{1.5}} + 0.15 v_s \qquad (2\text{-}170)$$

2）对弯管：

$$\Delta p_3 = \xi'_s R_s \frac{v^2}{2} \rho \qquad (2\text{-}171)$$

式中　ξ'_s——与转弯曲率半径 ρ 有关的系数，其经验值见表 2-4。

表 2-4　ξ'_s 的经验值

ρ/d'	2	4	6	7
ξ'_s	1.5	0.75	0.5	0.38

管道系统总压降为各段压降之和，即：

$$\Delta p = \Delta p_1 + \Delta p_2 + \Delta p_3 \qquad (2\text{-}172)$$

【例 2-10】　用空气输送煤粉的一个上升管，管径 $d = 0.5\text{m}$；煤粉输送量为 $q_{m_s} = 50\text{kg/s}$；煤粉颗粒直径 $d_s = 5 \times 10^{-4}\,\text{m}$，煤粉密度 $\rho_s = 1.4 \times 10^3 \text{kg/m}^3$；空气的密度 $\rho = 1.0 \text{kg/m}^3$；料层孔隙率 $\omega = 0.99$。试求：煤粉输送速度 v_s 及所需的空气流速 v。

解：计算 v_s：

$$v_s = \frac{q_{m_s}}{\rho_s (1 - \omega) \frac{\pi}{4} d^2} = \frac{50}{1.4 \times 10^3 \times (1 - 0.99) \times \frac{\pi}{4} \times 0.5^2} = 18.2\ \text{m/s}$$

按式（2-166）计算校正系数 k 和气体流速 v：

$$k = \sqrt{\left(1 + \frac{\xi_s}{d} \cdot \frac{v_s^2}{2g}\right) \omega^{4.7}} = \left[\left(1 + \frac{0.005}{0.5} \times \frac{18.2^2}{2 \times 9.81}\right) \times 0.99^{4.7}\right]^{1/2}$$

$$= 1.056 \ (\text{取}\ \xi_s = 0.005)$$

$$v_c = \sqrt{\frac{4}{3} \cdot \frac{d(\rho_s - \rho)g}{\rho k_f}} = \left[\frac{4}{3} \times \frac{5 \times 10^{-4} \times (1.4 \times 10^3 - 1.0) \times 9.81}{1.0 \times 0.5}\right]^{1/2}$$

$$= \left(\frac{4}{3} \times \frac{5 \times 10^{-4} \times 1.4 \times 10^3 \times 9.81}{1.0 \times 0.5}\right)^{1/2} = 4.28\text{m/s} \ (\text{取}\ k_f = 0.5)$$

由 $v = v_s + v_c k$ 得： $v = 18.2 + 4.28 \times 1.056 = 22.72 \text{ m/s}$

2.4.3 热气体的流动

炉内的气体流动与一般流体的流动相比较，具有两个显著的特征，即：

（1）炉内气体为热气体。所谓热气体，是指炉内气体的温度高于周围大气的温度。

（2）炉内热气体总是与大气相通的，而且炉内热气体的密度小于周围大气的密度，所以炉内气体的流动受大气的影响很大，不像液体在大气中流动那样可以忽略周围大气的影响。

动量传输中的基本方程，在分析炉内气体流动及进行有关计算时大都要使用到，但是要结合热气体这个特点来加以应用。

2.4.3.1 热气体的压头

伯努利方程指出，流体在流动过程中，单位体积流体所具有的位能（也称位压）为 $\rho g z$，单位体积的静压能（也称静压）为 p，单位体积的动能（也称动压）为 $\frac{\rho}{2} v^2$，三者之和为总能量，可以相互转换。在不考虑阻力损失情况下，其总能量不变。

热气体在炉内流动过程中，同样具有这三种能量，但是周围大气对其流动具有影响，所以这三种能量就用相对值来表示。也就是说，单位体积热气体所具有的能量与外界同一平面上单位体积大气所具有的能量之差，称为压头。与位能、静压能和动能相对应的分别为位压头、静压头和动压头。

A 热气体的位压头

单位体积热气体所具有的位能与外界同一平面上单位体积大气所具有的位能之差，称为热气体的位压头，用 h_g 表示。如图 2-46 所示，热气体的密度为 ρ_g，大气的密度为 ρ_a，且 $\rho_g < \rho_a$（因热气体温度较大气温度高），$\rho_g - \rho_a < 0$，有效重力为负，方向向上，故热气体在大气中有自动上升的趋势。

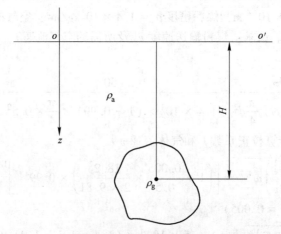

图 2-46 位压头示意图

取 o—o' 为基准面，则热气体所具有的位压头为（热气体距基准面的高度为 H）：

$$h_g = \rho_g g H - \rho_a g H = (\rho_g - \rho_a) g H \tag{2-173}$$

由于基准面在上方，高度向下量度时为正，所以式（2-173）中的 H 为负值，故：

$$h_g = -(\rho_g - \rho_a)gH = (\rho_a - \rho_g)gH \tag{2-174}$$

对热气体而言，基准面取在上方时，由于热气体自动上浮，则下方热气体的位压头大于上方热气体的位压头，且位压头沿高度方向上的分布是线性的，这就是热气体沿高度方向上位压头的分布规律。由于热气体有自动上升趋势，所以热气体由下向上流动时，位压头是流动的动力；反之，热气体由上向下流动时，要克服位压头后才能流动，从这个意义上讲，热气体自上向下流动时，位压头应作为阻力来对待。

B 热气体的静压头

单位体积热气体所具有的静压能与外界同一平面上单位体积大气所具有的静压能之差，称为热气体的静压头，用 h_s 表示。参看图 2-47（a），若容器内充满热气体，其密度为 ρ_g，容器外为大气，其密度为 ρ_a，取 1—1 截面为基准面（基准面取在上方）。

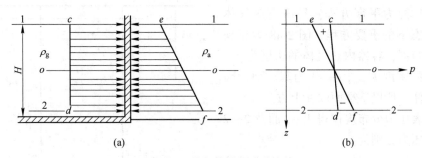

图 2-47　热气体的压力分布
（a）绝对压力分布；（b）表压力分布

按静压力平衡方程，热气体的绝对压力为：

$$p_g = p_{g_1} + \rho_g gH \tag{2-175}$$

式中　p_{g_1}, p_g——上、下部热气体的绝对压力，Pa；

H——两截面之间的距离，m。

外面大气的绝对压力为：

$$p_a = p_{a_1} + \rho_a gH \tag{2-176}$$

式中　p_{a_1}, p_a——上、下部外面大气的绝对压力，Pa。

以上两式表明，无论是大气还是热气体，底部的绝对压力均大于上部。图 2-47（a）中，cd 表示热气体的绝对压力分布，ef 表示大气的绝对压力分布。式（2-175）减去式（2-176）得气体的表压力为：

$$p_M = p_g - p_a = (p_{g_1} - p_{a_1}) + (\rho_g - \rho_a)gH \tag{2-177}$$

注意到：$p_{g_1} - p_{a_1} = p_{M_1}$，$p_g < p_a$，则式（2-177）变为：

$$p_M = p_{M_1} - (\rho_a - \rho_g)gH \tag{2-178}$$

式中　p_{M_1}, p_M——上、下部热气体的表压力，Pa。

写成静压头形式：

$$h_s = h_{s_1} - (\rho_a - \rho_g)gH \tag{2-179}$$

显然，容器内热气体的表压力或静压头是上大下小，这与热气体的绝对压力分布规律正好相反。如图 2-47（b）所示，图中的 o-o 面称为零压面。在零压面以上，热气体的表压力为正,称为正压区,这意味着 $p_g > p_a$,若容器与大气相通,比如有炉门或有缝隙,则热气体将外逸;反之,零压面以下,热气体的表压力为负,称为负压区,冷空气会被吸入。零压面上热气体的压力与外界大气压力相等。在炉子的操作过程中,常将零压面控制在炉底上,使炉膛呈正压区而烟道则为负压区。

C   热气体的动压头

单位体积热气体所具有的动能与外界同一平面上单位体积大气所具有的动能之差,称为热气体的动压头,用 h_d 表示。通常情况下,大气的流速比热气体的流速小得多,可以忽略不计,所以热气体的动压头也就是热气体本身所具有的动能,即:

$$h_d = \frac{\rho_g}{2} v^2 \tag{2-180}$$

2.4.3.2   热气体静力平衡方程

热气体静力平衡方程,是研究热气体在静止状态下的重要方程。图 2-48 为充满热气体的容器,容器内热气体的密度为 ρ_g,外界大气的密度为 ρ_a,o—o' 为基准面,因为是热气体,所以基准面取在上方。

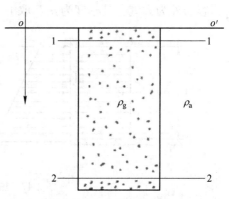

根据表压力分布规律得 1—1 面及 2—2 面上的表压力分别为:

$$p_{M_1} = p_{M_0} - (\rho_a - \rho_g)gH_1 \tag{2-181}$$

式中 p_{M_1}, p_{M_0}——1—1 截面和基准面上的表压力,Pa;

图 2-48   充满热气体的容器

H_1 ——1—1 面和基准面之间的距离。

$$p_{M_2} = p_{M_0} - (\rho_a - \rho_b)gH_2 \tag{2-182}$$

式中 p_{M_2}——2—2 面上的表压力,Pa;

H_2 ——2—2 面和基准面之间的距离,m。

由以上两式可得:

$$p_{M_1} + (\rho_a - \rho_g)gH_1 = p_{M_2} + (\rho_a - \rho_g)gH_2 \tag{2-183}$$

式(2-183)就是热气体的静力平衡方程,它也可以写成压头的形式:

$$h_{g_1} + h_{s_1} = h_{g_2} + h_{s_2} \tag{2-184}$$

它表明热气体在任何截面上(高度上)的静压头与位压头的和是一个常数。从能量守恒来看,热气体上方静压头大都是由位压头转换而来的。

【例 2-11】 某炉膛内炉气的平均温度 $t_g = 1200℃$,炉气的密度 $\rho_{g_0} = 1.30kg/m^3$,炉外大气的平均温度 $t_a = 25℃$,空气的密度 $\rho_{a_0} = 1.29kg/m^3$,若炉门中心线处表压力为零,求距离中心线高 1m 处炉膛的表压力是多少?

解:炉内热气体和炉外大气的密度为:

$$\rho_g = \frac{\rho_{g_0}}{1 + \beta t_g} = \frac{1.30}{1 + \dfrac{1200}{273}} = 2.241kg/m^3$$

$$\rho_a = \frac{\rho_{a_0}}{1 + \beta t_a} = \frac{1.29}{1 + \dfrac{25}{273}} = 1.182 \text{kg/m}^3$$

取距离炉门中心线高 1m 处为基准面，由式（2-183）得：

$$p_M = p_{M_0} + (\rho_a - \rho_g)gH = 0 + (1.182 - 0.241) \times 9.81 \times 1 = 9.23 \text{Pa}$$

可见，炉膛内热气体表压力沿高度方向增加。

2.4.3.3 热气体管流伯努利方程

实际流体管流伯努利方程前面已导出，即：

$$\rho g z_1 + p_1 + \frac{\rho}{2} v_1^2 = \rho g z_2 + p_2 + \frac{\rho}{2} v_2^2 + h_{L_{1-2}}$$

式中　$\rho g z$——位压；

p——静压；

$\dfrac{\rho}{2} v^2$——动压；

$h_{L_{1-2}}$——从 1—1 截面流到 2—2 截面的阻力损失，各项的单位均为 Pa。

对于与大气相通的热气体管流而言（例如炉子烟道等），因受大气浮力的作用，伯努利方程的形式将有所变化，但能量守恒的原则不会改变。热气体在管内流动时如图 2-49 所示，将基准面 o—o' 取在上方，则 1—1 截面及 2—2 截面上的伯努利方程应写为压头形式，即：

$$(\rho_a - \rho_g)gH_1 + p_{M_1} + \frac{\rho_g}{2} v_1^2 = (\rho_a - \rho_g)gH_2 + p_{M_2} + \frac{\rho_g}{2} v_2^2 + h_{L_{1-2}} \tag{2-185}$$

或写成压头的形式为：

$$h_{g_1} + h_{s_1} + h_{d_1} = h_{g_2} + h_{s_2} + h_{d_2} + h_{L_{1-2}} \tag{2-186}$$

式中　h_g——位压头，且 $h_g = (\rho_a - \rho_g)gH$；

h_s——静压头，且 $h_s = p_M$，即静压头等于表压力；

h_d——动压头，且 $h_d = \dfrac{\rho_g}{2} v^2$；

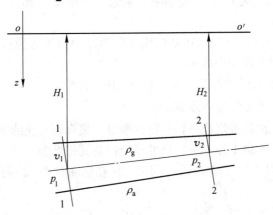

图 2-49　热气体管流伯努利方程示意图

$h_{L_{1-2}}$——从 1—1 截面流到 2—2 截面的压头损失，各项的单位均为 Pa。

式（2-185）和式（2-186）就是热气体相对于大气在管内流动时的伯努利方程，因为涉及热气体及大气两种气体，故也称为双流体的伯努利方程。双流体伯努利方程也是能量守恒的体现，它表示热气体在管内流动时，位压头、静压头、动压头可以互相转换。对理想流体而言，其总和不变；对实际流体而言，则有压头损失存在，压头损失是流动造成的，而且是不可逆的，但损失的是静压头。

2.4.3.4　热气体管流阻力损失计算

热气体在管道中的流动阻力损失计算，最常见于烟气（高温气体状态的燃烧产物）在烟道及烟囱内流动时的阻力损失计算。其计算公式为：

$$h_{L} = k \frac{\rho}{2} v^2 = k \frac{\rho_0}{2} v_0^2 (1 + \beta t) \tag{2-187}$$

式中　h_{L}——阻力损失，Pa；

　　　v——热气体的实际流速，m/s；

　　　ρ——热气体的实际密度，kg/m^3；

　　　k——阻力系数；

　　　v_0——热气体的标态流速，m/s；

　　　ρ_0——热气体的标态密度，kg/m^3；

　　　t——热气体的温度，℃；

　　　β——气体的膨胀系数，$\beta = 1/273$。

下面就计算中的特点加以说明：

（1）计算摩擦阻力损失 h_f 时，$k_f = \xi \dfrac{L}{d}$。ξ 的选择按圆管内紊流摩擦阻力计算式计算，但工程上常用经验值，比如，对砖砌烟道 $\xi = 0.05$。L 为计算段的长度，d 为当量直径。在计算 h_f 时，v_0 取经济流速，对砖砌烟道一般取 $v_0 = 1.5 \sim 2\text{m/s}$。温度 t 取计算段的平均值，砖砌烟道时，由于热气体向外散热而温度逐渐下降。当已知入口处温度时，可根据每米长烟道的温度下降经验值来求出口温度，进而求得平均温度。对砖砌烟囱，取温降为 $1 \sim 1.5$℃/m，铁烟囱取 $3 \sim 4$℃/m。

（2）计算局部阻力损失 h_r 时，局部阻力系数可查相关手册。v_0 按标态流量计算，温度则取对应于 v 的温度。

（3）热气体自上向下流动时，则将位压头作为阻力损失考虑；反之，热气体自下向上流动时，位压头从阻力损失中减去。

（4）两截面上的压头损失等于两截面上的表压力之差。

2.4.3.5　热气体管流伯努利方程的应用

燃料燃烧后所产生的高温燃烧产物，简称烟气，只有烟气连续不断地从炉尾顺利地排至大气中，炉子才能正常地工作。最常见的排烟设备就是烟囱。

如图 2-50 所示，以 3—3 为基准面，列出气体在流动时 2—2 截面及 3—3 截面的伯努利方程：

$$(\rho_a - \rho_g)gH + p_{M_2} + \frac{\rho_g}{2}v_2^2 = \frac{\rho_g}{2}v_3^2 + h_{L_{2-3}} \tag{2-188}$$

移项得：

$$-p_{M_2} = (\rho_a - \rho_g)gH - \frac{\rho_g}{2}(v_3^2 - v_2^2) - h_{L_{2-3}}$$

$$(2-189)$$

此时表明，2—2 截面处为负压（内部压力小于周围大气压力），所以称为抽力或吸力。令实际抽力 $h_V = -p_{M_2}$，$\frac{\rho_g}{2}(v_3^2 - v_2^2) = \Delta h_d$，则：

$$h_V = (\rho_a - \rho_g)gH - \Delta h_d - h_{L_{1-2}}$$

$$(2-190)$$

如果说烟囱的实际抽力 h_V 能克服从炉尾到烟囱底部的阻力损失，则烟气可以从炉尾顺利地流至烟囱底部，再经过烟囱排至大气。

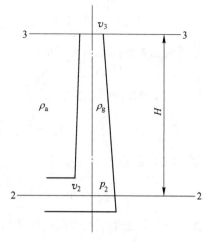

图 2-50　烟囱

【例 2-12】已知某炉子排烟系统的阻力损失为 265Pa，烟气流量 $q_{V_0} = 1.8 \text{m}^3/\text{s}$，烟气密度 $\rho_{g_0} = 1.3 \text{kg/m}^3$，烟囱底部烟气的温度 $t_2 = 750℃$，空气平均温度 $t_a = 20℃$ 试计算烟囱的高度及直径。

解：（1）计算烟囱底部的抽力。取备用抽力为 20%，已知 $\sum h_L = 265\text{Pa}$，则可得：

$$h_V = 1.2 \sum h_L = 1.2 \times 165 = 317.8 \text{ Pa}$$

（2）计算烟囱中动压头增量 Δh_d。取出口流速 v_{0_3} 为 2m/s，则出口断面积为：

$$A_3 = \frac{q_{V_0}}{v_{0_3}} = \frac{1.8}{2} = 0.9 \text{m}^2$$

出口直径为：

$$d_3 = \sqrt{\frac{4}{\pi}A_3} = \sqrt{\frac{4}{\pi} \times 0.9} = 1.12 \text{ m}$$

烟囱底部直径为：

$$d_2 = 1.5d_3 = 1.5 \times 1.12 = 1.68 \text{ m}$$

设烟囱高度为 $H' = 40\text{m}$（约 $25d_2$），取烟囱内温降为 1.5℃/m，则烟囱出口处温度 t_3 为：

$$t_3 = t_2 - 1.5H' = 750 - 1.5 \times 40 = 690℃$$

算出烟囱顶部的动压头 h_{d_3} 为：

$$h_{d_3} = \frac{\rho_{g_0}}{2}v_{0_3}^2\left(1 + \frac{t_3}{273}\right) = \frac{1.3}{2} \times 2^2 \times \left(1 + \frac{690}{273}\right) = 9.27\text{Pa}$$

烟囱底部的断面积 A_2 为：

$$A_2 = \frac{\pi}{4}d_2^2 = \frac{\pi}{4} \times 1.68^2 = 2.22\text{m}^2$$

则流速应为：

$$v_{0_2} = \frac{q_{V_0}}{A_2} = \frac{1.8}{2.22} = 0.813\text{m/s}$$

算出烟囱底部的动压头 h_{d_2} 为：

$$h_{d_2} = \frac{\rho_{g_0}}{2} v_{0_2}^2 \left(1 + \frac{t_2}{273} \right) = \frac{1.3}{2} \times 0.813^2 \times \left(1 + \frac{750}{273} \right) = 1.62 \text{Pa}$$

最后得出烟囱内动压头增量:

$$\Delta h_d = h_{d_3} - h_{d_2} = 9.27 - 1.62 = 7.65 \text{Pa}$$

(3) 计算烟囱内摩擦阻力损失 $h_{L_{2-3}}$。烟气在烟囱内的平均温度:

$$t_m = \frac{t_2 + t_3}{2} = \frac{750 + 690}{2} = 720\text{℃}$$

烟囱的平均直径:

$$d_m = \frac{d_1 + d_2}{2} = \frac{1.12 + 1.68}{2} = 1.4 \text{m}$$

据此可计算出烟气在烟囱内的平均流速 v_{0_m} 为:

$$v_{0_m} = \frac{4 q_{V_0}}{\pi d_m^2} = \frac{4 \times 1.8}{\pi \times 1.4^2} = 1.64 \text{m/s}$$

则摩擦阻力损失为:

$$h_{L_{2-3}} = \xi \frac{H'}{d_m} \cdot \frac{\rho_{g_0}}{2} v_{0_m}^2 (1 + \beta t_m) = 0.05 \times \frac{40}{1.4} \times \frac{1.3}{2} \times 1.64^2 \times \left(1 + \frac{720}{273} \right) = 9.07 \text{Pa}$$

(4) 根据式 (2-190) 计算烟囱高度为:

$$
\begin{aligned}
H &= \frac{1}{(\rho_a - \rho_g) g} (h_V + \Delta h_2 + h_{L_{2-3}}) \\
&= \frac{1}{\left(\dfrac{1.29}{1 + 20/273} - \dfrac{1.3}{1 + 720/273} \right) \times 9.81} \times (317.8 + 7.65 + 9.07) \\
&= 40.46 \text{m}
\end{aligned}
$$

式中, H 与 H' 相符, 不必重新计算, 取 $H=40\text{m}$。查工业用烟囱系列得知, 出口直径 d_3 取 1m。

习题及思考题

1. 某可压缩流体在圆柱形容器中, 当压力为 2MN/m^2 时体积为 995cm^3。当压力为 1MN/m^2 时体积为 1000cm^3, 它的等温压缩率 κ_T 为多少?

2. 某液体的黏度 $\eta = 0.005\text{Pa} \cdot \text{s}$, 相对密度为 0.85, 求它的运动黏度 ν。

3. 当一平板在一固定板对面以 0.61m/s 的速度移动时 (图 2-51), 计算稳定状态下的动量通量 (N/m^2)。板间距离为 2mm, 板间流体的黏度 η 为 $2 \times 10^{-3}\text{Pa} \cdot \text{s}$, 动量通量的方向如何, 切应力的方向又如何?

4. 温度为 38℃ 的水在一平板上流动 (图 2-52)。

(1) 如果在 $x = x_1$ 处的速度分布 $v_x = 3y - y^3$, 求该点壁面切应力。38℃ 水的特性参数是: $\rho = 1\text{t/m}^3$, $\nu = 0.007\text{cm}^2/\text{s}$。

(2) 在 $y = 1\text{mm}$ 和 $x = x_1$ 处, 沿 y 方向传输的动量通量是多少?

(3) 在 $y = 1\text{mm}$ 和 $x = x_1$ 处, 沿 x 方向有动量传输吗? 若有, 是多少 (垂直于流动方向的单位面积上的动量通量)?

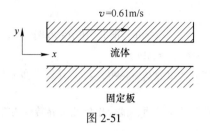

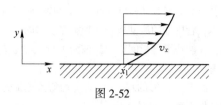

图 2-51   图 2-52

5. （1）计算习题 4 中在 $y = 25$mm 和 $x = x_1$ 处，沿 y 方向传输的动量通量。

   （2）计算该点沿 x 方向的动量传输。

   （3）将结果与习题 4 的结果进行比较。

6. 取轴向长度为 dz 的径向间隙 dr 的两个同心圆柱面所围成的体积作为控制体（单元），试导出流体在圆管内做对称流动时的二维（r、z 方向）连续方程。

7. 下面的平面流场流动是否连续？

$$v_x = x^3 \sin y , \quad v_y = 3x^3 \cos y$$

8. 试判断下列平面流场是否连续？

$$v_r = 2r\sin\theta\cos\theta , \quad v_\theta = 2r\cos^2\theta$$

9. 从换热器两条管道输送空气至炉子的燃烧器，管道横断面尺寸均为 400mm×600mm，设在温度为 400℃ 时通向燃烧器的空气量为 8000kg/h，试求管道中空气的平均流速。在标准状态下空气的密度为 1.293kg/m³。

10. 某条供水管路 AB 自高位水池引出如图 2-53 所示。已知：流量 $Q = 0.034$m³/s，管径 $D = 15$cm，压力表读数 $p_B = 4.9$N/cm²，高度 $H = 20$m。请问水流在管路 AB 中损失了多少水头？

11. 在图 2-54 所示的虹吸管中，已知：$H_1 = 2$m，$H_2 = 6$m，管径 $d = 15$mm。若不计损失，S 处的压强应为多大时此管才能吸水？此时管内流速 v_2 及流量 Q 各为多少？（管 B 端并未接触水面或深入水中）

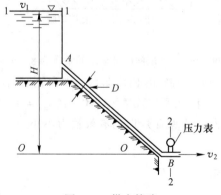

图 2-53 供水管路

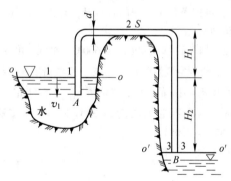

图 2-54 虹吸管

12. 流体在两块无限大平板间做一维稳态层流。试计算截面上等于主体速度 v_b 的点与板壁面的距离。又如流体在圆管内做一维稳态层流时，该点与管壁的距离为多少？

13. 温度 $t = 5$℃ 的水在直径 $d = 100$mm 的管中流动，体积流量 $q_V = 15$L/s，问管中的水流处于什么运动状态？

14. 温度 $t = 15$℃，动力黏度 $\nu = 0.0114$cm²/s 的水，在直径 $d = 2$cm 的管中流动，测得流速 $v = 8$cm/s，水流处于什么状态？如要改变其运动，可以采取哪些方法？

15. 大断面尺寸为 2.5m×2.5m 的矿井巷道中，当空气流速 $v = 1$m/s 时，气流处于什么运动状态？（已知：

井下温度 $t = 20℃$，空气的 $\nu = 0.15\text{cm}^2/\text{s}$）

16. 某输油管道，管径 $d = 25.4\text{mm}$，已知输油质量流量 $q_\text{m} = 2.5\text{kg/min}$，油的密度 $\rho = 960\text{kg/m}^3$，油的 $\nu = 4\text{cm}^2/\text{s}$，管中油的流动属于何种类型？（提示：质量流量 $q_\text{m} = \rho A v$ ）

17. 设流体在两块平行板间流动，该两平行板与重力方向的夹角为 β，试求：（1）速度分布方程；（2）体积速率。

18. 常压下温度为 $20℃$ 的水，以 5m/s 均匀流速流过一光滑平面表面，试求出层流边界转变为湍流边界层时临界距离 x_c 值的范围。

19. 流体在圆管中流动时，"流动已经充分发展"的含义是什么？在什么条件下会发生充分发展了的层流，又在什么条件下会发生充分发展了的湍流？

20. 常压下温度为 $30℃$ 的空气以 10m/s 流速流过一光滑平板表面，设临界雷诺数 Re_cr 为 $3.2×10^5$，试判断距离平板前缘 0.4m 及 0.8m 两处的边界层是层流边界层还是湍流边界层？求出层流边界层相应点处的边界层厚度。

21. 常压下，$20℃$ 的空气以 10m/s 速度流过一平板，使用布拉修斯解出距平板前缘 0.1m、$v_x/v_\infty = 0$ 处的 y、δ、v_x、v_y 及 $\partial v_x / \partial v_y$。

22. 铁矿粉烧结机的料层厚度 $H = 305 × 10^{-3}\text{m}$，料层的孔隙率 $\omega = 0.39$，单位体积料层的料块总表面积 $S = 8100\text{m}^2/\text{m}^3$；点火前通过料层的空气流速 $v_0 = 0.25\text{m/s}$，流过空气的密度 $\rho = 1.23\text{kg/m}^3$，空气的黏度 $\mu = 1.78 × 10^{-5}\text{Pa·s}$，求空气流过料层的压降。

23. 某高温炉炉膛如图 2-55 所示。已知炉气温度 $t_\text{g} = 1327℃$，炉气密度 $\rho_{\text{g}_0} = 1.3\text{kg/m}^3$；炉外大气温度 $t_\text{a} = 20℃$，其密度 $\rho_{\text{a}_0} = 1.293\text{kg/m}^3$，试求：

（1）在同一图上，绘出两种气体压力随高度变化的示意图；

（2）导出 $p_\text{g} - p_\text{a}$ 随炉膛高度 H 的变化规律，并据此计算出炉顶及炉底处的 $p_\text{g} - p_\text{a}$ 值；

（3）在本图条件下，炉门若打开，炉内、外气体将如何流动？

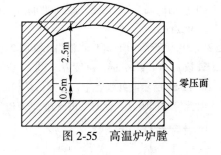

图 2-55　高温炉炉膛

24. 已知烟气的平均温度 $t_\text{g} = 600℃$，烟气密度 $\rho_{\text{g}_0} = 1.29\text{kg/m}^3$，若烟囱底部要求的负压为 $8.5\text{mmH}_2\text{O}$ 柱，周围空气温度 $t_\text{a} = 30℃$，空气密度 $\rho_{\text{a}_0} = 1.29\text{kg/m}^3$。按静力学问题处理，求烟囱的高度。

25. 直径 $d = 1\text{m}$ 的烟囱，排烟量 $q_{V_0} = 5400\text{m}^3/\text{h}$，烟囱中烟气的平均温度为 $427℃$，且 $\rho_{\text{g}_0} = 1.29\text{kg/m}^3$。当外界空气温度为 $30℃$ 时，需要多高的烟囱才能保证烟囱的有效抽力不小于 196Pa（取 $\xi = 0.05$）。

参 考 文 献

[1] 吴树森. 材料加工冶金传输原理 [M]. 北京：机械工业出版社，2001.

[2] 林柏年. 金属热态成形传输原理 [M]. 哈尔滨：哈尔滨工业大学出版社，2001.

[3] 朱光俊. 传输原理 [M]. 北京：冶金工业出版社，2009.

3 热 量 传 输

【本章概要】

　　本章介绍了三种热量传输的方式，包括基本概念及其规律。首先是传导传热，运用能量守恒定律和导热基本定律推导了导热微分方程，该方程应用于一维稳定态传导传热问题的分析与计算；其次是对流换热，给出了计算对流换热量的牛顿冷却公式，根据相似原理，利用量纲分析的方法导出了相似特征数和特征数方程式，介绍了凝结换热和沸腾换热；最后是辐射换热，给出了辐射换热的四个基本定律，并对物体表面间的辐射换热问题进行了解析。

【关键词】

　　稳定态导热，不稳定态导热，傅里叶定律，热流密度，导热系数，导热微分方程，集总参数法，导热问题的数值解法，差分解法，对流换热，牛顿冷却公式，相似理论，凝结换热，沸腾换热，辐射换热，黑体，灰体，普朗克定律，斯蒂芬-玻耳兹曼定律，兰贝特余弦定律，基尔霍夫定律，角系数，气体辐射。

【章节重点】

　　本章应重点掌握传导传热的基本概念和基本定律，深入理解导热微分方程，并能够运用这些基础知识求解物体内发生一维稳定态导热现象时通过平壁和圆筒壁的传导传热量；掌握对流换热量的计算和对流给热系数的求解方法，在理解对流换热机理和对流换热微分方程的基础上，掌握利用相似原理求解对流给热系数的方法，能够运用特征数方程式计算各种条件下的对流给热系数；掌握与辐射换热相关的几个基本概念和基本定律，即普朗克定律、斯蒂芬-玻耳兹曼定律、兰贝特余弦定律、基尔霍夫定律，能够运用基本定律对简单封闭体系内的辐射换热量进行计算，最后能够计算综合换热条件下的换热量。

3.1　热量传输的基本概念和方式

　　热量的传输即传热，是自然界及许多生产过程中普遍存在的一种极其重要的物理现象。冶金过程离不开化学反应，而几乎所有的化学反应都需要控制在一定的温度下进行；为了维持所要求的温度，物料在进入反应器之前往往需要预热或冷却到一定温度，在过程进行中，由于反应本身需吸收或放出热量，又要及时补充或移走热量。如炼铁过程，为了强化熔炼反应，需将空气预热至1000℃以上；又如炼钢的连铸过程，由于钢水在凝固过程中放出大量的热，结晶器外面需设置冷却水设施，以便及时移走钢水凝固时释放出来的热量。此外，还有一些过程虽然没有化学反应发生，但需维持在一定的温度下进行，如干燥与结晶、蒸发与热流体的输送等。总之，热量的传递与冶金过程有着密切的联系，可以说，在许多场合，热量的传递对冶金过程起着控制作用。因此，探讨热量传递的本质，研究热量传递的规律，掌握和控制热量传递的速率，对冶金及其他生产领域都具有重要意义。

3.1.1　基本概念

热量的传输是研究由于"温度差异"所引起的能量传递过程的规律。所谓差异就是矛盾，当物体内部或物体之间的温度出现了差异，或两个温度不同的物体相互接触时，就有了相对"热"和"冷"的矛盾双方，这时总会发生热量从温度高的区域向温度低的区域转移的过程，通常将这一过程称作传热过程。虽然在此过程中所传递的热量我们无法看到，但其产生的效应则是可被观察或被测量得到的。一般而言，体积不变的物体得到或失去热量，都将引起其内能的变化，具体的表现为温度的升高或降低，或者发生相的变化。对于自发的传热，将永远使矛盾的双方向自己的反面转化，原来温度较高的物体因传走热量而被冷却；原来温度较低的物体因得到热量而被加热，随着温差的降低，最终将建立起温度一致的平衡态。若要保持某一部分的温度高于另一部分，就必须从外界向高温区不断地补充被传走的热量，并从低温区不断取走所得到的热量。

3.1.1.1　温度场

傅里叶定律表明，导热的热量与温度变化率有关，所以研究导热必然涉及物体的温度分布。一般来讲，物体的温度分布是坐标和时间的函数，即：

$$T = f(x, y, z, t) \tag{3-1}$$

式中　x, y, z ——空间直角坐标；

　　　　t ——时间坐标。

像重力场、速度场一样，物体中存在着时间和空间上的温度分布，称为温度场。它是各个瞬间物体中各点温度分布的总称，式（3-1）就是它的表达式。

物体中各点的温度随时间改变的温度场，称为非稳态温度场（或非定常温度场）。工件在加热或冷却过程中都具有非稳态温度场。物体中各点的温度不随时间变动的温度场，称为稳态温度场（或定常温度场），温度场的表达式简化为：

$$T = f(x, y, z) \tag{3-2}$$

3.1.1.2　等温面

物体中同一瞬间相同温度各点连成的面称为等温面。在任何一个二维截面上等温面表现为等温线。温度场习惯上用等温面图或等温线图来表示。图3-1是用等温线表示铸件温度场的实例（T型铸件浇铸后10.7min时实测的温度场）。图3-2则为厚板焊接时移动热源在 $x - y$ 平面内形成的瞬时温度场，此刻热源在原点 O。

3.1.1.3　温度梯度

沿着等温线的切线方向，物体的温度没有变化，只有穿过等温面（线）才能观察到物体温度的变化。如图3-3所示，由于穿过等温面的方向 L 的不同，单位距离上温度的变化也不同，将

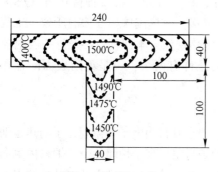

图 3-1 铸件温度场

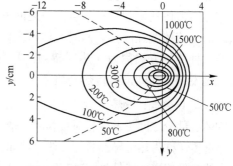

图 3-2 移动热源形成的瞬时温度场

$$\lim_{\Delta T \to 0} \frac{\Delta T}{\Delta L} L = \frac{\partial T}{\partial L} L \qquad (3\text{-}3)$$

称作温度沿 L 方向的方向导数，等温面沿法向方向的方向导数称为温度梯度。

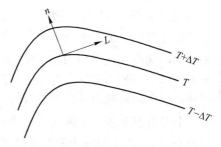

由于两等温面间沿法向的距离最短，故方向导数在此处取得最大值。也就是说，温度梯度是取值最大的温度的方向导数，其定义为：

$$\mathrm{grad}T = \lim_{\Delta n \to 0} \frac{\Delta T}{\Delta n} \boldsymbol{n} = \frac{\partial T}{\partial n} \boldsymbol{n} \qquad (3\text{-}4)$$

图 3-3 温度梯度

式中 $\boldsymbol{n}$——法向的单位矢量。

由此可知，温度梯度是一矢量，在直角坐标系中，表达式为：

$$\mathrm{grad}T = \frac{\partial T}{\partial x}\boldsymbol{i} + \frac{\partial T}{\partial y}\boldsymbol{j} + \frac{\partial T}{\partial z}\boldsymbol{k} \qquad (3\text{-}5)$$

其方向从低温指向高温为正，大小就是其模：

$$|\,\mathrm{grad}T\,| = \sqrt{\left(\frac{\partial T}{\partial x}\right)^2 + \left(\frac{\partial T}{\partial y}\right)^2 + \left(\frac{\partial T}{\partial z}\right)^2} \qquad (3\text{-}6)$$

3.1.2 基本方式及其规律

凡存在温差，就有热量从高到低的传输。三种不同的热量传输方式如图 3-4 所示。

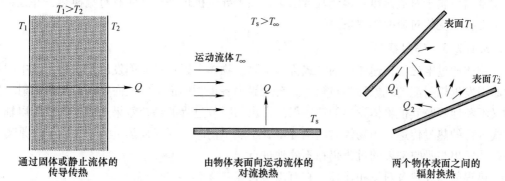

图 3-4 传导、对流和辐射传热方式

当静态介质中存在温度梯度时，会发生热传导，称为导热。第二种传热方式称为对流，它是由流体的宏观流动、各部分之间发生相对位移，冷热流体相互掺混所致。工程中感兴趣的是流体流经固体表面时流体与固体之间的传热现象，本课程仅涉及这一类对流传热。第三种传热方式称为（热）辐射。辐射发生的条件有两个：一是不同表面间存在温差；二是不同表面间没有传热介质。

3.1.2.1 传导传热

物体各部分之间不发生相对位移时，依靠分子、原子及自由电子等微观粒子的热运动进行的热量传递称为热传导，简称导热。例如，窑炉的炉衬温度高于炉墙外壳，炉衬内侧向炉墙外壳的热量传递；铸件凝固冷却时，铸件内部的温度高于外界，铸件内部向其外侧以及砂型中的热量传递；焊接时焊件上热源附近高温区向周围低温区的热量传递等均是导热。

从微观角度来看，气体、液体、导电固体和非导电固体的导热机理是有所不同的。气体中的导热是气体分子不规则热运动时相互碰撞的结果。众所周知，气体的温度越高，其分子的平均动能越大；不同能量水平的分子相互碰撞的结果，使热量从高温向低温处传递。导电固体中有相当多的自由电子，它们在晶格之间像气体分子那样运动，自由电子的运动在导电固体的导热中起着主要作用。在非导电固体中，导热是通过晶格结构的振动，即原子、分子在其平衡位置附近的振动来实现的。晶格结构振动的传递在文献中常称为格波（又称声子）。对于液体中的导热机理，还存在着不同的观点：有一种观点认为液体定性上类似于气体，只是情况更复杂，因为液体分子间的距离比较近，分子间的作用力对碰撞过程的影响远比气体大；另一种观点则认为液体的导热机理类似于非导电固体，主要靠格波的作用。

3.1.2.2 对流换热

对流是指流体各部分之间发生相对位移，冷热流体相互掺混所引起的热量传递方式。对流仅能发生在流体中，而且必然伴随着导热。工程上常遇到的不是单纯对流方式，而是流体流过固体表面时对流和导热联合起作用的方式，这种对流换热区别于单纯对流。本书主要讨论对流换热。

对流换热按引起流体流动的不同原因可分为自然对流与强制对流两大类。自然对流是由于流体冷、热各部分密度不同而引起的，暖气片表面附近热空气向上流动就是一个例子。如果流体的流动是由于水泵、风机或其他压差所造成的，则称为强制对流。另外，沸腾及凝结也属于对流换热，熔化及凝固则是除了导热机理外也常伴有对流换热，并且它们都是带有相变的对流换热现象。

3.1.2.3 辐射换热

物体通过电磁波传递能量的方式称为辐射。物体会因各种原因发出辐射能，其中因热的原因发出辐射能的现象称为热辐射。自然界中各个物体都不停地向空间发出热辐射，同时又不断地吸收其他物体发出的热辐射。发出与吸收过程的综合效果造成了物体间以辐射方式进行的热量传递。当物体与周围环境处于热平衡时，辐射换热量等于零。但这是动态平衡，发出与吸收辐射的过程仍在不停地进行。

热辐射与导热及对流相比较，它有以下特点：

（1）热辐射可以在真空中传播。当两个物体被真空隔开时，例如地球与太阳之间，导热与对流都不会发生，而只能进行辐射换热。

（2）热辐射不仅产生能量的转移，而且还伴随着能量形式的转化。发射时热能转换为辐射能，而被吸收时又将辐射能转换为热能。

热量传递的三种基本方式，由于机理不同，遵循的规律也不同，后面依次分开论述。但要注意，在工程问题中，有时也存在着两种或者三种热量传递方式同时出现的场合。例如一块高温钢板在厂房中的冷却散热，既有辐射换热方式，同时也有对流换热方式，两种方式散热的热流量叠加等于总的散热热流量。厚大焊件的冷却过程，则同时存在着导热、对流换热及辐射换热三种热量传递方式。对于这些场合，就不能只顾一种方式而遗漏另一种方式。

3.2 导 热 理 论

物体各部分之间不发生相对位移时，依靠分子、原子及自由电子等微观粒子的热运动进行的热量传递称为热传导，简称导热。例如，窑炉的炉衬温度高于炉墙外壳，炉衬内侧向炉墙外壳的热量传递；铸件凝固冷却时，铸件内部的温度高于外界，铸件内部向其外侧以及砂型中的热量传递；焊接时焊件上热源附近高温区向周围低温区的热量传递等均是导热。

3.2.1 傅里叶定律及导热系数

3.2.1.1 傅里叶定律

通过对实践经验的提炼，导热现象的规律被称为傅里叶定律。通过平板的导热如图 3-5 所示。平板的两个表面均维持各自的均匀温度。这是一维导热问题，对于 x 方向上任意一个厚度为 $\mathrm{d}x$ 的微薄层，根据傅里叶定律，单位时间内通过该层的热量与该处的温度变化率及平板的截面积 A 成正比，即：

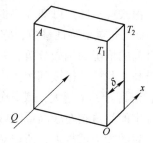

图 3-5 通过平板的一维导热

$$\Phi = -\lambda A \frac{\mathrm{d}T}{\mathrm{d}x} \tag{3-7}$$

式中　λ ——比例系数，称为热导率（导热系数）；

－——热量传递的方向与温度升高的方向相反。

单位时间内通过某一给定面积的热量称为热流量，记为 Φ，单位为 W。单位时间内通过单位面积的热量称为热流密度（又称比热流），记为 q，单位为 $\mathrm{W/m^2}$。傅里叶定律按热流密度形式表示则为：

$$q = \frac{\Phi}{A} = -\lambda \frac{\mathrm{d}T}{\mathrm{d}x} \tag{3-8}$$

式（3-7）和式（3-8）是一维稳态导热时傅里叶定律的数学表达式。

3.2.1.2 热导率

热导率的定义可由傅里叶定律表达式推出。由式（3-8）得到：

$$\lambda = -\frac{q}{\dfrac{\partial T}{\partial x}\boldsymbol{n}} \tag{3-9}$$

由此可见，热导率在数值上等于温度梯度为 1 个单位时，物体内具有的热流密度，单位为 W/(m·℃)。它反映出：在相同的温度梯度下，物体的热导率越大，导热量也越大。因此，λ 是表征物体导热能力的重要物性参数。

热导率的大小取决于物质的种类和温度。一般来说，金属材料的热导率比较高，常温条件（20℃）下纯铜为 399W/(m·℃)；碳钢（$w[C] \approx 1.5\%$）为 36.7W/(m·℃)。非金属材料及液体较低，如 20℃ 时水的热导率为 0.599W/(m·℃)。气体的热导率最小，如 20℃ 时干燥空气的 λ 值为 0.259W/(m·℃)。同种材料的 λ 值与温度有关，对于铁、碳钢和低合金钢，λ 值随温度的增加而下降；对于高合金钢（不锈钢，耐热钢等），随着温度的增加 λ 值增加。工程计算采用的热导率都是用专门实验测定的。

3.2.1.3　热扩散率

傅里叶定律可以改写为：

$$q = -\frac{\lambda}{\rho c}\frac{\partial(\rho cT)}{\partial x} = -a\frac{\partial(\rho cT)}{\partial x} \tag{3-10}$$

即

$$a = \frac{\lambda}{\rho c} \tag{3-11}$$

式中　ρ——物体的密度，kg/m³；

　　　a——热扩散率，m²/s；

　　　c—— 物体的比热容，J/(kg·℃)。

由式（3-11）可知，热扩散率 a 与热导率 λ 成正比，与物体的密度 ρ 和比热容 c 成反比。a 也是重要物性参数，它表征了物体内热量传输的能力；其物理意义是：若以物体受热升温的情况为例做分析，在升温过程中，进入物体的热量沿途不断地被吸收而使该处温度升高，此过程持续到物体内部各点温度全部相同为止。由热扩散率的定义 $a = \lambda/\rho c$ 可知，当其分子 λ 越大，或其分母 ρc（它是单位体积的物体升高 1℃ 所需的热量）越小，表示导出的热量相对较高或吸收的热量相对较少，于是热量的传递就越快，物体内部温度趋于一致的能力就越大，所以热扩散率 a 也是非稳态导热的重要物性参数。

在热加工工艺过程中，可以应用不同材料热扩散率的不同来控制工件的质量。如金属的热扩散率比型砂大几十倍，铸件在金属型中要比在砂型中冷却得快，从而可获得表面质量不同的铸件。焊接时，由于铝和铜的导热性能好，因此需采用比焊接低碳钢更大的线能量才能保证质量。

3.2.2　导热微分方程

傅里叶导热定律只能求解一维导热问题，对多维导热问题，需以傅里叶导热定律和能量守恒定律为基础建立导热微分方程，再根据具体的定解条件（单值条件）对微分方程进行求解，得到理论上的解析解，但很多情况下也只能得到近似解。

3.2.2.1　导热微分方程式

在推导导热微分方程式时，为减少次要因素的引入，把讨论对象先局限于常物性（即物性参数 λ、ρ、c 都是常量）的各向同性材料。

在一般情况下，按照能量守恒定律，微元体的热平衡式可以表示为下列形式：

导入微元体的总热流量+微元体中内热源生成的热量

=微元体内能的增量+导出微元体的总热流量　　　　　　　　　　　　　　(3-12a)

导入及导出微元体的总热流量可以从傅里叶定律推出：任意方向的热流量总可以分解为 x、y、z 三个坐标轴方向的分量，如图 3-6 所示。根据傅里叶定律，通过 $x = x$、$y = y$、$z = z$ 三个表面导入微元体的热量可直接写出如下公式：

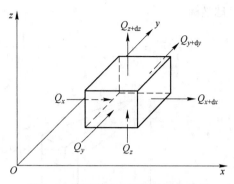

图 3-6 微元平行六面体的导热分析

$$\begin{cases} Q_x = -\lambda \dfrac{\partial T}{\partial x} \mathrm{d}y\mathrm{d}z \\[2mm] Q_y = -\lambda \dfrac{\partial T}{\partial y} \mathrm{d}x\mathrm{d}z \\[2mm] Q_z = -\lambda \dfrac{\partial T}{\partial z} \mathrm{d}x\mathrm{d}y \end{cases} \qquad (3\text{-}12\mathrm{b})$$

以上三式之和就是导入微元体的总热流量。

同理，通过 $x = x + \mathrm{d}x$、$y = y + \mathrm{d}y$、$z = z + \mathrm{d}z$ 三个表面导出微元体的热流量也可写为：

$$\begin{cases} Q_{x+\mathrm{d}x} = -\lambda \dfrac{\partial}{\partial x}\left(T + \dfrac{\partial T}{\partial x}\mathrm{d}x \right)\mathrm{d}y\mathrm{d}z \\[3mm] Q_{y+\mathrm{d}y} = -\lambda \dfrac{\partial}{\partial y}\left(T + \dfrac{\partial T}{\partial y}\mathrm{d}y \right)\mathrm{d}x\mathrm{d}z \\[3mm] Q_{z+\mathrm{d}z} = -\lambda \dfrac{\partial}{\partial z}\left(T + \dfrac{\partial T}{\partial z}\mathrm{d}z \right)\mathrm{d}x\mathrm{d}y \end{cases} \qquad (3\text{-}12\mathrm{c})$$

以上三式之和就是导出微元体的总热流量。

$$微元体内能的增量 = \rho c \frac{\partial T}{\partial t}\mathrm{d}x\mathrm{d}y\mathrm{d}z \qquad (3\text{-}12\mathrm{d})$$

设单位体积内热源的热能为 $\dot{Q}$，则：

$$微元体内热源的生成热 = \dot{Q}\mathrm{d}x\mathrm{d}y\mathrm{d}z \qquad (3\text{-}12\mathrm{e})$$

将式（3-12b）、式（3-12c）、式（3-12d）、式（3-12e）各式代入（3-12a），可获得导热微分方程式的一般形式，即：

$$\frac{\partial T}{\partial t} = \frac{\lambda}{\rho c}\left(\frac{\partial^2 T}{\partial x^2} + \frac{\partial^2 T}{\partial y^2} + \frac{\partial^2 T}{\partial z^2} \right) + \frac{\dot{Q}}{\rho c} \qquad (3\text{-}13)$$

式（3-13）对稳态、非稳态及无内热源的问题都可适用。稳态问题以及无内热源的问题都是上述微分方程式的特例。例如，在稳态、无内热源条件下，导热微分方程式就简化成为：

$$\frac{\partial^2 T}{\partial x^2} + \frac{\partial^2 T}{\partial y^2} + \frac{\partial^2 T}{\partial z^2} = 0 \qquad (3\text{-}14)$$

运用数学上的坐标转换，式（3-13）可以转换成圆柱坐标或球坐标表达式。参照图 3-7 所示的坐标系统，转换的结果分别是：

圆柱坐标

$$\frac{\partial T}{\partial t} = a\left(\frac{\partial^2 T}{\partial r^2} + \frac{1}{r}\frac{\partial T}{\partial r} + \frac{1}{r^2}\frac{\partial^2 T}{\partial \theta^2} + \frac{\partial^2 T}{\partial z^2} \right) + \frac{\dot{Q}}{\rho c} \qquad (3\text{-}15)$$

球坐标

$$\frac{\partial T}{\partial t} = a\left[\frac{1}{r^2}\frac{\partial^2(r^2T)}{\partial r^2} + \frac{1}{r^2\sin\theta}\frac{\partial}{\partial\theta}\left(\sin\theta\frac{\partial T}{\partial\theta}\right) + \frac{1}{r^2\sin^2\theta}\frac{\partial^2 T}{\partial\varphi^2}\right] + \frac{\dot{Q}}{\rho c} \tag{3-16}$$

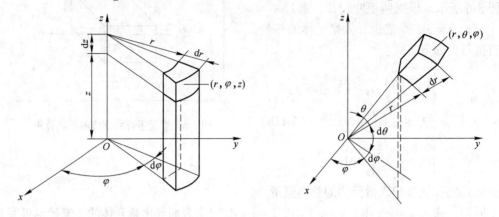

圆柱坐标中的微元体   球坐标中的微元体

图 3-7   圆柱坐标和球坐标系的微元体

无内热源的稳态导热微分方程式采用圆柱坐标和球坐标时表达形式分别是：

圆柱坐标

$$\frac{\partial^2 T}{\partial r^2} + \frac{1}{r}\frac{\partial T}{\partial r} + \frac{1}{r^2}\frac{\partial^2 T}{\partial\theta^2} + \frac{\partial^2 T}{\partial z^2} = 0 \tag{3-17}$$

球坐标

$$\frac{1}{r^2}\frac{\partial^2(r^2T)}{\partial r^2} + \frac{1}{r^2\sin\theta}\frac{\partial}{\partial\theta}\left(\sin\theta\frac{\partial T}{\partial\theta}\right) + \frac{1}{r^2\sin^2\theta}\frac{\partial^2 T}{\partial\varphi^2} = 0 \tag{3-18}$$

数学上将式（3-14）、式（3-17）、式（3-18）的表达形式简化为：

$$\nabla^2 T = 0 \tag{3-19}$$

式中 ∇^2——拉普拉斯运算子。

式（3-19）也称拉普拉斯方程。许多实际问题往往是一般的导热微分方程所描述问题的特例。例如，无内热源的一维稳态导热问题，导热微分方程可简化成为：

$$\frac{d^2 T}{dx^2} = 0 \tag{3-20}$$

注意：此式与应用于 $\varPhi$ = 常量的一维导热的傅里叶定律表达式（3-8）是一致的。

以上导热微分方程式的讨论都是在热导率 λ 为常量的前提下进行的。在许多实际导热问题中，把热导率取为常量是容许的。然而，有一些特殊场合必须把热导率作为温度的函数，不能当作常量来处理。这类问题称为变热导率的导热问题。注意到 λ 不能作为常数的特点，可以导出变热导率的导热方程式。例如，在直角坐标系中，非稳态、有内热源的变热导率的导热微分方程式将不同于式（3-12），而是：

$$\rho c\frac{\partial T}{\partial t} = \frac{\partial}{\partial x}\left(\lambda\frac{\partial T}{\partial x}\right) + \frac{\partial}{\partial y}\left(\lambda\frac{\partial T}{\partial y}\right) + \frac{\partial}{\partial z}\left(\lambda\frac{\partial T}{\partial z}\right) + \dot{Q} \tag{3-21}$$

这里再次指出：导热微分方程式是描写导热过程共性的数学表达式，对于任何导热过程，不论是稳态的还是非稳态的，一维的或多维的，导热微分方程都是适用的。因此可以说，导热微分方程式是求解一切导热问题的出发点。

3.2.2.2 定解条件

导热微分方程是描述导热过程的通用微分表达式，适合所有导热现象的导热过程，但它只表示了物体内部各点温度之间的内在联系，不能给出一个具体导热过程的温度表达式。由于每一个具体导热过程总是在某一特定的具体条件下发生的，这种特定的具体条件将每一个具体的导热过程相互区别开来。因此，要求解一个具体的导热过程，就必须寻找出相应的定解条件，即导热现象的单值条件。在导热过程中，常见的单值条件包括：物理条件、几何条件、时间条件、边界条件。

（1）物理条件：表征参与导热物体的物理特征，即参与导热物体的物性参数，包括导热系数 λ、导温系数 a、密度 ρ 及比热容 c 等，这些物性参数可视为常数或随温度而变化，具体情况根据求解精度决定。

（2）几何条件：表征参与导热物体的几何形状和尺寸，根据几何条件可以判定物体的导热是属于三维、二维还是一维导热问题。例如钢锭内部的导热可以认为是三维导热问题，求解前需要知道钢锭的长度、宽度和厚度；方形和矩形断面钢坯内部的导热可以认为是二维导热问题，求解前需要知道方坯或矩形坯的宽度和厚度，长度方向的温度梯度为零；宽厚比较大的钢板内部的导热可以认为是一维导热问题，求解前要知道钢板的厚度，长度和宽度方向的温度梯度为零；圆钢及线棒材内部的导热可以认为是一维导热问题，求解前要知道半径尺寸，长度方向的温度梯度为零。

（3）时间条件（初始条件）：即导热现象开始时刻物体内的温度分布情况，对随后进行的导热过程影响很大。例如钢坯进入炉膛加热前的温度状况对整个加热过程影响很大，冷装炉时（20~200℃）加热到工艺要求的温度所需时间要比热装炉时（500~900℃）所需时间长很多。最简单的时间条件是导热现象开始时刻物体内的温度均匀分布。

（4）边界条件：加热或冷却过程中物体表面的温度分布情况或表面与周围介质之间的热交换关系，即系统与外界相接触的边界上的换热情况，传热学中常见的边界条件可归纳为以下三类。

1）规定了边界上的温度值，称为第一类边界条件。此类边界条件最简单的典型特例就是规定边界温度为常数，即 T_W = 常数。对于非稳态导热，这类边界条件要求给出以下关系式：

$$t > 0 \text{ 时}, \ T_W = f_1(t)$$

2）规定了边界上的热流密度值，称为第二类边界条件。此类边界条件最简单的典型特例就是规定边界上热流密度为定值，即 q_W = 常数。对于非稳态导热，这类边界条件要求给出以下关系式：

$$t > 0 \text{ 时}, \ -\lambda \left(\frac{\partial T}{\partial n} \right)_W = f_2(t)$$

式中　　$(\partial T / \partial n)_W$ ——边界上的温度梯度。

3）规定了边界上物体与周围流体间的表面传热系数 α 及周围流体的温度 T_f，称为第三类边界条件。以物体被冷却的场合为例，第三类边界条件表示为：

$$- \lambda \left(\frac{\partial T}{\partial n} \right)_W = \alpha (T_W - T_f)$$

在非稳态导热时，式中 α 及 T_f 均可为时间 t 的函数。

3.2.3 一维稳态导热问题的分析与计算

稳定态传导传热包含一维、二维和三维问题，由于采用解析法求解二维和三维问题比较复杂，而采用数值解法简单实用，故本节主要针对一维稳定态传导传热问题进行解析。求解一维稳定态传导传热问题的基础是傅里叶导热定律，在给出必要的边界条件后，对其进行积分才能得到特解。

3.2.3.1 热阻

这里首先引出一个在传热分析中颇为重要的热阻的概念，然后讨论平壁导热的计算。

热量传递是自然界中的一种能量转移过程，它与自然界中其他转移过程，如电量的转移、动量的转移、质量的转移有类似之处。各种转移过程的共同规律性可归结为：

$$过程中的转移量 = \frac{过程的动力}{过程的阻力}$$

在电学中，这种规律性就是众所周知的欧姆定律，即：

$$I = \frac{U}{R}$$

在导热中，与之相对应的表达式可得出：

$$q = \frac{\Delta T}{\delta / \lambda} \tag{3-22}$$

这种表达形式有助于更清楚地理解式中各项的物理意义。式中热流密度 q 为导热过程的转移量，温差 ΔT 为导热过程的动力，而分母 δ / λ 则为导热过程的阻力。热转移过程的阻力称为热阻，记为 R_t，它与电传输过程中的电阻 R 相当。热阻 R_t 是针对每单位面积而说的，有时需要讨论整个表面积 A 的热阻，这时总面积的热阻有以下定义式：

$$R_{t,z} = \frac{\Delta T}{\Phi} \tag{3-23}$$

【例 3-1】 已知灰铸铁、空气及湿型砂的热导率分别为 50.3W/(m·℃)、0.0321W/(m·℃) 及 1.13W/(m·℃)，试比较 1mm 厚灰铸铁、空气及湿型砂的热阻。

解：导热热阻 $R_t = \delta / \lambda$，故有：

灰铸铁 $R_t = \dfrac{0.001}{50.3} = 1.98 \times 10^{-5}$ m²·℃/W

空气 $R_t = \dfrac{0.001}{0.0321} = 3.12 \times 10^{-2}$ m²·℃/W

湿型砂 $R_t = \dfrac{0.001}{1.13} = 8.85 \times 10^{-4}$ m²·℃/W

由此可见，1mm 空气隙的热阻相当于灰铸铁热阻的 1500 余倍，因此在铸铁冷却分析中，气隙的作用是不可忽略的因素。湿型砂的热阻比灰铸铁的热阻要大 45 倍左右，在粗略的分析中，灰铸铁的热阻相对来说是次要的。

热阻概念的建立给复杂热转移过程的分析带来很大便利。例如，可以借用比较熟悉的串、并联电路电阻的计算公式来计算热转移过程的合成热阻（或称总热阻）。串联电阻叠加得到总电阻的原则可以应用到串联导热热阻的计算上，从而可方便地推导出复合壁的导热公式。

3.2.3.2 单层平壁的导热

单层平壁导热的示意图如 3-8 所示，已知平壁的两个表面分别维持均匀而恒定的温度 T_1 和 T_2，壁厚为 δ。假设壁厚远小于高度和宽度，则温度场是一维的，温度只沿着与表面垂直的方向发生变化。无内热源的一维稳态导热微分方程式（3-20）适用，即：

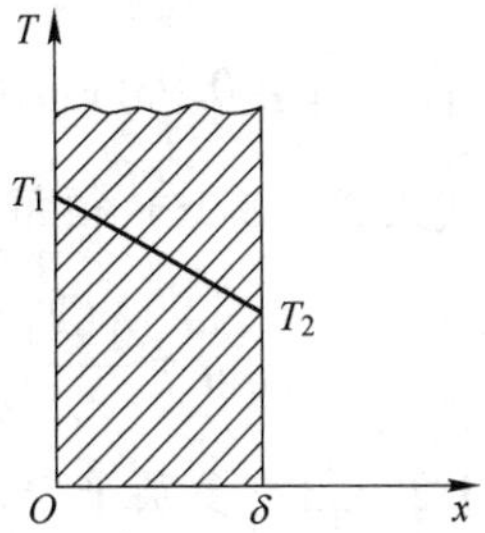

$$\frac{\mathrm{d}^2 T}{\mathrm{d}x^2} = 0 \tag{3-24a}$$

图 3-8 单层平壁的导热

边界条件为：
$$x = 0 \text{ 时}, \quad T = T_1 \tag{3-24b}$$
$$x = \delta \text{ 时}, \quad T = T_2 \tag{3-24c}$$

这就是本问题完整的数学描述，是求解温度分布的出发点。其目的在于解出温度分布，并确定热流密度与有关物理量间的具体关系式。

对微分方程式（3-24a）连续积分两次，得其通解为：

$$T = c_1 x + c_2 \tag{3-24d}$$

式中 c_1，c_2——积分常数，由边界条件式（3-24b）、式（3-24c）确定。

于是解得温度分布为：

$$T = \frac{T_2 - T_1}{\delta} x + T_1 \tag{3-24e}$$

由于 δ、T_1、T_2 都是定值，所以温度呈线性分布。换句话说，温度分布线的斜率是常量，即：

$$\frac{\mathrm{d}T}{\mathrm{d}x} = \frac{T_2 - T_1}{\delta} \tag{3-24f}$$

已知 $\mathrm{d}T/\mathrm{d}x$，代入傅里叶定律式，得：

$$q = -\lambda \frac{\mathrm{d}T}{\mathrm{d}x}$$

即可获得通过平壁的热流密度 $q = f(T_1, T_2, \lambda, \delta)$ 的具体关系式为：

$$q = \frac{\lambda(T_1 - T_2)}{\delta} = \frac{\lambda}{\delta} \Delta T \tag{3-25}$$

式（3-25）即为平壁导热的计算公式，它揭示了 q、λ、δ 和 ΔT 四个物理量间的内在联系，只要已知其中任意三个量，就可以求出第四个量。例如，对于一块给定材料和厚度的平壁，已知其热流密度时，平壁两侧表面之间的温差就可从下式求出，即：

$$\Delta T = \frac{q\delta}{\lambda} \tag{3-26}$$

当热导率是温度的线性函数时，即 $\lambda = \lambda_0(1 + bT)$，只要取计算区域平均温度下的 $\overline{\lambda}$

值代入 λ =常数时的计算公式，就可获得正确的结果。

【例 3-2】　一窑炉的耐火炉墙为厚度 δ =250mm 的硅砖。已知内壁面温度 T_1 =1500℃，外壁面温度 T_2 =400℃，硅砖 $\bar{\lambda}$ = 0.93 + 0.0007$\bar{T}$，试求每平方米炉墙的热损失。

解： 已知硅砖 $\bar{\lambda}$ =0.93+0.0007$\bar{T}$，于是

$$\bar{\lambda} = 0.93 + 0.0007 \times \left(\frac{1500 + 400}{2} \right) \text{W/(m} \cdot \text{℃)} = 1.60 \text{W/(m} \cdot \text{℃)}$$

代入式（3-25）得每平方米炉墙的热损失为：

$$q = \frac{\bar{\lambda}(T_1 - T_2)}{\delta} = \frac{1.60 \times (1773 - 673)}{0.25} \text{W/m}^2 = 7040 \text{W/m}^2$$

3.2.3.3　多层平壁的导热

现在应用热阻的概念来推导通过多层平壁的导热计算公式。所谓多层壁，就是由不同材料叠加在一起组成的复合壁。例如，采用耐火砖层、隔热砖层和金属护板叠合而成的炉窑墙就是多层壁的实例。一个三层壁的示意图如图 3-9 所示（所采用的方法可推广于任意层多层壁）。假定层与层之间接触良好，即为理想接触状态，因此通过层间分界面就不会发生温度降落。已知各层的厚度分别为 δ_1、δ_2 和 δ_3，各层材料的热导率分别为 λ_1、λ_2 和 λ_3，并且已知多层壁两个外侧表面的温度分别为 T_1 和 T_4，（中间温度 T_2 和 T_3 是不知道的），现求通过多层壁的热流密度 q 的计算公式。

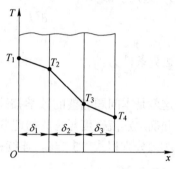

图 3-9　三层平壁的导热

应用热阻表达式（3-22）可写出各层的热阻如下：

$$\begin{cases} \dfrac{T_1 - T_2}{q} = \dfrac{\delta_1}{\lambda_1} \\[2mm] \dfrac{T_2 - T_3}{q} = \dfrac{\delta_2}{\lambda_2} \\[2mm] \dfrac{T_3 - T_4}{q} = \dfrac{\delta_3}{\lambda_3} \end{cases} \tag{3-27}$$

串联热阻叠加原则是有效的，即串联过程的总热阻等于其分热阻的总和。把式（3-27）中三式叠加就得到多层壁的总热阻：

$$\frac{T_1 - T_4}{q} = \frac{\delta_1}{\lambda_1} + \frac{\delta_2}{\lambda_2} + \frac{\delta_3}{\lambda_3} \tag{3-28}$$

由此导出热流密度的计算公式：

$$q = \frac{T_1 - T_4}{\dfrac{\delta_1}{\lambda_1} + \dfrac{\delta_2}{\lambda_2} + \dfrac{\delta_3}{\lambda_3}} \tag{3-29}$$

依此类推，n 层多层壁的计算公式是：

$$q = \frac{T_1 - T_{n+1}}{\sum\limits_{i=1}^{n} \dfrac{\delta_i}{\lambda_i}} \tag{3-30}$$

解得热流密度后，层间分界面上未知温度 T_2 和 T_3 就可利用式（3-27）求出。例如：

$$T_2 = T_1 - q \frac{\delta_1}{\lambda_1} \tag{3-31}$$

$$T_3 = T_2 - q \frac{\delta_2}{\lambda_2} \tag{3-32}$$

【例 3-3】 窑炉炉墙由厚 115mm 的耐火黏土砖和厚 125mm 的 B 级硅藻土砖再加上外敷石棉板叠成。耐火黏土砖的 $\overline{\lambda} = 0.88 + 0.00058\overline{T}$，B 级硅藻土砖的 $\overline{\lambda} = 0.0477 + 0.0002\overline{T}$。已知炉墙内表面温度为 495℃ 和硅藻土砖与石棉板间的温度为 207℃，试求每平方米炉墙每秒的热损失 q 及耐火黏土砖与硅藻土砖分界面上的温度。

解： 已知 $\delta_1 = 115\text{mm}$，$\delta_2 = 125\text{mm}$。各层的热导率可按估计的平均温度值算出（第一次估计的平均温度不一定正确，待算出分界面温度后，如发现不对，可修改估计温度，经几次试算，逐步逼近，可得出合理估计温度值。这里列出的是几次试算后的结果）：

$$\lambda_1 = 1.16\text{W}/(\text{m} \cdot \text{℃})$$
$$\lambda_2 = 0.116\text{W}/(\text{m} \cdot \text{℃})$$

代入式（3-29）得每平方米炉墙每秒的热损失为：

$$q = \frac{T_1 - T_3}{\dfrac{\delta_1}{\lambda_1} + \dfrac{\delta_2}{\lambda_2}} = \frac{768 - 580}{\dfrac{0.115}{1.16} - \dfrac{0.125}{0.116}} \text{W/m}^2 = 244\text{W/m}^2$$

将此 q 值代入式（3-31）得出耐火黏土砖与硅藻土砖层分界面温度：

$$T_2 = T_1 - q \frac{\delta_1}{\lambda_1} = 768 - 244 \times \frac{0.115}{1.16} = (768 - 24)\text{K} = 744\text{K}$$

热阻这个概念不限于导热，对于对流换热、辐射换热以及复合换热等方式也是适用的。

3.2.3.4 圆筒壁的导热

圆筒壁在工程上应用很广，如管道、轧机辊子等都是实例。先分析单层圆筒壁的导热。图 3-10 所示，已知内、外半径分别为 r_1、r_2 的圆筒壁的内、外表面温度分别维持均匀恒定的温度 T_1 和 T_2，假设热导率等于常数。如果圆筒壁的长度很长，沿轴向的导热就略去不计，而温度仅沿半径方向发生变化，若采用圆柱坐标（r，θ）时，就成为一维导热问题。

导热微分方程式简化为：

$$\frac{\text{d}}{\text{d}r}\left(r \frac{\text{d}T}{\text{d}r} \right) = 0 \tag{3-33}$$

边界条件表达式为：

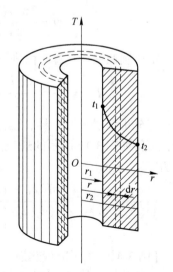

图 3-10 单层圆筒壁的导热

$r = r_1$ 时， $T = T_1$ (3-34a)

$r = r_2$ 时， $T = T_2$ (3-34b)

对式（3-33）积分两次得其通解为：

$$T = c_1 \ln r + c_2$$ (3-34c)

积分常数 c_1 和 c_2 由边界条件确定。将边界条件式（3-34a）和式（3-34b）分别代入式（3-34c），联立解得：

$$c_1 = \frac{T_2 - T_1}{\ln(r_2/r_1)}$$

$$c_2 = T_1 - \frac{T_2 - T_1}{\ln(r_2/r_1)} \ln r_1$$

将 c_1 和 c_2 代入式（3-34c）得到温度分布为：

$$T = T_1 + \frac{T_2 - T_1}{\ln(r_2/r_1)} \ln(r/r_1)$$ (3-35)

从式（3-35）不难看出，与平壁中的线性温度分布不同，圆筒壁中的温度分布是对数曲线形式。

解得温度分布后，原则上将 $\mathrm{d}T/\mathrm{d}r$ 代入傅里叶定律即可求得通过圆筒壁的热流量。但要注意在圆筒壁导热中不同 r 处的热流密度 q 在稳态下不是常量，所以有必要采用傅里叶定律的热流量表达式：

$$\Phi = -\lambda A \frac{\mathrm{d}T}{\mathrm{d}r} = -\lambda 2\pi r l \frac{\mathrm{d}T}{\mathrm{d}r}$$ (3-36)

对式（3-35）求导数可得：

$$\frac{\mathrm{d}T}{\mathrm{d}r} = \frac{1}{r} \frac{T_2 - T_1}{\ln(r_2/r_1)}$$

代入式（3-36）即得热流量计算公式：

$$\Phi = \frac{2\pi\lambda l(T_1 - T_2)}{\ln(r_2/r_1)} \quad 或 \quad \Phi = \frac{2\pi\lambda l(T_1 - T_2)}{\ln(d_2/d_1)}$$ (3-37)

对于圆筒壁，其总面积热阻有下列表达式：

$$R_{t,z} = \frac{\Delta T}{\Phi} = \frac{\ln(d_2/d_1)}{2\pi\lambda l}$$ (3-38)

与分析多层平壁一样，运用串联热阻叠加原则，可得如图 3-11 所示的通过多层圆筒壁的热流量为：

$$\Phi = \frac{2\pi l(T_1 - T_4)}{\ln(d_2/d_1)/\lambda_1 + \ln(d_3/d_2)/\lambda_2 + \ln(d_4/d_3)/\lambda_3}$$

(3-39)

【例 3-4】 为了减少热损失和保证安全工作条件，在外径为 133mm 的蒸汽管道外覆盖隔热层。蒸汽管道外表面温度为 400℃，按工厂安全操作规

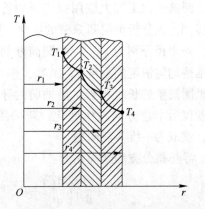

图 3-11 多层圆筒壁的导热

定，隔热材料外侧温度不得超过50℃。如果采用水泥硅石制品（$\overline{\lambda} = 0.103 + 0.000198\overline{T}$）作隔热材料，并把每米长管道的热损失 Φ/l 控制在 465W/m 以内，试求隔热层厚度。

解： 为确定热导率值，先计算出隔热材料的平均温度：

$$\overline{T} = \frac{400 + 50}{2}℃ = 225℃$$

已知水泥硅石制品 λ 的表达式，得：

$$\overline{\lambda} = 0.103 + 0.000198\overline{T}$$
$$= (0.103 + 0.000198 \times 225)W/(m \cdot ℃)$$
$$= 0.148W/(m \cdot ℃)$$

因 $d_1 = 133mm$ 是已知的，要确定隔热层厚度 δ，需先求得 d_2。为求 d_2，将式（3-37）改写为：

$$\ln\frac{d_2}{d_1} = \frac{2\pi\lambda}{\dfrac{\Phi}{l}}(T_1 - T_2)$$

$$\ln d_2 = \frac{2\pi\lambda}{\dfrac{\Phi}{l}}(T_1 - T_2) + \ln d_1$$

$$= \frac{2\pi \times 0.148}{465}(673 - 323) + \ln 0.133$$

$$= -1.317$$

$$d_2 = 0.268mm$$

隔热层厚度为：

$$\delta = \frac{d_2 - d_1}{2} = \frac{0.268 - 0.133}{2}m$$

$$= 0.0675m = 67.5mm$$

3.2.3.5 球壁的导热

球壁的导热如图 3-12 所示。已知球壁的内、外半径分别为 r_1、r_2，内、外表面分别维持恒定的均匀温度 T_1 和 T_2，设热导率 $\lambda =$ 常量。现在要求出通过球壁导热的热流量 Φ 的计算公式。

在上述情况下，温度只沿径向变化，在球坐标中为一维导热问题。微分方程式（3-16）简化为：

$$\frac{d^2T}{dr^2} + \frac{2}{r}\frac{d^2T}{dr} = 0 \qquad (3-40)$$

边界条件为：

$r = r_1$ 时，　　　　$T = T_1$

$r = r_2$ 时，　　　　$T = T_2$

对式（3-40）两次积分得：

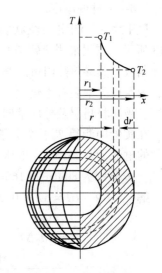

图 3-12　球壁的导热

$$T = c_2 - \frac{c_1}{r}$$

积分常数 c_1 和 c_2 由边界条件确定:

$$c_1 = \frac{T_1 - T_2}{\frac{1}{r_1} - \frac{1}{r_2}}$$

$$c_2 = T_1 - \frac{T_1 - T_2}{\frac{1}{r_1} - \frac{1}{r_2}} \frac{1}{r_1}$$

代入上式得到球壁的温度分布表达式为:

$$T = T_1 - \frac{T_1 - T_2}{\frac{1}{r_1} - \frac{1}{r_2}} \left(\frac{1}{r_1} - \frac{1}{r} \right) \tag{3-41}$$

式 (3-41) 表明,在 λ 为常量时,球壁内的温度按双曲线规律变化。由于热流密度随 r 变化而总热流量 Φ 不变,因此求导热量也有必要应用热流量表示的傅里叶定律式,即:

$$\Phi = -\lambda A \frac{\mathrm{d}T}{\mathrm{d}r} = -\lambda (4\pi r^2) \frac{\mathrm{d}T}{\mathrm{d}r} \tag{3-42}$$

对式 (3-41) 求导数,并代入式 (3-42),得到通过球壁导热量的计算公式:

$$\Phi = \frac{4\pi\lambda(T_1 - T_2)}{\frac{1}{r_1} - \frac{1}{r_2}} = \frac{2\pi\lambda\Delta T}{\frac{1}{d_1} - \frac{1}{d_2}}$$

$$= \pi\lambda \frac{d_1 d_2}{\delta} \Delta T \tag{3-43}$$

式中　δ——球壁厚度。

【例 3-5】　测定颗粒状材料常用的球壁导热仪器如图 3-13 所示,它用来测定砂子的热导率。两个同心球壳由薄纯铜板制成,其导热热阻可忽略不计。内外层球壳之间填满砂子,内层球壳中装有电热丝,通电后所产生的热量通过内层球壁、被测材料层及外球壁向外散出,在工况稳定后读取数据。在实验中测得 T_1、T_2 分别为 85.5℃ 及 45.7℃,通过电热丝的电流 I 为 251mA,电压 U 为 52V。已知内、外球壳直径 d_1、d_2 分别为 80mm 和 160mm,试求砂子的热导率。

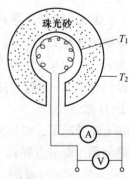

图 3-13　球壁导热仪

解:　$\Phi = UI = 52 \times 0.251\text{W} = 13.1\text{W}$

$$\lambda = \frac{\Phi\delta}{\pi d_1 d_2 \Delta T}$$

$$= \frac{13.1 \times 0.04}{\pi \times 0.08 \times 0.16 \times (85.5 - 45.7)}\text{W/(m·℃)} = 0.327\text{W/(m·℃)}$$

3.2.4 非稳态导热过程的特点

物体的温度随时间而变化的导热过程称为非稳态导热。根据物体温度随时间的变化特点，非稳态导热可分为两类：一类是物体温度随时间的推移趋近于恒定的值，如一个高温物体放到恒温的流体中冷却，随着时间的推移，物体的温度将逐渐趋近于流体的温度；另一类是物体的温度随时间做周期性变化，例如由于太阳辐射的周期性变化而引起房屋的墙壁、屋顶等的温度场随时间做周期性变化。本书主要讨论物体的温度随时间的推移逐渐趋近于恒定值的情况。

非稳态导热过程的特点是物体内的温度场随时间变化，在与热流方向垂直的不同等温面上的热流量也不相等。非稳态导热过程始终和物体的整体或物体的一部分被加热（或冷却）联系在一起，物体的焓值不再为常数，单位时间所传递的热量不再为常数，与温度场一样都是时间的函数。物体在与周围介质之间发生换热时，物体整体或其中一部分同时进行热量储存（或放出）以及热量的传递。储存热量时，物体的焓值增加，物体被加热，其温度升高；放出热量时，物体的焓值减少，物体被冷却，其温度降低。热量的储存或放出过程结束，非稳态进程也就过渡到了一个新的稳态过程。下面以一个大平壁两侧面对称加热为例来说明非稳态导热过程的特点。

有一个大平板厚度为 2δ，导热系数为 λ，内部各处初始温度 T_0 均匀相等，将其突然放到温度不变且为 T_f 的流体介质中双面对称加热，流体与平板表面的对流换热系数为 α，则平板将经历一个非稳态的导热过程。

由于单位面积的热阻 δ/λ 与 $1/\alpha$ 的相对大小不同，平板中温度场的变化也有不同的特点。若 δ/λ 与 $1/\alpha$ 相接近，其温度场的变化如图 3-14 所示。从物体置入流体介质中的瞬间起，物体与介质之间就会发生换热。物体表面层最先受热，然后由表及里地逐渐传播到物体内部，物体内部也逐渐变热。经过一段时间至 t_1 瞬时起，物体中心温度才开始升高；之后，物体内各处的温度随时间连续变化，经过若干时间（理论上经过无限长时间）后，物体内各处温度趋于一致，并且等于周围介质温度，此时达到新的热平衡状态。

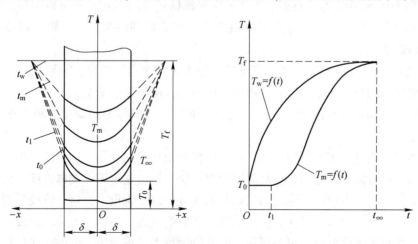

图 3-14 非稳态导热过程温度变化曲线

温度之所以逐层变化，其原因在于每一微元薄层受热后先将热量储存起来升高自身温度。当本薄层与相邻薄层间产生温差后，才有热量传递给邻层并使邻层的焓值增加，升高温度。如此，非稳态过程热量逐层传递、逐层升温，直至达到新的稳态为止。温度的升高受材料比热容的影响，传递热量受导热系数的影响。如果 ρc 较大，进入边界的一定热量使物体的温度升高较少，同时由此导向其邻域的热流量增加也不多（因温度梯度变化小）。由此可见，导热系数 λ 越大，ρc 越小，在一定时间间隔内温度发生变化的空间范围越大，即 $\lambda/\rho c = \alpha$ 越大，温度的传播速度越快，α 称为导温系数或热扩散系数。α 仅出现在非稳态导热过程中，是一个重要的热物理性质参数，它影响非稳态导热过程的进程。

实际上，由于 δ/λ 与 $1/\alpha$ 的相对大小不同，平板中温度场的变化会出现三种不同情形，若平板中的初始温度 T_0 大于流体温度 T_f，平板被冷却，则对于以下三种情况温度场的变化如图 3-15 所示。定义无量纲数 $Bi = \dfrac{\delta/\lambda}{1/\alpha} = \dfrac{\alpha\delta}{\lambda}$，称为毕渥数，也称为毕渥准则。

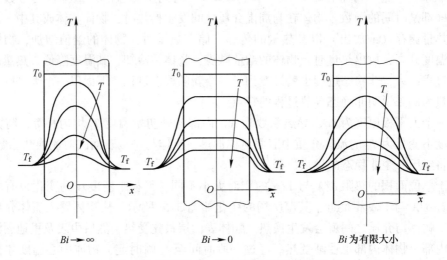

图 3-15　毕渥数 Bi 对平板温度场变化的影响

（1）当 $1/\alpha \ll \delta/\lambda$ 时。这时，由于表面对流换热热阻 $1/\alpha$ 几乎可以忽略，因而过程一开始平板的表面温度就被冷却到流体温度 T_f。随着时间的推移，平板内部各点温度逐渐下降而趋近于 T_f。

（2）当 $\delta/\lambda \ll 1/\alpha$ 时。平板内部导热热阻 δ/λ 几乎可以忽略，因而任一时刻平板中各点的温度接近均匀，并随着时间的推移整体下降，逐渐趋近于 T_f。

（3）δ/λ 与 $1/\alpha$ 的数值比较接近。这时，平板中不同时刻的温度分布介于上述两种极端情况之间。

在物体的加热或冷却过程中，物体内温度场的变化可划分为三个阶段。第一阶段是在过程开始的一段时间内，它的特点是温度变化一层一层地逐渐深入物体内部，此时物体内各点温度变化速度都不相同，温度场受最初温度分布的影响很大，这一阶段称为不规则状况阶段。经过一段足够长的时间后，初始温度的影响消失，过程进入第二阶段，此时物体内各点温度变化的速度具有一定的规律，故此阶段称为正规阶段。例如，在第三类边界条件作用下，当达到正规阶段时，物体内任一点的过余温度随时间的相对变化为一个常数，即：

$$\frac{1}{\theta}\frac{\partial\theta}{\partial\tau} = -m \tag{3-44}$$

式中　θ——过余温度，$\theta = T - T_f$；

　　　T_f——介质温度；

　　　m——冷却率（或加热率），其值取决于物性、几何形状、尺寸及边界条件。

如果将式（3-44）分离变量积分，则有：

$$\ln\theta = -mt + c \tag{3-45}$$

可见，在半对数坐标系内，式（3-45）为一条直线。直线的斜率为 $\tan\varphi = m$，即为冷却率（或加热率）。它表明了物体冷却速度（或加热速度）的大小，与初始温度分布无关，完全取决于物体的大小和形状，即物体的热物性参数 a、λ、ρ 以及对流换热系数 α 等。

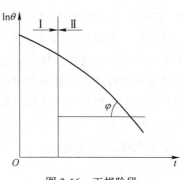

图 3-16　正规阶段

如图 3-16 所示，Ⅰ 阶段为初始阶段，Ⅱ 阶段为正规阶段。在第三类边界条件下的正规阶段有时也称为正常情况阶段。

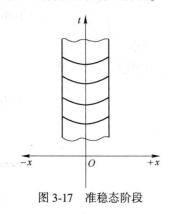

图 3-17　准稳态阶段

工程上常利用正常情况阶段的特点来测定材料的物性参数，如导温系数、比热容或导热系数。

在第二类边界条件作用下，过程开始一段时间后进入正规阶段，这时物体内任一点的温度是时间的线性函数，也可解释为物体内温度梯度场是稳定的，如图 3-17 所示。有时把第二类边界条件下的正规阶段称为准稳态阶段。同样，利用准稳态特点也可进行物性参数测定。

物体加热或冷却过程的第三阶段是新的稳态阶段，在理论上它需经历无限长时间（$t = \infty$）才能达到。

3.2.5　集总参数法

在非稳态导热过程中，由于同一时刻物体各个部分储存热量的速率（即单位时间内储存的热量）不同，因而各处的温度场随时间的变化也不同。一个固体与其周围的流体进行换热，考察固体的非稳态导热过程。固体各处的温度变化情况取决于两方面因素：一是物体表面与周围环境间的热交换条件，热交换越强烈，则热量进入物体表面越迅速；二是物体内部的导热条件，导热热阻越小，则为传递一定的热量所需的温差也越小。物体单位表面积与周围环境的外部对流换热热阻是 $1/\alpha$，单位导热面积上的内部导热热阻是 δ/λ。

当固体内部的导热热阻远小于其表面的对流换热热阻时，即 $Bi = \dfrac{\delta/\lambda}{1/\alpha} = \dfrac{\alpha\delta}{\lambda} \ll 1$ 时，固体内部的温差就相当小，以至于可以认为整个物体在同一瞬间处于同一温度下。这时所要求解的温度仅是时间的一元函数，而与坐标无关，如同该物体原来连续分布的质量与热容量汇总到了一点，整个物体在同一时刻只有一个温度值，所以把这种忽略物体内部导热热阻的分析方法称为集总参数法，这是非稳态导热问题中最简单的一种情况，它是零维问题。显然，如果物体的导热系数相当大，或几何尺寸很小，或表面换热系数极低，都可能使其非稳态导热问题归于这一类型，测量变动温度的热电偶即为典型的例子。

设有一任意形状的物体，其体积为 V，表面积为 F，具有均匀的初始温度 T_0。将其突然完全置于温度恒为 T_f 的流体中，流体与固体表面间的对流换热系数 α 及物体的物性参数均保持为常数。假设此问题满足应用集总参数法的条件，即其内部的导热热阻远小于对流换热的热阻，下面采用集总参数法来分析物体的温度及换热量随时间变化的规律。

为建立物体温度变化的微分方程式，由于物性参数为常数，可以采用导热微分方程，温度 T 只是时间 t 的函数，与坐标无关，并把物体边界上的对流换热折算成物体的内热源来简化此微分方程式，对其求解可以得到温度随时间变化的解析解。这里从物体内能变化和物体与流体对流换热入手来建立温度随时间变化的微分方程式。

假设物体的温度高于流体的温度，即 $T_0 > T_f$，物体被冷却，则任意时刻物体表面与周围流体对流换热的热流量为：

$$Q = \alpha F(T - T_f) \tag{3-46a}$$

此时物体内能的变化为：

$$Q = -\frac{\mathrm{d}(c\rho VT)}{\mathrm{d}t} = -c\rho V\frac{\mathrm{d}T}{\mathrm{d}t} \tag{3-46b}$$

式（3-46b）中的负号是因为物体的内能随时间的增加而减小。

由能量平衡知，物体单位时间与流体的换热量应等于物体内能的变化，则：

$$c\rho V\frac{\mathrm{d}T}{\mathrm{d}t} = -\alpha F(T - T_f) \tag{3-46c}$$

引入过余温度 $\theta = T - T_f$，则：

$$c\rho V\frac{\mathrm{d}\theta}{\mathrm{d}t} = -\alpha F\theta \tag{3-46d}$$

初始条件为：

$$t = 0 \text{ 时，} T = T_0$$

即

$$\theta(0) = T_0 - T_f = \theta_0 \tag{3-46e}$$

将式（3-46d）分离变量，并应用初始条件，对时间 t 从 $0 \sim t$ 积分，有：

$$\int_{\theta_0}^{\theta} \frac{\mathrm{d}\theta}{\theta} = -\int_0^t \frac{\alpha F}{c\rho V}\mathrm{d}t$$

$$\frac{\theta}{\theta_0} = \frac{T - T_f}{T_0 - T_f} = \mathrm{e}^{-\frac{\alpha F}{c\rho V}t} \tag{3-47}$$

$$\frac{\alpha F}{c\rho V}t = \frac{\alpha V}{\lambda F} \cdot \frac{\lambda F^2}{c\rho V^2}t = \frac{\alpha(V/F)}{\lambda} \cdot \frac{at}{(V/F)^2} = Bi_V Fo_V$$

式中，V/F 具有长度的量纲，$Bi_V = \dfrac{\alpha(V/F)}{\lambda}$ 为毕渥准则，$Fo_V = \dfrac{at}{(V/F)^2} = \dfrac{at}{\delta^2}$ 为傅里叶准则，为无因次时间。这里用下标 V 表示准则中的特征尺度为 V/F，这样的准则适合于不同形状

的物体。而 $\dfrac{\theta}{\theta_0} = \dfrac{T - T_f}{T_0 - T_f}$ 即表示无因次的过余温度，则式（3-47）可表示为：

$$\theta = \theta_0 e^{-Bi_V \cdot Fo_V} \tag{3-48}$$

此式说明，物体内温度随时间呈指数衰减，且经历时间越长，过余温度离初始值越远，最终趋于零，即物体温度趋近于流体温度，如图 3-18 所示。

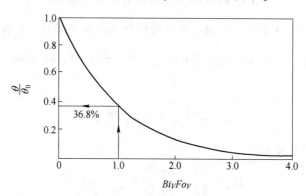

图 3-18　物体过余温度的变化曲线

式（3-47）中 $\dfrac{\alpha F}{c\rho V}$ 的量纲与 $\dfrac{1}{t}$ 的量纲相同，如果 $t = \dfrac{c\rho V}{\alpha F}$，则有：

$$\frac{\theta}{\theta_0} = \frac{T - T_f}{T_0 - T_f} = e^{-1} = 36.8\%$$

$\dfrac{c\rho V}{\alpha F}$ 称为时间常数，记为 t_c，当 $t = t_c$ 时，物体的过余温度已经达到了初始值的 36.8%。在用热电偶测定流体温度的场合，热电偶的时间常数是说明热电偶对流体温度变化响应快慢的指标。显然时间常数越小，热电偶越能迅速反映出流体温度的变化，时间常数不仅取决于热电偶的几何尺寸参数（V/F）、物理性质参数（c、ρ），还与换热条件（对流换热系数 α）有关。从物理意义上来说，热电偶对流体温度变化反应的快慢取决于其自身的热容量（$c\rho V$）及表面换热条件（αF），热容量越小，温度变化越快；表面换热条件越好（αF 越大），单位时间内传递的热量越多，则越能使热电偶的温度迅速接近被测流体的温度。$c\rho V$ 与 αF 的比值反映了这两种影响的综合结果。

由式（3-48）可求出任意瞬时的热流量：

$$Q = -c\rho V \frac{dT}{dt} = -c\rho V \frac{d\theta}{dt} = -c\rho V \theta_0 \left(-\frac{\alpha F}{c\rho V}\right) e^{-\frac{\alpha F}{c\rho V}t}$$

$$= \alpha F \theta_0 e^{-\frac{\alpha F}{c\rho V}t} \tag{3-49}$$

从 $t = 0 \sim t$ 时刻之间所交换的总热量为：

$$Q_t = \int_0^t Q dt = \int_0^t \alpha F \theta_0 e^{-\frac{\alpha F}{c\rho V}t} dt$$

$$= c\rho V \theta_0 \left(1 - e^{-\frac{\alpha F}{c\rho V}t}\right) \tag{3-50}$$

工程上，式（3-47）应用较广泛，前提条件是 $Bi_V \ll 1$。分析表明，对于无限大平板、柱体和球体这一类物体，若满足下面条件：

$$Bi_V = \frac{\alpha(V/F)}{\lambda} < 0.1M \tag{3-51}$$

对于厚度为 2δ 的大平板，$M = 1$；对于半径为 r 的长圆柱体，$M = 1/2$；对于半径为 r 的球体，$M = 1/3$。采用集总参数法计算的误差不超过 5%。

若以 δ 为特性尺寸，毕渥准则采用一般的表达形式，即 $Bi = \frac{\alpha\delta}{\lambda}$。对于无限大平板，$\delta$ 取板厚度的一半；对于无限长圆柱体，δ 取圆柱半径；对于球体，δ 取球体的半径。只有当 $Bi = \frac{\alpha\delta}{\lambda} < 0.1$ 时，物体内各点的过余温度的计算误差才不超过 5%，那么：

对于 2δ 平板：

$$Bi_V = \frac{\alpha V}{\lambda F} = \frac{2\delta F\alpha}{2F\lambda} = \frac{\alpha\delta}{\lambda} = Bi \tag{3-52}$$

对于半径为 r 的长圆柱体：

$$Bi_V = \frac{\alpha V}{\lambda F} = \frac{\alpha\pi r^2 l}{2\pi r l\lambda} = \frac{\alpha r}{2\lambda} = Bi/2 \tag{3-53}$$

对于球体：

$$Bi_V = \frac{\alpha V}{\lambda F} = \frac{\alpha \frac{4}{3}\pi r^3}{4\pi r^2\lambda} = \frac{\alpha r}{3\lambda} = Bi/3 \tag{3-54}$$

【例 3-6】 一直径为 50mm 的钢球，初始温度为 450℃，突然被置于温度为 30℃ 的空气中。设钢球表面与周围空气的对流换热系数为 24W/(m² · K)，试计算钢球冷却到 300℃ 时所需要的时间。已知钢球的 $c = 480$J/(kg · K)，$\rho = 7753$kg/m³，$\lambda = 33$W/(m · K)。

解： 首先检验是否可以采用集总参数法：

$$Bi = \frac{\alpha\delta}{\lambda} = \frac{\alpha r}{\lambda} = \frac{24 \times 0.025}{33} = 0.01818 < 0.1$$

可以采用集总参数法计算，即：

$$\frac{\alpha F}{c\rho V} = \frac{24 \times 4\pi \times 0.025^2}{480 \times 7753 \times \frac{4}{3} \times \pi \times 0.025^3} = 7.74 \times 10^{-4}\text{s}^{-1}$$

$$\frac{\theta}{\theta_0} = \frac{T - T_f}{T_0 - T_f} = e^{-\frac{\alpha F}{c\rho V}t} = \frac{300 - 30}{450 - 30} = e^{-7.74 \times 10^{-4}t}$$

$$t = 570\text{s} = 0.158\text{h}$$

【例 3-7】 热电偶是用来测量温度的一种感受件。如果用其测量流体的温度，要求此感受件在温度变化较大的范围内反应时滞（即从测温开始至到达真实温度的时间）不大于 1.5s，问在暂不考虑沿热电偶丝的导热影响时热电偶的热接点应该多大。已知热电偶的 $c\rho = 3344$kJ/(m³ · K)，导热系数 $\lambda = 50$W/(m · K)，热接点表面的对流换热系数 $\alpha = 520$W/(m² · K)，而且不随直径变化。

解： 任何感受件从测温开始到指示出真实温度所需的时间，理论上为无限长，实际上也相当长。为避免这种情况出现，在实际工程中可以按照允许误差为 4% 来设计热电偶的热接点。假定热接点的形状为球形。

设初始的流体温度为 T_0，变化后的流体温度为 T_f。开始时热电偶的热接点温度为 T_0，流体温度变化后热接点的温度 T 将迅速变化。按题意，测量误差为（$T-T_f$）须确定在（$T-T_f$）达到 $T_f \times 4\%$ 的时间不大于 1.5s 时的热接点半径，即有：

$$\frac{\theta}{\theta_0} = \frac{T - T_f}{T_0 - T_f} = \frac{-0.04 T_f}{T_0 - T_f} = \frac{-0.04}{T_0/T_f - 1}$$

按题意，因温度变化范围较大，故可认为 $T_0/T_f \approx 0$，则：

$$\frac{\theta}{\theta_0} = 0.04 = \mathrm{e}^{-\frac{\alpha F}{\rho c V} t} = \mathrm{e}^{-\frac{520 \times 1.5 \times F}{3344 \times 10^3 \times V}} = \mathrm{e}^{-2.333 \times 10^{-4} \frac{F}{V}}$$

$$\frac{F}{V} = \frac{4\pi r^2}{\frac{4}{3}\pi r^3} = \frac{3}{r}$$

$$\frac{3}{r} = -\frac{\ln 0.04}{2.333 \times 10^{-4}} = \frac{3.219}{2.333 \times 10^{-4}} = 13.8 \times 10^3$$

故热接点的直径为：

$$d = 2r = 2 \times \frac{3}{13.8 \times 10^3} = 0.435 \times 10^{-3}\mathrm{m} = 0.435\mathrm{mm}$$

可见，为使热电偶指示温度的误差不大于 4%，时间滞后不大于 1.5s，其热接点的直径应不大于 0.44mm。这种条件还不很苛刻，实际上所用热电偶丝的直径不大于 0.2mm。

【例 3-8】 一直径为 5cm、长为 30cm 的钢圆柱体，初始温度为 30℃，将其放入炉温为 1200℃ 的加热炉中加热，升温到 800℃ 方可取出。设钢圆柱体与烟气间的表面对流换热系数（其中包括烟气与表面之间的辐射换热）为 140W/(m² · K)，钢的物理性质参数为 $c = 480\mathrm{J/(kg \cdot K)}$，$\rho = 7753\mathrm{kg/m^3}$，$\lambda = 33\mathrm{W/(m \cdot K)}$。问需要多长时间才能达到要求。

解： 首先检查是否可以采用集总参数法：

$$Bi = \frac{\alpha(V/F)}{\lambda} = \frac{\alpha\left[(\pi d^2 l/4)/(\pi dl + 2\pi d^2/4)\right]}{\lambda}$$

$$= \frac{\alpha}{\lambda}\frac{dl/4}{l + d/2} = \frac{140}{33} \times \frac{0.5 \times 0.3/4}{0.3 + 0.025} = 0.049 < 0.05$$

可以采用集总参数法计算，即：

$$\frac{\alpha F}{c\rho V} = \frac{\alpha}{c\rho}\frac{\pi dl + 2\pi d^2/4}{\pi d^2 l/4} = \frac{\alpha}{c\rho}\frac{4(l + d/2)}{dl}$$

$$= \frac{140 \times 4 \times (0.3 + 0.025)}{480 \times 7753 \times 0.05 \times 0.3} = 0.326 \times 10^{-2}$$

$$\frac{\theta}{\theta_0} = \frac{T - T_f}{T_0 - T_f} = \frac{800 - 1200}{30 - 1200} = 0.342$$

则

$$\frac{\theta}{\theta_0} = 0.342 = \mathrm{e}^{-\frac{\alpha F}{c\rho V} t} = \mathrm{e}^{-0.326 \times 10^{-2} t}$$

$$t = 329\mathrm{s}$$

3.2.6　导热问题的数值解法

有限差分解法是将连续变化的物理过程用不连续的阶跃过程代替，把解微分方程变为解差分方程。具体讲就是把连续的定解区域用有限个离散点构成的网格来代替，这些离散点称为网格节点；把定解区域上连续变量的函数用网格上定义的离散变量函数来近似；把原方程和定解条件中的微商用差商来近似，于是原微分方程和定解条件就近似地以代数方程组代替，此为有限差分方程组，解此方程组就可以得到原问题在离散点上的近似解，最后再利用插值法从离散解得到定解问题在整个区域上的近似解。下面采用张弛法（有限差分解法的一种）求解二维稳定态导热问题。

如图 3-19 所示，将二维温度场（z 方向无温度变化）按等距离分成若干网格（离散化），网格的交叉点为节点。从中取出一部分，得到若干相等的单元体 0、1、2、3、4，单元体的边长分别为 Δx 和 Δy，厚度均为 Δz，节点上相应温度分别为 t_0、t_1、t_2、t_3、t_4。稳定态导热情况下，温度不随时间而变化，即传热过程中流向任意节点的热量总和为零。

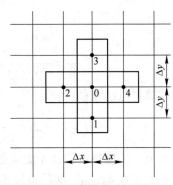

图 3-19　二维导热网格图

根据热量平衡关系，对单元体 0 得到：

$$Q_0 = Q_{10} + Q_{20} + Q_{30} + Q_{40} = 0$$

根据傅里叶导热定律，将其表示成差分形式：

$$Q_0 = \lambda \Delta x \Delta z \frac{t_1 - t_0}{\Delta y} + \lambda \Delta y \Delta z \frac{t_2 - t_0}{\Delta x} + \lambda \Delta x \Delta z \frac{t_3 - t_0}{\Delta y} + \lambda \Delta y \Delta z \frac{t_4 - t_0}{\Delta x} = 0 \quad (3\text{-}55)$$

式中，λ、Δx、Δy、Δz 已知，t_0、t_1、t_2、t_3、t_4 未知。若划分网格时使 $\Delta x = \Delta y$，则上述差分方程简化为：

$$t_1 + t_2 + t_3 + t_4 - 4t_0 = 0 \quad \text{或} \quad t_0 = \frac{t_1 + t_2 + t_3 + t_4}{4} \quad (3\text{-}56)$$

即任一节点的温度等于相邻 4 节点温度的算术平均值。

在一维和三维导热时差分方程则简化为：

$$t_0 = \frac{t_1 + t_2}{2} \quad \text{和} \quad t_0 = \frac{t_1 + t_2 + t_3 + t_4 + t_5 + t_6}{6} \quad (3\text{-}57)$$

设所分析的物体共有 n 个节点，同理可列出 n 个节点的差分方程式，然后联立求解，可得所有节点的温度值。张弛法是求解联立方程的方法之一，网格划分得越细，结果就越接近实际的温度分布值。利用张弛法联解差分方程的步骤如下：

（1）初步假定各节点的温度。

（2）将假定温度代入式（3-56），由于假定温度不准确，故等号的右侧不为零，而有余数 Q'，求出各节点的余数。

（3）对有余数的各节点，取其余数的 1/4 作温度值的改变量，其符号与余数的正负号一致，使各节点的余数张弛为零。

（4）再计算各节点的温度又有新的余数，再按上述方法重复计算，直到所有节点的余数都接近零为止。

3.2.6.1　迭代法计算

矩形截面直肋用来扩大散热面而减少热阻，其导热系数 $\lambda = 10\mathrm{W/(m \cdot ℃)}$ ，肋基温度 $t_0 = 500℃$ ，肋的高、厚、宽分别为 $h = 6\mathrm{mm}$ ， $S = 8\mathrm{mm}$ ， $L = 1\mathrm{m}$ ，且温度沿 L 无变化，已知肋侧面和端面温度均为 $100℃$ ，求内节点温度及散热量。

如图 3-20 所示，取 $\Delta x = \Delta y = 2\mathrm{mm}$ ，划分网格。因内部温度沿中心线两侧对称分布，故只需求解内节点 1、2、3、4 的温度，其中 1 和 3 是位于绝热面上的节点。先按式（3-56）列出各节点方程：

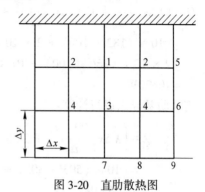

图 3-20　直肋散热图

$$\begin{cases} t_1 = \dfrac{1}{4}(500 + 2t_2 + t_3) \\[2mm] t_2 = \dfrac{1}{4}(500 + 100 + t_1 + t_4) \\[2mm] t_3 = \dfrac{1}{4}(100 + t_1 + 2t_4) \\[2mm] t_4 = \dfrac{1}{4}(100 + 100 + t_2 + t_3) \end{cases} \quad (3\text{-}58)$$

根据式（3-58）初步估出 t_1 以外其余 3 个节点温度，并加上角标（0）： $t_2^{(0)} = 200℃$ ， $t_3^{(0)} = 200℃$ ， $t_4^{(0)} = 150℃$ ，即可循序迭代出所有 4 个变上角标为（1）的节点温度：

$$t_1^{(1)} = \frac{1}{4}(500 + 2t_2^{(0)} + t_3^{(0)}) = \frac{1}{4}(500 + 2 \times 200 + 200) = 275℃$$

始终由式（3-58）用最新的节点温度进行迭代，得：

$$t_2^{(1)} = \frac{1}{4}(600 + t_1^{(1)} + t_4^{(0)}) = \frac{1}{4}(600 + 275 + 150) = 256℃$$

$$t_3^{(1)} = \frac{1}{4}(100 + t_1^{(1)} + 2t_4^{(0)}) = \frac{1}{4}(100 + 275 + 2 \times 150) = 169℃$$

$$t_4^{(1)} = \frac{1}{4}(200 + t_2^{(1)} + t_3^{(1)}) = \frac{1}{4}(200 + 256 + 169) = 156℃$$

继续用新的节点温度迭代，所得结果如表 3-1 所示。

表 3-1　用迭代法计算的节点温度

迭代次数	节点温度/℃			
	t_1	t_2	t_3	t_4
（1）	275	256	169	156
（2）	295	263	177	160
（3）	301	265	180	161
（4）	303	266	181	162
（5）	303	266	182	162

初值的选择只影响迭代次数，不影响最后结果。可以认为，第五次迭代结果即为所求。

散热量可以按式（3-55）进行计算：

$$Q = \left(\lambda \Delta x \frac{t_3 - t_7}{\Delta y} + 2\lambda \Delta x \frac{t_4 - t_8}{\Delta y} + 2\lambda \Delta y \frac{t_4 - t_6}{\Delta x} + 2\lambda \Delta y \frac{t_2 - t_5}{\Delta x} + \lambda \Delta x \frac{500 - t_5}{\Delta y} \right) \cdot L$$

$$= \left[10 \times (182 - 100) + 2 \times 10 \times (162 - 100) + 2 \times 10 \times (162 - 100) + \right.$$
$$\left. 2 \times 10 \times (266 - 100) + 10 \times (500 - 100) \right] \times 1$$

$$= 10620\text{W}$$

若从肋基导入进行计算：

$$Q = \left(\lambda \Delta x \frac{500 - t_1}{\Delta y} + 2\lambda \Delta x \frac{500 - t_2}{\Delta y} + \lambda \Delta x \frac{500 - t_5}{\Delta y} \right) \cdot L$$

$$= \left[10 \times (503 - 303) + 2 \times 10 \times (500 - 266) + 10 \times (500 - 100) \right] \times 1$$

$$= 10650\text{W}$$

即使上述两种算法的结果相吻合，作为有限差分法，误差也是有的，然而不大，所以采用其中任意一个结果都可以认为是所求的。

3.2.6.2　对流边界节点的差分方程

对流边界节点也是物体表面的节点，只是其温度除与物体内部的导热有关外，还受制于物体表面与外界流体之间的给热，在迭代计算中不是固定不变的。为了确定这种边界节点的温度，应该有一个流体对物体表面给热的计算式。这本是下一节要讲解的牛顿公式，在此不妨作为先导用于下例。

图 3-21 是一个有平直对流边界的二维导热物体，导热系数 λ 为常量，边界节点（m，n）

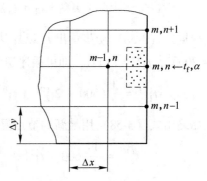

图 3-21　对流边界节点

所在单元在 x 轴和 y 轴的长度分别为 $\frac{\Delta x}{2}$ 和 Δy，在 z 轴取单位长度。节点（m，n）的热平衡方程，即稳定时 $\sum Q = 0$，可以表示为：

$$\frac{\lambda}{\Delta x}(t_{m-1,\,n} - t_{m,\,n})\Delta y \Delta z + \frac{\lambda}{\Delta y}(t_{m,\,n+1} - t_{m,\,n})\frac{\Delta x}{2}\Delta z +$$
$$\frac{\lambda}{\Delta y}(t_{m,\,n-1} - t_{m,\,n})\frac{\Delta x}{2}\Delta z + \alpha(t_f - t_{m,\,n})\Delta y \Delta z = 0$$

式中，$\alpha(t_f - t_{m,\,n})$ 是流体给（m，n）节点的面积热流；$\Delta y \Delta z$ 是给热面，它们共同体现了流体对物体表面给热的牛顿公式；$t_{m,\,n}$ 是整个热平衡方程所要解得的边界节点的温度。可见，流体温度 t_f 和给热系数 α 应是当前的已知条件。取 $\Delta x = \Delta y$，整理得：

$$t_{m,\,n} = \frac{t_{m-1,\,n} + \dfrac{1}{2}(t_{m,\,n-1} + t_{m,\,n+1}) + \dfrac{\alpha \Delta x}{\lambda} t_f}{2 + \dfrac{\alpha \Delta x}{\lambda}} \tag{3-59}$$

同理，还可以求得对流边界外部拐角的节点方程（见图3-22）为：

$$t_{m,n} = \frac{\dfrac{1}{2}(t_{m-1,n} + t_{m,n-1}) + \dfrac{\alpha\Delta x}{\lambda}t_f}{1 + \dfrac{\alpha\Delta x}{\lambda}} \quad (3\text{-}60)$$

对流边界内部拐角的节点方程（见图3-23）为：

$$t_{m,n} = \frac{t_{m-1,n} + t_{m,n+1} + \dfrac{1}{2}(t_{m+1,n} + t_{m,n-1}) + \dfrac{\alpha\Delta x}{\lambda}t_f}{3 + \dfrac{\alpha\Delta x}{\lambda}} \quad (3\text{-}61)$$

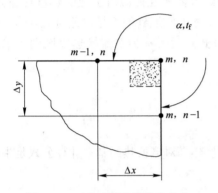

图 3-22　对流边界外部拐角节点

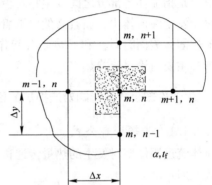

图 3-23　对流边界内部拐角节点

其他情况下对流边界的节点方程这里就不再予以介绍。能够解得边界上节点温度的节点方程，便可用上边的公式求得各个内部节点的温度。如果上边的边界条件改为：$\alpha = 5000\text{W}/(\text{m}^2 \cdot \text{℃})$，$t_f = 20\text{℃}$，则节点方程组应由内部节点方程和边界节点方程组成，即应有下列各式：

$$t_5 = \frac{t_2 + \dfrac{1}{2}(t_6 + 500) + 1 \times 20}{3} = \frac{1}{6}(2t_2 + t_6 + 540)\text{℃}$$

$$t_6 = \frac{t_4 + \dfrac{1}{2}(t_9 + t_5) + 1 \times 20}{3} = \frac{1}{6}(2t_4 + t_5 + t_9 + 40)\text{℃}$$

$$t_7 = \frac{t_3 + \dfrac{1}{2}(t_8 + t_8) + 1 \times 20}{3} = \frac{1}{6}(2t_3 + 2t_8 + 40)\text{℃}$$

$$t_8 = \frac{t_4 + \dfrac{1}{2}(t_7 + t_9) + 1 \times 20}{3} = \frac{1}{6}(2t_4 + t_7 + t_9 + 40)\text{℃}$$

$$t_9 = \frac{\dfrac{1}{2}(t_6 + t_8) + 1 \times 20}{2} = \frac{1}{4}(t_6 + t_8 + 40)\text{℃}$$

如果仍要循序迭代出 9 个加上角标（1）的节点温度，便要先初步估出 t_1 以外的其余 8 个加上角标（0）的节点温度。其他过程同前。

最后的迭代结果为：

$$t_1 = 325℃，\quad t_2 = 302℃，\quad t_3 = 195℃$$

$$t_4 = 175℃，\quad t_5 = 209℃，\quad t_6 = 110℃$$

$$t_7 = 103℃，\quad t_8 = 92℃，\quad t_9 = 61℃$$

3.3 对 流 换 热

对流是指流体各部分之间发生相对位移，冷热流体相互掺混所引起的热量传递方式。对流仅能发生在流体中，而且必然伴随着导热。工程上常遇到的不是单纯对流方式，而是流体流过固体表面时对流和导热联合起作用的方式。后者称为对流换热以区别于单纯对流。本书主要讨论对流换热。

3.3.1　牛顿冷却公式及影响对流换热的因素

3.3.1.1　牛顿冷却公式

流体流过固体壁时发生的热量传递称为对流换热。对流换热的基本计算公式是牛顿冷却公式，即：

$$q = h\Delta T \tag{3-62}$$

或对于换热面积 A，对流换热量为：

$$\Phi = hA\Delta T \tag{3-63}$$

式中的对流换热面积 A 和温差 ΔT 比较容易确定，因此研究对流换热热流量主要是研究表面传热系数 h。牛顿冷却公式只是作为表面传热系数的定义式，它并没有揭示表面传热系数与各种影响因素的内在联系。本节的任务就是揭示这种内在联系。换句话说，就是要求解表面传热系数 h 的表达式（或称为关联式）。

3.3.1.2　影响对流换热的因素

影响表面传热系数的因素包括影响流动的因素和流体本身的热物理性质两个方面。

A　流动的起因

对流换热分为自然对流换热和强迫对流换热。自然对流换热是流体在浮升力的作用下运动而引起的对流换热。强迫对流换热是流体在泵、风机及其他压差作用下流过换热面时的对流换热。一般来说，同一流体的强迫对流表面传热系数比自然对流表面传热系数大。

B　流动速度

流速增加时，一方面使得壁面处的层流厚度减小，对流换热热阻减小；另一方面使得雷诺数变大，促进流体由层流转变为湍流。而湍流时由于流体微团的相互掺混作用，其对流换热效果要强于层流流动。所以，流速增加，表面传热系数增加。

C　流体有无相变

对流传热无相变时流体仅改变显热，壁面与流体间有较大的温度差；而对流传热流体有相变时，流体吸收或放出汽化潜热。对于同一种流体，汽化潜热要比比热容大得多，所以有相变时的对流传热系数比无相变时的大。此外，沸腾时液体中气泡的产生和运动增加了液体内部的扰动，也使对流传热强化。

D 壁面的几何形状、大小和位置

壁面的形状、大小和位置对流体在壁面上的运动状态、速度分布和温度分布都有很大影响。图 3-24（a）所示为几何形状对强迫流动的影响，分别表示流体纵掠平壁、管内强迫流动和横掠单管时的流动情况。图 3-24（b）所示为竖直平壁、热面向上和热面向下的水平平壁上自然对流的情况。由于传热面积的几何形状和位置不同，流体在传热面上的流动情况不同，从而表面传热系数也不同。

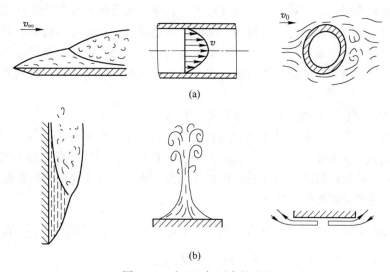

图 3-24 壁面几何因素的影响
（a）几何形状对强迫流动的影响；（b）几何形状对自然对流的影响

E 流体的热物理性质

把手放在温度相同的静止冷空气和冷水中，会感觉水比空气冷一些。其原因是水和空气的热物理性质不同，对流换热的强度也不同。由于对流换热是导热和流动着的流体微团携带热量的综合作用，因此表面传热系数与反映流体导热能力的热导率 λ、反映流体携带热量能力的密度 ρ 和比定压热容 c_p 有关；流体的黏度 μ（或 ν）直接影响雷诺数 Re 的大小，从而影响到流体流态和流动边界层厚度 δ；体胀系数 α_V 影响自然对流换热时浮升力的大小和壁面附近的速度分布。因此，流体的这些物性值也都影响表面传热系数的大小。

此外，流体的相变也会对表面传热系数产生影响。

综上所述，影响表面传热系数 h 的主要因素，可定性地用函数形式表示为：

$$h = f(\nu, l, \varphi, \lambda, \rho, c_p, \mu \text{或} \nu, \alpha_V) \qquad (3-64)$$

式中 φ——壁面的几何形状因素（包括形状、位置等）；

l——描述壁面大小的几何尺寸。

求解表面传热系数 h 的具体表达式有两个途径：一是分析解法，二是实验解法。实验解法是通过将边界层对流换热微分方程组无量纲化或对式（3-64）进行量纲分析，得出有关的相似准数（简称准则或特征数）；在相似原理的指导下进行实验并整理实验数据，求得各准数之间的函数关系，再将函数关系推广到与实验现象相似的现象中，这是一种在理论指导下的实验研究方法。本节仅阐述理论指导下的实验研究方法。

3.3.2　相似理论在对流换热中的应用

3.3.2.1　相似原理

相似的概念源于几何学，两几何图形相似，对应部分的比值为常数。将其推广到物理现象中，则有物理现象相似的概念。所谓物理现象相似是指现象的物理本质相同，可用同一数理方程来描述的两种现象；具体是指在几何相似及时间相似前提下，在相对应的点或部位上，在相对应的时间内，所有用来说明两种现象的物理量都互相成比例。两种物理现象相似，则可采用同一原理对两种物理现象进行研究，然后将一种现象的研究结果应用到另一种现象上，这种方法称为相似原理。相似原理是模拟实验研究的基本依据。模拟实验研究不是对现象或过程本身进行研究，而是对与此现象或过程相似的模型进行研究，找出规律后再将结果应用到与模型相似的现象或过程中。在相似原理指导下的模拟实验研究的步骤是：

（1）用方程分析或量纲分析方法导出相似特征数。

（2）在模型上进行实验，求出相似特征数之间的关系，即建立特征数方程式。

（3）再将这些关系推广到与之相似的现象或过程中，揭示现象或过程的规律。

实践证明，采用相似原理指导的模拟实验研究方法可以解决复杂的自然现象。下面以一组力学相似现象来解释相似原理。

两个受力运动相似的系统都服从牛顿第二定律 $f = m\dfrac{\mathrm{d}w}{\mathrm{d}t}$，以上标"′"表示第一个系统的参数，以上标"″"表示第二个系统的参数，则：

对系统一：

$$f' = m'\frac{\mathrm{d}w'}{\mathrm{d}t'} \tag{3-65a}$$

对系统二：

$$f'' = m''\frac{\mathrm{d}w''}{\mathrm{d}t''} \tag{3-65b}$$

两现象相似，则对应物理量成比例，比值为相似倍数：

$$\frac{f''}{f'} = C_f,\ \frac{m''}{m'} = C_m,\ \frac{w''}{w'} = C_w,\ \frac{t''}{t'} = C_t \tag{3-65c}$$

表征第二个系统的物理量可以用第一个系统的各量来表示：

$$f'' = C_f f',\ m'' = C_m m',\ w'' = C_w w',\ t'' = C_t t' \tag{3-65d}$$

将式（3-65d）代入式（3-65b），得：

$$C_f f' = C_m m'\frac{C_w \mathrm{d}w'}{C_t \mathrm{d}t'},\ \text{即}\ \frac{C_f C_t}{C_m C_w}f' = m'\frac{\mathrm{d}w'}{\mathrm{d}t'} \tag{3-65e}$$

式（3-65e）与式（3-65a）相比，只有相似倍数间存在下列关系才能成立，即：

$$\frac{C_f C_t}{C_m C_w} = 1 \qquad\qquad (3\text{-}65\text{f})$$

将式 (3-65c) 代入式 (3-65f)，整理后得：

$$\frac{f't'}{m'w'} = \frac{f''t''}{m''w''} = \cdots = \frac{ft}{mw} = Ne \qquad\qquad (3\text{-}65\text{g})$$

式中，Ne 称为牛顿数，说明相似的力学现象存在 $\dfrac{ft}{mw}$ 这样一个常数，这个常数称为相似特征数，它是由多个物理量组成的一个无量纲 (指量纲为 1) 的复合数群。因此，相似特征数是按一定物理概念或定律、由多个物理量组合在一起而导出的一个无量纲的复合数群，特征数常以该领域中有关科学家的名字来命名。现象相似则各对应时刻、各对应点上的一切物理量均互成比例，比值即为相似倍数，相似倍数之间存在一定关系。相似特征数的导出方法有：

(1) 由物理概念或定律导出。

(2) 由描述现象的微分方程经过相似倍数转换导出。

(3) 将某些相似特征数进行合理组合，派生出新的特征数。

3.3.2.2　热相似

A　特征数的导出

对于两个相似的对流换热现象，与牛顿数的导出类似，由描述对流换热现象的微分方程式，通过相似倍数的转换，也可导出一系列相似特征数：

$$\frac{\alpha'l'}{\lambda'} = \frac{\alpha''l''}{\lambda''} = \cdots = \frac{\alpha l}{\lambda} = Nu \qquad (努塞尔数)$$

$$\frac{a't'}{l'^2} = \frac{a''t''}{l''^2} = \cdots = \frac{at}{l^2} = Fo \qquad (傅里叶数)$$

$$\frac{w'l'}{a'} = \frac{w''l''}{a''} = \cdots = \frac{wl}{a} = Pe \qquad (贝克来数)$$

$$\frac{w't'}{l'} = \frac{w''t''}{l''} = \cdots = \frac{wt}{l} = Ho \qquad (均时性数)$$

$$\frac{g'l'}{w'^2} = \frac{g''l''}{w''^2} = \cdots = \frac{gl}{w^2} = Fr \qquad (弗劳德数)$$

$$\frac{p'}{\rho'w'^2} = \frac{p''}{\rho''w''^2} = \cdots = \frac{p}{\rho w^2} = Eu \qquad (欧拉数)$$

$$\frac{\rho'w'l'}{\mu'} = \frac{\rho''w''l''}{\mu''} = \cdots = \frac{\rho wl}{\mu} = Re \qquad (雷诺数)$$

除了由上述微分方程式得到的特征数外，还可以将某些特征数组合，派生出新的特征数，例如由 Pe 与 Re 相比则可得到普朗特数：

$$\frac{Pe}{Re} = \frac{wl}{a} \cdot \frac{\mu}{\rho wl} = \frac{\mu}{a\rho} = \frac{\nu}{a} = Pr \qquad (普朗特数)$$

普朗特数与流体的自身性质有关，是一种物性参数。单原子气体的 $Pr = 0.67$，双原子

气体的 $Pr=0.7$，三原子气体的 $Pr=0.8$，多原子气体的 $Pr=1.0$。

B　特征数的物理意义

特征数虽然没有量纲，但都具有特定的物理意义。

$$Nu = \frac{\alpha l}{\lambda} = \frac{l/\lambda}{1/\alpha} = \frac{导热热阻}{对流热阻}$$，Nu 增加，表明 $1/\lambda$ 增大，而 $1/\alpha$ 减小，即对流作用强烈。Nu 中包含有需要求解的对流给热系数 α，因此只要得到 Nu，即可求 α。

$$Fr = \frac{gl}{w^2} = \frac{\rho gl}{\rho w^2} = \frac{位能}{动能}$$，表示流体流动时的位能与动能之比，Fr 增加，说明位能的作用大于动能，流体趋向于自然流动。

$$Re = \frac{\rho wl}{\mu} = \frac{惯性能}{黏性能}$$，Re 增加，惯性力增大，黏性力所起作用相对减小，说明流体趋于紊流状态；反之，流体趋于层流状态。

C　特征数方程式

由于描述对流换热的微分方程之间存在函数关系，所以由它们导出的特征数之间也存在某种关系，这种关系称为特征数方程式。例如稳定态强制对流时（忽略浮升力）存在 $Nu = f(Re)$。

一个现象可导出多个相似特征数，其中某些特征数是由已知的单值条件确定的物理量组成的，这些特征数称为决定性特征数，例如 Pr、Fr、Re；另一些特征数的物理量中包含有未知待定物理量，这种特征数称为被决定性特征数，例如 Nu、Eu。在与对流换热现象有关的特征数中，Nu 是被决定性特征数，其他特征数都是决定性特征数。决定性特征数决定现象，从而决定被决定性特征数。

为求出被决定性特征数 Nu，需要给出 Nu 与其他特征数之间的具体关系式。在大多数情况下，特征数方程式都被整理成指数形式，例如 Nu 与 Re 之间的关系可以整理成 $Nu = CRe^n$，式中待定系数 C 和指数 n 由实验确定；此式取对数后得到 $\lg Nu = \lg C + n \lg Re$。实验时，针对某一流体，先测定几组 Nu 与 Re 值，在双对数坐标系内为一直线，可以很容易地求出 C 值和 n 值，从而得到具体的特征数方程式。由于特征数方程式中的常数是通过实验确定的，故应注意特征数方程式都有一定的适用范围，超出使用范围，误差会增大，甚至完全不符合事实。

D　定性温度与定形尺寸

相似特征数的各物性参数都和温度有关，因此特征数的值随所选择的温度而不同，有时选择流体的平均温度，有时选择边界层的平均温度，有时选择壁面的平均温度，即 $T = \overline{T_f}$，$T = (T_f + T_w)/2$，$T = T_w$。因此，通常把确定特征数中物性参数的温度称为定性温度。所以，在使用特征数方程式时要注意决定物性参数的温度的选取。

定形尺寸是指相似特征数中决定过程特性的几何尺寸。例如，流体纵向流过平板时，取板长 L 为定形尺寸，流体横向流过平板时，取板宽 B 为定形尺寸；流体经过管内流动时，取管内径 d 为定形尺寸，流体从管外流过时，取管外径 D 为定形尺寸。

E　对流换热的实验公式

根据换热过程的特点不同，对流换热现象的实验公式有多种，此处只介绍少数几种常见的特征数方程式。

a 管内强制对流换热

管内强制对流换热是指流体在管内处于紊流状态的换热现象，此时流体与内壁之间的对流换热可以采用迪图斯-玻尔特（Dittus-Boelter）方程：

$$Nu_f = 0.023Re_f^{0.8}Pr_f^{0.4} \tag{3-66}$$

式中，下标 f 表示以流体的平均温度为定性温度。适用范围是：

（1）光滑长管，且 $l/d > 50$；当 $l/d < 50$ 时，需要乘以校正系数 ε_1，其值见表 3-2。

表 3-2 校正系数 ε_1 值

Re	ε_1								
	$l/d=1$	$l/d=2$	$l/d=5$	$l/d=10$	$l/d=15$	$l/d=20$	$l/d=30$	$l/d=40$	$l/d=50$
1×10^5	1.65	1.5	1.34	1.23	1.17	1.13	1.07	1.03	1
2×10^4	1.51	1.4	1.27	1.18	1.13	1.1	1.05	1.02	1
5×10^4	1.34	1.27	1.18	1.13	1.1	1.08	1.04	1.02	1
1×10^5	1.28	1.22	1.15	1.1	1.08	1.06	1.03	1.02	1
1×10^6	1.14	1.11	1.08	1.05	1.04	1.03	1.02	1.01	1

（2）适用的雷诺数范围为 $Re_f = 1.0\times10^4 \sim 1.2\times10^5$，普朗特数范围为 $Pr_f = 0.7 \sim 120$。

（3）流体与内壁面的温差一般不超过 50℃，温差增加时要乘以校正系数 ε_1：

$$\varepsilon_1 = (\mu_f/\mu_w)^{0.14}$$

式中　μ_f, μ_w——流体在流体温度和壁面温度下的黏度。

（4）管道为直管；对于弯管要乘以校正系数 ε_R，对气体：

$$\varepsilon_R = 1 + 1.77d/R$$

式中　R——管的曲率半径；

　　　d——管直径。

b 流体掠过平板时的对流换热

根据边界层是层流或紊流两种情况，有不同的计算公式：

层流边界层（$Re<5\times10^5$）：

$$Nu_m = 0.664Re_m^{1/2}Pr_m^{1/3} \tag{3-67}$$

紊流边界层（$Re=5\times10^5 \sim 5\times10^7$）：

$$Nu_m = 0.037Re_m^{4/5}Pr_m^{1/3} \tag{3-68}$$

式中，定性温度均取边界层的平均温度，即 $T_m = (T_f + T_w)/2$；定形尺寸取平板长度 L。

c 自然对流时的对流换热

流体各部分温度不均造成密度不同所引起的流动称为自然对流。若固体表面与周围流体之间存在温差，假定固体温度高于流体，固体表面的流体因受热密度减小而上升，同时下部的低温流体过来补充，这样就在固体表面和流体之间形成对流换热。自然对流时的特征数方程式具有下列形式：

$$Nu = C(Gr \cdot Pr)_m^n \tag{3-69}$$

式中，Gr 为流体自然流动过程特有的相似特征数，是浮升力与黏性力的比值，称为格拉晓夫数。

$$Gr = \frac{g\beta l^3 \Delta t}{\nu^2} \tag{3-70}$$

式中　β——流体的体积膨胀系数；

　　　Δt——壁面与流体之间的温度差。

式（3-69）中的 C 和 n 值可参考表 3-3 选用，此式适用于 $Pr > 0.7$ 的各种流体，定性温度取边界层的平均温度，即 $T = (T_f + T_w)/2$。

表 3-3　特征数方程式（3-69）中的 C 和 n 值

换热面形状和位置		$Gr_m \cdot Pr_m$	C	n	定形尺寸
竖平板及竖圆柱（管）		$10^4 \sim 10^9$（层流）	0.59	1/4	高 L
		$10^9 \sim 10^{12}$（紊流）	0.12	1/3	高 L
横圆柱（管）		$10^4 \sim 10^9$（层流）	0.53	1/4	直径 D
		$10^9 \sim 10^{12}$（紊流）	0.13	1/3	直径 D
横平板	热面向上	$1 \times 10^5 \sim 2 \times 10^7$（层流）	0.54	1/4	短边 L
		$2 \times 10^7 \sim 3 \times 10^{10}$（紊流）	0.14	1/3	短边 L
	热面向下	$3 \times 10^5 \sim 3 \times 10^{10}$（层流）	0.27	1/4	短边 L

通过上述特征数方程式解出 Nu，再通过 Nu 的表达式求出其中的对流给热系数 α，最后计算出对流换热量。

3.3.3　凝结换热

当蒸汽与低于其相应压力下的饱和温度的壁面接触时，将发生凝结过程。凝结时蒸汽释放出汽化潜热并传给固体壁，凝结后的液体附着在固体壁上。由于凝结液润湿壁面的能力不同，蒸汽凝结可形成膜状凝结和珠状凝结。当液体能润湿壁面时，凝结液和壁面的润湿角（液体与壁面交界处的切面经液体到壁面的交角）$\theta < 90°$，凝结液在壁面上形成一层完整的液膜，这种凝结称为膜状凝结（见图 3-25（a））。当凝结液不能润湿壁面（$\theta > 90°$）时，凝结液在壁面上形成许多液滴，而不能形成连续的液膜，这种凝结称为珠状凝结（见图 3-25（b））。

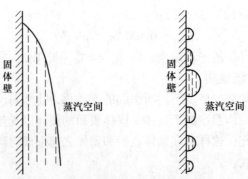

图 3-25　竖壁上的两种凝结模式示意图
（a）膜状凝结；（b）珠状凝结

膜状凝结时由于壁面上被一薄层液膜覆盖，把蒸汽和壁面隔开，蒸汽凝结只能在液膜表面进行，热量必须通过液膜传给固体壁，液膜成为凝结的主要热阻。珠状凝结时蒸汽可以与壁面直接接触，部分蒸汽在小液珠表面凝结，使液珠变大；部分蒸汽在固体壁面上凝结成小液珠。大的液珠在重力的作用下向下滚动，并吞掉沿途液珠，所以珠状凝结热阻比膜状凝结小得多。实验测量表明，珠状凝结传热系数为同样情况下膜状凝结传热系数的 $5\sim10$ 倍。例如，大气压下水蒸气珠状凝结时传热系数为 $4\times(10^4\sim10^5)\,W/(m^2\cdot K)$，而膜状凝结时传热系数为 $6\times(10^3\sim10^4)\,W/(m^2\cdot K)$。

由于珠状凝结传热系数较高，工程上人们力图用珠状凝结来代替膜状凝结，使传热强化。目前，这方面已取得一些进展，但仍处在试验阶段，尚未用于工程实践，所以工程计算都按膜状凝结计算。因此，下面的讨论只限于膜状凝结的分析和计算。

3.3.3.1 膜状凝结换热

A 竖壁膜状凝结传热

蒸汽在竖壁上凝结时，凝结液在重力作用下向下流动。蒸汽在竖壁上不断凝结，因此自竖壁顶部向下，液膜厚度 δ 和凝结液质量流量 q_m 不断增加。由于蒸汽凝结的复杂性，凝结液膜中的温度分布和速度分布比较复杂，从理论上进行分析比较困难。努塞尔从蒸汽凝结的主要热阻是凝结液膜的导热热阻的观点出发，提出了一系列假设条件，使物理模型得到简化，从而求出了竖壁层流膜状凝结传热的理论解，即竖壁层流膜状凝结的平均传热系数为：

$$h = 0.943\left[\frac{gr\rho_1^2\lambda_1^3}{\eta_1 H(T_s - T_w)}\right]^{\frac{1}{4}} \tag{3-71}$$

式中　g——重力加速度，m/s^2；

　　r——汽化潜热，由饱和温度 t_s 查取，J/kg；

　　H——竖壁高度，m；

　　T_s——蒸汽相应压力下的饱和温度，$℃$；

　　T_w——壁面温度，$℃$；

　　ρ_1——凝结液密度，kg/m^3；

　　λ_1——凝结液热导率，$W/(m\cdot K)$；

　　η_1——凝结液动力黏度，$Pa\cdot s$。

凝结液的物性值用液膜平均温度 T_m 查取，$T_m = \frac{1}{2}(T_s + T_w)$。

实验表明，由于液膜表面波动，凝结传热得到强化，实验值比式（3-71）计算的理论值高 20%。式（3-71）变成：

$$h = 1.13\left[\frac{gr\rho_1^2\lambda_1^3}{\eta_1 H(T_s - T_w)}\right]^{\frac{1}{4}} \tag{3-72}$$

竖壁倾斜时，只要用 $g_\varphi = g\sin\varphi$（φ 为斜壁与水平面的夹角）代替上式中的 g 即可求其 h。对于竖管，当直径远大于凝结液膜厚度时可使用式（3-72）计算 h。

凝结液膜在竖壁上的流动情况如图 3-26 所示。随着与壁顶距离的增加，液膜横断面凝结液流量增加，流速增加，液膜的惯

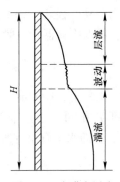

图 3-26　液膜由层流转变为湍流

性加大，而黏性力的作用相对减小。当凝结液流量大到一定程度后，液膜失去稳定，由层流转变为湍流。与强迫流动类似，液膜的流动状态可以用雷诺数 Re 判断。由 Re 的定义并结合凝结的有关参数，有：

$$Re = \frac{\rho_1 \bar{v} d_e}{\eta_1} = \frac{\rho_1 \bar{v}}{\eta_1} \frac{4A_1}{P} = \frac{4q_m}{\eta_1 P} \tag{3-73}$$

式中　$\bar{v}$——液膜横截面上的平均流速，m/s；

　　　d_e——液膜的当量直径，$d_e = \dfrac{4A_1}{P}$，m；

　　　A_1——液膜流动截面积，m^2；

　　　P——液膜润湿周界，对于竖平壁 $P = b$（壁宽），对于竖管壁 $P = \pi d$（d 为圆管直径）；

　　　q_m——液膜流动截面的质量流量，kg/s；

　　　η_1——凝结液的动力黏度，Pa·s。

考虑到

$$q_m = \frac{\varPhi}{r} = \frac{hA(T_s - T_w)}{r}$$

和 $A = Hb$、$P = b$，则：

$$Re = \frac{4hA(T_s - T_w)}{r\eta_1 P} = \frac{4hH\Delta T}{r\eta_1} = \frac{4qH}{r\eta_1} \tag{3-74}$$

液膜由层流转变为湍流的临界雷诺数 $Re_c = 1600$。当 $Re > 1600$ 时，液膜上部为层流，下部为湍流。在用式（3-71）和式（3-72）计算竖壁膜状凝结传热时，最后要校核一下 Re 是否小于 1600，小于 1600 时计算才有效。

　　B　水平圆管外的膜状凝结

蒸汽在水平圆管外膜状凝结时凝结液膜一般为层流（直径 d 不大），其平均凝结传热系数为：

$$h = 0.728 \left[\frac{gr\rho_1^2 \lambda_1^3}{\eta_1 d_0 (T_s - T_w)} \right]^{\frac{1}{4}} \tag{3-75}$$

式中，d_0 为圆管外径，m；其他符号同式（3-71）。

水平圆管外膜状凝结的传热系数 h 与竖壁 h 的计算式形式一样，只是要将竖壁高度 H 改为圆管外径 d_0，系数 1.13 改为 0.728。由于工程上采用的冷凝管长度 H 远大于其外径 d_0，所以冷凝器管一般水平放置，在其他条件相同时这样可得到较大的凝结传热系数。例如，$\dfrac{H}{d_0} = 100$ 时，冷凝管横放时的 h 比竖放时大 1 倍。

工程上，冷凝器大多数由管束组成。假如在竖直方向上平均管排数为 n_m，各排管壁温度 T_w 相同，且上排管流下的凝结液平稳地流在下排管上，一般用 $n_m d_0$ 代替式（3-75）的 d_0，即水平管束外凝结时整个管束的凝结平均传热系数为：

$$h = 0.728 \left[\frac{gr\rho_1^2 \lambda_1^3}{\eta_1 n_m d_0 (T_s - T_w)} \right]^{\frac{1}{4}} \tag{3-76}$$

由于液滴下落引起液膜波动和飞溅，使实际凝结传热系数 h 比式（3-76）计算值大。

显然，采用式（3-76）计算偏于保守，但至今还未研究出更合适的计算式。

C 水平管内的膜状凝结

在空调和制冷系统中，制冷剂蒸汽在管内凝结，一般要涉及水平或竖直管内蒸汽凝结。这种凝结很复杂，并受到管内蒸汽流速的影响。对于制冷剂氟利昂，在流速不大和热负荷较低时蒸汽入口雷诺数为：

$$Re_v' = \frac{\bar{v}d_i}{\nu_v'} < 35000$$

其水平管内的平均凝结传热系数为：

$$h = 0.555\left[\frac{g(\rho_1 - \rho_v)^2\lambda_1^3 r'}{\eta_1 d_i(T_s - T_w)}\right]^{\frac{1}{4}} \tag{3-77}$$

式中，$r' = r + \frac{3}{8}c_p(T_s - T_w)$，$r$ 为汽化潜热。下标 l 和 v 分别表示凝结液和蒸汽的物理量。

3.3.3.2 影响凝结换热的因素

由以上分析可知，流体种类，传热面的形状、尺寸和放置情况，传热温差等影响膜状凝结传热系数。还有些影响因素在以上计算式中尚未考虑，现针对水蒸气凝结，对几种比较重要的影响因素进行讨论。

A 不凝结气体

上面的计算式适用于纯净的蒸汽凝结传热。在工程上使用的水蒸气中常混有不凝结气体（如空气等）。这种水蒸气凝结时，不凝结气体聚积在凝液表面，水蒸气要通过这层气体才能到达液膜表面凝结，使凝结过程增加了一个热阻——气相热阻 R_g，如图 3-27 所示。这时凝结传热热阻 R_c 不仅包括液膜热阻 R_1，还包括气相热阻 R_g，使凝结热阻 R_c 大大增加，凝结传热系数大大减小。实践证明，纯净水蒸气中的容积含气率增加 1%，凝结传热系数将下降 60%~70%，而且随着压力的降低情况更加严重。所以，电厂冷凝器都装有抽气器，以便及时将冷凝器中的空气排出，不让空气聚积而降低冷凝器的凝结传热系数。冰箱和空调灌装制冷剂前都要将系统中空气抽出，也是这个道理。

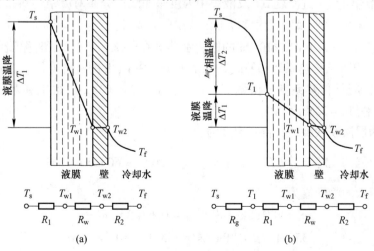

图 3-27 水蒸气凝结时的温度分布和热阻

（a）纯净水蒸气凝结；（b）含有空气的水蒸气凝结

B　水蒸气流速

上述公式只能计算静止水蒸气凝结的传热系数，而没有考虑水蒸气流速对凝结传热系数的影响。事实上，当蒸汽流速大于 10m/s 且向下流动（和液膜流动方向一致）时，由于水蒸气的吹动和冲击，传热面上的凝结液膜将变薄，而使液膜导热热阻减小。同时，由于水蒸气的驱赶作用，液膜表面的不凝结气体被吹散，气相热阻也减小。这样，水蒸气凝结过程的总热阻减小，凝结传热系数增加。水蒸气向上流动（和液膜流动方向相反）且流速不大时，凝结液膜变厚，凝结传热系数反而减小，但当流速大到能吹散液膜时凝结传热系数将增加。

C　传热面

传热面的形状、表面粗糙程度、管束排列情况等都影响凝结传热系数。凡能及时排出凝液而使传热面上凝液厚度减小的因素，都能使凝结传热系数 h 增加；反之，则使 h 降低。这部分内容将在凝结传热的强化中介绍。

D　蒸汽过热度的影响

式（3-71）~式（3-77）都只适用于饱和蒸汽凝结传热，如蒸汽是过热蒸汽，凝结时不仅放出汽化潜热，还放出蒸汽冷却到饱和温度的热量。这时，以上各式中的 r 用 r' 代替，即：

$$r' = r + c_s(T_v - T_s) \tag{3-78}$$

式中　c_s——过热蒸汽的比热容，$J/(kg \cdot K)$；

　　　T_v——过热蒸汽的温度，℃。

分析表明，对于水蒸气过热度影响不大。例如，大气压下水蒸气过热为 46℃ 时仅使 h 增加 1%，而过热度大于 243℃ 才能使 h 增加 5%。一般冷凝器中的蒸汽过热度不大，热力计算时不必考虑它的影响。

E　冷凝液过冷度的影响

以上计算也未考虑凝结液由于过冷（液膜平均温度低于相应压力下饱和温度）放出的热量。罗森诺研究了过冷度 ΔT 及液膜中温度呈非线性分布对凝结传热系数的影响后发现，只要用（$r + 0.68c_p\Delta T$）代替以上公式中的 r 即可。

【例 3-9】　压力为 $1.013 \times 10^5 Pa$ 的饱和水蒸气在长 1.5m 的竖管外壁凝结，管壁平均温度为 60℃。求凝结传热系数和使凝结水量不少于 36kg/h 的竖管外径。

解：（1）凝结传热系数。由题意，由 $p_s = 1.013 \times 10^5 Pa$ 查得饱和水蒸气温度 $T_s = 100℃$，汽化潜热 $r = 2257.1kJ/kg$。

设本题为层流膜状凝结，特征温度为：

$$T_m = \frac{1}{2}(T_s + T_w) = \frac{1}{2} \times (100℃ + 60℃) = 80℃$$

据此查得水的物性值为：

$$\rho_1 = 971.8kg/m^3, \quad \lambda_1 = 0.674W/(m \cdot K)$$

$$\eta_1 = 355.1 \times 10^{-6}Pa \cdot s = 355.1 \times 10^{-6}kg/(m \cdot s)$$

由于管子较长，必须考虑液膜表面波动的影响，可采用式（3-72）计算。凝结传热系数为：

$$h = 1.13\left[\frac{gr\rho_l^2\lambda_l^3}{\eta_l H(T_s - T_w)}\right]^{\frac{1}{4}}$$

$$= 1.13 \times \left\{\frac{9.81\text{m/s}^2 \times 2257.1 \times 10^3\text{J/kg} \times (971.8\text{kg/m}^3)^2 \times [0.674\text{W/(m}\cdot\text{K)}]^3}{355.1 \times 10^{-6}\text{kg/(m}\cdot\text{s)} \times 1.5\text{m} \times (100^\circ\text{C} - 60^\circ\text{C})}\right\}^{\frac{1}{4}}$$

$$= 4705\text{W/(m}^2\cdot\text{K)}$$

（2）凝结水量不少于 36kg/h 时的竖管外径。由热平衡知，凝结换热量等于凝结水蒸气放出的汽化潜热，即：

$$h\pi d_o H(T_s - T_w) = q_m r$$

可得圆管外径：

$$d_o = \frac{q_m r}{h\pi H(T_s - T_w)} = \frac{(36/3600)\text{kg/s} \times 2257.1 \times 10^3\text{J/kg}}{4705\text{W/(m}^2\cdot\text{K)} \times 3.14 + 1.5\text{m} \times (100^\circ\text{C} - 60^\circ\text{C})} = 25.5\text{mm}$$

（3）校核：

$$Re = \frac{4h H\Delta T}{r\eta_l} = \frac{4 \times 4705\text{W/(m}^2\cdot\text{K)} \times 1.5\text{m} \times (100^\circ\text{C} - 60^\circ\text{C})}{2257.1 \times 10^3\text{J/kg} \times 355.1 \times 10^{-6}\text{kg/(m}\cdot\text{s)}} = 1409 < 1600$$

由此可知流动属于层流，以上假设正确，计算有效。

3.3.3.3 凝结换热的强化

有机蒸汽凝结传热系数只有水蒸气的十分之一，含有制冷剂的冷凝器中制冷剂侧热阻占有总传热热阻的相当大比例。可见，凝结传热的强化极为重要。

竖管外开 V 形纵槽（见图 3-28）可使凝结传热系数增加 3~5 倍。由于加了 V 形纵槽，管外表面的凝结液在表面张力的推动下，向肋片根部 V 形槽内流动，使一部分传热面上的凝结液膜厚度减小，凝结侧的平均热阻减小，凝结传热系数增大。图 3-28 中还加了排液盘，减少了竖壁高度，使液膜厚度再次降低，凝结传热系数进一步提高。

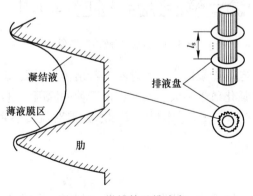

图 3-28　纵槽管及排液盘

蒸汽在水平管外凝结时，由于重力作用凝结液膜流向管子底部，造成底部液膜厚度增加（见图 3-29（a）），凝结传热系数相对较小。改为低肋管后情况有很大改善，此时凝结液体聚集在肋间下部（见图 3-29（b）），肋片上液膜厚度减小，整个传热面上的平均凝结传热系数增大。高热流冷凝管（见图 3-29（c））情况更好，因为其端部尖锐的锯齿形肋片更易使凝结液滴落，从而使高热流管外液膜减薄，热阻减小，凝结传热系数增大。图 3-30

为氟利昂 R22 蒸汽在三种管外凝结时的传热性能。在凝结温差为 2℃ 时，低肋管凝结传热系数为光滑管的 5 倍，而锯齿形高热流冷凝管凝结传热系数为光滑管的 10 倍左右。我国学者在凝结传热强化方面取得了喜人的成果，图 3-31 是我国学者研制的高效冷凝管——DAC 管，该管外为低肋管，管内为单头圆凸形螺旋线，管内、外传热都得到强化，其总传热性能达到国际先进水平。

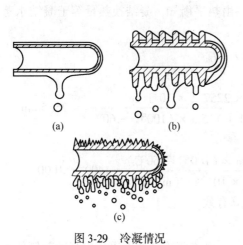

图 3-29　冷凝情况

（a）光滑管；（b）低肋管；（c）高热流冷凝管

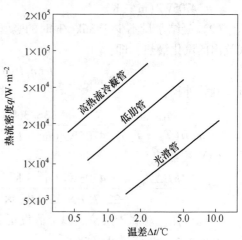

图 3-30　R22 蒸汽的凝结传热性能

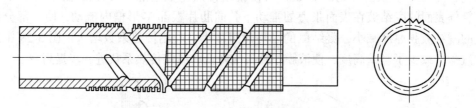

图 3-31　DAC 高效冷凝管结构

　　人们往往认为，在电厂冷凝器中，管外蒸汽凝结传热系数大于管内冷却水强迫对流传热系数，在管外加肋片强化效果不大。其实，由于种种原因，电厂冷凝器蒸汽侧凝结传热系数只有 $3000 \sim 4000 W/(m^2 \cdot K)$，比管内冷却水强迫对流传热系数小，在管外加肋片也有较好的效果。

3.3.4　沸腾换热

　　水在锅炉中的汽化、制冷剂在蒸发器中的蒸发都属于沸腾换热过程。沸腾换热是具有相变的对流换热过程。

　　液体在受热面上的沸腾可以分为大容器沸腾和受迫对流沸腾。所谓大容器沸腾是指加热壁面被沉浸在无宏观流速的液体表面下所发生的沸腾，这时从加热表面产生的气泡能脱离表面，自由浮升。大容器沸腾时，液体的运动只是由自然流动和气泡扰动引起的。

　　当液体在压差作用下以一定的速度流过加热管内部时，在管内发生的沸腾称为受迫对流沸腾，有时也称为管内沸腾。受迫对流沸腾时，液体的流速对沸腾过程的影响很大，在加热面上产生的气泡不能自由浮升，被迫与气流一起流动，形成复杂的气-液两相流动结构。

3.3.4.1 大容器沸腾换热

大容器内，随着加热面温度 T_w 与相应压力下的液体饱和温度 T_s 之差 ΔT 的增加，将观察到如图 3-32 所示的几种典型的沸腾状态。以大气压下的水为例，开始时，由于壁面过热度 $\Delta T = T_w - T_s$ 很小（$\Delta T < 5℃$），加热面上不产生气泡，只有被加热面加热的液体向上浮升，形成如图 3-32（a）所示的自然对流，液面发生表面蒸发。壁面过热度进一步增加，加热面上开始出现气泡，产生如图 3-32（b）所示的核态沸腾，并且随着壁面过热度的增加，沸腾更加旺盛，气泡扰动更大，沸腾传热系数很大。当壁面过热度大到某一程度（ΔT 约为 20℃）时，气泡来不及脱离加热面而开始连成不稳定的汽膜，即由核态沸腾开始向膜态沸腾过渡，出现临界点。这时的热流密度称为临界热负荷 q_c，如图 3-32（c）所示。过热度继续增加，加热面上仍然产生不稳定的汽膜。此时，一方面汽膜面积不大，另一方面汽膜有时会破裂被新的气泡代替，因此加热面上时而为气泡，时而为汽膜。随着过热度的增加，汽膜的稳定度增加，沸腾处于由核态沸腾向膜态沸腾转变的过渡区，如图 3-32（d）所示。过热度（$T_w - T_s$）继续增加（120～150℃），加热面上将产生稳定的汽膜，而进入图 3-32（e）所示的稳定膜态沸腾。当 ΔT 超过 300℃ 后，加热面与液体间的辐射传热增加，与汽膜导热一起形成稳定的膜态沸腾传热，且随着壁温 T_w 的增加，沸腾传热系数增加。

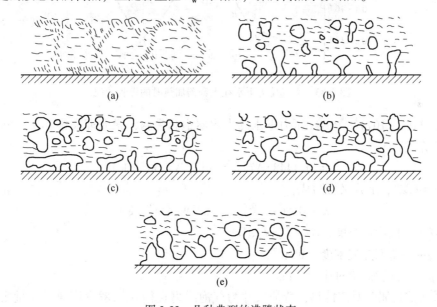

图 3-32　几种典型的沸腾状态

（a）自然对流；（b）核态沸腾；（c）临界点的沸腾；（d）过渡区；（e）稳定膜态沸腾

不同状态的沸腾，传热规律不一样。图 3-33 是大气压力下水在大容器内的加热面上被加热时的沸腾曲线。当壁面被蒸汽凝结加热而使另一侧液体沸腾时，用调节加热蒸汽压力的方法可调节加热面温度，改变过热度 ΔT，此时的沸腾传热过程如图 3-33 所示。随着 ΔT 的增加，先后发生自然对流传热、核态沸腾传热、过渡区沸腾传热，直到稳态的膜态沸腾传热，在图 3-33 上沿曲线按 $0 \rightarrow A \rightarrow B \rightarrow C \rightarrow D \rightarrow E$ 的顺序进行。对于用控制热流密度改变工况的加热设备（如电加热液体、核反应堆中燃料棒加热冷却水、炉膛燃烧产物辐射加热水冷壁中的水等），当热流密度超过 q_c 时会发生这样的现象：由于热流密度无法随着过热度 ΔT 的增加而减少，工况将不再按图 3-33 所示的沸腾曲线由 C 点向 D 点过渡，而是由图中 C 点跳到同一热流密度 q_c 下的 E 点，这是非常危险的。从图 3-33 可见，此时热流密度 q_c 虽未增加，但从 C 点跳到 E 点时由于传热机构的变化，传热温差 ΔT 将从20℃增加到700~1000℃，再加上介质的饱和温度，这种情况对以水为介质的动力设备是不允许的。因为它严重影响动力设备的安全和人身安全，所以 q_c 被称为临界热流密度。q_c 的计算及如何提高 q_c 已引起很多科学家的兴趣。对于制冷工质，虽然从 C 点跳到 E 点不会影响设备的安全，但当 q 略小于 q_c 时沸腾传热系数最大。因此，为了减小沸腾传热面，希望设计工况在 C 点附近。所以，对于制冷和空调工程，临界热流密度的研究也具有很大的现实意义。

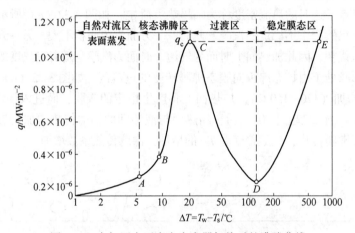

图 3-33　大气压力下水在大容器加热时的沸腾曲线

对于 $(0.2 \sim 101) \times 10^5 \mathrm{Pa}$ 压力下水的大容器饱和沸腾，米海耶夫推荐下列沸腾传热系数的计算式：

$$h = 0.1448 \{\Delta T\}_{\text{℃}}^{2.33} \{p\}_{\text{Pa}}^{0.5} \mathrm{W}/(\mathrm{m}^2 \cdot \mathrm{K}) \tag{3-79a}$$

按 $q = h\Delta T$，上式又可写成：

$$h = 0.56 \{q\}_{\text{W/m}^2}^{0.7} \{p\}_{\text{Pa}}^{0.15} \mathrm{W}/(\mathrm{m}^2 \cdot \mathrm{K}) \tag{3-79b}$$

式中　ΔT——壁面过热度，$\Delta T = T_w - T_s$，℃；

　　　q——壁面热流密度，$\mathrm{W/m}^2$；

　　　p——沸腾的绝对压力，Pa。

沸腾传热也属于对流传热，特征尺寸为气泡脱离直径 d_0。罗森诺通过大量实验数据的整理，得出特征数关联式 $Nu_b = f(Re_b, Pr)$，最后得出下列计算式：

$$\frac{c_{pl}(T_s - T_w)}{r} = C_{wl} \left[\frac{q}{\eta_1 r} \sqrt{\frac{\sigma}{(\rho_1 - \rho_v)g}} \right]^{0.33} Pr_1^n \tag{3-80}$$

式中　c_{pl}——饱和液体的比定压热容，$\mathrm{J}/(\mathrm{kg} \cdot \mathrm{K})$；

　　　T_w——壁面温度，℃；

　　　T_s——饱和液体温度，℃；

　　　r——汽化潜热，J/kg；

　　　q——加热面热流密度，$\mathrm{W/m}^2$；

η_1——饱和液体动力黏度，Pa·s；

σ——液-汽界面表面张力，N/m；

ρ_1——饱和液体密度，kg/m³；

ρ_v——相应压力下的饱和蒸汽密度，kg/m³。

n——指数，对于水，$n=1$；对于其他液体，$n=1.7$；

C_{wl}——取决于加热表面和液体组合情况的经验系数。对于水，$C_{wl}=0.013$，分散度
        为±20%；对于其他液体，C_{wl} 在 0.003~0.015 范围内变动。

式（3-80）的适用范围比式（3-79）广泛。对于水，实验值与式（3-80）最大偏差为
±20%；用它来估算热流密度偏差较大，有时会达 100%，由此可见沸腾传热的复杂性。

【例 3-10】 在 $1.013×10^5$Pa 的绝对压力下，水在表面温度为 117℃ 的铜管外表面上进
行大容器核态沸腾。求此情况下铜管外表面上的沸腾传热系数 h 和单位面积的汽化率 m。

解： 由饱和压力查得水的饱和温度 $T_s=100℃$，$r=2257.1$kJ/kg。

（1）按式（3-78）计算沸腾传热系数

$$h = 0.1448\{\Delta T\}_℃^{2.33}\{p\}_{Pa}^{0.5} W/(m^2 \cdot K)$$

$$=0.1448\{117-100\}^{2.33} × 101300^{0.5}W/(m^2 \cdot K) = 33925W/(m^2 \cdot K)$$

单位面积的汽化率为：

$$\dot{m} = \frac{q}{r} = \frac{h\Delta T}{r} = \frac{33925W/(m^2 \cdot K) × 17K}{2257100J/kg} = 0.256kg/(m^2 \cdot s)$$

（2）按式（3-80）计算沸腾传热系数

由 $T_s=100℃$，查 $c_{pl}=4220$J/(kg·K)，$r=2257.1$kJ/kg，$\eta_1=282.5×10^{-6}$Pa·s，$\rho_1=$
958.4kg/m³，$\rho_v=0.5977$kg/m³，$\sigma=588.6×10^{-4}$N/m，$Pr=1.75$。由式（3-80）得：

$$\frac{4220J/(kg \cdot K) × (117℃-100℃)}{2257100J/kg}$$

$$= 0.013 × \left[\frac{q}{282.5×10^{-6}Pa \cdot s × 2257100J/kg} × \sqrt{\frac{588.6×10^{-4}N/m}{(958.4-0.5977)kg/m^3 × 9.81m/s^2}}\right]^{0.33} × 1.75$$

解得：

$$q = 701810W/m^2$$

$$\dot{m} = \frac{q}{r} = \frac{701810W/m^2}{2257100J/kg} = 0.311kg/(m^2 \cdot s)$$

3.3.4.2 管内强迫对流沸腾换热

液体在管内强迫流动时的沸腾情况和大容器沸腾不完全一样。液体一方面在加热面上
沸腾，一方面又以一定的速度流过加热面，因此对流传热既与沸腾传热有关，又与强迫对
流传热有关。管内流动沸腾传热在工程上应用比较广泛，如锅炉中的水冷壁和对流蒸发管
束，以及各种管外加热的蒸发器和蒸馏器等。

当过冷液体（$T_f<T_s$），由下向上流过被加热的竖管时，将发生如图 3-34 所示的管内沸
腾情况。随着液体的流动和被加热，当到达一定地点时壁面上开始出现气泡。由于管中主流
液体温度仍低于饱和温度，气泡进入主流后很快凝结而消失，这种沸腾称为过冷沸腾。接
着，整个液体被加热到饱和温度，壁面上产生的气泡增多，整个流动截面上都有气泡，形成
核态沸腾。核态沸腾和过冷沸腾时的流动统称为泡状流。以后，随着气泡的增多且聚集形成

大块气泡，泡状流转变成块状流。随着液体的流动和被加热，气泡继续增多，致使管子中心部分形成汽柱，而使液体被排挤到壁上，称为环状流。继而液膜耗尽（或被气流撕破）全部变成湿蒸汽，形成雾状流。这时，管壁直接与蒸汽接触形成湿蒸汽强迫对流传热；此刻表面传热系数急剧下降，管壁温度升高，这种现象称为蒸干。

液体在水平管内流动时，如流速不高，由于蒸汽和液体密度不同，易产生汽（或气）液分层流动，上半部管壁易过热而引起爆管。对于蒸汽锅炉，要防止这种现象发生。

3.3.4.3 沸腾换热的强化

水沸腾传热系数高达 $2500 \sim 25000 W/(m^2 \cdot K)$，其热阻在总传热过程中不占重要地位。但是，低温介质（制冷剂等）沸腾传热系数比水小得多，其表面传热热阻成为蒸发器总传热过程的主要热阻，强化沸腾传热显得比较重要。

强化沸腾传热方法有以下几种：

（1）提高壁面过热度 ΔT。由式（3-79）和式（3-80）都能看出，ΔT 增加，沸腾传热系数增加，而且沸腾传热系数与 ΔT 近似呈二次方关系。

（2）改用汽化潜热 r 较高的介质。采用汽化潜热 r 大的介质，沸腾传热系数也随之增加。

（3）改用管内流动沸腾传热。由于单相介质强迫对流传热的影响，管内流动沸腾传热系数比大容器内沸腾传热系数大 20% 以上，而且在热流密度不太大的场合其影响更大。

（4）采用薄膜蒸发过程。让液体在加热面上形成薄膜，使它一方面呈膜状流动，一方面沸腾蒸发，其沸腾传热系数可比大容器内的高 1~3 倍。

（5）人工制造粗糙表面。在沸腾传热强化措施中人工制造的粗糙表面占重要地位，国内外学者对此的兴趣极大。

人为地使加热面粗糙可增加汽化核心，从而使沸腾传热系数增加 1~2 倍。但由于用砂布打磨等方法造成的凹坑，里面吸附的气体易被液体带走，同时易被污垢堵塞，所以不能维持较高的 h_b。因此人们改用烧结、机械加工、化学腐蚀等方法使表面形成多孔状，形成高热流管。图 3-35 为几种典型的多孔强化表面结构示意图。图 3-35（a）为利用高温烧结或火焰喷涂方法使金属颗粒附在金属基底上形成的多孔层；图 3-35（e）为用电化学腐蚀方法使金属表面形成的多孔层；其他图所示为车削、碾压等机械加工的方法形成的多孔层。这些结构的特点是表面呈多孔结构，表面的小孔形成很多汽化核心。这种孔穴，尤其是上小下大的孔穴，气泡脱离孔穴后里面总会剩留蒸汽，成为下一个气泡的胚胎，而且孔穴下面相互沟通，便于液体补充。气泡在成长和脱离过程中，也促进了孔穴下通道内液体的往复运动，使孔穴内不易被结晶或油垢堵塞。这些多孔表面已在普冷、深冷、天然气液化、乙烯分离、海水淡化等行业中得到应用，可使沸腾传热系数增加 3~8 倍，甚至超过 10 倍。图 3-36 示出了光滑管、翅片管和高热流沸腾管的沸腾情况，图 3-37 表示 R11在这三种加热元件上沸腾时热流密度与温差 ΔT 之间的关系。

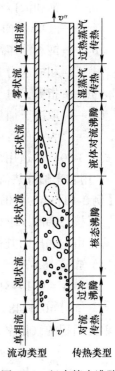

图 3-34　竖直管内沸腾

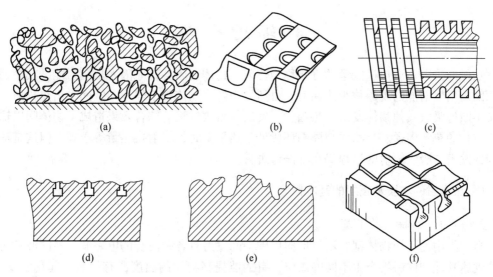

图 3-35 几种典型的多孔强化表面结构示意图

（a）颗粒多孔层；（b）连续通道型多孔层；（c）GEWA-T 强化传热管；

（d）深滚花 Y 形肋；（e）电化学腐蚀表面；（f）ECR40 强化表面

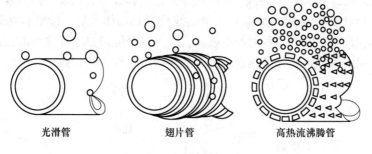

图 3-36 沸腾情况

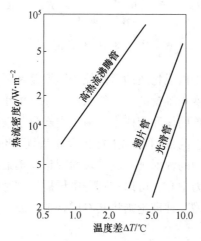

图 3-37 R11 在不同加热元件上沸腾时 q-ΔT 关系

（沸腾温度为 30℃，压力为 1.275×10^5 Pa）

3.4　辐　射　换　热

物体通过电磁波传递能量的方式称为辐射。物体会因各种原因发出辐射能，其中因热的原因发出辐射能的现象称为热辐射。自然界中各个物体都不停地向空间发出热辐射，同时又不断地吸收其他物体发出的热辐射。发出与吸收过程的综合效果造成了物体间以辐射方式进行的热量传递。当物体与周围环境处于热平衡时，辐射换热量等于零。但这是动态平衡，发出与吸收辐射的过程仍在不停地进行。

3.4.1　热辐射的本质及辐射的基本概念

3.4.1.1　热辐射的本质

自然界中的一切物体都在不停地向周围空间发射着各种波长的电磁波。不同波长的电磁波到达其他物体后将产生不同的效应，有的能提高物体的温度，有的能引起化学反应，有的则能穿透物体等。按照电磁波对物体产生的不同效应将电磁波分成许多波段，如图3-38所示。波长为 $0.38\sim0.76\mu m$ 的电磁波称为可见光；波长为 $0.76\sim1000\mu m$ 的电磁波称为红外线；波长大于 $1000\mu m$ 的电磁波通常称为无线电波；波长小于 $0.38\mu m$ 的电磁波，首先是紫外线，其次是 X 射线、γ 射线等。光线和红外线以及一部分紫外线能对物体产生热效应，即波长为 $0.1\sim1000\mu m$ 的电磁波投射到物体上后，能够被物体吸收变成热能。一般物体在常温下向空间发射的电磁波，绝大部分能量集中在这一波长范围内，所以把这一波长范围内的电磁波称为热射线，它的传播过程称为热辐射。

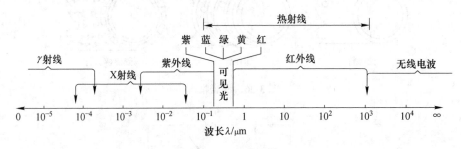

图 3-38　电磁波谱

物质发射辐射能，是由于构成物质的微观粒子因振荡和跃迁而释放能量。这种振荡是依靠物质的内能，即依靠温度来维持的。一般来说，一定大小的物质发射的辐射能是其局部发射的整体效果。在大多数固体和液体中，由于内部分子发射的辐射能被邻近的分子强烈地吸收，所以它们向外部空间发射的辐射能仅仅是表面下约 $1\mu m$ 内的分子发射的。因此，大多数液体和固体向空间的辐射被看成是表面现象。辐射能离开表面后在空间的传播不需要借助其他任何物质作为中介，可以在真空中传播。这种传播的本质，一种理论将其看成是光子或量子的传播，另一种理论则将其看成是电磁波的传播。事实上，这两种理论是互相补充、互相渗透的。

3.4.1.2　辐射能的吸收、反射和透过

热辐射具有一般电磁波的吸收、反射和穿透特性。假如外界投射到某物体表面上总辐

射能为 Q，如图 3-39 所示，其中一部分 Q_A 被物体吸收，一部分 Q_R 被物体反射，另一部分 Q_D 则穿透物体，由能量平衡得：

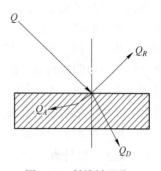

$$Q = Q_A + Q_R + Q_D$$

或

$$\frac{Q_A}{Q} + \frac{Q_R}{Q} + \frac{Q_D}{Q} = 1$$

令

$$\frac{Q_A}{Q} = A, \quad \frac{Q_R}{Q} = R, \quad \frac{Q_D}{Q} = D$$

则

$$A + R + D = 1$$

式中，A、R、D 分别称为物体的吸收率、反射率和穿透率。实际物体的 A、R、D 均小于 1。下面分别讨论几种特殊情况。

图 3-39 射线被吸收、反射和透过的示意图

$D = 1$ 的物体称为绝对透明体，它能让投射到其上面的辐射能全部透过。自然界中只有近似的透明体，双原子气体，如氧气、氮气及空气等，对热射线就是近似于 $D = 1$ 的透明体。但当空气中混有水蒸气和二氧化碳时，它就变成半透明气体，因为水蒸气和二氧化碳气体对热射线有不能忽视的吸收率。大多数固体和液体都不让热射线透过，它们的 $D = 0$，即：

$$A + R = 1$$

因此，这类物体的吸收能力越强，它们的反射能力就越弱；反之亦然。人们常利用此特点为工业和生活目的服务。例如，人们夏天穿白色衣服，在需要防止日晒的建筑物涂上白漆等，都是利用白色物体对可见光的反射能力很强这一特点，使落在物体上的太阳光绝大部分被反射掉，只吸收其中的一小部分。应该指出，颜色对可见光有此特性，对红外线却没有这种性质，例如白布和黑布对红外线具有相同的反射能力和吸收能力。对热射线的吸收和反射来说，重要的不是物体的颜色，而是它的表面粗糙度。

$R = 1$ 的物体称为绝对白体，简称白体，它能反射投射到其表面上的全部热射线。物体表面对热射线的反射分为镜反射和漫反射，如图 3-40 所示。镜反射时射线的入射角和反射角相等；漫反射时反射线分布在各个方向上。物体表面的粗糙度对射线的反射有决定性的影响，当表面的不平整尺寸小于射线的波长时形成镜反射，否则形成漫反射。未经特殊加工的一般工程材料的表面都形成漫反射。除特殊说明外，后面讨论的问题均指漫反射。

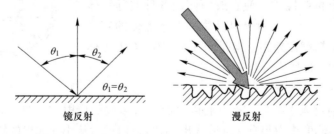

图 3-40 镜反射和漫反射

$A = 1$ 的物体称为绝对黑体，简称黑体，它能吸收投射到其上的全部辐射能，是一切物体中吸收能力最强的一种理想物体。黑体能吸收投射到它上面的来自任何方向的任何波

长的辐射能。它的辐射强度也不随方向变化，因此黑体是漫射体。在辐射换热理论中，黑体占有重要地位，因为热辐射的基本定律是在黑体的基础上得出的。自然界中不存在天然黑体，但可以用人工的方法制造出人工黑体，不过也是近似的黑体。例如，在高吸收率不透明材料制成的空腔上开一个小孔，此小孔即可视为绝对黑体，如图 3-41 所示。当射线进入小孔后，在空腔内几经反射、吸收，最后由小孔反射出去的能量与投射进来的能量相比，已经微不足道，可以认为进入小孔的能量已被全部吸收。

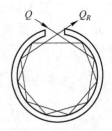

图 3-41　绝对黑体模型

3.4.1.3　辐射力

辐射力和辐射强度都是表示物体辐射能力的物理量。物体向外辐射的能量是按空间和波长分布的，为了充分描述辐射的这些特性，需要使用不同的概念。

物体在单位时间内，由单位表面积向半球空间发射的全部波长的辐射能量称为辐射力，用符号 E 表示，单位为 W/m^2。辐射力表示物体热辐射能力的大小。

为了描述辐射能量按波长分布的性质，引入单色辐射力的概念。物体在单位时间内，由单位表面积向半球空间发射的某一波长的辐射能量称为单色辐射力，用符号 E_λ 表示，单位为 $W/(m^2 \cdot \mu m)$。如果物体在波长为 $\lambda \sim \lambda + \Delta\lambda$ 范围内的辐射力为 ΔE，则其单色辐射力为：

$$E_\lambda = \lim_{\Delta\lambda \to 0} \frac{\Delta E}{\Delta\lambda} = \frac{dE}{d\lambda} \qquad (3-81)$$

辐射力和单色辐射力的关系为：

$$E = \int_0^\infty E_\lambda d\lambda \qquad (3-82)$$

3.4.1.4　黑体模型

黑体是辐射性质最简单的理想辐射体，黑体辐射规律是研究实际物体辐射的基础。黑体具有以下基本辐射特性：

（1）$A = 1$，这是黑体的定义，不管外界投射辐射性质如何，黑体都能将其全部吸收。

（2）黑体表面是漫反射表面，即辐射强度在空间各方向都相等。

（3）$\varepsilon = 1$，即黑体的黑度等于 1，在所有温度相同的物体中，黑体发出的辐射能最多，或黑体的辐射力最大。

黑体的这三个特殊性质，使它成为衡量各种实际物体表面辐射的标准。实际表面的辐射性质和上述黑体的三个性质中的任何一个都存在差距，但是图 3-42 中的人工黑体的辐射性质和黑体的性质十分相近。

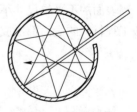

图 3-42　人工黑体

对比黑体的三个基本特性如下：

（1）投射辐射进入小孔后，被空腔内表面进行多次的反射和吸收（从理论上讲，图中每一次反射后的热射线中都有一部分逸出小孔），但最后从小孔逸出的辐射 G_R 占投射辐射的份额很小，因而小孔的 $A = 1$。例如，当具有漫反射性质内表面的球形空腔的吸收率为 0.6，小孔面积为球表面积的 0.4% 时，小孔对投射辐射的吸收率为 0.996。

（2）从小孔逸出的热射线包括发射和反射的热射线，这些热射线从各个方向逸出小孔，并且各个方向的辐射强度都相等，小孔辐射具有漫反射表面的性质。

（3）由于小孔的吸收率为 1，当空腔内表面温度为 T 时，小孔外放置一温度也为 T 的黑体表面时，由于温度平衡，无净热流穿过小孔，小孔吸收和放出的热量等于黑体放出的热量，即小孔的黑度也为 1。所以，等温空腔上的小孔就是一个人工黑体。

3.4.2 热辐射的基本定律

尽管自然界中不存在黑体，但研究热辐射是从黑体开始的。在研究黑体辐射的基础上，把实际物体的辐射和黑体的辐射相比，并引入必要的修正，从而把黑体辐射的规律引申到实际物体。

3.4.2.1 普朗克定律

普朗克根据量子理论给出了黑体的单色辐射力 $E_{b\lambda}$ 与波长和绝对温度的关系式：

$$E_{b\lambda} = \frac{c_1 \lambda^{-5}}{e^{\left(\frac{c_2}{\lambda T}\right)} - 1} \tag{3-83}$$

式中　c_1——普朗克第一常数，$c_1 = 3.743 \times 10^{-16} \mathrm{W \cdot m^2}$；

c_2——普朗克第二常数，$c_2 = 1.439 \times 10^{-2} \mathrm{m \cdot K}$。

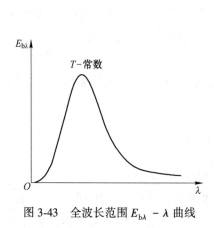

图 3-43　全波长范围 $E_{b\lambda} - \lambda$ 曲线

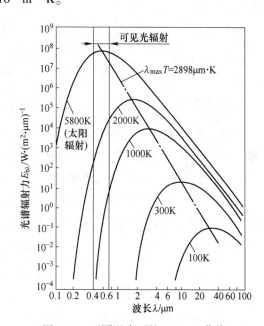

图 3-44　不同温度下的 $E_{b\lambda} - \lambda$ 曲线

分析式（3-83）可知，当黑体的温度固定，$\lambda \to 0$ 和 $\lambda \to \infty$ 时，$E_{b\lambda} = 0$，如图 3-43 所示。

不同温度下热射线波长范围内的 $E_{b\lambda}$ 与 λ 的关系如图 3-44 所示。从图 3-44 中可得出如下结论：

随着温度的升高，黑体的单色辐射力和辐射力迅速增加。每一温度对应的曲线都有一个最大值，将此对应的波长称为 λ_{max}。从图中可见，随着温度的增加，峰值（即黑体的最大单色辐射力 $E_{b\lambda_{max}}$）左移，即向着波长较短的方向移动，并且 λ_{max} 和曲线所对应的温度的乘积为常数，表达式为：

$$\lambda_{max} \cdot T = 2898 \mu m \cdot K$$

这一方程称为维恩位移定律，图中的虚直线即表示该定律。虽然现在可以通过普朗克定律对波长求一阶偏导并令其等于零，方便地得到维恩位移定律，但是在历史上，维恩位移定律先于普朗克定律，是通过热力学理论得到的。

普朗克定律也为加热金属时呈现的不同颜色，即所谓色温，提供了解释的依据。当金属温度低于500℃时，由于实际上没有可见光辐射，我们不能观察到金属颜色的变化。随着温度进一步地升高，金属将呈现暗红（600℃左右）、亮红（800℃左右）、橘黄（1000℃左右）等颜色，当温度超过1300℃时将呈现所谓白炽。这是由于随着温度的升高，热辐射中可见光部分不断增加形成的。利用色温判断被加热物体的温度不需要在灼热的物体上安装测温元件，有特殊的优越性。

【例3-11】 试分别计算2000K和5800K时黑体的最大单色辐射力所对应的波长。

解： 直接利用维恩偏移定律：

$T = 2000K$ 时 $\qquad \lambda_{max} \cdot T \approx 2.9 \times 10^{-3} m \cdot K$

$$\lambda_{max} \approx \frac{2.9 \times 10^{-3}}{2000} = 1.45 \mu m$$

$T = 5800K$ 时 $\qquad \lambda_{max} \approx \frac{2.9 \times 10^{-3}}{5800} = 0.5 \mu m$

$T = 290K$ 时 $\qquad \lambda_{max} \approx \frac{2.9 \times 10^{-3}}{290} = 10 \mu m$

结果表明，常温和工业高温范围内黑体辐射的最大单色辐射力对应的波长位于红外线区段，由于太阳的表面温度约为5800K，说明太阳的辐射位于可见光区段。

3.4.2.2 斯蒂芬-玻耳兹曼定律

在辐射换热分析计算中，黑体在一定温度下的辐射力是一个非常重要的参数，将式(3-83)代入式 $Q = Q_A + Q_R + Q_D$ 中，积分得：

$$E_b = \int_0^\infty \frac{c_1 \lambda^{-5}}{e^{\left(\frac{c_2}{\lambda T}\right)} - 1} d\lambda = \sigma T^4 \qquad (3-84)$$

式中 $\qquad \sigma$——斯蒂芬-玻耳兹曼常数，$\sigma = 5.67 \times 10^{-8} W/(m^2 \cdot K^4)$。

斯蒂芬-玻耳兹曼定律表明，黑体的辐射力和黑体绝对温度的四次方成正比，所以也称为四次方定律。显然该定律在图3-43中表现为E_b，就是$E_{b\lambda}$曲线下的面积。该定律首先由斯蒂芬通过实验得到，后由玻耳兹曼用经典热力学理论予以证明，斯蒂芬-玻耳兹曼定律先于普朗克定律出现。

为了便于计算，通常将斯蒂芬-玻耳兹曼定律表示为：

$$E_b = c_0 \left(\frac{T}{100}\right)^4$$

式中 $\qquad c_0$——黑体的辐射系数，$c_0 = 5.67 W/(m^2 \cdot K^4)$。

【例3-12】 一个黑体表面，温度由27℃增加到827℃，求该表面的总辐射力增加了多少。

解：

$$E_{b1} = c_0 \left(\frac{T}{100} \right)^4 = 5.67 \times \left(\frac{273 + 27}{100} \right)^4 = 459 \text{W/m}^2$$

$$E_{b2} = c_0 \left(\frac{T}{100} \right)^4 = 5.67 \times \left(\frac{273 + 827}{100} \right)^4 = 83014 \text{W/m}^2$$

其辐射力增加了180倍，可见随着温度的增高，辐射将成为换热的主要方式。

【例3-13】 有一边长为0.1m的正方形平板电加热器，其每一面的辐射功率为100W。如果加热器可以看作黑体，试求加热器的温度和对应于加热器的最大单色辐射力的波长。

解： 设加热器每一面的面积为 F，由辐射力的定义及式（3-84）有：

$$E = \frac{Q}{F} = \sigma_0 T^4$$

所以

$$T = \left(\frac{Q}{F \sigma_0} \right)^{\frac{1}{4}} = \left(\frac{100}{0.1 \times 0.1 \times 5.67 \times 10^{-8}} \right)^{\frac{1}{4}} = 648 \text{K}$$

根据维恩定律，有：

$$\lambda_{\max} \approx \frac{2.8976 \times 10^{-3}}{648} = 4.47 \times 10^{-6} \text{m} = 4.47 \mu\text{m}$$

3.4.2.3 兰贝特余弦定律

黑体发射的辐射能中还有一个重要的问题，就是辐射能在半球空间各方向的分布情况。我们已经知道，黑体定向辐射强度 I 在各方向是相等的。为了进一步了解黑体发射辐射的方向分布特性，引入定向辐射力的概念。

定向辐射力是指单位时间内、单位辐射面积向空间 θ 方向单位立体角所发射的辐射能，单位为 W/(m$^2 \cdot$ sr)，即：

$$E_\theta = \frac{\mathrm{d}\Phi}{\mathrm{d}F \mathrm{d}\omega} \tag{3-85}$$

结合微元面积 $\mathrm{d}F$ 在 θ 方向的辐射强度，并比较式（3-85）可得：

$$E_\theta = I\cos\theta \tag{3-86}$$

该式表明了黑体定向辐射力和方向的关系，称为兰贝特余弦定律。由于黑体发射的辐射强度 I 在各方向均相等，因此该定律说明黑体表面辐射能在空间不同方向分布是不均匀的：表面法线方向最大，该方向辐射力等于辐射强度；表面切线方向最小，该方向辐射力等于零。

黑体的辐射力 E_b 和辐射强度存在下面的关系：

$$E_b = \int_{\omega = 2\pi} E_\theta \mathrm{d}\omega = \int_{\omega = 2\pi} I\cos\theta \cdot \mathrm{d}\omega = I \int_0^{2\pi} \mathrm{d}\varphi \int_0^{\frac{\pi}{2}} \cos\theta\sin\theta\mathrm{d}\theta = \pi I \tag{3-87}$$

该式表明黑体辐射力等于其辐射强度的 π 倍。

上述黑体的三个基本定律分别介绍了黑体的辐射力与波长、温度及能量按空间的分布规律，是辐射换热计算的基本理论。

3.4.2.4 基尔霍夫定律

在辐射换热计算中，不仅要计算物体本身发射出去的辐射，还要计算物体对投来辐射的吸收。基尔霍夫定律揭示了物体的辐射力与吸收率之间的理论关系。设想一个很小的实

际物体 1 被包在一个黑体大空腔中，如图 3-45 所示，空
腔和物体处于热平衡状态。对于实际物体 1 的能量平衡关
系：在投来的黑体辐射中，被它吸收的部分是 $\alpha_1 E_b$，其
余部分反射回空腔内壁被完全吸收，而不再返回。在热平
衡状态下可得 $\alpha_1 E_b = E_1$。物体 1 是任意的，推广到其他
实际的物体时可得：

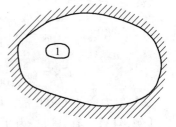

$$\frac{E_1}{\alpha_1} = \frac{E_2}{\alpha_2} = \frac{E_3}{\alpha_3} = \cdots = \frac{E}{\alpha} = E_b \qquad (3\text{-}88)$$

图 3-45　基尔霍夫定律示意图

　　式（3-88）就是基尔霍夫定律的数学表达式。它可以
表述为：任何物体的辐射力与它对来自同温度黑体辐射的吸收率的比值，与物性无关而仅
取决于温度，恒等于同温度下黑体的辐射力。

　　从基尔霍夫定律可以得出如下的重要推论：

　　（1）在相同温度下，一切物体的辐射力以黑体的辐射力为最大。

　　（2）物体的辐射力越大，其吸收率也越大。换句话说，善于辐射的物体必善于吸收。

3.4.3　实际物体和灰体辐射

3.4.3.1　实际物体的辐射

　　前述为黑体辐射的各种规律，它为讨论实际物体
（固体和液体）的辐射，以及下面将要叙述的灰体的
辐射准备了条件，提供了比较的标准。实际物体的辐
射一般与黑体不同。实际物体的单色辐射力 E_λ 随波
长和温度不同而发生不规则的变化，只能通过该物体
在一定温度下的辐射光谱试验来测定。图 3-46 为同
一温度下（$T=$ 常数）三种不同类型物体的 $E_\lambda =$
$f(\lambda，T)$ 关系图。该图说明：（1）实际物体的单色辐
射力按波长分布是不规则的；（2）同一温度下实际
物体的辐射力总是小于黑体的辐射力。把实际物体的
单色辐射力与同温度下黑体单色辐射力之比称为该物
体的单色发射率或单色黑度，以 ε_λ 表示，则：

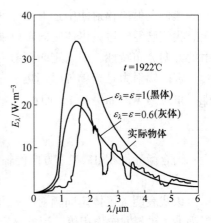

图 3-46　黑体、灰体和实际物体
单色辐射力比较

$$\varepsilon_\lambda = \frac{E_\lambda}{E_{b\lambda}}$$

或　　　　　　　　　　　　　　$E_\lambda = \varepsilon_\lambda E_{b\lambda}$ 　　　　　　　　　　　　　　（3-89）

　　同理，将物体的辐射力与同温度下黑体辐射力之比称为该物体的发射率或黑度，用 ε
表示，则：

$$\varepsilon = \frac{E}{E_b}$$

或　　　　　　　　　　　　　　$E = \varepsilon E_b$ 　　　　　　　　　　　　　　（3-90）

　　根据发射率（或黑度）的定义和四次方定律用于实际物体时，为工程计算方便可采
用下列形式：

$$E = \varepsilon E_{\mathrm{b}} = \varepsilon \sigma_{\mathrm{b}} T^4 = \varepsilon C_{\mathrm{b}} \left(\frac{T}{100} \right)^4 \tag{3-91}$$

但是，实际物体的辐射力并不严格与热力学温度的四次方成正比，所以采用式(3-91)引起的误差要通过修正物体的发射率 ε 来补偿。

大量实验测定表明，除了高度磨光的金属表面外，实际物体半球平均发射率与表面法向发射率近似相等。各种固体材料沿表面法线方向上的发射率 ε 取决于物体种类、表面温度和表面状况，不同物质的发射率差异是很明显的。金属材料的发射率随温度升高而增大，例如，严重氧化后的表面在 50℃ 和 500℃ 温度下，其发射率分别为 0.2 和 0.3。同一种金属材料，高度磨光表面的发射率比粗糙表面和受到氧化作用表面的发射率值要低数倍。例如，在常温下无光泽的黄铜发射率为 0.22，而磨光后只有 0.05。

3.4.3.2　灰体的辐射

实际物体的单色吸收率 α_λ 对不同波长的辐射具有选择性，即 α_λ 与波长 λ 有关。如果假定物体的单色吸收率与波长 λ 无关，即 $\alpha_\lambda =$ 常数，这种假定的物体称为灰体。

针对灰体的基尔霍夫定律确认：

$$\frac{E}{\alpha} = E_{\mathrm{b}}$$

此式与式（3-91）对比可发现：灰体的吸收率 α 在数值上等于灰体在同温度下的发射率，即：

$$\alpha = \varepsilon \tag{3-92}$$

这个由基尔霍夫定律引申出来的推论，对计算灰体间的辐射换热有极其重要的意义。根据这一推论，在计算灰体间的辐射换热时，吸收率和发射率可以互相对换。

3.4.4　角系数

3.4.4.1　角系数定义

两个任意放置的物体表面，由于物体表面尺寸、形状和相对位置的原因，表面 1 向半球空间发出的全部辐射能 $J_1 A_1$ 中只有一部分落到表面 2 上，我们把表面 1 发出的辐射能中落到表面 2 上的能量所占的百分数称为表面 1 对表面 2 的角系数，记为 $X_{1,2}$。为简化起见，假定物体表面均为漫反射表面，且各表面有均匀的有效辐射。这样，两个表面温度均匀、发射率均匀、投射辐射也均匀。这就消除了以上因素分布不均匀带来的复杂性，使角系数成为一个纯几何因素，仅与物体的形状、大小、距离和位置有关。工程上，往往不能都满足上述条件，这时可分别取其相应的平均值，仍认为角系数是一个纯几何因素。

3.4.4.2　角系数确定方法

角系数是辐射换热计算中一个很重要的物理量，工程上常采用以下方法确定：

（1）从角系数的定义出发直接求得。例如非凹物体自身的角系数、同心球中内球对外球的角系数等可直接由角系数定义求得。

（2）查曲线图。几种典型情况下的角系数已利用积分的方法求得，并绘成线图，如图 3-47～图 3-49 所示。

（3）代数法。利用角系数的特性和已知的角系数，求出未知的角系数。

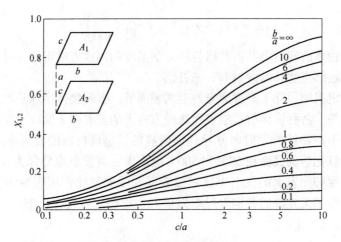

图 3-47 平行长方形表面间的角系数

$(a \perp b, \ a \perp c)$

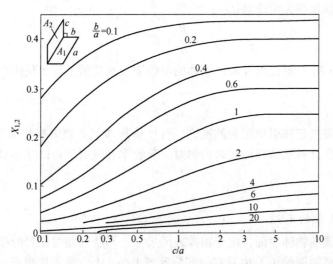

图 3-48 具有公共边且相互垂直的两长方形表面间的角系数

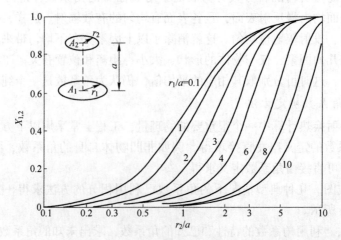

图 3-49 两个同轴平行圆表面间的角系数（圆心连线垂直于圆面）

下面主要介绍代数分析法。

【例 3-14】 一直径为 d 的长圆柱轴线与一无限大平板板面平行，二者距离为 s，如图 3-50 所示，且 s 不大。求长圆柱表面对无限大平板左侧面的角系数。

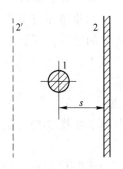

解： 由题意，长圆柱体对平板左面的角系数，可近似视为长圆柱体曲面 1 对表面 2 的角系数。在长圆柱体的另一侧作假想表面 2′，表面 2′ 与表面 2 对称于圆柱体。由于圆柱体无限长，表面 2、2′ 无限大，S 是有限值，所以表面 1 发出的能量 Φ_1 全部落在表面 2 和 2′ 上，即长圆柱表面 1 对表面 2 和 2′ 的角系数之和等于 1。由于完整性，表面 1 发出的能量 Φ_1 落到表面 2 和 2′ 上的部分各占一半，即：

图 3-50　例 3-14 的附图

$$X_{1,2} = X_{2,1} = 0.5$$

3.4.4.3　角系数特性

代数法求角系数的基础是角系数的特性，角系数有以下几个特性。

A　角系数的相对性

当两个黑体表面间进行辐射换热时，表面 1 辐射到表面 2 的辐射能为：

$$\Phi_{1\to 2} = E_{b1}A_1 X_{1,2}$$

表面 2 辐射到表面 1 的辐射能为：

$$\Phi_{2\to 1} = E_{b2}A_2 X_{2,1}$$

两个表面都是黑体，落到黑体表面上的辐射能被全部吸收，所以两个黑体表面间的辐射换热量为：

$$\Phi_{1,2} = \Phi_{1\to 2} - \Phi_{2\to 1} = E_{b1}A_1 X_{1,2} - E_{b2}A_2 X_{2,1}$$

若两个表面温度 $T_1 = T_2$，则净辐射换热量 $\Phi_{1,2} = 0$。又因 $E_{b1} = E_{b2}$，由上式得：

$$A_1 X_{1,2} = A_2 X_{2,1} \tag{3-93}$$

这就是角系数的相对性。

由于角系数的纯几何因素，与是否为黑体无关，因此式（3-93）也适用于其他漫反射表面。由上述可见，已知一个角系数，可以很方便地利用相对性求得相应的另一个角系数。

B　角系数的完整性

图 3-51 所示为由几个表面组成的封闭腔，根据能量守恒定律，从任何一个表面发射出的辐射能必然全部落到其他表面上：$\Phi_1 = \Phi_{11} + \Phi_{12} + \Phi_{13} + \cdots + \Phi_{1n}$。因此，任何一个表面对其他各表面的角系数满足以下关系（以表面 1 为例）：

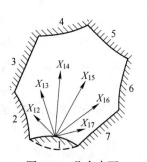

$$X_{11} + X_{12} + X_{13} + \cdots + X_{1n} = \sum_{i=1}^{n} X_{1i} = 1 \tag{3-94}$$

表面 1 若为凸表面时，式（3-94）中 $X_{11} = 0$。式（3-94）表达的关系称为角系数的完整性。需注意的是：角系数与换热量（辐射）的比等价，即 $X_{1n} = \Phi_{1n}/\Phi_1$。

图 3-51　几个表面组成的封闭腔

C 角系数的分解性

根据能量守恒定律，由图 3-52（a）可知，A_1 发出的辐射能中到达 $A_{2+3}(A_{2+3} = A_2 + A_3)$ 的能量，等于 A_1 发出的辐射能到达 A_2 和 A_3 的能量之和。由此可得：

$$J_1 A_1 X_{1,(2+3)} = J_1 A_1 X_{1,2} + J_1 A_1 X_{1,3}$$

即

$$A_1 X_{1,(2+3)} = A_1 X_{1,2} + A_1 X_{1,3}$$

或

$$X_{1,(2+3)} = X_{1,2} + X_{1,3} \tag{3-95}$$

同理，由图 3-52（b）可得：

$$A_{1+2} X_{(1+2),3} = A_1 X_{1,3} + A_2 X_{2,3} \tag{3-96}$$

式（3-95）和式（3-96）就是角系数的分解性。

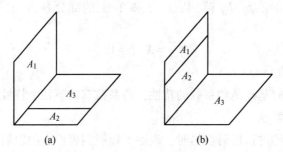

(a)   (b)

图 3-52　角系数的分解性

3.4.4.4 角系数求解

代数分析法就是利用角系数以上的特性，通过代数运算求出所需角系数的方法。采用代数分析法时，除必须满足角系数的特性外，还必须满足两个要求，即各表面都是不透明的和表面间的介质是透明的。

下面结合图 3-53 所示的几何系统阐述确定角系数的代数法。假设图中由三个非凹表面组成的系统在垂直于纸面方向上是很长的，系统两端开口处逸出的辐射可以略去不计，可认为是封闭系统。设三个表面的面积分别为 A_1、A_2 和 A_3。由角系数的相对性和完整性可以写出：

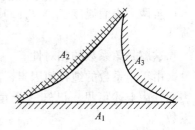

图 3-53　三个非凹表面组成的封闭辐射系统

$$X_{1,2} + X_{1,3} = 1$$
$$X_{2,1} + X_{2,3} = 1$$
$$X_{3,1} + X_{3,2} = 1$$
$$A_1 X_{1,2} = A_2 X_{2,1}$$
$$A_1 X_{1,3} = A_3 X_{3,1}$$
$$A_2 X_{2,3} = A_3 X_{3,2}$$

这是一个六元一次方程组，据此可以解出 6 个未知的角系数。例如，角系数 $X_{1,2}$ 为：

$$X_{1,2} = \frac{A_1 + A_2 - A_3}{2A_1} \tag{3-97a}$$

其他 5 个角系数可以仿照 $X_{1,2}$ 的模式求出。因为在垂直于纸面方向上三个表面的长度是相同的。所以式（3-97a）中的面积可用图上表面线段的长度替代。设线段长度分别

为 L_1、L_2 和 L_3，则式（3-97a）可改写为：

$$X_{1,2} = \frac{L_1 + L_2 - L_3}{2L_1} \qquad (3\text{-}97\text{b})$$

由于表面都是非凹的，各表面发出的辐射能不会落到自身表面上，所以自身的角系数：

$$X_{1,1} = X_{2,2} = X_{3,3} = 0$$

又如图 3-54 所示的表面 A_1 和 A_2，为两个相互可以看得见的非凹表面，在垂直于纸面的方向上无限长。也可用代数法确定表面 A_1 和 A_2 之间的角系数。因为只有封闭系统才能应用角系数的完整性，为此作辅助线 ac 和 bd 代表两个假想面，与 A_1 和 A_2 一起组成一个封闭腔。在此系统里，根据角系数的完整性，表面 A_1 对 A_2 的角系数可表示为：

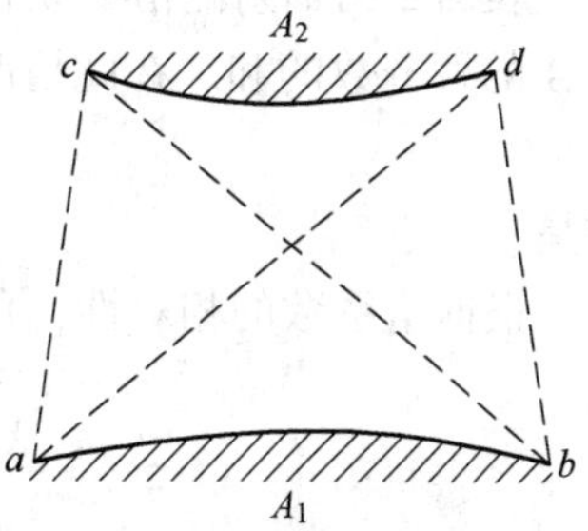

$$X_{1,1} = X_{ab,cd} = 1 - X_{ab,ac} - X_{ab,bd}$$

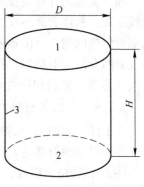

图 3-54　两个无限长相对表面间的角系数

同理，作假想面 ad 和 bc，也可以把图形 abc 和 abd 看成两个各由三个表面组成的封闭腔。将式（3-97b）应用于这两个封闭腔可得：

$$X_{ab,ac} = \frac{ab + ac - bc}{2ab}$$

$$X_{ab,bd} = \frac{ab + bd - ad}{2ab}$$

由以上三式得：

$$X_{1,2} = X_{ab,cd} = \frac{(bc + ad) - (ac + bd)}{2ab} \qquad (3\text{-}98)$$

由于式（3-98）分子中各线段均是各点间的直线长度，这种代数法又称拉线法。

【例 3-15】 直径 D 等于高度 H 的空心盒如图 3-55 所示，求盒盖对侧壁的角系数 $X_{1,3}$。

解：对照图 3-49，有：

$$\frac{r_1}{a} = \frac{r_2}{a} = \frac{D/2}{H} = 0.5$$

查图 3-49 得：

$$X_{1,2} = 0.16$$

$$X_{1,3} = 1 - X_{1,1} - X_{1,2} = 1 - 0 - 0.16 = 0.84$$

【例 3-16】 试确定图 3-56 所示的表面 1 对表面 2 的角系数 $X_{1,2}$。

解：由图 3-56 可见，表面 2 对表面 A、表面 2 对联合面（1+A）都是相互垂直的矩形，因此角系数 $X_{2,A}$ 及 $X_{2,(1+A)}$ 都可由图 3-48 查出：

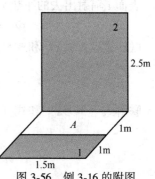

图 3-55　例 3-15 的附图

图 3-56　例 3-16 的附图

对于表面 2 和 A: $a = 1.5$, $b = 1.0$, $c = 2.5$, $\dfrac{b}{a} = 0.67$, $\dfrac{c}{a} = 1.67$。查图 3-48 得:
$X_{2,A} = 0.10$。

对于表面 2 和 $(1+A)$: $a = 1.5$, $b = 2.0$, $c = 2.5$, $\dfrac{b}{a} = 1.33$, $\dfrac{c}{a} = 1.67$。查图 3-48 得:
$X_{2,(1+A)} = 0.15$。

表面 2 的辐射能落到联合面 $(1+A)$ 上的百分数等于表面 2 的辐射能落到表面 1 和表面 A 的百分数的和。在此情况下,角系数 $X_{2,(1+A)}$ 可以分解,即:

$$X_{2,(1+A)} = X_{2,1} + X_{2,A}$$

于是

$$X_{2,1} = X_{2,(1+A)} - X_{2,A}$$

根据角系数的相对性,角系数 $X_{1,2}$ 为:

$$X_{1,2} = \frac{A_2 X_{2,1}}{A_1} = \frac{A_2 (X_{2,(1+A)} - X_{2,A})}{A_1}$$

$$= \frac{2.5 \times (0.15 - 0.10)}{1} = 0.125$$

3.4.5 辐射换热计算

辐射换热的计算主要是指封闭系统中灰体表面间的辐射换热。灰体表面间的辐射换热比较复杂,灰体表面不仅发出发射辐射,还有灰体表面间的多次反射辐射。对于一些简单的辐射传热问题,可由辐射网络法直接导出辐射传热量的计算式。为简化分析,假定各灰体表面的有效辐射均匀,且是具有漫反射性质的非透明灰体,同时灰体表面间充满了透明介质(不参与辐射和吸收)。

3.4.5.1 组成辐射网络的基本热阻

对于任一表面 i,从物体内部看(见图 3-57),其单位表面积向外界发出的辐射能为 E_i,吸收的辐射能为 αG_i,(G_i 为外界对表面 i 的投射辐射)。因此,表面 i 辐射出去的净热流量为:

$$\Phi_i = E_i A_i - \alpha_i G_i A_i \qquad (3\text{-}99\text{a})$$

另一方面,从物体外部看,表面 i 的单位表面积接收的辐射能为 G_i,向外界发出的辐射能为:

$$J_i = E_i + \rho_i G_i = E_i + (1 - \alpha_i) G_i \qquad (3\text{-}99\text{b})$$

表面 i 辐射出去的净热流量为:

$$\Phi_i = J_i A_i - G_i A_i \qquad (3\text{-}99\text{c})$$

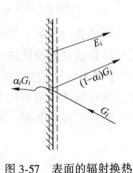

图 3-57 表面的辐射换热

联解式(3-99a)和式(3-99c),消去 G_i 得:

$$\Phi_i = \frac{E_i A_i - \alpha_i J_i A_i}{1 - \alpha_i} \qquad (3\text{-}100)$$

联解式(3-99a)和式(3-99b),消去 G_i 得:

$$J_i = \frac{E_i}{\alpha_i} - \left(\frac{1}{\alpha_i} - 1\right)\frac{\Phi_i}{A_i} \qquad (3\text{-}101)$$

由于 $E_i = \varepsilon_i E_{\mathrm{b}i}$，对于灰体 $\alpha_i = \varepsilon_i$，式（3-100）变成：

$$\Phi_i = \frac{\varepsilon_i E_{\mathrm{b}i} A_i - \varepsilon_i J_i A_i}{1 - \varepsilon_i} = \frac{E_{\mathrm{b}i} - J_i}{\dfrac{1 - \varepsilon_i}{\varepsilon_i A_i}} \tag{3-102}$$

发射率 ε_i 趋近于 1 或表面积 A_i 趋于无限大时，$\dfrac{1 - \varepsilon_i}{\varepsilon_i A_i}$ 趋近于零。由此可见，$\dfrac{1 - \varepsilon_i}{\varepsilon_i A_i}$ 是因为表面的发射率不等于 1 或表面积不是无限大而产生的热阻，即由表面的因素产生的热阻，所以称为表面辐射热阻。

由灰体表面 i 和表面 j 辐射换热计算式得：

$$\begin{aligned}\Phi_{i,j} &= J_i A_i X_{i,j} - J_j A_j X_{j,i} = J_i A_i X_{i,j} - J_j A_i X_{i,j} \\ &= \frac{J_i - J_j}{\dfrac{1}{A_i X_{i,j}}}\end{aligned} \tag{3-103}$$

式中，$\dfrac{1}{A_i X_{i,j}}$ 是灰体表面 i 的有效辐射面积 $A_{e,i}$（即 $A_i X_{i,j}$）不是无限大而产生的空间辐射热阻（或几何热阻）。

3.4.5.2　两个表面间的辐射换热

两个灰体表面组成的封闭系统的辐射传热，是灰体辐射传热最简单的例子。图 3-58 表示这样的系统及其由基本热阻组成的辐射传热网络图。图中，$\dfrac{1 - \varepsilon_1}{\varepsilon_1 A_1}$、$\dfrac{1 - \varepsilon_2}{\varepsilon_2 A_2}$ 分别为表面 1、2 的表面辐射热阻，$\dfrac{1}{A_1 X_{1,2}}$ 为表面 1 与 2 辐射传热的空间辐射热阻。

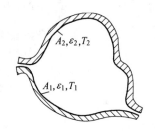

根据图 3-58 中的辐射传热网络图，并应用 $\Phi_1 = -\Phi_2$，两个灰体表面间的辐射传热量可表示为：

$$\begin{aligned}\Phi_{1,2} &= \Phi_1 = -\Phi_2 \\ &= \frac{\sigma_{\mathrm{b}}(T_1^4 - T_2^4)}{\dfrac{1 - \varepsilon_1}{\varepsilon_1 A_1} + \dfrac{1}{A_1 X_{1,2}} + \dfrac{1 - \varepsilon_2}{\varepsilon_2 A_2}}\end{aligned} \tag{3-104}$$

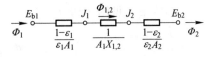

图 3-58　两个灰体表面
组成的封闭系统

对于图 3-59 所示的各种情况，上式经适当变化后可推出下列各式：

同心长圆筒壁（见图 3-59（a））：

$$\Phi_{1,2} = \frac{\sigma_{\mathrm{b}}(T_1^4 - T_2^4) A_1}{\dfrac{1}{\varepsilon_1} + \dfrac{1 - \varepsilon_2}{\varepsilon_2} \dfrac{A_1}{A_2}} \tag{3-105}$$

平行大平壁（见图 3-59（b））：

$$\Phi_{1,2} = \frac{\sigma_{\mathrm{b}}(T_1^4 - T_2^4) A}{\dfrac{1}{\varepsilon_1} + \dfrac{1}{\varepsilon_2} - 1} \tag{3-106}$$

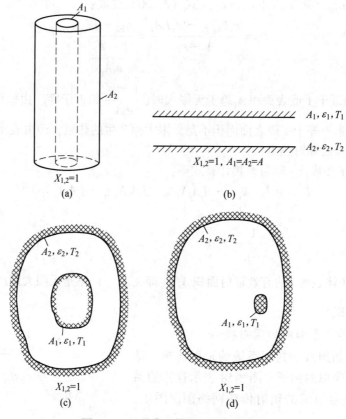

图 3-59　几种典型情况下的辐射传热

（a）同心长圆筒壁；（b）平行大平壁；

（c）同心球壁；（d）包壁与内包非凹小物体

同心球壁（见图 3-59（c））：

$$\Phi_{1,2} = \frac{\sigma_b(T_1^4 - T_2^4)A_1}{\dfrac{1}{\varepsilon_1} + \dfrac{1 - \varepsilon_2}{\varepsilon_2}\dfrac{A_1}{A_2}} \tag{3-107}$$

包壁与内包非凹小物体（见图 3-59（d））：

$$\Phi_{1,2} = \varepsilon_1\sigma_b(T_1^4 - T_2^4)A_1 \tag{3-108}$$

式（3-105）~式（3-108）可写成以下统一形式：

$$\Phi_{1,2} = \varepsilon_s\sigma_b(T_1^4 - T_2^4)A_1 \tag{3-109}$$

式中 ε_s ——系统发射率。

式（3-109）与其他各式比较，可得出各种情况下系统发射率的计算式。

【例 3-17】 一长 0.5m、宽 0.4m、高 0.3m 小炉窑，窑顶和四周壁温度为 300℃，发射率为 0.8；窑底温度为 150℃，发射率为 0.6。试计算窑顶和四周壁面对底面的辐射传热量。

解：炉窑有 6 个面，但窑顶及四周壁面的温度和发射率相同，可视为表面 1，而把底面作为表面 2。这样，原问题就简化为两个物体组成的封闭系统的辐射传热，可用式（3-104）

求解。由题给条件，得：

$$A_1 = 0.4\text{m} \times 0.5\text{m} + 0.4\text{m} \times 0.3\text{m} \times 2 + 0.5\text{m} \times 0.3\text{m} \times 2 = 0.74\text{m}^2$$

$$\varepsilon_1 = 0.8$$

$$A_2 = 0.4\text{m} \times 0.5\text{m} = 0.2\text{m}^2$$

$$\varepsilon_2 = 0.6$$

由题意，$X_{1,2} = 1$，则：

$$X_{1,2} = X_{2,1} \frac{A_2}{A_1} = \frac{0.2\text{m}^2}{0.74\text{m}^2} = 0.27$$

于是，窑顶和四周壁面对底面的辐射传热量为：

$$\Phi_{1,2} = \frac{\sigma_b(T_1^4 - T_2^4)}{\dfrac{1-\varepsilon_1}{\varepsilon_1 A_1} + \dfrac{1}{A_1 X_{1,2}} + \dfrac{1-\varepsilon_2}{\varepsilon_2 A_2}} = \frac{c_b\left[\left(\dfrac{T_1}{100}\right)^4 - \left(\dfrac{T_2}{100}\right)^4\right] A_1}{\dfrac{1-\varepsilon_1}{\varepsilon_1} + \dfrac{1}{X_{1,2}} + \dfrac{1-\varepsilon_2}{\varepsilon_2}\dfrac{A_1}{A_2}}$$

$$= \frac{5.67\text{W}/(\text{m}^2 \cdot \text{K}^4) \times \left[\left(\dfrac{300+273}{100}\right)^4 \text{K}^4 - \left(\dfrac{150+273}{100}\right)^4 \text{K}^4\right] \times 0.74\text{m}^2}{\dfrac{1-0.8}{0.8} + \dfrac{1}{0.27} + \dfrac{1-0.6}{0.6} \times \dfrac{0.74\text{m}^2}{0.2\text{m}^2}}$$

$$= 495.3\text{W}$$

3.4.5.3 表面间有遮热板的辐射换热

当两个物体进行辐射传热时，如在它们之间插入一块薄板（本身导热热阻可以忽略，但此时被它隔开的两个物体相互看不见），则可使这两个物体间的辐射传热量减少，这时薄板称为遮热板。未加遮热板时，两个物体间的辐射热阻为两个表面辐射热阻和一个空间辐射热阻。加了遮热板后，将增加两个表面辐射热阻和一个空间辐射热阻。因此总的辐射传热热阻增加，物体间的辐射传热量减少，这就是遮热板的工作原理。以在两个大平行平板之间插入遮热板为例，说明遮热板对辐射传热的影响。大平行平板间插入薄金属板前后的辐射网络见图3-60。

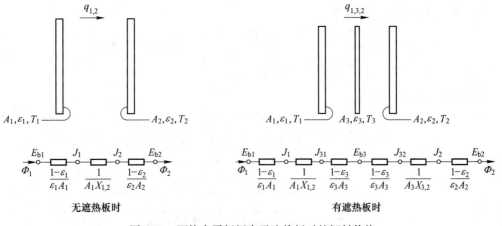

图 3-60 两块大平板间有无遮热板时的辐射传热

由于平板无限大，角系数：

$$X_{1,3} \approx X_{3,2} \approx X_{1,2} \approx 1$$

又　　　　　　　　　　　　$A_1 = A_2 = A_3 = A$

则插入金属板前后辐射传热的变化如下：

无遮热板时：

$$\Phi_{1,2} = \frac{\sigma_b(T_1^4 - T_2^4)}{\dfrac{1-\varepsilon_1}{\varepsilon_1 A_1} + \dfrac{1}{A_1 X_{1,2}} + \dfrac{1-\varepsilon_2}{\varepsilon_2 A_2}} = \frac{\sigma_b(T_1^4 - T_2^4)A}{\dfrac{1}{\varepsilon_1} + \dfrac{1}{\varepsilon_2} - 1}$$

加一层遮热板时：

$$\Phi_{1,3,2} = \Phi_{1,3} = \Phi_{3,2}$$

$$= \frac{E_{b1} - E_{b2}}{\dfrac{1-\varepsilon_1}{\varepsilon_1 A_1} + \dfrac{1}{A_1 X_{1,3}} + \dfrac{1-\varepsilon_3}{\varepsilon_3 A_3} + \dfrac{1-\varepsilon_3}{\varepsilon_3 A_3} + \dfrac{1}{A_3 X_{3,2}} + \dfrac{1-\varepsilon_2}{\varepsilon_2 A_2}}$$

$$= \frac{\sigma_b(T_1^4 - T_2^4)A}{\dfrac{1}{\varepsilon_1} + \dfrac{1}{\varepsilon_3} - 1 + \dfrac{1}{\varepsilon_3} + \dfrac{1}{\varepsilon_2} - 1} \tag{3-110}$$

显然，$\Phi_{1,3,2} < \Phi_{1,2}$。如 $\varepsilon_1 = \varepsilon_2 = \varepsilon_3 = \varepsilon$，则 $\Phi_{1,3,2} = \dfrac{1}{2}\Phi_{1,2}$。用同样的方法可以得出，在两块大平行平板间插入 n 块发射率相同的遮热板（薄金属板）时的辐射传热热流量，为无遮热板时辐射传热热流量的 $1/(n+1)$。

由式（3-110）可知，要提高遮热板的遮热效果，还可以采用低表面发射率的遮热板。

工程上，遮热原理已得到广泛应用，例如：为减少打开的炉门对人体的辐射传热，可在炉门和人之间加铁板；为减少热电偶对锅炉水冷壁的辐射传热，可采用遮热罩式热电偶。又如，超级隔热材料采用多层铝箔做遮热板，并使之处于真空状态，以减少导热和对流引起的传热，其表观热导率可低至 $10^{-5} \sim 10^{-4} \mathrm{W/(m \cdot K)}$。

【例3-18】　在两块发射率均为 0.8 的大平板间插入一块发射率为 0.05 的薄金属板，试求金属板的遮热作用。

解：无遮热板时的热流量为：

$$\Phi_{1,2} = \frac{\sigma_b(T_1^4 - T_2^4)A}{\dfrac{1}{\varepsilon_1} + \dfrac{1}{\varepsilon_2} - 1} = \frac{\sigma_b(T_1^4 - T_2^4)A}{\dfrac{1}{0.8} + \dfrac{1}{0.8} - 1} = \frac{2}{3}\sigma_b(T_1^4 - T_2^4)A$$

有遮热板时的热流量为：

$$\Phi_{1,3,2} = \frac{\sigma_b(T_1^4 - T_2^4)A}{\dfrac{1}{\varepsilon_1} + \dfrac{1}{\varepsilon_3} - 1 + \dfrac{1}{\varepsilon_3} + \dfrac{1}{\varepsilon_2} - 1}$$

$$= \frac{\sigma_b(T_1^4 - T_2^4)A}{\dfrac{1}{0.8} + \dfrac{1}{0.05} - 1 + \dfrac{1}{0.05} + \dfrac{1}{0.8} - 1}$$

$$= 0.02469\,\sigma_b(T_1^4 - T_2^4)A$$

$$\frac{\Phi_{1,3,2}}{\Phi_{1,2}} = \frac{0.02469}{\dfrac{2}{3}} = \frac{1}{27}$$

用发射率为 0.8 的薄金属板作遮热板，只能使辐射热流量减少为无遮热板时的一半；而用发射率为 0.05 的薄金属板作遮热板，则可使辐射热流量减少为无遮热板时的 1/27。由此可见，遮热板的表面发射率对遮热作用有显著影响。

3.4.5.4 多个表面间的辐射换热

前面介绍了两个灰体表面组成封闭系统时的辐射传热。三个和三个以上灰体表面组成封闭系统时的辐射传热要复杂得多，但仍可用网络法求解。

工程上常关注的问题是，表面维持某一温度需提供或吸收多少热流量，即该表面与外界辐射传热放出或吸收多少热流量，所以必须计算该表面与其他各表面（与该表面组成封闭系统）辐射传热的净热流量。如这些表面并未组成封闭系统，则需用假想面与这些表面构成封闭系统（含近似封闭系统）。由于穿过假想面的辐射能进入周围环境，几乎不通过假想面返回系统中，所以假想面一般被认为是环境温度（房间里为室温）的黑体。

用辐射网络法求解多个灰体组成封闭系统时辐射传热的步骤如下：

（1）分析这些灰体表面是否组成封闭系统（或近似封闭系统）。如果没有，则作假想面构成封闭系统。

（2）分析系统中哪些表面间有辐射传热。

（3）画出辐射网络图。

（4）由辐射网络图，参照电学上的基尔霍夫定律（稳态时流入节点的热流量之和等于零），写出各节点 J_i 的方程。

（5）求各表面的辐射力 E_{bi} 和角系数 $X_{i,j}$。

（6）将 E_{bi} 和 $X_{i,j}$ 代入节点方程组。

（7）计算各表面的有效辐射 J_i。

（8）利用 $\Phi_i = \dfrac{E_{bi} - J_i}{\dfrac{1 - \varepsilon_i}{\varepsilon_i A_i}}$ 或 $\Phi_i = \sum\limits_{j=1}^{N} \Phi_{i,j} \left[\Phi_{i,j} = \dfrac{J_i - J_j}{\dfrac{1}{A_i X_{i,j}}} \right]$ 求得各表面的总辐射传热热流量。

【例 3-19】 有两个直径为 2m 的平行圆板，间距为 1m，温度分别为 $t_1 = 500℃$、$t_2 = 200℃$，发射率分别为 $\varepsilon_1 = 0.3$、$\varepsilon_2 = 0.6$。若把它们放置在壁温 $t_3 = 20℃$ 的大房间里，试求每个圆板的辐射传热量。

解： 用假想面 A_3 与两个圆板组成封闭系统。两个平行圆板辐射到房间的辐射能很少返回，所以可认为 A_3 为黑体。

作辐射网络图如图 3-61 所示。由分析可知，A_3 的表面热阻 $\dfrac{1 - \varepsilon_3}{\varepsilon_3 A_3} = 0$，则 $J_3 = E_{b3}$。

对照图 3-49，得：

$$\frac{r_1}{a} = \frac{r_2}{a} = \frac{1}{1} = 1$$

查图 3-49，得：

$$X_{1,2} = X_{2,1} = 0.38$$

而
$$X_{2,3} = X_{1,3} = 1 - X_{1,2} = 1 - 0.38 = 0.62$$

由图 3-61 写出节点方程为:

$$\frac{E_{b1} - J_1}{\dfrac{1 - \varepsilon_1}{\varepsilon_1 A_1}} + \frac{J_2 - J_1}{\dfrac{1}{A_1 X_{1,2}}} + \frac{J_3 - J_1}{\dfrac{1}{A_1 X_{1,3}}} = 0$$

$$\frac{E_{b2} - J_2}{\dfrac{1 - \varepsilon_2}{\varepsilon_2 A_2}} + \frac{J_1 - J_2}{\dfrac{1}{A_1 X_{1,2}}} + \frac{J_3 - J_2}{\dfrac{1}{A_2 X_{2,3}}} = 0$$

$$J_3 = E_{b3}$$

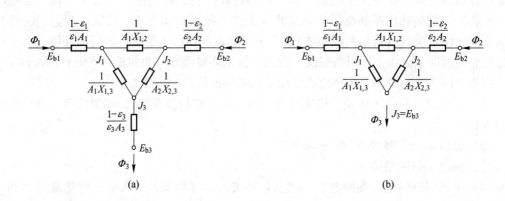

图 3-61　例 3-19 的辐射网络图

由已知条件，求黑体辐射力，得:

$$E_{b1} = \sigma_b T_1^4 = 5.67 \times 10^{-8} \mathrm{W/(m^2 \cdot K^4)} \times (500 + 273)^4 \mathrm{K^4} = 20244 \mathrm{W/m^2}$$

$$E_{b2} = \sigma_b T_2^4 = 5.67 \times 10^{-8} \mathrm{W/(m^2 \cdot K^4)} \times (200 + 273)^4 \mathrm{K^4} = 2838 \mathrm{W/m^2}$$

$$E_{b2} = \sigma_b T_2^4 = 5.67 \times 10^{-8} \mathrm{W/(m^2 \cdot K^4)} \times (20 + 273)^4 \mathrm{K^4} = 417.9 \mathrm{W/m^2}$$

又
$$A_1 = A_2 = \frac{\pi}{4} D^2 = \frac{\pi}{4} \times (2\mathrm{m})^2 = \pi \mathrm{m^2}$$

把以上数据代入节点方程得:

$$\frac{20244 \mathrm{W/m^2} - J_1}{\dfrac{1 - 0.3}{0.3\pi \mathrm{m^2}}} + \frac{J_2 - J_1}{\dfrac{1}{\pi \mathrm{m^2} \times 0.38}} + \frac{417.9 \mathrm{W/m^2} - J_1}{\dfrac{1}{\pi \mathrm{m^2} \times 0.62}} = 0$$

$$\frac{2838 \mathrm{W/m^2} - J_2}{\dfrac{1 - 0.6}{0.6\pi \mathrm{m^2}}} + \frac{J_1 - J_2}{\dfrac{1}{\pi \mathrm{m^2} \times 0.38}} + \frac{417.9 \mathrm{W/m^2} - J_2}{\dfrac{1}{\pi \mathrm{m^2} \times 0.62}} = 0$$

解得
$$J_1 = 7018.8 \mathrm{W/m^2}$$
$$J_2 = 2873.3 \mathrm{W/m^2}$$

板 1 失去的辐射能为：

$$\Phi_1 = \frac{E_{b1} - J_1}{\frac{1 - \varepsilon_1}{\varepsilon_1 A_1}} = \frac{(20244 - 7018.8)\,\text{W/m}^2}{\frac{1 - 0.3}{0.3\pi\,\text{m}^2}} = 17806\,\text{W}$$

板 2 失去的辐射能为：

$$\Phi_2 = \frac{E_{b2} - J_2}{\frac{1 - \varepsilon_2}{\varepsilon_2 A_2}} = \frac{(2838 - 2873.3)\,\text{W/m}^2}{\frac{1 - 0.6}{0.6\pi\,\text{m}^2}} = -166.3\,\text{W}$$

讨论：

（1）本题为三个物体组成的封闭系统。如果物体数更多，按本节网络法解题步骤显得繁琐，可用下式直接写出 J_i 的计算式：

$$J_i = \frac{\dfrac{\varepsilon_i \sigma_b T_i^4}{\varepsilon_i - 1} - \sum\limits_{\substack{j=1 \\ j \neq i}}^{N} X_{i,j} J_j}{X_{i,j} - \dfrac{1}{1 - \varepsilon_i}}$$

（2）Φ_2 为负值意味着什么呢？

（3）房间得到的热流量 Φ_3 如何计算？

（4）板 1 和板 2 之间的辐射传热热流量按式（3-104）计算为 9705W，为什么这样计算是不正确的？

工程上经常遇到两个辐射表面与另一个绝热面组成封闭系统的辐射传热情况，例如退火炉中的辐射加热面、被退火的工件与绝热炉壁组成一个封闭系统。这一类封闭系统可简化成图 3-62（a）所示的情况，图 3-62（b）是这个系统的辐射网络图。图 3-62（a）中，表面 1 为热物体表面，表面 2 为冷物体表面，R 为绝热面。由于有了绝热面 R，表面 1 和表面 2 的辐射传热量将增加，而且 Φ_2 永远是负值，即表面 2 永远是吸收热量。如果没有绝热面 R，可用假想面 3 来代替 R。此时表面 1 除与表面 2 直接辐射传热外，还与假想面 3 进行辐射传热；表面 2 不仅与表面 1 辐射传热，还与假想面 3 进行辐射传热。如 T_3 较小，Φ_2 会为正值，即表面 2 会失去热量。

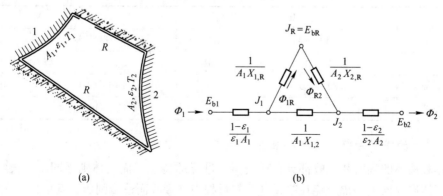

(a)　　　　　　　　　　　　(b)

图 3-62　两个灰体表面与重辐射面组成的封闭系统

当有绝热面 R 时，表面 1 辐射到绝热面 R 的能量中，一部分反射，另一部分被它吸收后再辐射出去。这两部分能量都有可能落到表面 2 上，从而使表面 1 辐射给表面 2 的辐射能增加。绝热面 R 常称为重辐射面（有人称为反射面，其实是反射-再辐射面）。

绝热面的辐射传热量 $\varPhi_R = 0$，由式（3-101），重辐射面的有效辐射等于该温度下的黑体辐射，即 $J_R = E_{bR}$。重辐射表面的温度确定后，它的有效辐射很容易确定。由于 $\varPhi_R = 0$，表面热阻 $\dfrac{1 - \varepsilon_R}{\varepsilon_R A_R}$ 不起作用。图 3-62（b）中未画出 $\dfrac{1 - \varepsilon_R}{\varepsilon_R A_R}$，这是一个简化了的辐射网络图。

由图 3-62（b）和热阻并串联规律，并注意到 $\varPhi_{1R} = \varPhi_{R2} = \varPhi_{1R2}$，得到：

$$\varPhi_1 = \varPhi_{1R2} + \varPhi_{12} = -\varPhi_2$$

$$= \frac{E_{b1} - E_{b2}}{\dfrac{1 - \varepsilon_1}{\varepsilon_1 A_1} + \dfrac{1}{A_1 X_{1,2} + \left(\dfrac{1}{A_1 X_{1,R}} + \dfrac{1}{A_2 X_{2,R}}\right)^{-1}} + \dfrac{1 - \varepsilon_2}{\varepsilon_2 A_2}} \tag{3-111}$$

3.4.6　气体辐射

在工业上常见的温度范围内，空气、氢气、氧气、氮气等结构对称的双原子气体，无发射和吸收辐射的能力可认为是透明体。但是，二氧化碳、水蒸气、二氧化硫、甲烷和一氧化碳等气体都具有辐射的本领。随着燃料的不同，燃烧产物（高温炉窑中的热源）中辐射气体的成分是不同的。煤和天然气的燃烧产物中常有一定浓度的二氧化碳和水蒸气。高炉煤气主要成分是一氧化碳、二氧化碳和氮。

3.4.6.1　气体辐射的特点

气体辐射与固体比较有如下特点。

A　气体辐射对波长有选择性

通常固体表面辐射和吸收的光谱是连续的，而气体则是间断的。一种气体只在某些波长范围内有辐射能力，相应地也只在同样波长范围内具有吸收能力。一般把这种有辐射能力的波段称为光带。对于光带以外的辐射射线，气体可以看作是透明体。表 3-4 列出了二氧化碳和水蒸气的光带范围。从表中可以看出，两者有部分光带是重叠的。

表 3-4　水蒸气和二氧化碳的辐射及吸收光带　　　　　　　　　　　　（μm）

光　带	H_2O		CO_2	
	波长自 $\lambda_1 \sim \lambda_2$	$\Delta\lambda$	波长自 $\lambda_1 \sim \lambda_2$	$\Delta\lambda$
第一光带	2.74~3.27	1.03	2.36~3.02	0.66
第二光带	4.80~8.50	3.7	4.01~4.80	0.79
第三光带	12.00~25.00	13	12.5~16.5	4

B　气体的辐射和吸收在整个容积中进行

固体和液体的辐射和吸收都具有在表面上进行的特点，而气体则不同。就吸收而言，投射到气体层界面上的辐射能在穿过气体的行程中被吸收而逐步削弱，其情景与光在雾层中被吸收减弱相似。与光的削弱规律相同，气体的穿透率按指数规律衰减，符合布格尔定律，即：

$$\tau_g = e^{-kL}$$

式中　L——射线行程长度；

　　　k——辐射减弱系数。

就辐射而言，气体层界面所感觉到的辐射是到达界面的整个容积气体的辐射能的总和。这都说明，气体对指定界面某点的辐射力与射线行程的长度有关，射线行程取决于气体容积的形状和大小。任意几何形状气体对整个包壁辐射的平均射线行程可按下式作近似计算：

$$L = 3.6 \frac{V}{A}$$

式中　V——气体容积，m^3；

　　　A——包壁面积，m^2。

C　气体的反射率为零

各种气体对辐射的反射能力都很小，可以认为气体的反射率 $\rho = 0$，所以吸收率 α、透射率 τ 之和为：$\alpha + \tau = 1$。

3.4.6.2　气体的发射率

工程上重要的是确定气体的辐射力 E_g。按定义，气体发射率（又称气体黑度）显然就是辐射力 E_g 与同温度下黑体辐射力 E_b 之比，即：

$$\varepsilon_g = \frac{E_g}{E_b} \tag{3-112}$$

气体发射率 ε_g 主要取决于气体的种类、温度和辐射行程中的气体分子数目。辐射行程中的气体分子数则与气体分压 p 和射程 L 有关，即与 pL 乘积成正比。于是对一种气体可写出主要因子关系式为：

$$\varepsilon_g = f(T_g, pL) \tag{3-113}$$

实验测定结果表明，ε_g 除主要取决于式（3-113）中的 T_g 及 pL 两个因子外，气体分压力还有较弱的单独影响。图 3-63 是不计气体分压力单独影响时实验测定的水蒸气发射率的线图，图中气体发射率 $\varepsilon^*_{H_2O}$ 为纵坐标，T_g 为横坐标，$p_{H_2O}L$ 为参变量。图 3-64 所示的修正系数 C_{H_2O} 则用来考虑气体分压力的单独影响。于是水蒸气的发射率 ε_{H_2O} 可按下式计算：

$$\varepsilon_{H_2O} = C_{H_2O} \varepsilon^*_{H_2O} \tag{3-114}$$

同样，二氧化碳的 $\varepsilon^*_{CO_2}$ 示于图 3-65。

当气体中同时存在水蒸气和二氧化碳两种成分时，气体发射率按下式计算：

$$\varepsilon_g = C_{H_2O} \varepsilon^*_{H_2O} + \varepsilon^*_{CO_2} - \Delta\varepsilon \tag{3-115}$$

式中，$\Delta\varepsilon$ 是由于水蒸气和二氧化碳光带部分重叠引入的修正量，由图 3-66 查得。

3.4.6.3　辐射换热

在气体发射率和吸收率确定之后，气体与黑体包壳之间的辐射换热计算十分简单。这时，只要把气体本身的辐射 $\varepsilon_g E_{bg}$（气体温度 T_g）减去气体所吸收的辐射 $\alpha_g E_{bw}$（包壳温度为 T_w），即可得到气体与黑体包壳间的辐射换热量（热流密度），即：

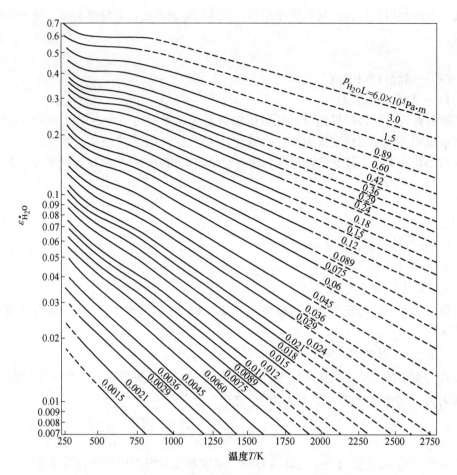

图 3-63　H_2O 发射率 $\varepsilon_{H_2O}^*$（总压力为 100kPa）

$$q = \varepsilon_g E_{bg} - \alpha_g E_{bw} = 5.67\left[\varepsilon_g\left(\frac{T_g}{100}\right)^4 - \alpha_g\left(\frac{T_w}{100}\right)^4\right] \tag{3-116}$$

如果包壁是发射率为 ε_w 的灰体，包壳除第一次吸收气体辐射 $\varepsilon_w\varepsilon_g E_{bg}$ 外，还有反射出去的辐射热量经部分吸收后反复多次返回的辐射热量。同理，气体除第一次吸收包壳本身辐射 $\varepsilon_w\alpha_g E_{bw}$ 外，也还吸收多次反复返回的辐射热量。总之，辐射换热量大于只计算第一次的吸收热量为：

$$q = \varepsilon_w(\varepsilon_g E_{bg} - \alpha_g E_{bw}) \tag{3-117}$$

对于 $\varepsilon_w > 0.7$ 的包壳，有文献认为 ε_w 与 1 之间的中间值 $\varepsilon_w' = (\varepsilon_w + 1)/2$ 满足工程计算要求。于是对灰体外壳：

$$q = 5.67\varepsilon_w'\left[\varepsilon_g\left(\frac{T_g}{100}\right)^4 - \alpha_g\left(\frac{T_w}{100}\right)^4\right] \tag{3-118}$$

注意：因为气体辐射有选择性，不能把它作为灰体，所以式（3-117）、式（3-118）中的气体吸收率 α_g 不等于气体发射率 ε_g。水蒸气和二氧化碳共存的混合气体对黑体外壳辐射的吸收率可表示为：

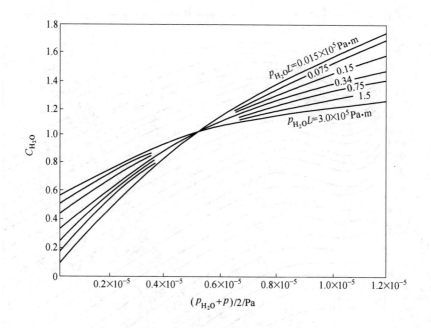

图 3-64　修正系数 C_{H_2O}

$$\alpha_g = C_{H_2O}\alpha^*_{H_2O} + \alpha^*_{CO_2} - \Delta\alpha \qquad (3\text{-}119)$$

式中，C_{H_2O} 与式（3-116）中的相同，而 $\alpha^*_{H_2O}$、$\alpha^*_{CO_2}$ 和 $\Delta\alpha$ 的确定采用下列经验处理：

$$\alpha^*_{H_2O} = \left[\varepsilon^*_{H_2O}\right]_{T_w' p_{H_2O}L(T_w/T_g)}\left(\frac{T_g}{T_w}\right)^{0.45}$$

$$\alpha^*_{CO_2} = \left[\varepsilon^*_{CO_2}\right]_{T_w' p_{CO_2}l(T_w/T_g)}\left(\frac{T_g}{T_w}\right)^{0.65}$$

$$\Delta\alpha = \left[\Delta\varepsilon\right]_{T_w}$$

式中，T_w 为气体包壳的壁面温度，方括号的下角标是指确定方括号内的量时所用的参量。

【例 3-20】　在直径为 1m、长为 2m 炉膛中，烟气总压力为 0.1MPa，二氧化碳占（体积）10%，水蒸气体积占 8%，其余为不辐射气体。

（1）已知烟气温度为 1027℃，试确定烟气的发射率；

（2）若炉膛壁温 $t_w = 527℃$，可视为黑体外壳辐射的吸收率，试确定烟气对外壳辐射的吸收率（$L = 0.73d$）。

解：（1）平均射线行程

$$L = 0.73d = 0.73 \times 1\text{m} = 0.73\text{m}$$

于是

$$p_{H_2O}L = 0.008 \times 0.73\text{MPa} \cdot \text{m} = 0.00584\text{MPa} \cdot \text{m}$$

$$p_{CO_2}L = 0.01 \times 0.73\text{MPa} \cdot \text{m} = 0.0073\text{MPa} \cdot \text{m}$$

根据烟气温度 $t_g = 1027℃$，及 $p_{H_2O}L$、$p_{CO_2}L$ 值分别由图 3-63、图 3-65 查得：

$$\varepsilon^*_{H_2O} = 0.068 \text{，} \varepsilon^*_{CO_2} = 0.092$$

计算参量：

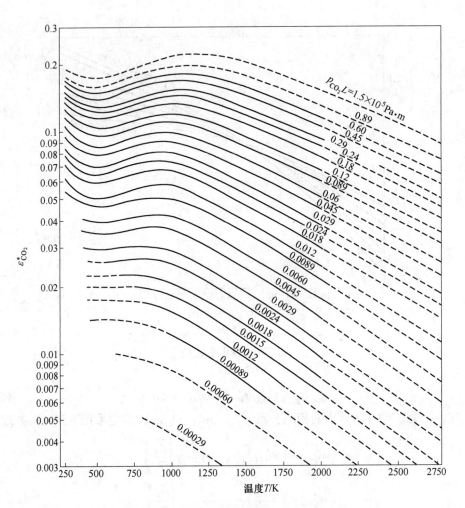

图 3-65　CO_2 发射率 ε_{CO_2}（总压力为 100kPa）

$$(p + p_{H_2O})/2 = (0.1 + 0.008)/2 \, \text{MPa} = 0.054 \, \text{MPa}$$

$$p = 0.1 \, \text{MPa}$$

$$p_{H_2O}/(p_{H_2O} + p_{CO_2}) = 0.008/(0.008 + 0.01) = 0.444$$

$$(p_{H_2O} + p_{CO_2})L = (0.008 + 0.01) \times 0.73 \, \text{MPa} \cdot \text{m} = 0.0131 \, \text{MPa} \cdot \text{m}$$

分别从图 3-64、图 3-66 查得：

$$C_{H_2O} = 1.05 \ , \quad \Delta\varepsilon = 0.014$$

把以上各值代入式（3-116）得：

$$\varepsilon_g = 1.05 \times 0.068 + 0.092 - 0.014 = 0.149$$

（2）计算如下参量

$$p_{H_2O}L \frac{T_w}{T_g} = 0.00584 \times \frac{800}{1300} \, \text{MPa} \cdot \text{m} = 0.0036 \, \text{MPa} \cdot \text{m}$$

$$p_{CO_2}L \frac{T_w}{T_g} = 0.0073 \times \frac{800}{1300} \, \text{MPa} \cdot \text{m} = 0.0045 \, \text{MPa} \cdot \text{m}$$

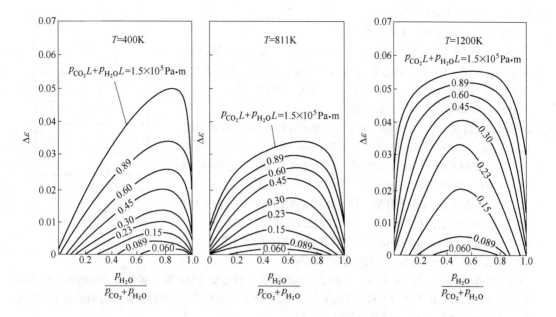

图 3-66 CO_2 和 H_2O 气体光带重叠的修正量 $\Delta\varepsilon$

据这些参量和 $t_w = 527℃$，从图 3-63、图 3-65 分别查得：

$$\varepsilon_{H_2O}^* = 0.088 \text{ , } \varepsilon_{CO_2}^* = 0.082$$

于是

$$\alpha_{H_2O}^* = 0.088 \times \left(\frac{1300}{800}\right)^{0.45} = 0.109$$

$$\alpha_{CO_2}^* = 0.082 \times \left(\frac{1300}{800}\right)^{0.65} = 0.112$$

再根据

$$t_w = 527℃$$

$$p_{H_2O}/(p_{H_2O} + p_{CO_2}) = 0.008/(0.008 + 0.01) = 0.444$$

$$(p_{H_2O} + p_{CO_2})L = (0.008 + 0.01) \times 0.73\text{MPa} \cdot \text{m} = 0.0131\text{MPa} \cdot \text{m}$$

在图 3-66 上查得 $\Delta\varepsilon = 0.008$，所以气体吸收率为：

$$\alpha_g = 1.05 \times 0.11 + 1 \times 0.112 - 0.008 = 0.219$$

习题及思考题

1. 有一内热源均匀分布的平壁，壁厚为 $2s$。假定平壁的长、宽远大于壁厚，平壁两表面温度恒为 T_w，内热源强度为 q_v，平壁材料的导热系数为常数。试求稳态导热时平壁内的温度分布和中心温度。

2. 有一半径为 R，具有均匀内热源，导热系数为常数的长圆柱体。假定圆柱体表面温度为 T_w，内热源强度为 q_v，圆柱体足够长，可以认为温度仅沿径向变化，试求稳态导热时圆柱体内的温度分布。

3. 有一直径为 1.3mm 的低碳钢球（$w[C] = 0.5\%$），初始温度为 540℃，突然将它放入温度为 27℃ 的空气中冷却，钢球表面与周围环境间的表面传热系数为 110W/($m^2 \cdot ℃$)，已知钢球的 $c = 465$J/(kg $\cdot$ ℃)，$\rho = 7840$kg/m^3，$\lambda = 42$W/($m^2 \cdot ℃$)，求：

（1）钢球冷却至 95℃时所需要的时间；

（2）第 2min 末的瞬时散热量；

（3）在 0.2min 期间内钢球放出的总热量。

4. 如图 3-67 所示为物体的一部分，上表面绝热，左侧面为对流边界，$\alpha = 28W/(m^2 \cdot K)$ 下表面与右侧面温度给定，物体的导热系数为 $3.5W/(m^2 \cdot K)$，$t_7 = t_8 = t_9 = 38℃$，$t_3 = t_6 = 10℃$，$t_f = 0℃$，试用迭代法求节点 1、2、4、5 的温度。

图 3-67

5. 24℃的空气以 60m/s 速度外掠一块平板，平板保持 216℃的板面温度，板长 0.4m，试求平均表面传热系数（不计辐射换热）。

6. 空气正面横掠外径 $d = 20mm$ 的圆管，空气流速为 1m/s。已知空气温度 $t_1 = 20℃$，管壁温度 $t_w = 80℃$，试求平均表面传热系数。

7. 长 10m，外径为 0.3m 的包扎蒸汽管，外表面温度为 55℃，求在 25℃空气中水平与垂直两种方式安装时单位管长的散热量。

8. 一个灯泡灯丝的温度为 3000K，假设灯丝辐射光谱类似于黑体辐射，试求可见光区（0.4~0.7μm）辐射能所占的份额。

9. 在金属铸型中铸造镍铬合金板铸件。由于铸件凝固收缩和铸型受热膨胀，铸件与铸型间形成厚 1mm 的空气隙。已知气隙两侧铸型和铸件的温度分别为 300℃ 和 600℃，铸型和铸件的表面发射率分别为 0.8 和 0.67。试求通过气隙的热流密度。

10. 有一水平放置的钢坯，长为 1.5m，宽为 0.5m，发射率 $\varepsilon = 0.6$，周围环境温度为 293K。试比较钢坯温度在 473K 和 1273K 时，钢坯上表面由于辐射和对流造成的单位面积的热损失。

参 考 文 献

[1] 吴树森. 材料加工冶金传输原理 [M]. 北京：机械工业出版社，2019.

[2] 沈巧珍，杜建明. 冶金传输原理 [M]. 北京：冶金工业出版社，2006.

[3] 吴铿. 冶金传输原理 [M]. 2 版. 北京：冶金工业出版社，2020.

[4] 井玉安，宋仁伯. 材料成型过程传热原理与设备 [M]. 北京：冶金工业出版社，2012.

[5] 张兴中，黄文，刘庆国. 传热学 [M]. 北京：国防工业出版社，2011.

[6] 任世铮. 传热学 [M]. 北京：冶金工业出版社，2007.

[7] 戴锅生. 传热学 [M]. 北京：高等教育出版社，2011.

4 质 量 传 输

【本章概要】

在材料加工、化工、冶金、低温工程、空间技术等领域中，质量传输是很重要的过程。许多冶金和材料加工工艺的单元操作：冶炼、加热、熔解、焊接、表面热处理等无不涉及质量传输。传质的速率往往成为材料制备及加工某一工艺环节的控制性因素。在近代制造业中，传质的应用领域是十分广泛的，它已成为传输现象中的主要分支之一。因此，研究传质过程对强化材料制备及加工过程起着重要作用。

本章主要介绍了材料的质量传输的概念和规律，及其不同的方式和原理。首先介绍了研究质量传输涉及的参数，如浓度、速度与扩散通量的基本概念。然后重点介绍了传质微分方程的基本依据，即质量守恒定律、微分方程的推导，以及相应的定解条件。最后分别介绍了质量传输的两种方式：分子扩散和对流传质，其中分子扩散包括一维稳定态的扩散（列举了在固体，气体和液体中的扩散）和非稳定态的扩散。而对流传质微分方程重点介绍了其基本概念和相应推导，给出了层流浓度边界层的近似解和精确解的求解方式。

【关键词】

材料加工，质量传输，分子扩散，对流传质，浓度，速度，扩散通量，质量守恒定律，扩散微分方程，双组分混合物，稳态解，非稳态解，对流传质微分方程，冯·卡门动量积分方程。

【章节重点】

本章应重点理解质量传输的基本概念和定律，深入理解扩散传质微分方程和对流传质微分方程。重点掌握浓度、速度和扩散通量的基本概念，能够根据扩散微分方程，求解不同几何条件下的稳态解，并对有化学反应参与的扩散传质问题建立数学模型；能够对几种简单情况下的非稳态扩散方程进行求解，确定传质过程中内部浓度分布规律，以及通过分子扩散方式所传递的质量通量；能够根据对流传质的基本方程及其重要参数，以及冯·卡门动量积分方程，在层流下精确求出浓度边界层的近似解和精确解。

4.1 质量传输的基本概念

4.1.1 质量传输的基本方式

质量传递与动量传递、热量传递有许多类似之处。例如动量传递必须有速度梯度存在、热量传递必须有温度梯度存在，传递过程才能进行。同样，质量传递也必须有浓度梯度存在，传递过程才能进行。与热量传递中的导热和对流传热相对应，质量传输的方式也可大致区分为分子传质和对流传质两类。从本质上来说，两者都是依靠分子的随机运动而引起的转移行为，不同的是前者为质量转移，后者为能量转移。

4.1.1.1　分子扩散

分子传质在气相、液相和固相中均可能发生，它是由分子无规则热运动而形成的物质传递。混合物中存在的温度梯度、压力梯度及浓度梯度，产生由高浓度区向低浓度区的净分子流动，而使两个区域组分的浓度逐渐趋于一致。这种不依靠宏观的混合作用而发生的质量传递现象，称为分子传质或分子扩散。

描述分子扩散通量或速率的基本定律是费克第一定律。对于由两组分 A 和 B 组成的混合物，如不考虑主体流动时，则根据费克第一定律，由组分 A 的浓度梯度所引起的扩散通量可表示为：

$$J_A = - D_{AB} \frac{\partial c_A}{\partial z} \tag{4-1}$$

式中　J_A——组分 A 的摩尔扩散通量，即单位时间内，组分 A 通过与扩散方向相垂直的单位面积的摩尔数，$kmol/(m^2 \cdot s)$；

　　D_{AB}——组分 A 在组分 B 中的扩散系数，m^2/s。

　　c_A——组分 A 的浓度，$kmol/m^3$；

　　z——扩散方向上的距离，m；

式 (4-1) 表示在总浓度 c 不变的情况下，由于组分 A 的浓度梯度 z 所引起的分子传质通量。负号表示扩散方向与浓度梯度方向相反，即分子扩散朝着浓度降低的方向进行。

4.1.1.2　对流传质

流体层流或湍流时，除分子扩散外，还能依靠流体各部分的相对位移传递物质，这种传质方式称为对流传质。对流传质主要发生在流动介质不同浓度之间或相际的不同浓度之间，即发生在流体内部、流体与流体的分界面或流体与固体壁面之间，将高浓度处的流体输送到浓度低处，从而完成物质的传输。这个过程中，质量传递不仅与扩散系数有关，而且与动量传递的动力学因素（如流速）等密切相关。对流传质是非常活跃的，往往可将分子扩散传质忽略不计。和对流传热类似，根据流体流动产生的不同原因，对流传质可以分为强制对流传质和自然对流传质两类，本书只研究强制对流传质过程。

运动着的流体与固体表面之间，或互不相溶的两个运动流体之间发生的质量传递称为对流传质。描述对流传质的基本方程与描述对流传热的基本方程，即牛顿冷却定律相对应，以摩尔浓度表示的对流传质为：

$$N_A = k_c \Delta c_A \tag{4-2}$$

式中　k_c——对流传质系数，m/s；

　　Δc_A——组分 A 在界面处的浓度与流体主体浓度之差，$kmol/m^3$。

　　N_A——表示组分 A 在传质方向上的摩尔通量，$kmol/(m^2 \cdot s)$。

对流流动传质与对流传热中的热对流类似，指的是流体在流动中将物质从一处转移到另一处的传质通量，可表示为：

$$N_A = c_A u_A \tag{4-3}$$

式中 　c_A ——组分 A 的浓度，$kmol/m^3$；

　　u_A ——物质 A 的流动速度，m/s。

尽管热量传输与质量传输有很多相似之处，在分析和处理这两类问题时，常采用类比的方法推算，但它们之间也存在着明显的差异。例如，静止流体中的导热与分子扩散不同，前者是热量由高温向低温流动，此时的热流方向上仅存在热的流动，而不存在流体的速度问题；而在分子扩散过程中，由于流体内一种（或几种）分子由高浓度向低浓度扩散，不同分子扩散速度不同。为了保持流体总摩尔浓度的守恒，流体必须产生宏观运动，以抵消由于不同分子扩散速度带来的影响。显然，这种源于扩散所产生的各个组分及整个混合物的宏观运动，会进一步引发对流传质。因此，质量传输往往比热量传输更复杂。

4.1.2 浓度、速度与扩散通量

4.1.2.1 浓度

在多组分混合物中，组分的浓度可以用多种形式来表示。通常可采用单位体积所含某组分的数量来表示该组分的浓度。例如，组分的浓度可表示为质量浓度 ρ_A、ρ_B … （kg/m^3）或物质的量浓度 c_A、c_B … （mol/m^3）等。

组分 A 的质量浓度 ρ_A 的定义是单位体积的混合物中组分 A 的质量；而组分 A 的物质的量浓度 c_A 的定义是单位体积的混合物中组分 A 物质的量。

为简单起见，下面以两组分混合物为例说明。对于由 A、B 组成的二元混合物（如 Al-Si 合金熔液等），其总质量浓度 ρ（密度）和总物质的量浓度 c 分别为：

$$\rho = \rho_A + \rho_B \tag{4-4}$$

$$c = c_A + c_B \tag{4-5}$$

根据定义知，质量浓度和物质的量浓度之间的关系为：

$$\rho_A = c_A M_A \tag{4-6}$$

$$\rho = cM \tag{4-7}$$

式中 　M_A ——组分 A 的摩尔质量；

　　M ——混合物的平均摩尔质量。

混合物中某组分的质量占总质量的分数称为质量分数，以符号 w_i 表示。w_A 表示混合物中组分 A 的质量分数。而混合物中某组分的物质的量占总物质的量的分数称为物质的量分数（摩尔分数），以符号 x_i 表示。

$$\rho_A = \rho w_A \tag{4-8}$$

$$c_A = c x_A \tag{4-9}$$

4.1.2.2 速度

在多组分系统中，各组分之间进行质量传输时，由于各组分的扩散性质不同，它们的扩散速率也有所差别，各组分之间将会出现宏观的相对运动速度。各组分的移动是因浓度梯度所引起的微观分子扩散和整个流体的宏观流动的合运动。若从体系外的静止坐标系来看，是两者的叠加移动速度。然而从流体内部的动坐标系看，整体是静止的，只能看到分子的扩散运动。因此，流体运动的速度与所选的参考基准有关，所谓速度就是相对于所选

参考基准的速度。

A　以静止坐标系为参考基准

在双组分混合流体中，组分 A 和 B 相对于静止坐标系的速度分别以 u_A，u_B 表示。当 u_A 不等于 u_B 时，混合物的平均速度可以有不同的定义。例如，若组分 A 和 B 的质量浓度分别为 ρ_A 和 ρ_B，则混合流体的质量平均速度为：

$$u = \frac{1}{\rho}(\rho_A u_A + \rho_B u_B) \tag{4-10}$$

类似地，若组分 A 和 B 物质的量浓度分别为 c_A 和 c_B，则混合流体的摩尔平均速度为：

$$u_m = \frac{1}{c}(c_A u_A + c_B u_B) \tag{4-11}$$

B　以质量平均速度 u 为参考基准

在以质量平均速度 u 为参考基准时，观察到的是诸组分的相对速度，例如（$u_A - u$）和（$u_B - u$），我们将它们分别称为组分 A 和组分 B 相对于质量平均速度的扩散运动速度。

C　以摩尔平均速度 u_m 为参考基准

在以摩尔平均速度 u_m 为参考基准时，观察到的是诸组分的相对速度，例如（$u_A - u_m$）和（$u_B - u_m$），它们分别称为组分 A 和组分 B 相对于摩尔平均速度的扩散速度。

4.1.2.3　扩散通量

某一组分的扩散通量是该组分的速度与其浓度的乘积。其方向与该组分的速度方向一致，而大小则等于在垂直于速度方向的单位面积上、单位时间内通过的该组分的物质量。因为组分的浓度有质量浓度和物质的量浓度之分，而组分的速度因不同的参考基准而异，因而组分的通量也有各种不同的定义。

以组分 A 为例，相对于静止坐标系的组分 A 的质量通量定义为：

$$n_A = \rho_A u_A \tag{4-12}$$

相对于静止坐标系的组分 A 的摩尔通量定义为：

$$N_A = c_A u_A \tag{4-13}$$

相对于质量平均速度的组分 A 的质量通量，即所谓的质量扩散通量，定义为：

$$j_A = \rho_A(u_A - u) \tag{4-14}$$

相对于摩尔平均速度的组分 A 的摩尔通量，即所谓的摩尔扩散通量，定义为：

$$J_A = c_A(u_A - u_m) \tag{4-15}$$

对于双组分混合物，其相对于静止坐标系的总质量通量和总摩尔通量的定义分别为：

$$n = n_A + n_B = \rho_A + \rho_B = \rho u \tag{4-16}$$

$$N = N_A + N_B = c_A + c_B = c u_m \tag{4-17}$$

由式（4-12）和式（4-13）可知：

$$n_A = j_A + \rho_A u \tag{4-18}$$

其中 $\rho_A u$ 表示由于双组分混合物的总体流动（其质量平均速度为 v）所引起的将组分 A 由一处向另一处的传递。这种由双组分混合物总体运动而产生的组分 A 的传递速率与由浓度梯度而引起的组分 A 的扩散速率 u_A 无关。

同理可得：

$$n_B = j_B + \rho_B u \tag{4-19}$$

$$N_A = J_A + c_A u_m \tag{4-20}$$

$$N_B = J_B + c_B u_m \tag{4-21}$$

根据描述分子扩散的菲克定律（式（4-1）对应的质量表达式）知：在双组分混合物中，若组分 A 的质量分数 ω_A 的分布是一维的（只沿着 z 方向有变化），则：

$$j_A = - D_{AB} \frac{\partial \rho_A}{\partial z}$$

即

$$j_A = - D_{AB} \rho \frac{\partial w_A}{\partial z} \tag{4-22}$$

其中 D_{AB} 是组分 A 在组分 B 中的扩散系数。对于完全气体及稀溶液，在一定温度和压强下的 D_{AB} 与浓度无关；但对非完全气体、浓溶液及固体的 D_{AB} 则是浓度的函数。在讨论的一维情况中，各式中的所有矢量均沿 z 轴方向。

将式（4-22）代入式（4-18）并结合式（4-10）和式（4-16）可得：

$$n_A = - D_{AB} \rho \frac{\partial w_A}{\partial z} + \rho_A u = - D_{AB} \rho \frac{\partial w_A}{\partial z} + w_A n \tag{4-23}$$

由式（4-23）可见，相对于静止坐标系的组分 A 的质量通量 n_A 是由两部分组成：一部分是由质量分数梯度（或质量浓度梯度）所引起的质量扩散通量 i_A；另一部分是由于存在混合物的总体流动，将组分 A 由一处携带到另一处而产生的对流质量通量 $\rho_A u = w_A n$。

类似地，对于组分 B 可以写出：

$$n_B = - D_{BA} \rho \frac{\partial w_B}{\partial z} + \rho_B u = - D_{BA} \rho \frac{\partial w_B}{\partial z} + \omega_B n \tag{4-24}$$

对于双组分混合物，可以证明组分 A 在组分 B 中的扩散系数 D_{AB} 必然等于组分 B 在组分 A 中的扩散系数 D_{BA}。实际上，若将式（4-23）和式（4-24）相加，并考虑到 $n = n_A + n_B$，$w_A + w_B = 1$，$\partial w_A / \partial z + \partial w_B / \partial z = 0$，即可得：

$$D_{AB} = D_{BA} \tag{4-25}$$

若根据物质的量推导，菲克定律的另一种等价的形式为：

$$J_A = - D_{AB} c \frac{\partial x_A}{\partial z} \tag{4-26}$$

式（4-19）常用于液体中，这是因为液体物质的量浓度随组分变化较大，而质量浓度的变化较小。同理可得：

$$N_A = - D_{AB} c \frac{\partial x_A}{\partial z} + c_A u_m = - D_{AB} c \frac{\partial x_A}{\partial z} + x_A N \tag{4-27}$$

$$N_B = - D_{BA} c \frac{\partial x_B}{\partial z} + c_B u_m = - D_{BA} c \frac{\partial x_B}{\partial z} + x_B N \tag{4-28}$$

上述各个通量方程式（4-22）、式（4-26）、式（4-23）、式（4-27）中的 j_A、J_A、n_A、N_A 均可用来描述分子传质。它们是根据不同参考基准来定义的，对于不同场合，可选用不同的方程。

4.2　传质微分方程

因为流体是连续介质，所以在研究流体运动时，同样认为流体是连续地充满它所占有的空间。根据质量守恒定律，对于空间固定的封闭曲面，稳定流时流入的流体质量必然等于流出的流体质量；非稳定流时流入与流出的流体质量之差，应等于封闭曲面内流体质量的变化量。

4.2.1　质量守恒定律表达式

以双组分混合物系统为例，考虑组分 A 在双组分 A、B 混合物中的质量传输问题。由于混合物处于流动状态，据前所述，组分 A 的传输过程一方面是由于在流动方向上存在组分 A 的浓度梯度引起的（分子扩散），另一方面是由于流体宏观运动时的主体流动引起的。此外，如果在传质过程中存在化学反应，还需考虑组分 A 的生成（或消耗）。

在流场中选择边长分别为 dx、dy、dz 的六面元体作为控制体，如图 4-1 所示。流体的平均速度 u 在直角坐标系中的三个分量分别为 u_x、u_y、u_z，则 A 在三个方向上的主体流动通量（对流流动通量）分别为 $\rho_A u_x$、$\rho_A u_y$、$\rho_A u_z$，组分 A 的扩散通量（质量浓度基准）为 j_{Ax}、j_{Ay}、j_{Az}，质量守恒定律表达式为：

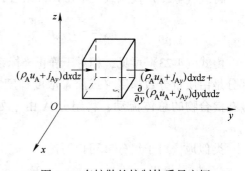

图 4-1　有扩散的控制体质量守恒

$$G_1 - G_2 + G_3 = S \qquad (4-29)$$

式中　G_1——组分 A 在单位时间输入控制体内总的质量；

G_2——组分 A 在单位时间内从控制体输出的总质量；

G_3——由于化学反应，单位时间内组分 A 的生成（或消耗）的质量。

S——控制体内组分 A 的质量随时间的改变量。

4.2.2　传质微分方程的推导

当流体进行多维流动并且为非稳态和有化学反应的条件下进行传质时，必须用质量传输微分方程才能全面地描述在此情况下的传质过程。同动量传输和热量传输一样，确定质量守恒定律表达式中的每一项微分形式，代入式（4-29），即可获得质量传输微分方程。

输入项 G_{1x}、G_{1y} 和 G_{1z} 分别为单位时间内组分 A 沿 x、y 和 z 方向输入控制体内的质量，分别为 $(\rho_A u_x + j_{Ax})dydz$、$(\rho_A u_y + j_{Ay})dxdz$、$(\rho_A u_z + j_{Az})dxdy$。

输出项 G_{2x}、G_{2y} 和 G_{2z} 分别为单位时间内，组分 A 沿 x、y 和 z 方向输出控制体内的质量，分别为：

$$\left[(\rho_A u_x + j_{Ax}) + \frac{\partial(\rho_A u_x + j_{Ax})}{\partial x}dx \right]dydz$$

$$\left[(\rho_A u_y + j_{Ay}) + \frac{\partial(\rho_A u_y + j_{Ay})}{\partial y}dy \right]dxdz$$

$$\left[(\rho_A u_z + j_{Az}) + \frac{\partial(\rho_A u_z + j_{Az})}{\partial z}dz \right]dxdy$$

将这 6 项代入式 $G_1 - G_2$，可得

$$G_1 - G_2 = -\left(\frac{\partial(\rho_A u_x)}{\partial x} + \frac{\partial j_{Ax}}{\partial x} \right)dV -$$

$$\left(\frac{\partial(\rho_A u_y)}{\partial y} + \frac{\partial j_{Ay}}{\partial y} \right)dV - \left(\frac{\partial(\rho_A u_z)}{\partial z} + \frac{\partial j_{Az}}{\partial z} \right)dV \tag{4-30}$$

若单位时间内，单位体积流体中生成组分 A 的质量速率为 r_A，单位为 kg/（m³·s）（生成反应 r_A 为正，消耗反应 r_A 为负），则控制体内总的生成率为：

$$G_3 = r_A dV \tag{4-31}$$

若在 ∇t 时间内单位体积质量的变化率为 $\nabla \rho_A$，则整个控制体内的质量随时间的改变量 S 为：

$$S = \frac{\partial \rho_A}{\partial t}dV \tag{4-32}$$

根据质量守恒定律，将式（4-30）~式（4-32）代入式（4-29），并除以 dV，可以得到

$$\frac{\partial(\rho_A u_x)}{\partial x} + \frac{\partial(\rho_A u_y)}{\partial y} + \frac{\partial(\rho_A u_z)}{\partial z} + \frac{\partial j_{Ax}}{\partial x} + \frac{\partial j_{Ay}}{\partial y} + \frac{\partial j_{Az}}{\partial z} + \frac{\partial \rho_A}{\partial t} - r_A = 0 \tag{4-33}$$

若系统仅由组分 A 和组分 B 组成时，则有：$j_{Ax} = -D_{AB}\frac{\partial \rho_A}{\partial x}$，$j_{Ay} = -D_{AB}\frac{\partial \rho_A}{\partial y}$，$j_{Az} = -D_{AB}\frac{\partial \rho_A}{\partial z}$。

在不可压缩流体的情况下，可以得到：

$$\frac{\partial \rho_A}{\partial t} + u_x\frac{\partial \rho_A}{\partial x} + u_y\frac{\partial \rho_A}{\partial y} + u_z\frac{\partial \rho_A}{\partial z} = D_{AB}\left(\frac{\partial^2 \rho_A}{\partial x^2} + \frac{\partial^2 \rho_A}{\partial y^2} + \frac{\partial^2 \rho_A}{\partial z^2} \right) + r_A \tag{4-34}$$

若用摩尔平均速度 u_m 和摩尔浓度表示，则为：

$$\frac{\partial c_A}{\partial t} + u_{mx}\frac{\partial c_A}{\partial x} + u_{my}\frac{\partial c_A}{\partial y} + u_{mz}\frac{\partial c_A}{\partial z} = D_{AB}\left(\frac{\partial^2 c_A}{\partial x^2} + \frac{\partial^2 c_A}{\partial y^2} + \frac{\partial^2 c_A}{\partial z^2} \right) + R_A \tag{4-35}$$

根据随体导数的定义，式（4-34）和式（4-35）可以分别写成：

$$\frac{D\rho_A}{Dt} = D_{AB}\left(\frac{\partial^2 \rho_A}{\partial x^2} + \frac{\partial^2 \rho_A}{\partial y^2} + \frac{\partial^2 \rho_A}{\partial z^2} \right) + r_A \tag{4-36}$$

$$\frac{Dc_A}{Dt} = D_{AB}\left(\frac{\partial^2 c_A}{\partial x^2} + \frac{\partial^2 c_A}{\partial y^2} + \frac{\partial^2 c_A}{\partial z^2} \right) + R_A \tag{4-37}$$

式（4-36）和式（4-37）为两组分系统不可压缩流体的传质微分方程，或称扩散方

程。如传质时，介质为静止的流体或固体，并且控制体内无化学反应，则式（4-36）和式（4-37）分别简化为：

$$\frac{\partial \rho_A}{\partial t} = D_{AB}\left(\frac{\partial^2 \rho_A}{\partial x^2} + \frac{\partial^2 \rho_A}{\partial y^2} + \frac{\partial^2 \rho_A}{\partial z^2}\right) \tag{4-38}$$

$$\frac{\partial c_A}{\partial t} = D_{AB}\left(\frac{\partial^2 c_A}{\partial x^2} + \frac{\partial^2 c_A}{\partial y^2} + \frac{\partial^2 c_A}{\partial z^2}\right) \tag{4-39}$$

如传质过程处于稳态，则进一步简化为：

$$\frac{\partial^2 \rho_A}{\partial x^2} + \frac{\partial^2 \rho_A}{\partial y^2} + \frac{\partial^2 \rho_A}{\partial z^2} = 0 \tag{4-40}$$

$$\frac{\partial^2 c_A}{\partial x^2} + \frac{\partial^2 c_A}{\partial y^2} + \frac{\partial^2 c_A}{\partial z^2} = 0 \tag{4-41}$$

将式（4-39）写成柱坐标系或球坐标系的形式如下：

$$\frac{\partial c_A}{\partial t} = D_{AB}\left(\frac{\partial^2 c_A}{\partial r^2} + \frac{1}{r}\frac{\partial c_A}{\partial r} + \frac{1}{r^2}\frac{\partial^2 c_A}{\partial \theta^2} + \frac{\partial^2 c_A}{\partial z^2}\right) \tag{4-42}$$

或

$$\frac{\partial c_A}{\partial t} = D_{AB}\left[\frac{1}{r^2}\frac{\partial}{\partial r}\left(r^2\frac{\partial c_A}{\partial r}\right) + \frac{1}{r^2\sin\theta}\frac{\partial}{\partial \theta}\left(\sin\theta\frac{\partial c_A}{\partial \theta}\right) + \frac{1}{r^2\sin^2\theta}\frac{\partial^2 c_A}{\partial \phi^2}\right] \tag{4-43}$$

组分 A 传质一般形式的微分方程或连续性方程，且控制体内有化学反应，在直角坐标系，柱坐标系和球坐标系中的形式分别为：

$$\frac{\partial c_A}{\partial t} = \left(\frac{\partial N_{Ax}}{\partial x} + \frac{\partial N_{Ay}}{\partial y} + \frac{\partial N_{Az}}{\partial z}\right) + R_A \tag{4-44}$$

$$\frac{\partial c_A}{\partial t} = \left[\frac{1}{r}\frac{\partial}{\partial r}(rN_{Ar}) + \frac{1}{r}\frac{\partial N_{A\theta}}{\partial \theta} + \frac{\partial N_{Az}}{\partial z}\right] + R_A \tag{4-45}$$

$$\frac{\partial c_A}{\partial t} = D_{AB}\left[\frac{1}{r^2}\frac{\partial}{\partial r}(r^2 N_{Ar}) + \frac{1}{r\sin\theta}\frac{\partial}{\partial \theta}(N_{A\theta}\sin\theta) + \frac{1}{r\sin\theta}\frac{\partial N_{A\phi}}{\partial \phi}\right] + R_A \tag{4-46}$$

4.2.3　传质微分方程的定解条件

传质微分方程的定解条件有如下初始条件和边界条件。

初始条件：给出扩散组分在初始时刻的浓度分布：

$$t = 0, \quad \rho_A = \rho_A(x, y, z) \quad \text{或} \quad c_A = c_A(x, y, z)$$

常见的有：

$$t = 0, \quad \rho_A = \rho_{A0}(x, y, z) \quad \text{或} \quad c_A = c_{A0}(x, y, z)$$

边界条件的规定是视不同的具体情况而异的。常见的有以下几种边界条件。

（1）规定了边界上的浓度值，既可用质量浓度或质数分数来表示，又可用物质的量浓度或摩尔分数来表示。最简单的是规定边界上的浓度保持常数，例如：假如物体可以溶解在流体中并向外扩散，但是溶解过程比向外扩散过程进行得迅速，因而紧贴物面处的浓度是饱和浓度 c_0，这样物面上的边界条件 $c = c_0$；又如果固体表面能吸收落到它上面的扩散物质 A，则在该固体表面的边界条件为 $c_A = 0$。

（2）规定边界上的质量通量或摩尔通量，也可以规定边界上的扩散质量通量或扩散摩尔通量。最简单的是规定边界上的通量等于常数，如：

$$j_{Az} = -D_{AB}\frac{\partial \rho_A}{\partial z}(z=0) \quad 或 \quad J_{Az} = -D_{AB}\frac{\partial c_A}{\partial z}(z=0)$$

及

$$n_A = k_\rho \rho_A \quad 或 \quad N_A = k_c \Delta c_A$$

（3）规定化学反应的速率，如在催化剂表面进行一级化学反应，组分 A 通过化学反应消失的速率为：

$$N_A = k_c \Delta c_{As}$$

式中　k_c——一级反应速率常数，m/s；

　　　c_{As}——催化剂表面处组分 A 的浓度，$kmol/m^3$。

当扩散组分通过一个瞬时反应而在边界上消失时，这个组分的浓度一般可假设为零。

4.3　扩散传质和对流传质

在 4.1 节已经提到，质量传输的过程可大致区分为分子扩散传质和对流传质两种。在静止流体中发生分子扩散时，由于流体内一种（或几种）分子由高浓度向低浓度扩散，不同分子扩散速度不同。为了保持流体总摩尔浓度的守恒，流体必须产生宏观运动，以抵消由于不同分子扩散速度带来的影响，进一步引发对流传质。同时，在实际生产过程中，流体多处于运动状态，当运动着的流体与壁面之间或两个有限互溶的运动流体之间发生传质时，统称为对流传质。

本节前半部分主要研究在不流动或停滞介质以及固体中以分子扩散方式进行的质量传递过程。由于分子扩散和导热都是由微观的分子不规则热运动引起的，质量传递与热传递的机理类似，在没有总体流动的情况下方程的形式也类似，因此求解导热问题的方法对分子扩散的求解也是适用的。它们的区别在于，导热是在固体或静止的流体中进行，而分子扩散必然引起不同组分自身的对流，即分子扩散和整体流动必然同时存在。因此，在有整体流动时，两者的方程形式和求解结果均有区别。本节将根据扩散微分方程，求解不同几何条件下的稳态解，并对有化学反应参与的扩散传质问题建立数学模型，对几种简单情况下的非稳态扩散方程进行求解；目的在于确定传质过程中内部浓度分布规律，以及通过分子扩散方式所传递的质量通量。

本节后半部分主要讨论对流传质。在冶金和材料加工过程中，对流传质远比分子扩散传质重要。例如，固体燃料燃烧时空气流中的 O_2 向燃料表面的传输、高炉炼铁时炉气流中的 CO 向矿石表面的传输、转炉炼钢过程中去除硫、磷等有害元素的钢渣传输，以及材料的均匀化热处理、渗碳和渗氮处理等。在对流传质中，不仅依靠分子扩散而且依靠流体各部分之间的宏观相对位移，这与对流换热十分相似。所以，对流传质的速率除了分子传质的影响外，还受到流体性质、流动状态（层流或湍流）和流场的影响。本节将介绍对流传质的基本方程，给出对流传质的重要参数，在层流下精确求解边界层内扩散的微分方程和冯·卡门动量积分方程。

4.3.1　稳定和非稳定扩散

4.3.1.1　一维稳定态的分子扩散

所谓一维稳定态，是指物体中各点浓度均不随时间而变化，并只沿空间的一个坐标方

向 z 而变化。对于一维稳态、无化学反应的传质，采用菲克第一定律在固定坐标空间的摩尔流量形式，对 A、B 两组分采用式（4-47）：

$$N_{Az} = J_{Az} + \frac{c_A}{c}(N_{Az} + N_{Bz}) = -D_{AB}\frac{\partial c_A}{\partial z} + \frac{c_A}{c}(N_{Az} + N_{Bz}) \tag{4-47}$$

假定扩散是通过两个平面进行，且面积不变，则稳定时，N_A 和 N 均为常数，D 取平均值也为常数，边界条件为：$z=z_1$，$c_A = c_{A1}$；$z=z_2$，$c_A = c_{A2}$。

将式（4-47）分离变量积分得：

$$\int_{c_{A1}}^{c_{A2}} \frac{-\mathrm{d}c_A}{N_{A1} - c_A(N_A + N_B)} = \frac{1}{cD_{AB}}\int_{z_1}^{z_2}\mathrm{d}z$$

式中假定 $c_{A1} > c_{A2}$，即由平面 1 向平面 2 扩散，令 $z_2 = z_1 + \Delta z$，$\dfrac{N_A}{N_A + N_B} = m$，则上式积分的结果为：

$$N_A = m\frac{cD_{AB}}{\Delta z}\ln\frac{m - c_{A2}/c}{m - c_{A1}/c} \tag{4-48}$$

式（4-48）为双组分系统在停滞（不流动）状态下，扩散面积不变，沿 z 方向进行定态扩散的通用积分方式；适用于停滞流体及遵守菲克定律的固体中的分子扩散。若已知两组分的摩尔扩散通量 N_A 与 N_B 的关系及有关条件，即可利用上式计算任一组分的扩散速率。下面将以此为基础讨论不同情况下，固体、气体及液体中的分子扩散问题。

A　固体中的稳定分子扩散

固体中的扩散，包括气体、液体和固体在固体内的分子扩散。这些现象在工程实际中经常遇到，例如冶金中金属的高温热处理、物料干燥、气体吸附、固-液萃取、膜分离以及固体催化剂中的吸附和反应等，都涉及固体中的分子扩散问题。固体中的分子扩散可分为两种类型：一种是与固体内部的结构基本无关的扩散，另一种是与固体内部结构有关的多孔介质中的扩散。其中，后者的扩散是在固体颗粒之间空隙内的毛细孔道内进行的。

多孔固体内部的分子扩散视孔道截面的大小又可分为如下几种情况：当毛细孔道直径远大于扩散物质的分子平均自由程时，此种情况下的扩散遵循菲克定律，称为菲克型分子扩散；毛细孔道直径小于扩散物质的分子平均自由程时，称为纽特逊扩散；介于上述两者之间，即孔道直径与扩散物质的分子平均自由程大小相当，称为过渡区扩散。另外，当扩散物质被固体吸附时，这种扩散称为表面扩散。下面将讨论与固体结构无关的稳态扩散与非稳态扩散、与固体结构有关的多孔固体内的扩散等各种情况。

与固体结构无关的固体内部的分子扩散，多发生于扩散物质在固体内部能够溶解形成均匀溶液的场合。例如用水进行固-液萃取时，固体物料内部浸入大量的水，溶质将溶解于水中并通过水溶液进行扩散；金属内部物质的相互渗入扩散，例如金在银中的扩散；氢气或氧气透过橡胶的扩散等。这类扩散过程的机理较为复杂，并且因不同的物系而异，但其扩散方式与物质在流体内扩散方式类似，仍遵循费克定律。在稳态下，菲克定律的一般形式为式（4-47）。

由于扩散组分 A 的浓度一般都很低，即 c_A/c 或 x_A 很小且可忽略，故主体流动项 $\dfrac{c_A}{c}(N_A + N_B)$ 可以略去。当总浓度 c 可视为常数时，则式（4-47）变为：

$$N_A = -D_{AB}\frac{\partial c_A}{\partial z} \tag{4-49}$$

式中　N_A——通过固体溶质 A 的扩散通量，kmol/（m² · s）；

　　　D_{AB}——溶质 A 通过 B 的扩散系数，m²/s，如果 B 为固体，则 D_{AB} 的值与压力无关；

$\partial c_A/\partial z$——溶质 A 沿扩散方向 x 上的浓度梯度，kmol/（m³ · m）。

从式（4-48）的形式上看，与热量传输中的傅里叶定律的形式完全相同，参照一维稳态导热的结果，不难推导出以下几种常见情况下的扩散通量。

a　气体通过金属平板的扩散

设平壁的厚度为 L，平壁两侧表面上的浓度为 c_1 和 c_2，气体通过金属平板的扩散系数为 D_i 并保持不变，在稳态时，其浓度分布如图 4-2 所示。根据式（4-49），可以得到：

$$N_{iz} = -D_i\frac{\partial c_i}{\partial z} \tag{4-50}$$

由于处于稳态，所以 N_i 保持不变，因此要求 $\dfrac{\partial c_i}{\partial z}$ 保持不变，即：

$$\frac{\partial c_i}{\partial z} = \frac{c_1 - c_2}{L} = 常数 \tag{4-51}$$

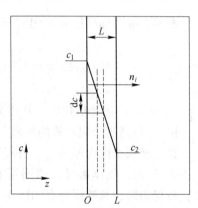

图 4-2　气体通过金属平板的稳态扩散

代入式（4-49）后可得：

$$N_{iz} = \frac{D_i}{L}(c_1 - c_2) \tag{4-52}$$

由于 $\dfrac{\partial c_i}{\partial z}$ 保持不变，意味着平板上的浓度呈线性分布，所以：

$$\frac{c_1 - c_i}{c_1 - c_2} = \frac{z}{L} \tag{4-53}$$

图 4-2 中金属平板左右两个表面处在与气相平衡的状态下，因此表面浓度与气体分压有关：

$$c_1 = K\sqrt{P_1}, \quad c_2 = K\sqrt{P_2} \tag{4-54}$$

式中　P_1, P_2——左右两侧气体的分压；

　　　K——气体（分子状态）与溶解于金属内的同一物质（原子状态）间的平衡常数。

因此，式（4-52）可以表示为：

$$N_{iz} = -D_i\frac{K}{L}(\sqrt{P_1} - \sqrt{P_2}) \tag{4-55}$$

关于气体通过固体的扩散，常用渗透率 p^* 来表示（表 4-1），其定义为：

$$p^* = D_i K\sqrt{p/p_{标}} \tag{4-56}$$

表 4-1　常见的气体-金属的渗透率有关数据

气体	金属	$p_0^*/\mathrm{cm^3 \cdot (s \cdot Pa^{1/2})^{-1}}$	$Q_p/\mathrm{J \cdot mol^{-1}}$
H_2	Ni	3.8×10^{-6}	57976
H_2	Cu	$(4.7 \sim 7.2) \times 10^{-7}$	$66976 \sim 78278$
H_2	δ-Fe	9.1×10^{-6}	35162
H_2	Al	$(1.2 \sim 1.4) \times 10^{-6}$	128929
H_2	Fe	1.41×10^{-5}	99627
O_2	Ag	9.1×10^{-6}	94394

只有在 p 为标准压力 $1.01325 \times 10^5 \mathrm{Pa}$、$p^* = D_i K$ 时，p 值可由下式确定：

$$p^* = p_0^* \exp[Q_p/(RT)] \tag{4-57}$$

式中　p_0^*——在 1cm 厚度和 $1.01325 \times 10^5 \mathrm{Pa}$ 条件下测得的渗透率，其值为 2.526×10^{-8} $\mathrm{cm^3/(s \cdot Pa^{1/2})}$；

　　　　Q_p——渗透活化能，其值为 4.1868J/mol。

b　气体通过金属圆管的扩散

设金属圆管的内径为 r_1，外径为 r_2，管内外两侧的气体浓度为 c_1 和 c_2，气体通过金属圆管的扩散系数为 D_i，并保持不变，在稳态时，其浓度分布如图 4-3 所示。

根据前面类似的处理方法，可以得到圆管壁上的浓度场为：

$$\frac{c_1 - c_i}{c_1 - c_2} = \frac{\ln(r/r_1)}{\ln(r_2/r_1)} \tag{4-58}$$

由式（4-57）可知，在圆筒壁的稳态分子扩散中，虽然扩散系数为常数，圆筒壁上的浓度场却为非线性分布，这是因为传质面积发生了变化。

由于处于稳态，气体通过圆筒壁的分子扩散的质量 G_i 为常数，即：

$$G_i = N_{ir} A_r = \frac{D_i(c_1 - c_2)}{\ln(r_2/r_1)} 2\pi L \tag{4-59}$$

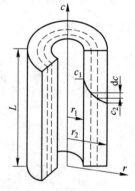

图 4-3　气体通过
金属圆管的扩散

式中　A_r——半径为 r 处的传质面积，$A_r = 2\pi rL$，$\mathrm{m^2}$。

【例 4-1】　设有一输送氢气的金属管道，其内径为 10cm，外径为 12cm，长为 100cm，输送的氢气压力为 7599753Pa，外界压力为 $1.01325 \times 10^5 \mathrm{Pa}$，温度为 450℃，试确定氢气的损失速率。

解：设扩散系数为常数，并用溶解度代替浓度来表示：

$$N_{iz} = -\frac{2\pi L D_i K(\sqrt{p_1} - \sqrt{p_2})}{\ln(r_2/r_1)} = \frac{2\pi L p^*(\sqrt{p_1} - \sqrt{p_2})}{\ln(r_2/r_1)}$$

由式（4-56）计算

$$p^* = 2.526 \times 10^{-8} \exp\left(\frac{4.1868}{8.314 \times 723}\right) = 2.258 \times 10^{-8} \ \mathrm{cm^3/(s \cdot Pa^{1/2})}$$

由于外界压力为 $1.01325 \times 10^5 Pa$，而空气中氢气的分压很低，可以近似为 0。单位时间的传质量为：

$$G_i = \frac{2 \times 3.14 \times 100 \times 2.258 \times 10^{-8} \times (\sqrt{7599375} - \sqrt{0})}{\ln(6/5)} = 0.2144 \, cm^3/s$$

液体或气体在多孔固体中的扩散，与固体内部的结构有非常密切的关系。冶金中这种扩散较为常见，如矿石的还原、煤的燃烧、砂型的干燥等。这种扩散属相际扩散，且与孔的大小、多少、结构状态有关。扩散方式取决于孔道直径与流体分子运动平均自由程的比值，平均自由程为分子间相互碰撞所经过的平均距离，平均自由程 λ 可按下式计算：

$$\lambda = \frac{3.2\mu}{p} \left(\frac{RT}{2\pi M} \right)^{\frac{1}{2}} \tag{4-60}$$

式中　　λ ——分子平均自由程，m；

μ ——气体的黏度系数，$Pa \cdot s$；

p ——气体的压力，Pa；

T ——气体的温度，K；

M ——气体的相对分子质量，kg/kmol；

R ——普适气体常数，$R = 8314 J/(kmol \cdot K)$。

当微孔直径 d 远大于平均自由程（$d \geq 100\lambda$）时，碰撞主要发生在流体分子之间，此时与微孔壁面的碰撞可以忽略不计。表 4-2 给出了一些气体的平均自由程。固体内流体的扩散遵循菲克定律，称为菲克型扩散。当孔道直径小于平均自由程（$d \leq 0.1\lambda$）时，碰撞主要发生在流体分子与孔壁之间，分子之间的碰撞可以忽略不计，扩散不再遵循菲克定律，这种扩散称为纽特逊扩散。当分子之间的碰撞和分子与孔壁的碰撞均需计算时，介于菲克型扩散和纽特逊扩散之间的扩散称为过渡区扩散。下面分别介绍菲克型扩散和纽特逊扩散。

表 4-2　一些气体的平均自由程

气体	平均自由程 λ/nm	气体	平均自由程 λ/nm
H_2	112.3	He	179.8
N_2	60.0	O_2	54.7
CO_2	39.7		

（1）菲克型扩散。若多孔固体内部孔道的平均直径 $d \geq 100\lambda$，则扩散时扩散分子之间的碰撞机会远大于分子与壁面之间的碰撞机会。又如果固体内部的孔隙率比较均匀，在两个平面之间的孔道可以沟通，则液体或气体能完全充满固体内的空隙。

假设固体粒子之间的空隙被某种盐类的水溶液充满，当将此固体置于水中时，由于盐在固体内部与表面之间存在浓度梯度，则盐将从固体内部通过孔道向表面扩散。如果固体外部的水不断更换，保持新鲜，则最后固体内部的盐可完全扩散至水中。在这里，惰性固体本身不会发生扩散作用，而固体中扩散物质的扩散是遵循菲克定律的，故此类扩散称为菲克型分子扩散。此外，由式（4-60）可见，高压下气体的平均自由程小，液体的平均自由程更小，所以高压下的气体和液体在多孔固体内扩散时，一般可按菲克型扩散处理。

稳态下，平板式多孔固体内菲克型扩散的扩散通量可按下式计算：

$$N_A = -\frac{D_{ABP}}{\Delta z}(c_{A1} - c_{A2}) \tag{4-61}$$

式中，D_{ABP} 为有效扩散系数，它是根据下述条件计算的扩散系数：计算时使用的面积为单位固体总表面积，浓度梯度为垂直于表面的单位浓度梯度。D_{ABP} 与一般的二元扩散系数 D_{AB} 不相等，若要使用 D_{AB} 来描述流体在多孔固体内部扩散时，需要应用两个系数对其进行校正。首先，由于流体在多孔固体内部扩散时，扩散面积为孔道的截面积而非固体介质的总表面积，故需采用多孔固体的孔隙率 ε 来校正 D_{AB}；其次组分 A 通过固体内部扩散时，并非走直线，而是在孔道中曲折穿行，故它实际走过的距离比垂直于表面的距离 $z_2 - z_1$ 要大，因此需要采用曲折系数 ω 对距离进行校正。于是，可得 D_{ABP} 与 D_{AB} 的关系如下：

$$D_{ABP} = \frac{\varepsilon D_{AB}}{\omega} \tag{4-62}$$

式中　ε ——多孔固体的孔隙率或自由截面积，m^2（孔）/m^2（固体）；

　　　ω ——对扩散距离进行校正的系数，称为曲折系数。

曲折系数 ω 的值，不仅与曲折路程长度有关，并且与固体内部毛细孔道的结构有关，其值一般需由实验确定。对于惰性固体的 ω 值在 1.5~5 范围。

若多孔固体的空隙中充满气体，孔道的直径足够大，且气体的压力并不很低时，则发生气体的菲克型扩散。于是，由式（4-61）、式（4-62）可得：

$$D_{ABP} = \frac{\varepsilon D_{AB}(c_{A1} - c_{A2})}{\omega(z_2 - z_1)} = \frac{\varepsilon D_{AB}(p_{A1} - p_{A2})}{\omega RT(z_2 - z_1)} \tag{4-63}$$

上式适用于气体在多孔固体内的扩散，且气体仅通过曲线孔道而不通过固体颗粒内部的情况。

气体在多孔固体内部扩散时，曲折系数 ω 值也需由实验确定。对于某些松散的多孔介质床层，如玻璃球床、沙床、盐床等，在不同的 ε 下，曲折系数 ω 的近似值可依次取为 $\varepsilon = 0.2$，$\omega = 2.0$；$\varepsilon = 0.4$，$\omega = 1.75$；$\varepsilon = 0.6$，$\omega = 1.65$。

（2）纽特逊型扩散。若孔道半径 r 小于平均自由程，$d \leq 0.1\lambda$ 或气体的压强很小，接近真空时，分子与壁面碰撞的机会大于分子间的碰撞机会。在此情况下，扩散物质 A 通过孔道扩散的阻力将主要取决于分子与壁的碰撞阻力，而分子之间的碰撞阻力则可忽略不计，这种扩散现象称为纽特逊型扩散。显然，纽特逊型扩散不遵循菲克定律。稳态下，平板式多孔固体内纽特逊型扩散的扩散通量可按式（4-64）计算：

$$N_A = -\frac{D_{KP}}{z_2 - z_1}(c_{A1} - c_{A2}) = \frac{D_{KP}(p_{A1} - p_{A2})}{RT(z_2 - z_1)} \tag{4-64}$$

式中　D_{KP} ——纽特逊扩散系数，可由下式计算：

$$D_{KP} = \frac{2}{3}\bar{r}\bar{v}_A = 97\bar{r}(T/M_A)^{1/2} \tag{4-65}$$

　　　$\bar{r}$ ——孔道的平均半径，m；

　　　$\bar{v}_A$ ——组分 A 的均方根速度，m/s。

$\bar{v}_A$ 由下式确定：

$$\bar{v}_A = \left(\frac{8RT}{\pi M_A}\right)^{1/2} \qquad (4\text{-}66)$$

气体在毛细管内是否为纽特逊扩散，可采用纽特逊数 Kn 估算，Kn 的定义为：

$$Kn = \frac{\lambda}{2\bar{r}} \qquad (4\text{-}67)$$

当 $Kn \geq 10$ 时，扩散主要为纽特逊型扩散，此时采用式（4-64）计算的扩散通量，其误差在 10% 以内，Kn 的值越大，该式的误差越小。

B　气体中的稳定分子扩散

a　A 组元通过静止组分 B 的稳定分子扩散

某组分（特别是液体）通过静止介质层（或惰性介质）的扩散在工程中经常遇到，如水在大气中的蒸发、湿空气的干燥过程、吸收剂从混合气体中吸收某一组分的过程以及易挥发金属液体表面蒸发，都只有一种组分扩散，这样的扩散称为单向扩散。

设有纯液体 A 的表面暴露于气体 B 中（见图 4-4），液体表面能向气体 B 不断蒸发，作稳态扩散，而气体 B 在液体 A 中的溶解度小到可以忽略不计，而且两者不会发生化学反应。假设系统是绝热的，总压力 p 保持不变。因而有 $N_B = 0$、$N_A/(N_A + N_B) = 1$，此时，式（4-47）可以写作：

$$N_A = \frac{cD_{AB}}{\Delta z} \ln\frac{1 - x_{A2}}{1 - x_{A1}} \qquad (4\text{-}68)$$

由于传质过程是在气相之间发生的，在扩散系统为低压时，其可按照理想气体混合物处理，于是有：

$$c = \frac{N}{V} = \frac{p}{RT}; \quad x_A = \frac{c_A}{c} = \frac{p_A}{p} \qquad (4\text{-}69)$$

式中　p——混合气体的总压力；

$\quad p_A$——组分 A 的分压；

$\quad N$——摩尔数；

$\quad V$——混合气体的体积。

将此关系代入式（4-68），得

$$N_A = \frac{pD_{AB}}{\Delta zRT} \ln\frac{1 - p_{A2}/p}{1 - p_{A1}/p} = \frac{pD_{AB}}{\Delta zRT} \ln\frac{p - p_{A2}}{p - p_{A1}} \qquad (4\text{-}70)$$

由于总压保持恒定，则有下列关系式成立：

$$p - p_{A1} = p_{B1}; \quad p - p_{A2} = p_{B2}; \quad p_{A1} - p_{A2} = p_{B2} - p_{B1}$$

由此可得：

$$N_A = \frac{pD_{AB}}{\Delta zRT} \ln\frac{p_{A1} - p_{A2}}{p_{B2} - p_{B1}} \ln\frac{p_{B2}}{p_{B1}} = \frac{pD_{AB}}{\Delta zRT p_{BM}} (p_{A1} - p_{A2}) \qquad (4\text{-}71)$$

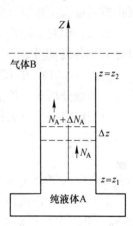

图 4-4　静止气体的
稳态扩散传质

式中，$p_{BM} = \dfrac{p_{B2} - p_{B1}}{\ln \dfrac{p_{B2}}{p_{B1}}}$ 为组分 B 的对数平均浓度。

由图 4-5 可以看出，组分 A 依赖其浓度梯度 dc_A/dz 以扩散速度 $u_A - u_m$ 自 z_1 处向 z_2 处扩散；扩散通量为 J_A，相对于静止坐标而言，组分 A 还存在一个主体流动通量 $c_A u_m$，故式中 A 的通量 N_A 为 J_A 和 $c_A u_m$ 之和，即为相对于静止坐标系的通量，说明此类问题中有流体的主体流动。从图 4-5 中可知，在 A 扩散的同时，组分 B 也会依浓度梯度 dc_B/dz 以扩散速度 $u_B - u_m$ 自 z_2 处向 z_1 扩散，扩散通量为 $-J_B$。但组分 B 到达 z_1 后不能继续扩散，如水在蒸发时，空气不能穿过水面，故必然要有混合物（水蒸气-空气）向上的流动（见图 4-4），使空气不至于聚集在水面破坏压力平衡，则组分 B 的主体流动通量为 $c_B u_m$，其数值与其扩散通量大小相等方向相反，即 $-J_B = c_B u_m$。

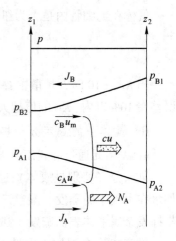

图 4-5 组分 A 通过停滞组分 B 的一维稳态扩散

所以，相对于静止坐标系而言，$N_B = -J_B + c_B u_m = 0$，也即 B 为停滞组分。

由式（4-71）可计算组分 A 相对于静止坐标系的摩尔通量 N_A。下面确定浓度分布以便进一步地分析分子扩散的机理。

对于稳定态一维无化学反应的分子传质，传质微分方程可简化为：

$$\frac{\partial N_{Az}}{\partial z} = 0, \quad \frac{\partial N_{Bz}}{\partial z} = 0 \tag{4-72}$$

即在 x 方向的整个气相范围内，组分 A 和组分 B 的摩尔通量为常数。

由于气体 B 在液体 A 中是不溶解的（或溶解度很小，可忽略不计），所以在 z_1 平面上 $N_{Bz} = 0$，因此在整个扩散方向上 $N_{Bz} = 0$，可见组分 B 是停滞的气体。这种只有一个方向的扩散称为单向扩散。

此时组分 A 的摩尔通量式（4-27）表示为：

$$N_A = -D_{AB} c \frac{\partial x_A}{\partial z} + x_A (N_A + N_B) \tag{4-73}$$

式中 x_A ——气相组分 A 的摩尔分数。

当 $N_B = 0$ 时，上式简化为：

$$N_A = -\frac{D_{AB} c}{1 - x_A} \frac{\partial x_A}{\partial z} \tag{4-74}$$

为了满足式（4-68），在等温等压条件下（c 和 D_{AB} 均为常数）必须：

$$\frac{\partial}{\partial z} \left[\frac{\partial \ln(1 - x_A)}{\partial z} \right] = 0 \tag{4-75}$$

应用如下形式的边界条件：

$$z = z_1, \quad x_A = x_{A1} \tag{4-76}$$

$$z = z_2, \quad x_A = x_{A2} \tag{4-77}$$

将方程式（4-75）积分两次可得：

$$\ln(1 - x_A) = C_1 z + C_2 \tag{4-78}$$

其中积分常数 C_1 和 C_2 由边界条件式（4-76）和式（4-77）确定为：

$$C_1 = \frac{1}{z_2 - z_1}\ln\frac{1 - x_{A2}}{1 - x_{A1}}$$

$$C_2 = \frac{z_2\ln(1 - x_{A1}) - z_1\ln(1 - x_{A2})}{z_2 - z_1}$$

代回式（4-78）中，最后可得浓度分布方程为：

$$\frac{1 - x_A}{1 - x_{A2}} = \left(\frac{1 - x_{A2}}{1 - x_{A1}}\right)^{\frac{z - z_1}{z_2 - z_1}}$$

因为根据定义有 $x_B = 1 - x_A$，故：

$$\frac{x_B}{x_{B1}} = \left(\frac{x_{B2}}{x_{B1}}\right)^{\frac{z - z_1}{z_2 - z_1}} \tag{4-79}$$

可以看出，通过静止气膜单向扩散时，组分物质的量是按指数规律变化的。

Yuan 等基于分子扩散理论，利用活性剂来加速溶液对 CO_2 的获取能力，达到节约能耗的作用，相关装置如图 4-6 所示。他们的实验结果指出，通过筛选一些低极性溶剂作为"传质促进剂"来诱导界面湍流增强传质，可以显著提高分子传输的作用。

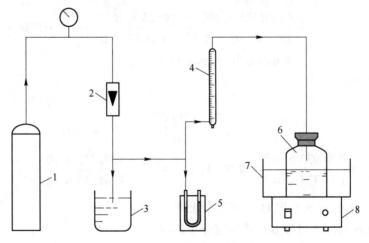

图 4-6　二氧化碳吸收实验装置示意图
1—CO_2 钢瓶；2—转子流量计；3—液体密封装置；4—肥皂泡流量计；
5—U 型管压力计；6—吸收装置；7—恒温水浴；8—搅拌装置

【例 4-2】　在一细管中，底部的水在恒温 293K 下向干燥空气蒸发，如图 4-7 所示。干燥空气的总压力为 1.03125×10^5 Pa，温度为 2093K，设水蒸发后，通过管内 $\Delta z = 15$cm 的空气进行扩散。若在该条件下，水蒸气在空气中的扩散系数为 0.25×10^{-4} m²/s，已知 293K 时水的蒸气压力为 0.02338×10^5 Pa，试计算定态扩散时的摩尔通量及其浓度分布。

解：（1）摩尔通量。由于空气不溶于水，则为停滞组分，水蒸气扩散至管口后就被流动空气带走，属于扩散组分 A，N_A 由下式确定：

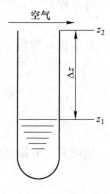

图 4-7 水蒸气通过
空气的扩散

$$N_A = \frac{pD_{AB}}{\Delta zRT} \ln \frac{p_{A1} - p_{A2}}{p_{B2} - p_{B1}} \ln \frac{p_{B2}}{p_{B1}}$$

其中，$p = 1.01325 \times 10^5 \text{Pa}$，$D_{AB} = 0.25 \times 10^{-4} \text{ m}^2/\text{s}$，$R = 8314 \text{J}/(\text{kmol} \cdot \text{K})$，$T = 293\text{K}$，$\Delta z = 0.15\text{m}$。

当 $z = z_1$ 时，$p_{A1} = 0.02338 \times 10^5 \text{N}/\text{m}^2$，当 $z = z_2$ 时（管口）水的蒸气压力很小可忽略不计，即 $p_{A2} = 0$。

$$p_{A1} = 0.02338 \times 10^5 \text{N}/\text{m}^2$$

$$p_{B1} = p - p_{A1} = (1.01325 - 0.02338) \times 10^5 = 0.98937 \times 10^5 \text{N}/\text{m}^2$$

$$p_{B2} = p - p_{A2} = 1.01325 \times 10^5 - 0 = 1.01325 \times 10^5 \text{N}/\text{m}^2$$

$$p_{BM} = \frac{p_{B2} - p_{B1}}{\ln \dfrac{p_{B2}}{p_{B1}}} = \frac{(1.01325 - 0.02338) \times 10^5}{\ln \dfrac{1.01325}{0.02338}} = 1.0013 \times 10^5 \text{N}/\text{m}^2$$

由于 p_{B1} 与 p_{B2} 的数值相近，故可用算术平均值代替对数平均值：

$$p_{BM} = \frac{1}{2}(p_{B1} + p_{B2}) = \frac{1}{2} \times (0.02338 + 1.01325) \times 10^5 = 1.0013 \times 10^5 \text{Pa}$$

$$\begin{aligned}
N_A &= \frac{pD_{AB}}{\Delta zRTp_{BM}}(p_{A1} - p_{A2})\\
&= \frac{(1.01325 \times 10^5) \times (0.25 \times 10^{-4})}{8314 \times 293 \times 0.15 \times 1.0013 \times 10^5} \times (0.02338 \times 10^5 - 0)\\
&= 1.619 \times 10^{-7} \text{kmol}/(\text{m}^2 \cdot \text{s})
\end{aligned}$$

（2）浓度分布。

$$\frac{x_B}{x_{B1}} = \left(\frac{x_{B2}}{x_{B1}}\right)^{\frac{z - z_1}{z_2 - z_1}}$$

其中，$x_{B1} = \dfrac{p_{B1}}{p} = \dfrac{0.98937 \times 10^5}{1.01325 \times 10^5} = 0.9764$，$x_{B1} = \dfrac{p_{B1}}{p} = \dfrac{1.01325 \times 10^5}{1.01325 \times 10^5} = 1$。

所以，$x_B = 0.9764 \times 1.0241^{\frac{z}{0.15}}$ 即为所求。

b A 组元通过静止组分 B 的拟稳定分子扩散

在有些分子传质过程中，浓度分布调整的特征时间大大地小于边界变化的特征时间，这类传质过程可以作为拟稳态过程处理。

如图 4-8 所示，在一细长的管子底部盛入纯液体 A，在管顶缓慢流过不溶解于 A 的气体 B，于是 A 进行汽化并通过气体 B 的气层进行扩散。由于组分 A 的不断消耗，其液面将随时间不断下降，扩散距离 $z = z_2 - z_1$ 将随时间而变化。若 A 的汽化和扩散速率很慢，以致在很长时间液面下降的距离与整个扩散距离相比很小，可以忽略不计时，此时分子传递虽然在非稳态下进行，但也可作为拟稳态过程处理。可采用组分 A 通过停滞组分 B 的稳态扩散通量方程来确定 N_A，该过程为拟稳态扩散过程。

在上述情况下，任一瞬时的扩散距离为 $z = z_2 - z_1$，其中 z_1 是液面位置，为一变量。

由于 B 不断将 A 带走，可以认为在顶部 z_2 处 A 的分压为零，即 $p_{A2} \approx 0$。在液面 z_1 处，组分 A 的分压 p_{A1} 可认为是扩散温度下的饱和蒸气压。于是由式（4-71）可得：

$$N_A = \frac{pD_{AB}}{\Delta z RT} \ln \frac{p_{A1} - p_{A2}}{p_{B2} - p_{B1}} \ln \frac{p_{B2}}{p_{B1}} = \frac{pD_{AB}}{\Delta z RT p_{BM}}(p_{A1} - p_{A2})$$

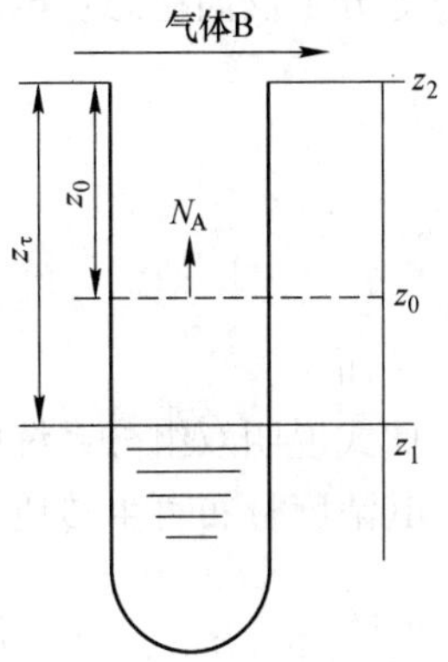

此外，组分 A 的扩散通量可以用液面的变化率表示，即：

$$N_A = \frac{\rho_{Al}}{M_A} \frac{\mathrm{d}z}{\mathrm{d}\tau} = c_A u_{Al} \tag{4-80}$$

式中　ρ_{Al} ——组分 A 的液态密度，kg/m^3；

　　　M_A ——组分 A 的相对分子质量，kg/kmol。

在拟稳态下，上面两式应相等，即：

$$\frac{pD_{AB}}{\Delta z RT p_{BM}}(p_{A1} - p_{A2}) = \frac{\rho_{Al}}{M_A} \frac{\mathrm{d}z}{\mathrm{d}\tau}$$

分离变量积分并整理得：

$$\tau = \frac{\rho_{Al} RT p_{BM}}{pD_{AB} M_A(p_{A1} - p_{A2})} \frac{z_\tau^2 - z_0^2}{2} \tag{4-81}$$

此式即为拟稳态扩散过程中，时间 τ 与扩散距离之间的关系式，此式可求得经一定时间后液面下降的距离或反算，也可用此式来测定物质的扩散系数，测定时可记录系列时间间隔与 z 的对应数据，据上式计算 D_{AB}。

c　等分子反向稳态扩散

所谓等分子反向稳态扩散即 $N_A = -N_B$ 的扩散，即 A 的净扩散通量与 B 的净扩散通量大小相等、方向相反的扩散称为等分子反向稳态扩散，多发生在蒸发潜热相等的蒸馏过程。如 A 组分向液面扩散并溶于液体，而 1mol 组分 A 放出的溶解热恰好使 1mol 的 B 组分蒸发，这种扩散即为等分子反向定态扩散。

由定义得：

$$N_A = -N_B = \mathrm{Const}$$

若将此式代入通用速率方程，则该方程为不定的形式，此时可采用菲克定律，对于气相：

$$N_A = -D_{AB} \frac{\partial c_A}{\partial z} + \frac{c_A}{c}(N_A + N_B)$$

若扩散时总压恒定，$N_A + N_B = 0$，有：

$$N_A = -\frac{D_{AB}}{RT} \frac{\mathrm{d}p_A}{\mathrm{d}z}$$

分离变量积分得：

$$N_A = -\frac{D_{AB}}{RT\Delta z}(p_{A1} - p_{A2}) \tag{4-82}$$

此即为等分子反向定态扩散的通量表达式。

图 4-8　拟稳态扩散

等分子反向稳态扩散时，由于 $N_A + N_B = 0$，则 $N_A = J_A$，$N_B = J_B$。

$$J_A = -D_{AB}\frac{dc_A}{dz}; \quad J_B = -D_{BA}\frac{dc_B}{dz}$$

$$p_A + p_B = \text{Const}; \quad c_A + c_B = \text{Const}$$

$$dc_A = -dc_B$$

从而

$$D_{AB} = D_{BA}$$

此式说明双组分系统中 A 与 B 做等分子方向稳态扩散时，它们的互扩散系数相等。其浓度分布可由传质微分方程化简获得，方程为：

$$\frac{Dc_A}{D\tau} = D_{AB}\left(\frac{\partial^2 c_A}{\partial x^2} + \frac{\partial^2 c_A}{\partial y^2} + \frac{\partial^2 c_A}{\partial z^2}\right) + R_A$$

由于是一维、稳态传质，且无气体的主体流动，$u_m = 0$，而 c_A 仅是 z 的函数，故上述微分方程可简化为：

$$\frac{\partial^2 c_A}{\partial z^2} = 0$$

这是二阶常微分方程（此式也可通过对菲克定律求导数获得），积分两次得：

$$c_A = c_1 z_1 + c_2$$

式中 c_1，c_2——积分常数，由边界条件确定。

$$z = z_1, \quad c_A = c_{A1} = c(p_{A1}/p)$$

$$z = z_2, \quad c_A = c_{A2} = c(p_{A2}/p)$$

将边界条件代入通解，解得浓度分布为：

$$\frac{c_A - c_{A1}}{c_{A1} - c_{A2}} = \frac{z - z_1}{z_1 - z_2} \tag{4-83}$$

如果气体的浓度用分压力表示，则有：

$$\frac{p_A - p_{A1}}{p_{A1} - p_{A2}} = \frac{z - z_1}{z_1 - z_2} \tag{4-84}$$

上式说明浓度分布为线性分布，在扩散距离上的任意处 p_A 与 p_B 之和为总压力 p。如图 4-9 所示。

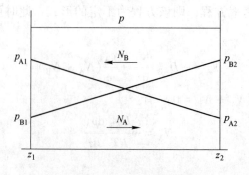

图 4-9 等分子反向稳态扩散

【例 4-3】 如图 4-10 所示，气体氨（A）与气体氮在具有均匀直径的管子两端进行等分子反向定态扩散，气体的温度为 298K，总压力为 $1.01325 \times 10^5\,Pa$，扩散距离为 0.1m，在端点 1 处 $p_{A1} = 1.013 \times 10^4\,Pa$，另一端 $p_{A2} = 0.507 \times 10^4\,Pa$，$D_{AB} = 0.23 \times 10^{-4}\,m^2/s$。试计算：（1）扩散通量 N_A、N_B；（2）组分 A 的浓度分布。

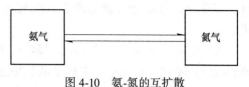

图 4-10 氨-氮的互扩散

解：（1）N_A、N_B

据式（4-82）：

$$N_A = \frac{D_{AB}}{RT(z_2 - z_1)}(p_{A1} - p_{A2})$$

$$= \frac{0.23 \times 10^{-4} \times (1.013 \times 10^4 - 0.507 \times 10^4)}{8314 \times 298 \times 0.1}$$

$$= 4.70 \times 10^{-7}\,kmol/(s \cdot m^2)$$

同理可计算出组分 B 的扩散通量：

$$N_B = \frac{D_{AB}}{RT(z_2 - z_1)}(p_{B1} - p_{B2})$$

其中，

$$p_{B1} = p - p_{A1} = 1.01325 \times 10^5 - 1.013 \times 10^4$$
$$= 9.119 \times 10^4\,Pa$$

$$p_{B2} = p - p_{A2} = 1.01325 \times 10^5 - 0.507 \times 10^4$$
$$= 9.625 \times 10^4\,Pa$$

$$N_B = \frac{0.23 \times 10^{-4} \times (9.119 \times 10^4 - 9.625 \times 10^4)}{8314 \times 298 \times 0.1}$$

$$= -4.70 \times 10^{-7}\,kmol/(s \cdot m^2)$$

（2）求浓度分布

$$\frac{p_A - p_{A1}}{p_{A1} - p_{A2}} = \frac{z - z_1}{z_1 - z_2}$$

$$\frac{p_A - 1.013 \times 10^4}{1.013 \times 10^4 - 0.507 \times 10^4} = \frac{z - 0}{0 - 0.1}$$

$$p_A = 1.013 \times 10^4 - 5.06 \times 10^4 z$$

C 液体中的分子扩散

液体中的分子扩散，对于许多分离操作特别是液液萃取、气体吸收和蒸馏都是重要的。由于液体分子之间的距离较小，液体中的分子扩散速率大大地低于气体中的分子扩散速率。因为扩散物质 A 进行分子运动时很容易与邻近的液体 B 分子发生碰撞，使本身的扩散速率减慢。一般而言，气体中的扩散系数比液体中的扩散系数大 10^5 倍。然而，扩散通量相差并不如此悬殊，其原因是液体的浓度比气体大得多，故在气体中的扩散通量较在液体中的高 100 倍左右。按 Eyrung 理论，液体中分子被约束在一种晶体结构之内，每个分子与其相邻分子之间存在着分子吸引力，使得它被限制在一定的区域或轨道内。同时热能又使这些分子在它们各自的轨道内振动，并且偶尔会有一两个分子由于接收了足够的能量，摆脱吸引力而转入新的轨道。迁移速率是分子能量的函数，从而是温度和组成的函数。

液体中的稳态分子扩散速率方程：对于液体混合物而言，组分 A 的扩散系数随该组分的浓度而变化，且总浓度在整个液相中也并非到处保持不变。对于溶质 A 在液体 B 中的稳态扩散问题，目前仍用式（4-48）来表达，式中的扩散系数应以平均扩散系数、总浓度以平均总浓度代替。因此，扩散通量的积分形式采用下述形式：

$$N_A = \frac{N_A}{N_A + N_B} \frac{c_{av}D_{AB}}{\Delta z} \ln \frac{N_A/(N_A + N_B) - c_{A2}/c}{N_A/(N_A + N_B) - c_{A1}/c} \tag{4-85}$$

式中　D_{AB}——溶质 A 在溶剂 B 中的平均扩散系数；

　　　c_{av}——溶液的平均总浓度，可用下式计算：

$$c_{av} = \left(\frac{\rho}{M}\right)_{av} = \frac{1}{2}\left(\frac{\rho_1}{M_1} + \frac{\rho_2}{M_2}\right) \tag{4-86}$$

式中　ρ——溶液的总密度，kg/m^3；

　　　M——溶液的总平均相对分子质量，$kg/kmol$；

ρ_1，ρ_2——溶液在点 1、点 2 位置处的平均密度，kg/m^3；

M_1，M_2——溶液在点 1、点 2 位置处的平均摩尔质量，$kg/kmol$。

式（4-48）为液体中组分 A 在组分 B 中进行稳态扩散时的一般积分形式。与气体扩散情况一样，在由组分 A 和组分 B 组成的液体中，也可区分为两种稳态扩散情况，即组分 A 通过停滞组分 B 的扩散及组分 A 和组分 B 进行等分子反方向扩散。下面将以式（4-85）为基础讨论组分 A 通过停滞组分 B 的扩散及组分 A 和组分 B 进行等分子反向扩散这两种形式的扩散速率的计算方法。

4.3.1.2　非稳定态分子扩散

在某些工程传质问题中，组分浓度分布不仅随位置变化，而且随时间变化，这类非稳态分子扩散问题的数学求解是复杂的，需要通过质量平衡计算建立偏微分方程。实际上，有一部分非稳态分子扩散问题（如扩散系数是常数，无总体流动也无化学反应）往往可以表示成类似非稳态导热问题的形式，从而可以用类似的数学方法求解忽略表面阻力的半无限大介质中的非稳定态分子扩散。

A　静止介质中非稳态分子扩散

传质时，当介质运动速度为零，并且内部无化学反应时，为式（4-39）：

$$\frac{\partial c_A}{\partial t} = D_{AB}\left(\frac{\partial^2 c_A}{\partial x^2} + \frac{\partial^2 c_A}{\partial y^2} + \frac{\partial^2 c_A}{\partial z^2}\right) \tag{4-39}$$

此即为菲克第二定律，它反映非稳态时在静止介质中的质量传输关系。一维非稳态的菲克第二定律如下：

$$\frac{\partial c_A}{\partial t} = D_{AB}\frac{\partial^2 c_A}{\partial z^2} \tag{4-87}$$

这是一个二阶偏微分方程，对于不同的边界条件要具体求解。由于与非稳态的导热微分方程形式相同，所以对类似的边界条件，解法也类似。

经常遇到的非稳态分子扩散的边界条件有两种：物体表面浓度为常数和物体表面外的

介质（通常指气体）浓度为常数。对于后者，扩散介质的浓度一般指某一组分在表面之间的平衡浓度。非稳态分子扩散过程中，当物质的扩散深度超过物体的厚度时，称为有限厚度，反之称为无限厚度。

B　半无限大物体中的非稳态扩散

半无限大物体中的非稳态扩散，是指无限大物体的一个端面与含有某扩散组分的环境接触，而另一端面为无限远处，如图 4-11 所示。例如，低碳钢的一侧表面暴露在含碳的气氛中，使低碳钢部件接受增碳硬化处理。此类问题是指扩散组分由一平面向另一平行平面扩散，属于一维非稳态扩散问题，可采用直角坐标系的传质微分方程来描述，如式（4-87）$\dfrac{\partial c_A}{\partial t} = D_{AB}\dfrac{\partial^2 c_A}{\partial z^2}$。

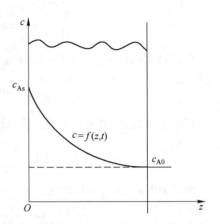

图 4-11　半无限大物体，表面浓度为常数的非稳态分子扩散的浓度场

上述问题的初始条件与边界条件是：在传质开始前，组分 A 在整个固体中的浓度均匀一致，为 c_{A0}。然后突然将其一侧面与环境接触，该面的浓度突然变为 c_{As}，并且在整个过程中维持不变，另一端面在无限远处，其浓度始终保持传质开始前的浓度 c_{A0}。于是，初始条件与边界条件可写成：

对于 $0 < z < \infty$，在 $t = 0$ 时，$c_A = c_{A0}$；

对于 $t > 0$，在 $z = 0$ 处，$c_A = c_{As}$；

对于 $t < 0$，在 $z = \infty$ 处，$c_A = c_{A0}$。

对比式（4-87）$\dfrac{\partial c_A}{\partial t} = D_{AB}\dfrac{\partial^2 c_A}{\partial z^2}$ 与热量传输中的半无限大物体的一维非稳态导热的微分方程式及相应的初始条件和边界条件可以看出，它们是类似的，故半无限大物体非稳态导热问题的解，即为本节中式（4-87）$\dfrac{\partial c_A}{\partial t} = D_{AB}\dfrac{\partial^2 c_A}{\partial z^2}$ 的解，只要将该式的温度换成浓度 c_A，导温系数（热量传输系数）a 换成扩散系数 D_{AB} 即可。这样满足上述定解条件的解为：

$$\frac{c_{As} - c_A}{c_{As} - c_{A0}} = \operatorname{erf}\left(\frac{z}{2\sqrt{D_{AB}t}}\right) \tag{4-88}$$

式中　$\operatorname{erf}\left(\dfrac{1}{2\sqrt{D_{AB}t}}\right)$——高斯误差函数，可查误差函数表。

上式描述了浓度 c_A 随时间 t 和位置 z 的变化规律，即浓度的分布。

这时表面上的传质流密度为：

$$N_{A(z=0)} = -D_{AB}\left(\frac{\partial c_A}{\partial z}\right)_{z=0} = \frac{c_{As} - c_{A0}}{\sqrt{\pi D_{AB}t}} \tag{4-89}$$

【例 4-4】　设有一钢件，在一定温度下进行渗碳，渗碳前钢件内部碳的浓度为 0.2%，渗碳时钢表面碳的平衡浓度保持 1.0%。在该温度下，碳在铁中的扩散系数 $D = 2.0 \times 10^{-7}$ cm^2/s，试确定在渗碳 1h 和 10h 后，钢件内部 0.05cm 处碳的浓度。

解： 由于是质量浓度，式（4-88）可写成：

$$\frac{c_{As} - c_A}{c_{As} - c_{A0}} = \frac{w_{As} - w_A}{w_{As} - w_{A0}} = \mathrm{erf}\left(\frac{z}{2\sqrt{D_{AB}t}}\right)$$

在渗碳 1h 后，$w_{As} = 1.0\%C$，$w_{A0} = 0.2\%C$，则：

$$\frac{1.0 - w_A}{1.0 - 0.2} = \mathrm{erf}\left(\frac{z}{2\sqrt{2 \times 10^{-7} \times 3600 \times 1}}\right)$$

在距离表面 $z = 0.05$cm 处，碳的浓度 w_A 为（erf 值可查表得）：

$$w_A = 1.0 - 0.8\mathrm{erf}\left(\frac{0.05}{2\sqrt{2 \times 10^{-7} \times 3600 \times 1}}\right) = 0.354\%$$

渗碳 10h 后，$w_{As} = 1.0\%C$，$w_{A0} = 0.2\%C$，则：

$$\frac{1.0 - w_A}{1.0 - 0.2} = \mathrm{erf}\left(\frac{z}{2\sqrt{2 \times 10^{-7} \times 3600 \times 10}}\right)$$

同样在距离表面 $z = 0.05$cm 处，碳的浓度 w_A 为：

$$w_A = 1.0 - 0.8\mathrm{erf}\left(\frac{0.05}{2\sqrt{2 \times 10^{-7} \times 3600 \times 10}}\right) = 0.354\%$$

C 有限厚度介质中且扩散组分浓度为常数的非稳态扩散

一个足够宽大的固体平板，厚度为 2δ，在平板两侧为含有某一组分 i 的气体介质，气体中的该组分通过气固界面向平板内部进行对称扩散，如图 4-12 所示。该组分在界面上气体中的浓度为 c_{Af}，且在扩散过程中气体的该组分不断得到补充，从而保持 c_{Af} 不变。平板在进行扩散处理前，该组分在断面上处处均匀，其浓度 c_{A0} 为常数。

因此，初始条件与边界条件分别为：

对于 $-\delta \leqslant z \leqslant +\delta$，在 $t = 0$ 时，$c_A = c_{A0}$；

对于 $t > 0$，在 $z = 0$ 处，$\dfrac{\partial c_A}{\partial z} = 0$；

对于 $t < 0$，在 $z = \pm\delta$ 处，$D_{AB}\dfrac{\partial c_A}{\partial z}_{(z=0)} = k(c_{Af} - c_{(z=0)})$。

式（4-87）的求解方法与求解非稳态热传导相同，用分离变量法求得：

$$\frac{c_{Af} - c_A}{c_{Af} - c_{A0}} = 2\sum_{n=1}^{\infty} \frac{\sin(\beta_n\delta)\cos(\beta_n\delta)}{\beta_n\delta + \sin(\beta_n\delta)\cos(\beta_n\delta)} e^{-D_{AB}\beta_n^2 t}$$

$$(4\text{-}90)$$

式中 β_n——微分方程求解时的本征值。

上式的结果与热传导一章的结果相似，只需将对应的参数进行替换。需要注意，将

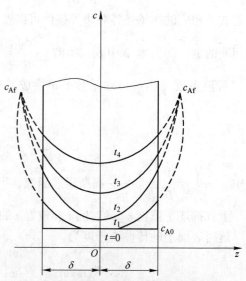

图 4-12 有限厚度，扩散组分的浓度为
常数的非稳态分子扩散浓度场

传热的傅里叶数与毕渥数替换为传质傅里叶数与传质毕渥数，当然，相应的参数也应做代换。

D 有限厚度，表面浓度为常数的非稳态扩散

在图 4-13 中，一个足够宽大的固体平板，厚度为 2δ，将其置于气体介质中进行分子扩散。在分子扩散前板内扩散介质具有均匀浓度 c_{A0}，在分子扩散过程中表面平衡浓度 c_{Aw} 保持不变。此时，平板的初始浓度 c_{A0} 及表面浓度 c_{Aw} 均是对气体介质的扩散组分而言的。

其初始条件与边界条件分别为：

对于 $-\delta \leqslant z \leqslant +\delta$，在 $t=0$ 时，$c_A = c_{A0}$；

对于 $t>0$，在 $z=0$ 处，$\dfrac{\partial c_A}{\partial z} = 0$；

对于 $t<0$，在 $z=\pm\delta$ 处，$c_A = c_{Aw}$

由式（4-90）进行求解，其解为：

$$\frac{c_{Aw} - c_{Am}}{c_{Aw} - c_{A0}} = \frac{8}{\pi^2} \sum_{n=0}^{\infty} \frac{1}{(2n+1)^2} e^{-\frac{(2n+1)^2\pi^2}{4}\frac{D_{AB}}{\delta^2}}$$

式中 c_{Am} ——平板截面上在某一时刻的平均浓

度，$c_{Am} = \dfrac{1}{\delta}\displaystyle\int_0^{\delta} c_A \mathrm{d}z$。

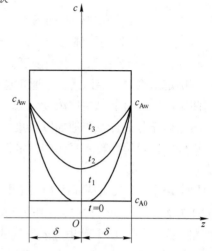

图 4-13 有限厚度、表面浓度为常数的非稳态分子扩散浓度场

4.3.2 对流传质微分方程

在实际生产过程中，流体多处于运动状态，当运动着的流体与壁面之间或两个有限互溶的运动流体之间发生传质时，统称为对流传质。在对流传质的过程中，一方面由于浓度梯度的存在，物质以分子扩散的方式进行传递；另一方面，流体在运动过程中，也必然将物质从一处向另一处传递。所以，对流传质的速率除了分子传质的影响外，还受到流体运动的影响。本节将讨论单相边界表面和运动流体之间的传质过程。传质流密度与对流传质系数有关，对流传质流密度方程可表述为：

$$N_A = k_c \Delta c_A \tag{4-91}$$

式中 N_A ——物质 A 的摩尔质量流密度；

Δc_A ——边界表面密度与运动流体平均密度之差；

k_c ——对流传质系数。

由式（4-91）可见，在对流传质过程中，引起物质传质的原因是浓度差和流体的运动。

热传导一章反映了对流换热系数的复杂性，提示我们确定对流传质系数也非易事。由于都涉及流体的流动，这两个系数均与流体性质、流动状态以及流场的几何特性有关。根据对流传质方程和对流换热方程彼此极为相似的特性，可以将前面的方法用于对流传质系数的分析。本章在介绍对流传质的基本概念和对流传质的特征数后，将分别讨论边界层的精确分析法和边界层的近似分析法，以确定对流传质系数。

4.3.2.1　对流传质的基本概念

溶于流动液体的溶质中发生质量传递时，对流传质方程为：

$$N_A = k_c(c_{As} - c_A) \tag{4-92}$$

式中　　N_A——溶质在单位时间内离开单位界面的物质的量；

　　　　c_{As}——流体与固体处于平衡态时的浓度；

　　　　c_A——流场中某一点的浓度。

当确定浓度边界层以后，c_A 通常选边界层外缘处的浓度，以 $c_{A\infty}$ 表示。如果流动存在于封闭管内，c_A 便是"主体浓度"或"混合浓度"。所谓混合浓度就是在一个理想的平面上，将流体充分混合笼统地加以收集、计量所测定的浓度，即为平均浓度。

固体以恒定速率转入气流的质量传递过程仍可用式（4-91），其中溶质浓度以气相浓度表示。

【例 4-5】　空气流从固体 CO_2（干冰）平板表面流过，平板表面积为 $1 \times 10^{-3} m^2$，空气流速为 2m/s，温度为 293K，压力为 $1.013 \times 10^5 Pa$，CO_2 的升华速率为 $2.29 \times 10^{-4} mol/s$，计算在上述条件下 CO_2 升华进入空气的传质系数。

解：题中给出的是摩尔浓度，式（4-92）可以写成：$N_A = k_c(c_{As} - c_{A\infty})$

因此：

$$k_c = \frac{N_A}{c_{As} - c_{A\infty}} = \frac{G_A}{A_x(c_{As} - c_{A\infty})}$$

在 293K、$1.01325 \times 10^5 Pa$ 时：$c_{As} = \frac{p_A}{RT} = \frac{4.74 \times 10^3}{8.314 \times 293} = 1.946 mol/m^3$

假定 $c_{A\infty} = 0$，则：

$$k_c = \frac{2.29 \times 10^{-4}}{1 \times 10^{-3} \times 1.946} = 0.118 m/s$$

当流体流过表面时，在靠近固体边界的地方，流体是静止的，接近表面存在一薄层，这里的流动为层流，无论流体的性质如何。于是，薄层的传质涉及分子传质；另一种情况湍流，由于湍流中存在着涡流，所以有宏观的流体微团越过流线。区分层流与湍流对任何对流传质都是重要的。

在对流传质中，动力边界层起着重要的作用。本节还要定义和分析浓度边界层对对流传质过程的重要性。该边界层与热边界层相似，但是厚度不一定相等。

4.3.2.2　对流传质中的重要参数

通常应用特征数来关联对流传质数据。在动量传递中，用雷诺数 Re 和欧拉数 Eu。在求对流换热系数时，用普朗特数 Pr 和努塞尔数 Nu。前面的一些特征数和新定义的无量纲比值，在关联对流传质数据时是有效的。在这一节中将讨论三种无量纲比值的物理意义。

对于三种传输现象，分子扩散率的定义分别为：

动量扩散率，$v = \dfrac{\mu}{\rho}$；热扩散率，$a = \dfrac{\lambda}{\rho c_p}$；质量扩散率，$D_{AB}$。

三种扩散率的量纲均为 $L^2 t^{-1}$。因此，上述三个参数中任意两个的比值也一定是无量纲的。分子动量扩散率和分子质量扩散率的比值称为施密特（Schmidt）数：

$$\frac{动量扩散率}{质量扩散率} = Sc = \frac{\nu}{D_{AB}} = \frac{\mu}{\rho D_{AB}} \tag{4-93}$$

Sc 在对流传质中所起的作用，与 Pr 在对流传热中类似。另外，将分子热扩散率和分子质量扩散率的比值称为路易斯（Lewis）数，即：

$$\frac{热扩散率}{质量扩散率} = Le = \frac{\lambda}{\rho c_p D_{AB}} \tag{4-94}$$

Le 用于既有对流传质又有对流换热的过程。由于 Sc 和 Le 都是流体物性参数的组合，所以可以把它们视为扩散体系的特性。

现在分析溶质 A 从固体向流过固体表面的流体的传质过程，其浓度分布如图 4-14 所示。对于这种情况，该固体表面与流体间的质量（摩尔浓度）传递可以写为：

$$N_A = k_c(c_{As} - c_A) \tag{4-95}$$

由于在固体表面上的物质是以分子扩散的方式进行的，因此在图 4-14 的传质还可以用下式表达：

$$N_A = -D_{AB}\frac{dc_A}{dy}\bigg|_{y=0} \tag{4-96}$$

当边界上的浓度 c 等于常数时，上式可以简化为：

$$N_A = -D_{AB}\frac{d(c_A - c_{As})}{dy}\bigg|_{y=0} \tag{4-97}$$

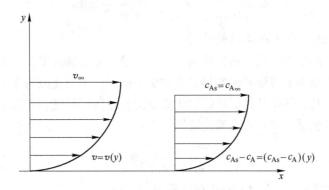

图 4-14　流体流过固体表面的浓度和速率曲线

因为式（4-92）和式（4-97）所确定的是离开固体表面（进入流体）的溶质 A 的质量流密度，所以这两个方程是相等的。于是可得：

$$k_c(c_{As} - c_{A\infty}) = -D_{AB}\frac{d(c_A - c_{As})}{dy}\bigg|_{y=0} \tag{4-98}$$

移项简化后，可将上式写为：

$$\frac{k_c}{D_{AB}} = -\frac{d(c_A - c_{As})}{dy}\bigg|_{y=0} \bigg/ (c_{As} - c_{A\infty}) \tag{4-99}$$

上式两边各乘以有效长度 L，可以得到下述无量纲表达式（4-100）：

$$\frac{k_c L}{D_{AB}} = -\frac{d(c_A - c_{As})}{dy}\bigg|_{y=0} \bigg/ \left(\frac{c_{As} - c_{A\infty}}{L}\right) \tag{4-100}$$

式（4-100）的右侧是表面浓度梯度与总浓度或参考浓度梯度的比值。因此，可以把它看作是分子传质动力与流体对流传质动力的比值。该比值定义为舍伍德（Sherwood）数 Sh。由于式（4-100）的推导与对流传热类似，所以也常把 $k_c L/D_{AB}$ 看作传质努塞尔数 Nu_{AB}。

【例 4-6】 已知甲醇在空气中的扩散速率 $D_{甲醇-空气} = 1.62 \times 10^{-5} \mathrm{m^2/s}$，空气的运动黏度为 $\nu = 1.553 \times 10^{-5} \mathrm{m^2/s}$，288K 时甲醇在液态水中的扩散系数为 $1.28 \times 10^{-9} \mathrm{m^2/s}$，水在 298K 时的运动黏度为 $0.805 \times 10^{-6} \mathrm{m^2/s}$，分别计算甲醇在 298K、$1.01325 \times 10^5 \mathrm{Pa}$ 的空气中和在 298K 的水中的 Sc。

解： 298K 时，甲醇在空气中的 Sc 为：

$$Sc = \frac{\nu}{D_{甲醇-空气}} = \frac{1.553 \times 10^{-5}}{1.62 \times 10^{-5}} = 0.947$$

298K 时，甲醇在液态水中的扩散系数为：

$$\left(\frac{D_{甲醇-水} u_水}{T}\right)_{298} = \left(\frac{D_{甲醇-水} u_水}{T}\right)_{288}$$

$$(D_{甲醇-水})_{298} = \frac{1.28 \times 10^{-9} \times 298 \times 1193}{288 \times 909} = 1.738 \times 10^{-9} \mathrm{m^2/s}$$

因此，甲醇在水中的 Sc 为：

$$Sc = \frac{\nu}{D_{甲醇-水}} = \frac{0.805 \times 10^{-6}}{1.738 \times 10^{-9}} = 463$$

4.3.2.3 层流浓度边界层的精确解

对平行于平板的层流流动，布拉修斯推导出动量边界层精确解。对此，在边界层理论已经做了讨论，并且为了解释对流换热又将它做了推广。按照类似的方法，也可以把布拉修斯的解法推广到具有同样几何形状的层流流动的对流传质问题。在稳态动量传递中，介绍过的边界层方程包括二维不可压缩连续性方程：

$$\frac{\partial v_x}{\partial x} + \frac{\partial v_y}{\partial y} = 0 \tag{4-101}$$

当 v 和 p 为常数时，x 方向上的运动方程为：

$$v_x \frac{\partial v_x}{\partial x} + v_y \frac{\partial v_x}{\partial y} = v \frac{\partial^2 v_x}{\partial y^2} \tag{4-102}$$

对于热边界层，在稳态、不可压缩、二维和热扩散率为常数的绝热流动中，能量方程式为：

$$v_x \frac{\partial T}{\partial x} + v_y \frac{\partial T}{\partial y} = a \frac{\partial^2 T}{\partial y^2} \tag{4-103}$$

在浓度边界层中，如果没有扩散组分的产物存在，且 c_A 对 x 的二阶导数 $\frac{\partial^2 c_A}{\partial x^2}$ 比 c_A 对 y 的二阶导数小得多，即可用一个与上述方程类似的微分方程式来描述浓度边界层内的传质过程。对于稳态、不可压缩、无化学反应、质量扩散率为常数的二维流动，式（4-103）可以写为：

$$v_x \frac{\partial c_A}{\partial x} + v_y \frac{\partial c_A}{\partial y} = D_{AB} \frac{\partial^2 c_A}{\partial y^2} \tag{4-104}$$

图 4-15 所示为浓度边界层的示意图。下面列出了三个边界层的边界条件。

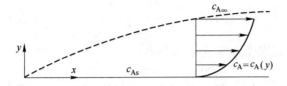

图 4-15　层流流过平板表面的浓度边界层

动量（速度）边界层：

$$y = 0 \text{ 处,} \frac{v_x}{v_\infty} = 0; \quad y = \infty \text{ 处,} \frac{v_x}{v_\infty} = 1 \tag{4-105}$$

或者，因为在壁面上 x 方向的速度 $v_{x,s} = 0$，所以：

$$y = 0 \text{ 处,} \frac{v_x - v_{x,s}}{v_\infty - v_{x,s}} = 0; \quad y = \infty \text{ 处,} \frac{v_x - v_{x,s}}{v_\infty - v_{x,s}} = 1 \tag{4-106}$$

热（温度）边界层：

$$y = 0 \text{ 处,} \frac{T - T_s}{T_\infty - T_s} = 0; \quad y = \infty \text{ 处,} \frac{T - T_s}{T_\infty - T_s} = 1 \tag{4-107}$$

浓度边界层：

$$y = 0 \text{ 处,} \frac{c_A - c_{As}}{c_{A\infty} - c_{As}} = 0; \quad y = \infty \text{ 处,} \frac{c_A - c_{As}}{c_{A\infty} - c_{As}} = 1 \tag{4-108}$$

结合式（4-102）~式（4-104），令 $\alpha = \dfrac{v_x - v_{x,s}}{v_\infty - v_{x,s}}$，$\beta = \dfrac{T - T_s}{T_\infty - T_s}$，$\gamma = \dfrac{c_A - c_{As}}{c_{A\infty} - c_{As}}$。

可以得到速度、温度和浓度比的关系式，分别为：

$$v_x \frac{\partial \alpha}{\partial x} + v_y \frac{\partial \alpha}{\partial y} = v \frac{\partial^2 \alpha}{\partial y^2} \tag{4-109}$$

其中边界条件为：$y=0$ 时，$\alpha = 0$；$y = \infty$ 时，$\alpha = 1$。

$$v_x \frac{\partial \beta}{\partial x} + v_y \frac{\partial \beta}{\partial y} = a \frac{\partial^2 \beta}{\partial y^2} \tag{4-110}$$

其中边界条件为：$y=0$ 时，$\beta = 0$；$y = \infty$ 时，$\beta = 1$。

$$v_x \frac{\partial \gamma}{\partial x} + v_y \frac{\partial \gamma}{\partial y} = D_{AB} \frac{\partial^2 \gamma}{\partial y^2} \tag{4-111}$$

其中边界条件为：$y=0$ 时，$\gamma = 0$；$y = \infty$ 时，$\gamma = 1$。

式（4-102）~式（4-104）经过变量替换后，得到三个相似的公式，式（4-109）~式（4-111），且其边界条件相似。因此，这三种传输现象所得到的解，也应该是相似的。

应用前面求解布拉修斯方程的思路和方法：

$$f' = 2 \frac{v_x}{v_\infty} = 2 \frac{v_x - v_{x,s}}{v_\infty - v_{x,s}} = 2 \frac{c_A - c_{As}}{c_{A\infty} - c_{As}} \tag{4-112}$$

$$\eta = \frac{y}{2}\sqrt{\frac{v_x}{v_\infty}} = \frac{y}{2x}\sqrt{\frac{xv_\infty}{v}} = \frac{y}{2x}\sqrt{Re_x} \qquad (4\text{-}113)$$

将布拉修斯的结果用于动量边界层后，得到：

$$\frac{\mathrm{d}f'}{\mathrm{d}\eta} = f''(0) = \frac{\mathrm{d}[2(v_x/v_\infty)]}{\mathrm{d}\{[y/(2x)]\sqrt{Re_x}\}}\bigg|_{y=0} = 1.328 \qquad (4\text{-}114)$$

以相同的结果用到浓度边界层后，得到：

$$\frac{\mathrm{d}f'}{\mathrm{d}\eta} = f''(0) = \frac{\mathrm{d}[2(c_A - c_{As})/(c_{A\infty} - c_{As})]}{\mathrm{d}\{[y/(2x)]\sqrt{Re_x}\}}\bigg|_{y=0} = 1.328 \qquad (4\text{-}115)$$

将上式重新排列得：

$$\frac{1/(c_{A\infty} - c_{As})}{\sqrt{Re_x}/x}\frac{\mathrm{d}(c_A - c_{As})}{\mathrm{d}y} = 1.328/4 = 0.322$$

由此可得出平板表面上的浓度梯度表达式：

$$\frac{\mathrm{d}c_A}{\mathrm{d}y}\bigg|_{y=0} = (c_{A\infty} - c_{As})\frac{0.332}{x}Re_x^{1/2} \qquad (4\text{-}116)$$

重要的是，对于式（4-103）的布拉修斯解，没有包括平板表面上 y 方向的速度。所以，上式的假设是：从表面流出边界层的质量速度很低，以至于其不能改变由布拉修斯确定的速度分布。

当平板表面上 y 方向的速度基本为零时，在 y 方向上质量流密度的菲克方程中，流体宏观运动所传递的质量为零。于是，由平板表面进入层流边界层的传质可用式（4-96）描述：

$$N_{Ay} = -D_{AB}\frac{\mathrm{d}c_A}{\mathrm{d}y}\bigg|_{y=0} \qquad (4\text{-}96)$$

将式（4-116）代入式（4-96），得到：

$$N_{Ay} = D_{AB}\frac{0.332Re_x^{1/2}}{x}(c_{As} - c_{A\infty}) \qquad (4\text{-}117)$$

扩散组分的质量流密度可用传质系数定义为：

$$N_A = k_c(c_{As} - c_{A\infty}) \qquad (4\text{-}92)$$

比较式（4-92）和式（4-117），可得：

$$k_c = \frac{D_{AB}}{x}(0.332Re_x^{1/2}) \qquad (4\text{-}118)$$

式（4-118）可写成下面的形式：

$$\frac{k_c x}{D_{AB}} = Sh_x = 0.332Re_x^{1/2} \qquad (4\text{-}119)$$

式（4-119）只适用于 $Sc = 1$、平板及边界层间具有低传质速率的情况。哈奈特（Hartnett）和埃克特（Eckert）对于边界层方程，对式（4-105）进行了求解，其结果如图4-16所示。由图4-16可见，对于表面边界参数 $(v_{y,s}/v_\infty)Re_x^{1/2}$ 为正、负值，都给出了相应的曲线。其中，正值表示传质是由平板传到边界层，而负值则表示传质是由流体传到平板。当表面边界参数值趋于零时，传质速率逐渐减小，直至可以把它视为对速度分布不起作用为止。在 $y=0$ 处确定的曲线的斜率为 0. 332，这与应用式（4-114）所求出的值是相同的。

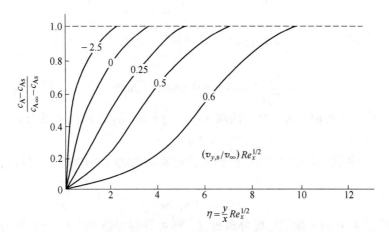

图 4-16　平板层流边界层内传质的浓度曲线

对于大多数含有传质的物理过程，其表面边界参数都可忽略不计。这样，就可用低传质速率的布拉修斯解来确定层流边界层内的传质问题。然而，当有挥发性物质蒸发到低压气流中时，上述假设不再成立。

对于 Sc 不等于 1 的流体，也可以确定出如图 4-16 所示的曲线，由于微分方程和边界条件相似，可以认为对流传质问题的处理方法可以类比于布拉修斯对流换热问题的求解方法。浓度边界层与动力边界层之间的关系为：

$$\frac{\delta}{\delta_{c}} = Sc^{1/3} \tag{4-120}$$

式中　δ——动力边界层厚度；

　　　δ_{c}——浓度边界层厚度。

因此，布拉修斯的 η 项必须乘以 $Sc^{1/3}$。以此为基础，可以导出一个与式（4-116）类似的对流传质系数的表达式。在 $y=0$ 处，浓度梯度为：

$$\left.\frac{\mathrm{d}c_{A}}{\mathrm{d}y}\right|_{y=0} = (c_{A\infty} - c_{As}) \frac{0.332}{x} Re_{x}^{1/2} Sc^{1/3} \tag{4-121}$$

将式（4-92）和式（4-96）代入到式（4-121）中可得：

$$\frac{k_{c}x}{D_{AB}} = Sh_{x} = 0.332 Re_{x}^{1/2} Sc^{1/3} \tag{4-122}$$

应用积分方法，可以求得作用在一块长为 L、宽为 W（面积为 S）平板上的平均传质系数 k_{cm}。对于这块平板，其总传质速率为：

$$G_{A} = k_{cm}(c_{As} - c_{A\infty})S = k_{cm}(c_{As} - c_{A\infty})LW \tag{4-123}$$

$$G_{A} = \int_{S} k_{c}(c_{As} - c_{A\infty})\mathrm{d}S = (c_{As} - c_{A\infty})\int_{S} \frac{0.332 D_{AB} Re_{x}^{1/2} Sc^{1/3} \mathrm{d}S}{x}$$

$$= (c_{As} - c_{A\infty})W \int_{0}^{L} \frac{0.332 D_{AB} Re_{x}^{1/2} Sc^{1/3} \mathrm{d}x}{x} \tag{4-124}$$

联立式（4-123）和式（4-124）可以得到：

$$k_{cm}L = 0.332D_{AB}Sc^{1/3}\left(\frac{v_\infty\rho}{\mu}\right)^{1/2}\int_0^L x^{-1/2}dx$$

$$= 0.664D_{AB}Sc^{1/3}\left(\frac{v_\infty\rho}{\mu}\right)^{1/2}L^{1/2} \tag{4-125}$$

$$\frac{k_{cm}}{D_{AB}}L = Sh_L = 0.664Re_L^{1/2}Sc^{1/3} \tag{4-126}$$

沿流动方向距平板前沿为 x 处的局部 Sh_x，与平均 Sh_L 之间的关系为：

$$Sh_L = 2Sh_{x(x=L)} \tag{4-127}$$

式（4-126）和式（4-127）均已得到实验证实。由式（4-126）可以写出下面的函数关系：

$$Sh = f(Re, Sc) \tag{4-128}$$

再次分析图 4-16 的无量纲浓度分布曲线，即可看到每条曲线在 $y = 0$ 处的斜率随正表面边界参数 $(v_{y,s}/v_\infty)Re_x^{1/2}$ 的增加而减少。因此，传质系数的大小与斜率之间的关系为：

$$k_c = D_{AB}\frac{d[(c_A - c_{As})/(c_{A\infty} - c_{As})]}{dy} \tag{4-129}$$

所以，斜率的减少表明，体系的表面边界参数越高，其传质系数越低。

当边界层内既有能量传递又有质量传递时，如果体系的 Pr 和 Sc 都为 1.0，则如图 4-16 所示的无量纲浓度分布曲线还可以代表无量纲温度分布曲线。前文已经指出，当有质量从表面传到边界层时，其传质系数是要减少的，因此，对于同样的情况，其换热系数也是要减少的，另一种是通过平板材料的升华而使自身质量进入边界层。

【例 4-7】 平板湍流边界层的传质系数可用局部 Sh_x 表示为：$Sh_x = 0.0292Re_x^{4/5}Sc^{1/3}$，其中，$x$ 为沿流动方向与平板前缘的距离。由层流向湍流的转换发生在 $Re_x = 2\times10^5$ 处。试对长度为 L 的平板，导出其平均传质系数 k_{cm} 的表达式。

解： 根据定义：

$$k_{cm} = \left(\int_0^L k_c dx\right)/\left(\int_0^L dx\right) = \left(\int_0^{L_t} k_{c,层流}dx + \int_{L_t}^L k_{c,湍流}dx\right)/L$$

式中 $k_{c,层流}$——按式（4-122）定义的，即 $k_{c,层流} = 0.332\dfrac{D_{AB}}{x}Re_x^{1/2}Sc^{1/3}$；

          $k_{c,湍流}$——按题中给出的条件定义的，$k_{c,湍流} = 0.0292\dfrac{D_{AB}}{x}Re_x^{4/5}Sc^{1/3}$；

          L_t——从平板前缘到过渡点的距离。

将上述两个式子代入平均传质系数方程后，可得：

$$k_{cm} = \left(\int_0^{L_t}0.332\frac{D_{AB}}{x}Re_x^{1/2}Sc^{1/3}dx + \int_{L_t}^L 0.0292\frac{D_{AB}}{x}Re_x^{4/5}Sc^{1/3}dx\right)/L$$

式中，L_t 为从平板前缘到 $Re_x = 2\times10^5$ 处过渡点的距离。

$$k_{cm} = \left[0.332D_{AB}\left(\frac{v}{\nu}\right)^{1/2}Sc^{1/3}\int_0^{L_t}x^{-1/2}dx + 0.0292D_{AB}\left(\frac{v}{\nu}\right)^{4/5}Sc^{1/3}\int_{L_t}^L x^{-1/5}dx\right]/L$$

$$= \left[0.664 D_{AB} \left(\frac{v}{\nu} \right)^{1/2} Sc^{1/3} L_t^{1/2} + 0.0365 D_{AB} \left(\frac{v}{\nu} \right)^{4/5} Sc^{1/3} (L^{4/5} - L_t^{4/5}) \right]/L$$

$$= \left[0.664 D_{AB} Re_x^{1/2} Sc^{1/3} + 0.0365 D_{AB} Sc^{1/3} (Re_L^{4/5} - Re_t^{4/5}) \right]$$

4.3.2.4 浓度边界层的近似解

如果前面分析的流动不是层流，或几何形状不是平板时，那么对于该边界层内的传递过程而言，目前几乎是没有准确解的。不过，冯·卡门为描述动力边界层而导出的近似解还是可以用来分析浓度边界层的。在第 2 章和第 3 章中已经讨论过这种方法的应用。按如图 4-17 所示的方法来分析一个位于浓度边界层内的控制体，图中以虚线标出的控制体的宽度为 Δx，高度等于浓度边界层的厚度 δ_c，深度为单位长度。由于过程是稳态的，所以在整个控制体内摩尔质量流率平衡式为：

$$G_{A1} + G_{A3} + G_{A4} = G_{A2} \tag{4-130}$$

式中　G_A——组分 A 传质的摩尔质量流率。

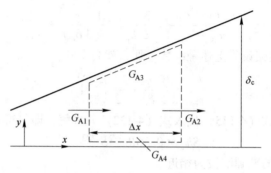

图 4-17　浓度边界层控制体

在每个表面上，其摩尔质量流率的表达式分别为：

$$G_{A1} = \int_0^{\delta_c} c_A v_x dy \Big|_x$$

$$G_{A2} = \int_0^{\delta_c} c_A v_x dy \Big|_{x+\Delta x}$$

$$G_{A3} = c_{A\infty} \left(\frac{\partial}{\partial x} \int_0^{\delta_c} v_x dy \right) \Delta x$$

$$G_{A4} = k_c (c_{A\infty} - c_{As}) \Delta x$$

将上述各项代入式（4-130），可得：

$$\int_0^{\delta_c} c_A v_x dy \Big|_x + c_{A\infty} \left(\frac{\partial}{\partial x} \int_0^{\delta_c} v_x dy \right) \Delta x + k_c (c_{A\infty} - c_{As}) \Delta x = \int_0^{\delta_c} c_A v_x dy \Big|_{x+\Delta x} \tag{4-131}$$

将该方程重新排列，并用 Δx 去除各项，然后令 Δx 趋于零，取极限即可得到：

$$\frac{d}{dx} \int_0^{\delta_c} (c_A - c_{A\infty}) v_x dy = k_c (c_{As} - c_{A\infty}) \tag{4-132}$$

为求解式（4-132），就必须知道速度分布和浓度分布。一般而言，这两个分布都是未知的，必须予以假设。假设的边界状态必须满足某些边界条件：

$$y = 0 \text{ 处}, \ v_x = 0; \ y = \delta \text{ 处}, \ v_x = v_\infty; \ y = \delta \text{ 处}, \ \frac{\partial v_x}{\partial y} = 0$$

对于速度边界层在 $y = 0$ 处，$v_x = v_y = 0$，根据式（4-120），有：

$$y = 0 \text{ 处，} \frac{\partial^2 v_x}{\partial y^2} = 0$$

所假设的浓度分布一定要满足相应的浓度边界条件，即：

$$y = 0 \text{ 处，} c_A - c_{As} = 0; \quad y = \delta_c \text{ 处，} c_A - c_{As} = c_{A\infty} - c_{As}$$

$$y = \delta_c \text{ 处，} \frac{\partial}{\partial y}(c_A - c_{As}) = 0; \quad y = 0 \text{ 处，} \frac{\partial^2}{\partial y^2}(c_A - c_{As}) = 0$$

如果重新分析平行于一平板的层流流动，那么即可应用冯·卡门积分式来求出它的近似解。

作为一级近似，浓度随 y 的变化假设为下述幂级数：

$$c_A - c_{As} = a + by + cy^2 + dy^3 \tag{4-133}$$

应用边界条件后，即可得出下述表达式：

$$\frac{c_A - c_{As}}{c_A - c_{A\infty}} = \frac{3}{2}\frac{y}{\delta_c} - \frac{1}{2}\left(\frac{y}{\delta_c}\right)^3 \tag{4-134}$$

如果把速度分布也假设为上述幂级数，那么就会得到：

$$\frac{v_x}{v_\infty} = \frac{3}{2}\frac{y}{\delta_c} - \frac{1}{2}\left(\frac{y}{\delta_c}\right)^3 \tag{4-135}$$

将式（4-134）和式（4-135）代入式（4-132）并求解，即可得到：

$$Sh_x = 0.36Re_x^{1/2}Sc^{1/3} \tag{4-136}$$

它与式（4-122）的准确解极为相近。

虽然这个结果不是准确解，但是它具有足够高的精度。这表明，该积分方法完全可以用于某些准确解未知的情况，其精度是令人满意的。

应用式（4-136）也可以求解平板湍流边界层的近似解。假设其速度分布为：

$$v_x = \alpha + \beta y^{1/7}$$

浓度分布为：

$$c_A - c_{A\infty} = \eta + \xi y^{1/7} \tag{4-137}$$

那么，湍流边界层的局部舍伍德数为：

$$Sh_x = 0.0292Re_x^{4/5}Sc^{1/3} \tag{4-138}$$

进而，可以得到湍流时（$Re > 2 \times 10^5$）：

$$Sh_L = \frac{k_c L}{D_{AB}} = 0.0365Re_x^{4/5}Sc^{1/3} \tag{4-139}$$

4.4 相际传质

前面各章节所涉及的传质问题只局限在单一相组成的内部传质，即使涉及另一相也只是作为边界条件来处理。但是在实际的工程问题中一般为多相反应（如气-液、气-固及液-固等），即传质是在两相间进行的。例如，还原、燃烧、渗碳、渗氮等是气-固两相间的传质；炼钢过程的脱硫、脱碳及铝液的精炼除气等均为气-液两相间的传质；金属的熔解、凝固以及熔渣和金属液之间的传质为液-固两相间的传质。这些传质过程往往同时存在着分子扩散和对流扩散，有时在相界还伴随化学反应。实际工程中的传质问题是多种过程的综合。本节首先介绍相间传质理论，在此基础上分析几种常见的传质过程。

4.4.1　双膜理论及相际稳态传质

当两个物相接触时，其中一个物相的某一或某些组分越过两者的界面传递到另一相的过程称为相际传质。例如炼钢时，氧气会从气相穿过钢液表面向钢液内部扩散，反应生成的 CO 则由钢液内部不断向气流中转移。相际传质包括三个步骤：首先是某一相内的元素从主体转移到界面，其次元素通过相界面扩散到第二相的界面处，最后由第二相的界面向主体传质。由 Whitman 提出的双膜理论是研究此复杂传质问题的最早传质模型，如图 4-18 所示。

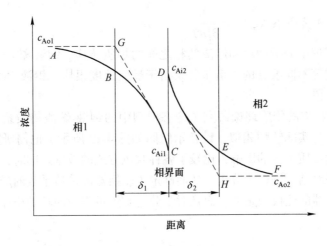

图 4-18　双膜模型

双膜理论的基本设想是：

（1）当两相充分接触时，在两相间存在着稳定的相界面，且其两侧各有一层很薄的停滞膜，阻碍传质过程的进行。溶质通过两膜层的传质方式为分子扩散。

（2）在相界面上两相达到动态平衡，进行稳定的传质过程。

（3）在两个薄膜层以外的两相主流中，由于流体的湍动，各处浓度均匀一致，传质阻力很小。

图 4-18 中的实线 ABC 和 DEF 所示为相界面处的实际浓度分布，虚线 AGC 和 DHF 为按照薄膜理论假设的浓度分布，即在两个薄膜层内的浓度梯度为线性分布，薄膜外的浓度梯度为零，并由此在相界面两侧给出两个有效边界层，其厚度分别为 δ_1 和 δ_2。图中 c_{Ao1}、c_{Ao2} 分别代表组分 A 在相 1 和相 2 主流中的浓度；c_{Ai1}、c_{Ai2} 分别代表组分 A 在相界面上的平衡浓度。根据薄膜理论，任一单相内的传质通量，均是按各自有效边界内的线性浓度梯度确定的。因此，对相 1 和相 2，按照式（4-140）和式（4-141）确定的组分 A 的传质通量为：

对相 1：
$$N_{A1} = \frac{D_1}{\delta_1}(c_{Ao1} - c_{Ai1}) = k_{d1}(c_{Ao1} - c_{Ai1}) \qquad (4\text{-}140)$$

对相 2：
$$N_{A2} = \frac{D_2}{\delta_2}(c_{Ai2} - c_{Ao2}) = k_{d2}(c_{Ai2} - c_{Ao2}) \qquad (4\text{-}141)$$

式中　k_{d1}，k_{d2}——组分 A 在相 1 和相 2 中的传质系数；

　　　　D_1，D_2——组分 A 在相 1 和相 2 中的扩散系数。

如果相 1 为气体，则式（4-140）可以改写为：

$$N_A = \frac{D_1}{\delta_1 RT}(p_{Ao} - p_{Ai}) = k_G(p_{Ao} - p_{Ai}) \qquad (4\text{-}142)$$

式中　p_{Ao}——组分 A 在气相主体的分压；

　　　　p_{Ai}——组分 A 在相界面处的平衡压力；

　　　　k_G——气相传质系数，$k_G = \dfrac{D_1}{\delta_1 RT}$。

　　下面利用双膜理论分析钢液和熔渣两相之间的物质转移。钢液-熔渣传质是转炉炼钢过程中去除硫、磷等不同组分的关键步骤。由于反应速度很快，钢液-熔渣传质是整个过程中的一个重要阶段。

　　Martin 等利用相应的传质理论研究了冷态模型中的钢液-熔渣传质系数，在几何和物理性质方面尽可能与实际转炉相似，设备示意图如图 4-19 所示。他们研究了底吹和顶底复吹时气体流量对传质过程的影响，比较了各种吹风方式的效率。同时，由于存在混合问题，采用双区模型对结果进行了分析，从而确定了变换器内传质系数的局部变化。这些数值不仅对钢渣反应器的建模很重要，而且对于分析吹炼过程中向转炉添加药剂方法的效果也很重要。

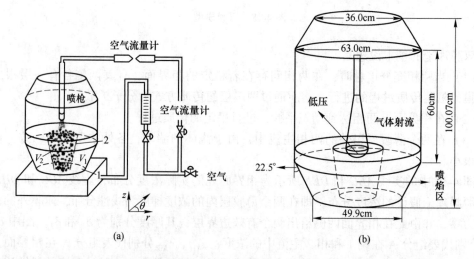

图 4-19　实验设备总图及取样点（a）以及用于冷模型的实验设备尺寸（b）

　　组分在钢液-熔渣之间迁移时包括三个步骤：（1）组分 A 由钢液内部扩散到钢液-熔渣界面；（2）在界面上发生化学反应；（3）反应后又从钢液-熔渣界面扩散到熔渣主体。根据双膜理论，在钢液与熔渣两侧均有界面膜，钢液与熔渣主体由于搅拌作用浓度均匀，浓度梯度主要存在于界面薄膜中，如图 4-20 所示。图中，$c_{[A]}$、$c_{[A]}^*$ 分别表示组分 A 在钢液主体及钢液-熔渣界面的浓度，$c_{(A)}$、$c_{(A)}^*$ 分别表示组分 A 在熔渣主体及熔渣-钢液界面的浓度。

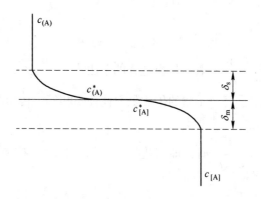

图 4-20　组分 A 在钢液-熔渣体系中的浓度分布

在钢液膜一侧，组分 A 的扩散通量为：

$$N_{[A]} = k_{[A]}(c_{[A]} - c_{[A]}^*) \tag{4-143}$$

在熔渣膜一侧，组分 A 的扩散通量为：

$$N_{(A)} = k_{(A)}(c_{(A)}^* - c_{(A)}) \tag{4-144}$$

假定界面化学反应为简单的一级可逆反应，则化学反应速率 r_A 可表示为：

$$r_A = k_1 c_{[A]}^* - k_{-1} c_{(A)}^* = k_1(c_{[A]}^* - c_{(A)}^*/m) \tag{4-145}$$

式中　　k_1，k_{-1} ——正、逆反应的速度常数；

　　　　m ——界面反应的平衡常数。

$$m = \frac{k_1}{k_{-1}} \tag{4-146}$$

假定相界面两侧均为稳态传质，组分 A 在两液膜中的传质速率和在界面上的化学反应速率应该相等，即：

$$N_{[A]} = N_{(A)} = r_A = N_A \tag{4-147}$$

将式（4-143）~式（4-145）代入式（4-147），得：

$$N_A = k_{[A]}(c_{[A]} - c_{[A]}^*)$$
$$= k_{(A)}(c_{(A)}^* - c_{(A)})$$
$$= k_1(c_{[A]}^* - c_{(A)}^*/m) \tag{4-148}$$

由式（4-148）得：

$$\frac{N_A}{k_{[A]}} = c_{[A]} - c_{[A]}^* \tag{4-149}$$

$$\frac{N_A}{k_{(A)}m} = \frac{c_{(A)}^* - c_{(A)}}{m} \tag{4-150}$$

$$\frac{N_A}{k_1} = c_{[A]}^* - c_{(A)}^* / m \tag{4-151}$$

将以上三式相加得：

$$N_A \left(\frac{1}{k_{[A]}} + \frac{1}{k_{(A)} m} + \frac{1}{k_1} \right) = c_{[A]} - c_{(A)} / m \tag{4-152}$$

因此，传质通量为：

$$N_A = K(c_{[A]} - c_{(A)} / m) \tag{4-153}$$

其中，$\dfrac{1}{K} = \dfrac{1}{k_{[A]}} + \dfrac{1}{k_{(A)} m} + \dfrac{1}{k_1}$，表示传质过程的总阻力。

在实际的传质过程中，每一步骤的传质阻力往往不相等，传质的总阻力主要取决于传质阻力较大的步骤。

(1) 当 $\dfrac{1}{k_1} \gg \dfrac{1}{k_{[A]}} + \dfrac{1}{k_{(A)} m}$ 时，即当化学反应阻力远大于扩散传质阻力时，则 $\dfrac{1}{K} \approx$ $\dfrac{1}{k_1}$，式 (4-153) 可改写为：

$$N_A = k_1 (c_{[A]} - c_{(A)} / m) \tag{4-154}$$

总的传质速率受界面化学反应控制。此时，采取提高系统温度等方法可以加快化学反应，从而提高总的传质速率。

(2) 当 $\dfrac{1}{k_1} \ll \dfrac{1}{k_{[A]}} + \dfrac{1}{k_{(A)} m}$ 时，即当扩散传质阻力远大于化学反应阻力时，则 $\dfrac{1}{K} \approx$ $\dfrac{1}{k_{[A]}} + \dfrac{1}{k_{(A)} m}$，式 (4-153) 可改写为：

$$N_A = \frac{k_{[A]} \cdot k_{(A)} m}{k_{[A]} + k_{(A)} m} (c_{[A]} - c_{(A)} / m) \tag{4-155}$$

总的传质速率受扩散控制。此时，采取加强搅拌等方法可以提高扩散速率，从而提高总的传质速率。

研究表明，对于钢液-熔渣体系，如果 $\dfrac{1}{k_{[A]}} \ll \dfrac{1}{k_{(A)} m}$，则 $\dfrac{1}{k_{[A]}}$ 可以忽略，此时 $m \ll$ 60，传质阻力主要在熔渣一侧；而当 $\dfrac{1}{k_{[A]}} \gg \dfrac{1}{k_{(A)} m}$，则 $\dfrac{1}{k_{(A)} m}$ 可以忽略，此时 $m \gg 60$，传质阻力主要在钢液一侧。

(3) 当 $\dfrac{1}{k_1} \approx \dfrac{1}{k_{[A]}} + \dfrac{1}{k_{(A)} m}$ 时，总的反应过程处于混合限制的过渡区域，过程的总速率由式 (4-153) 决定。

4.4.2　气-固相间的综合扩散传质

在材料加工和冶金过程中，有许多反应属于气-固相反应，例如铁矿石还原、渗碳渗氮工艺等，这些反应均会在固体表面产生一种与基体成分甚至结构不同的产物层。随着反应的进行，元素不断扩散进入固体内部，使得产物层不断增大。当有固体产物层生成时，气-固相反应必须经过以下步骤：气体反应物通过气体边界层的外传质；气体反应物通过固体产物层到达反应界面的内扩散；界面化学反应。

（1）气体反应物 A 通过气体边界层的传质速率 $n_{A,G}$（mol/s）：

$$n_{A,G} = k_{A,G} 4\pi r_0^2 (c_{A,b} - c_{A,S}) \tag{4-156}$$

式中　$k_{A,G}$——气体 A 通过气体边界层的传质系数，cm/s；

　　$c_{A,b}$，$c_{A,S}$——在气流主体和颗粒表面处的浓度，mol/m³；

　　$4\pi r_0^2$——颗粒的表面积，cm²；

　　r_0——颗粒初始半径，cm。

（2）气体反应物 A 通过固体产物层的扩散速率 $n_{A,S}$（mol/s）为：

$$n_{A,S} = 4\pi r^2 D_e \frac{dc_A}{dr} \tag{4-157}$$

假定气体 A 通过固体产物层的扩散处于稳定态，则在任意时刻，A 通过产物层内各同心球面的扩散速率相等，即 $n_{A,S}$ 不随 r 变化。如果在反应过程中固体产物层的结构不发生变化，即 A 通过产物层的有效扩散系数 D_e 为常数，则将式（4-157）分离变量并积分得：

$$n_{A,S} \int_{r_0}^{r} \frac{dr}{r^2} = 4\pi D_e \int_{c_{A,S}}^{c_{A,i}} dc_A$$

$$n_{A,S} = 4\pi D_e \frac{r_0 r}{r_0 - r} (c_{A,S} - c_{A,i}) \tag{4-158}$$

式中　r——未反应核半径，cm；

　　$c_{A,i}$——固相反应界面处 A 的浓度，mol/cm³。

对于未考虑界面化学反应时的稳态传质过程，$n_{A,G} = n_{A,S} = n_A$，则由式（4-156）和式（4-158）可以求得气-固相间的综合传质速率为：

$$n_A = \frac{k_{A,G} 4\pi r_0^3 r D_e (c_{A,b} - c_{A,i})}{r_0 r D_e + r_0^2 k_{A,G} (r_0 - r)} \tag{4-159}$$

（3）当在固相界面有一级不可逆化学反应时，反应的速率常数为 k_r，则反应的速率 $n_{A,r}$（单位为 mol/s）为：

$$n_{A,r} = 4\pi r^2 k_r c_{A,i} \tag{4-160}$$

同样，假设反应过程处于稳态，则各串联步骤的速率应该相等，即：

$$n_{A,G} = n_{A,S} = n_{A,r} = n_A \tag{4-161}$$

于是，由式（4-156）、式（4-157）、式（4-160）和式（4-161）可以消去 $c_{A,S}$ 和 $c_{A,i}$ 项，经整理后得到：

$$n_A = 4\pi r_0^2 c_{A,b} \bigg/ \left[\frac{1}{k_{A,G}} + \frac{r_0}{D_e} \left(\frac{r_0}{r} - 1 \right) + \frac{1}{k_r} \left(\frac{r_0}{r} \right)^2 \right] \tag{4-162}$$

式（4-162）即为气-固相综合传质通量的一般性公式。

在渗碳或渗氮工艺过程中常常涉及这种气-固相的综合扩散传质过程。下面以一种新型的渗碳技术——活性屏等离子体源渗氮技术，来说明实际渗氮过程的传质机制。

渗氮是通过入射离子的溅射作用进行的，这是最普遍接受的机制之一。传统的直流等离子体渗氮机理已被广泛地研究和讨论。从处理过的组分中喷溅出来的材料将与等离子体中的活性氮发生反应，随后以氮化物的形式重新沉积。其中一些氮化物不稳定会发生分解，因此释放出氮气通过分子扩散传质和对流传质进入材料表层，形成硬化层。虽然没有确凿的证据表明存在不稳定的氮化铁，但这一基本机制已经被大多数学者讨论和应用。

活性屏等离子体源渗氮技术是在渗氮真空室内添加一个金属屏为阴极，来保护工件免受电弧损害。同时该技术也成功地解决了悬浮电位下的样品制备问题，其中溅射不能起主要作用。因此，有人认为，从活性筛网（辅助阴极）上溅射出并沉积在试样上的材料参与了氮的传质。近年来，大量的工作者研究了活性屏等离子体源渗氮技术的传质机制，提出了多种模型，如"溅射沉积"模型、高能氮粒子注入模型等，分别如图 4-21 和图 4-22 所示。

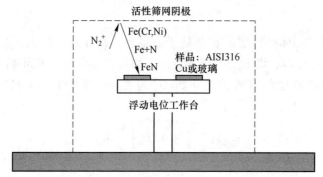

图 4-21　活性筛网等离子体源渗氮技术的"溅射沉积"传质模型示意图

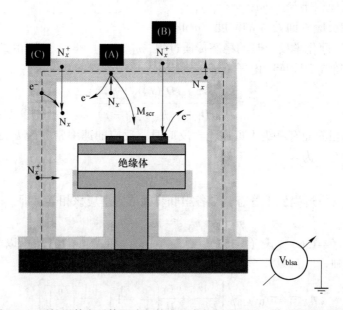

图 4-22　活性屏等离子体源渗氮技术的高能氮粒子注入传质模型示意图

4.4.3　气-液相间的传质

在冶金及材料工程领域，经常会遇到气泡与液体之间的传质，例如钢铁的吹氧脱碳，合金的精炼除气以及焊接过程的熔融区内气泡与熔融金属的传质等。当气泡在金属液体中流动时，气-液两相之间会产生质量传递和化学反应。下面介绍气泡与液体间的传质系数计算公式。

由于受气泡内气体环流、气泡变形和振动等因素的影响，气泡与液体间的传质过程通常比气-液相间的传质过程要复杂得多。气泡与液体间的传质系数目前还不能完全从理论上计算出来，需要根据雷诺数的大小，将传质系数分成 4 个区域分别采用经验或半经验公式进行计算。当气泡在液体中运动时，其雷诺数定义为：

$$Re = d_e u \rho_1 / \mu_1 \tag{4-163}$$

式中　ρ_1——液体密度；

　　　μ_1——液体黏度；

　　　d_e——气泡当量直径；

　　　u——气泡上浮速度。

（1）当 $Re<1.0$ 时，气泡的行为与刚性球体类似。采用理论分析方法导出传质系数的计算公式为：

$$Sh = 0.99 (ReSc)^{1/3} \tag{4-164}$$

式中　Sh——舍伍德数，$Sh = (k_d d_e)/D$；

　　　Sc——施密特数，$Sc = \mu_1/(\rho_1 D)$；

　　　D——分子扩散系数。

（2）当 $1<Re<100$ 时，气泡内不发生气体环流运动。在此区域内，传质系数可用式（4-165）进行估算。

$$Sh = 2 + 0.55 Re^{0.55} Sc^{0.33} \tag{4-165}$$

（3）当 $100<Re<400$ 时，气泡内有气体环流，气泡会产生变形和振动等。由于这些因素对传质过程的影响，气泡与液体间的传质行为还不十分清楚，目前尚无适宜的计算公式。

（4）当 $Re>400$ 时，气泡呈球冠形。在此区域的传质系数计算公式为：

$$Sh = 1.25 (ReSc)^{1/2} \tag{4-166}$$

对球冠形气泡，其上浮速度与当量直径的关系为：

$$u = 0.72 (g d_e)^{1/2} \tag{4-167}$$

将式（4-166）与式（4-167）结合，可以导出：

$$k_d = 1.08 g^{1/4} D^{1/2} d_e^{-1/4} \tag{4-168}$$

在没有可靠实验数据的情况下，可以采用式（4-168）来估算气泡与液体间的传质系数 k_d。

以上介绍的传质系数计算公式都是对单个气泡而言的，其计算结果与实验值相当吻合。然而，实际生产中经常遇到的是多气泡的分散气泡体系，例如钢包吹氩搅拌、氧气底吹转炉炼钢、冰铜吹炼等冶金过程。根据表面更新理论得到分散气泡体系中的液相传质系数为：

$$k_d = 1.128 \left(\frac{D u_b}{d} \right)^{1/2} \tag{4-169}$$

式中　d——气泡平均直径；

u_b ——气泡的平均运动速度，可以表示为表层气体运动速度和气体滞留分数的函数。

$$u_b = \frac{u_s}{\varepsilon} \tag{4-170}$$

式中　　u_s ——表层气体的运动速度；

　　　　ε ——气体的滞留分数，其定义式为：

$$\varepsilon = \frac{V_G}{V_G + V_L} \tag{4-171}$$

V_G，V_L ——体系中气泡和液体的体积。

当 $\varepsilon < 0.3$ 时，体系为多气泡型，气泡是分散相，液体是连续相；当 $\varepsilon = 0.4 \sim 0.6$ 时，体系为泡沫型，液体仍为连续相；当 $\varepsilon = 0.9 \sim 0.98$ 时，体系为细泡状泡沫型。

当气泡与液体反应时，两者之间的传质通量为：

$$J_A = \frac{\mathrm{d}n_A}{A_B \mathrm{d}\tau} = k_d (c_{Ab} - c_{Ai}) \tag{4-172}$$

式中　　n_A ——组分 A 的物质的量，mol；

　　　　A_B ——气泡表面积，m^2；

c_{Ab}，c_{Ai} ——组分 A 在液相和气-液界面上的物质的量浓度，mol/m^3。

Jimenez 等基于平面激光诱导荧光抑制（PLIFI）实验以及上述气-液相间传质机理，提出了一种气-液两相间质量传输传质系数的原位定量采集方法。他们通过单个气泡上升后的传质过程，采集了一系列的定量数据，如图 4-23 所示。研究表明，直径为 $0.90 \sim 2.24mm$ 的气泡在液体中上升时，呈现出垂直和曲折的路径。在某些情况下，该系统可将气泡尾迹的转移质量直接可视化，并用三维图像表示。该研究提出了一种具体的图像处理和数学方法，通过估计液体的传质系数和通量密度来精确地量化传质速率，从而确定了气泡直径和液体组成对传质的影响规律。该创新的原位观测和定量测量系统为气-液两相间的传质过程和相关机理的研究，验证和完善提供了新的思路和方法。

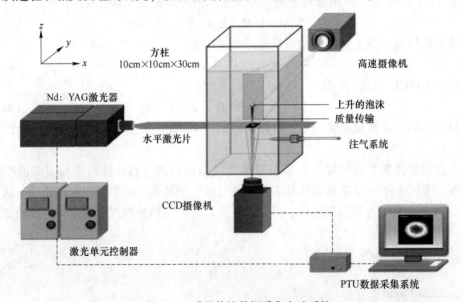

图 4-23　质量传输数据采集实验系统

习题及思考题

1. 天然气中各物质的相对浓度为：$x_{CH_4} = 94.90\%$，$x_{C_2H_6} = 4.00\%$，$x_{C_3H_8} = 0.60\%$，$x_{CO_2} = 0.50\%$，试计算：（1）甲烷（CH_4）的质量分数；（2）该天然气的平均分子质量；（3）CH_4 的分压力（设气体的总压为 $1.01325 \times 10^5 Pa$）。

2. 在 $1.01325 \times 10^5 Pa$、298K 条件下，某混合气体各组分的摩尔分数为：CO_2 为 8%；O_2 为 3.5%；H_2O 为 16%；N_2 为 72.5%。各组分在 z 方向的绝对速度分别为 2.44m/s、3.66m/s、5.49m/s、3.96m/s。试计算：（1）混合气体的质量平均速度 v；（2）混合气体的摩尔平均速度 v_m；（3）组分 CO_2 的质量流密度 j_{CO_2}；（4）组分 CO_2 的摩尔流密度 J_{CO_2}。

3. 根据菲克第一定律证明：组分 A 在静止组分 B 中无化学反应的三维非稳态扩散方程为：

$$\frac{\partial \rho_A}{\partial t} = D_{AB} \left(\frac{\partial^2 \rho_A}{\partial x^2} + \frac{\partial^2 \rho_A}{\partial y^2} + \frac{\partial^2 \rho_A}{\partial z^2} \right)$$

4. 在稳态下气体混合物 A 和 B 进行稳定扩散，总压力为 $1.01325 \times 10^5 Pa$、温度为 278K。两个平面的垂直距离为 0.1m，两平面上的分压分别为 $p_{A1} = 100 \times 133.3 Pa$ 和 $p_{A2} = 50 \times 133.3 Pa$。混合物的扩散系数为 $1.85 \times 10^{-5} m^2/s$，试计算组分 A 和 B 的摩尔通量密度 N_A 和 N_B。若：

（1）组分 B 不能穿过平面 S。

（2）组分 A 和组分 B 都能穿过平面。

（3）组分 A 扩散到平面 Z 与固体 C 发生反应。

$$\frac{1}{2}A + C(固体) \longrightarrow B$$

将以上计算所得 N_A 和 N_B 列表，并说明所得结果。

5. 在管中氢气（H_2）通过氮气（N_2）进行稳态分子扩散，其温度为 $T = 294K$，总压力为 $p_{总} = 1.01325 \times 10^5 Pa$ 并均匀不变。管一端 H_2 的分压为 $p_1 = 0.80atm$，另一端 $p_2 = 0.40atm$，两端相距 $L = 100mm$。已知 $D_{H_2-N_2} = 0.763 cm^2/s$，试计算 H_2 的扩散流密度。

6. 将初始碳浓度为 0.2% 的低碳钢钢件置于一定温度的渗碳气氛中 2h。渗碳过程中，钢件表面的碳浓度保持为 1.3%。如果碳在钢中的扩散系数为 $D = 1.0 \times 10^{-11} m^2/s$，试计算在钢件表面内 0.1m 和 0.2mm 处的碳浓度（用质量分数表示）。

7. 钢板的初始碳含量均匀，为 0.24%（按质量分数）。在炉内处理 3h 后，距表面 0.7mm 深处的碳浓度为 1%（按质量分数）。渗碳剂使表面碳浓度保持在 1.8%。碳在钢中的扩散系数为 $D_{AB} = 0.67 \times 10^{-4} e^{-\left(\frac{19000}{T}\right)}$，式中 D_{AB} 以 m^2/s 表示，T 以 K 为单位，实现热处理所需的炉温是多少？

8. 钢铁机械零件要在炉中渗碳，这种钢最初的碳含量为 0.3%（按重量计），渗碳剂产生的表面碳浓度为 1.4%（按重量计）。要求距表面 0.75mm 深处的碳浓度为 1%（按重量计），零件应在渗碳炉中保存多长时间？假设钢中碳的扩散系数在炉温下为 $3 \times 10^{-11} m^2/s$。

9. Richardson 在研究钢铁冶金中两流体界面两侧的速度分布时，得出如下关系：

$$k_2 / k_1 = \left(\frac{\nu_1}{\nu_2}\right)^{0.5} \cdot \left(\frac{D_2}{D_1}\right)^{0.7}$$

式中　k_1，k_2——熔渣及金属的传质系数；

　　　ν_1，ν_2——熔渣及金属的运动黏度；

　　　D_1，D_2——熔渣及金属的扩散系数。

已知：渣 $\eta_1 = 0.02 Pa \cdot s$，$\rho_1 = 3.5 \times 10^3 kg/cm^3$，$D_1 = 10^{-9} \sim 10^{-11} m^2/s$，钢液 $\eta_2 = 0.02 Pa \cdot s$，$\rho_2 = 7.2 \times 10^3 kg/cm^3$，$D_2 = 10^{-8} \sim 10^{-9} m^2/s$。

元素在钢渣两相的平衡常数 $= \dfrac{c_{i1}}{c_{i2}} = 10$，问该过程传质速率的控制环节是什么？

10. 常压下 45℃ 的空气以 1m/s 速度预先通过直径为 25mm、长度为 2m 的金属管道，然后进入与该管道连接的具有相同直径的萘管，于是萘由管壁向空气中传质。如萘管长度为 0.6m，试计算出口气体中萘的浓度以及针对全萘管的传质速率（45℃ 及 101.3kPa（1atm）下萘在空气中的扩散系数为 6.87× $10^{-6}m^2/s$，萘的饱和浓度为 $2.80×10^{-5}kmol/m^3$）。

参 考 文 献

［1］张先棹. 冶金传输原理［M］. 北京：冶金工业出版社，1988.

［2］高家锐. 动量、热量、质量传输［M］. 重庆：重庆大学出版社，1987.

［3］吴树森. 材料加工冶金传输原理［M］. 北京：机械工业出版社，2001.

［4］华一新. 冶金过程动力学导论［M］. 北京：冶金工业出版社，2004.

［5］华建社，朱军，李小明，等. 冶金传输原理［M］. 西安：西北工业大学出版社，2005.

［6］杨涤心，陈跃. 材料加工冶金传输基础［M］. 北京：机械工业出版社，2012.

［7］Yuan X L, Chen X C, Xing J M, Fang J W, Jin X H, Zhang W D. Enhanced research of absorption by mass transfer promoters［J］. Sep. Purif. Technol. , 2020, 253（12）：117~465.

［8］Martín M, Rendueles M, Díaz M. Steel-slag mass transfer in steel converter, bottom and top/bottom combined blowing through cold model experiments. Chem. Eng. Res. Des. , 2005, 83（9）：1076~1084.

［9］Gallo S C, Dong H. On the fundamental mechanisms of active screen plasma nitriding. Vacuum, 2009, 84（2）：321~325.

［10］Hubbard P, Dowey S J, Partridge J G, et al. Investigation of nitrogen mass transfer within an industrial plasma nitriding system Ⅱ：application of a biased screen, Surf. Coat. Technol. , 2010, 204（8）：1151~1157.

［11］Jimenez M, Dietrich N, Hébrard G. Mass transfer in the wake of non-spherical air bubbles quantified by quenching of fluorescence. Chem. Eng. Sci. , 2013, 100（8）：160~171.

5 材料加工及成型过程中的冶金传输问题与理论应用

【本章概要】

本章主要介绍金属铸造、焊接、轧制、锻造、挤压及热处理等材料加工及成型过程中的各种冶金传输现象与各因素的影响机理及相关的生产内容。同时，结合典型案例，讲解材料加工及成型过程中冶金传输模型建立的基本理论和方法及冶金传输理论的应用基础。此外，结合具体材料加工及成型工艺介绍了制定工艺所取决的参数与条件。

【关键词】

金属液对流驱动力，流动速度，传热特点，凝固前沿，金属凝固方式，体积凝固，定向凝固，凝固温度场，溶质再分配，铸造，凝固，焊接，熔池，热轧，锻造，挤压，加热，冷却，冶金传输模型，热处理炉，热物性参数，冷却介质。

【章节重点】

本章应重点掌握金属铸造、焊接、轧制、锻造、挤压及热处理等材料加工及成型过程中各种冶金传输模型建立并能够求解，根据工件特点建立适宜的模型；掌握各种冶金传输的特点，材料加工及成型过程中的各种冶金传输现象与各因素的影响机理。

5.1 金属铸造过程中的冶金传输现象

在金属的热态成型过程中，常常伴随着金属液的流动、气体的流动、金属件内部和它周围介质间的热量交换和物质转移现象，即动量传递、热量传递和质量传递现象。液态金属熔体中传热和传质过程的改变会影响晶体的形核和生长，从而影响凝固组织。因此，只有正确和深入研究金属凝固过程中的传输现象，才能正确理解凝固过程，从而正确分析铸件组织、性能等。

5.1.1 金属液的流动

金属液流经浇铸系统时会与其型壁有强烈的机械作用和物理化学作用，浇铸过程中的动量会造成紊流旋涡，通过 X 射线荧光屏幕进行观察，发现浇铸产生的紊流会卷入大量气体，并产生金属氧化夹杂物及对铸型的冲蚀。紊流的运动黏度 ν' 不同于层流的运动黏

度 v，通常前者比后者大很多，所以动量引起的紊流在铸件外壳结晶开始后的很短时间内将会消失。但是，对连续浇铸来说，由于浇铸和凝固是同时进行的，所以动量所引起的对流自始至终对铸锭结构发生影响。因此，在考虑后续铸锭的固体结构和成分偏析时，必须重视动量对流的影响。

除动量对流外，还有温度差或浓度差所引起的自然对流，这种对流在金属的凝固过程中是始终存在的。它对金属凝固后的组织及成分偏析有重要的影响。

5.1.1.1 金属液中自然对流的驱动力

由于温度不同造成热膨胀，因此凝固过程中金属液的温度差会引起热对流，从而引起金属液密度的不同，密度较小的金属液受到浮力的作用。同样，金属液成分不均匀时也会因密度不同而产生浮力。这种由于密度不同而产生的浮力是对流的驱动力，当浮力大于金属液的黏滞力时，就会产生对流，浮力很大时，甚至产生紊流。压力对金属液的密度影响较小（以水为例，压力改变 5 倍的大气压力时，其产生密度的变化仅与温度改变 1℃ 所产生的密度变化相同），可将密度看作是只和温度、浓度有关的函数。于是，单位体积由密度变化所产生的浮力为：

$$F_{浮} = \rho(T,\ c)g - \rho_0 g \tag{5-1}$$

式中 g ——重力加速度；

     ρ ——温度为 T 时的密度；

     ρ_0 ——平均温度 T_m 时的密度。

为简化起见，只考虑温度的影响。假设金属液中的温度分布为图 5-1 所示的直线，即：

$$(T_m - T)\Big/\left(\frac{1}{2}\Delta T\right) = y/L$$

则由于水平温差 ΔT 所引起的浮力为：

$$F = (\rho - \rho_0)g = \rho_0\beta_T g(T_m - T) = \frac{1}{2}\rho_0\beta_T g\Delta T\left(\frac{y}{L}\right) \tag{5-2}$$

式中 ΔT ——温度差，$\Delta T = T_2 - T_1$；

     L ——图 5-1 中的金属液宽度一半；

     T_2 ——图 5-1 中左边无限大热板的温度；

     T_1 ——图 5-1 中右边无限大冷板的温度；

     β_T ——温度引起的体积膨胀系数。

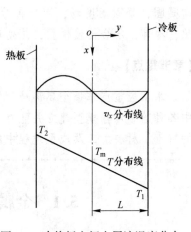

图 5-1 冷热板之间金属液温度分布

两板之间的金属液由于温差产生自然对流，对流的速度 v_x 分布曲线如图 5-1 中所示为正弦波形。由于金属液内各部分之间流动速度不同，将相伴产生黏滞力，如果图 5-2 所示的浮力大于黏滞力，则对流将会发生；相反，对流将会消失。图 5-2 中 τ 为作用于单元底面积上的剪切力，由图可知液体单元上的黏滞力为：

$$\frac{\partial \tau}{\partial y}\mathrm{d}x\mathrm{d}y\mathrm{d}z = \left(\tau + \frac{\partial \tau}{\partial y}\mathrm{d}y\right)\mathrm{d}x\mathrm{d}z - \tau\mathrm{d}x\mathrm{d}z$$

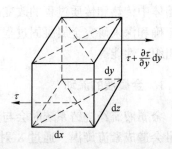

图 5-2 作用在液体单元上的黏滞力

故单位体积上的黏滞力为：

$$F_{黏} = \frac{\partial \tau}{\partial y}$$

根据牛顿黏滞定律 $\tau = \eta \frac{\partial v_x}{\partial y}$，得

$$F_{黏} = \frac{\partial}{\partial y}\left(\eta \frac{\partial v_x}{\partial y}\right) = \eta \frac{\partial^2 v_x}{\partial y^2}$$

当由于水平方向温差引起的浮力与黏滞力相等时，得：

$$\eta \frac{\partial^2 v_x}{\partial y^2} = \rho_0 \beta_T g (T_m - T) = \frac{1}{2}\rho_0 \beta_T g \Delta T\left(\frac{y}{L}\right) \tag{5-3}$$

解此方程：

第一次积分：

$$\tau = \eta \frac{dv_x}{dy} = \frac{1}{4\eta}\rho_0 \beta_T g \Delta T L \left(\frac{y}{L}\right)^2 + C_1$$

第二次积分：

$$v_x = \frac{1}{4\eta}\rho_0 \beta_T g \Delta T L \left[\frac{L}{3}\left(\frac{y}{L}\right)^3 + C_1 L\left(\frac{y}{L}\right)\right] + C_2$$

式中　C_1，C_2——积分常数。

将边界条件 $v_x = 0 (y = L)$ 及 $y = 0 (v_x = 0)$ 代入得：

$$C_1 = -\frac{1}{3}, \quad C_2 = 0$$

则得

$$v_x = \frac{1}{12\eta}\rho_0 \beta_T g L^2 \Delta T\left[\left(\frac{y}{L}\right)^3 - \frac{y}{L}\right] \tag{5-4}$$

式中　$\frac{y}{L}$——无量纲距离。

若用无量纲速度 $v_x / \frac{\nu}{L}$ 代替（ν 为运动黏度系数，量纲为 $L^2 t^{-1}$），则得：

$$\phi = \frac{v_x}{\frac{\nu}{L}} = \frac{L v_x \rho_0}{\eta} = \frac{1}{12}\frac{\rho_0 \beta_T g L^3 \Delta T}{\eta}\left[\left(\frac{y}{L}\right)^3 - \frac{y}{L}\right] = \frac{1}{12}Gr\left[\left(\frac{y}{L}\right)^3 - \frac{y}{L}\right] \tag{5-5}$$

其中

$$Gr = \frac{\rho_0^2 \beta_T g L^3 \Delta T}{\eta^2} \tag{5-6}$$

式中　Gr——格拉晓夫数（Grashof number）。

对于因浓度差引起的对流，格拉晓夫数可表示为：

$$Gr = \frac{\rho_0^2 \beta_C g L^3 \Delta c}{\eta^2} \tag{5-7}$$

从式（5-5）可以看出，自然对流的速度取决于格拉晓夫数值的大小，因而可以把它看成是水平温差或浓度差引起自然对流的驱动力。从其表达式中可以看出，温度差 ΔT 或浓度差 Δc 越大时，这种自然对流就越强烈。此外，液体密度、体积膨胀系数、黏度系数

及液体容器的宽度等均对对流强度产生影响。

在金属液的垂直方向上存在温度梯度或浓度梯度时，同样会因密度差而产生浮力，当浮力大于黏滞力时，即会产生自然对流。为探讨作用于单位体积流体上浮力和黏滞力的比值，设高度为 h 的铸件，从底部开始凝固，且排出的溶质密度较小，其底部与自由表面的垂直浓度差为 Δc，为简化计算，取金属中半径为 a 的球状流体单元进行研究，单元体内的浓度梯度为 $\Delta c'/a$。在包含该体元球心的水平面内，体元球心较周围环境的浓度高 $\Delta c'$，该体元在浮力作用下，如果在上升距离为 a 的时间内，其上升速度足够快，致使体元因损耗溶质而造成的浓度降低不超过原来的浓度差 $\Delta c'$，那么，体元将继续上升。

设体元较环境多余的溶质量为：

$$Q = \frac{4}{3}\pi a^3 \Delta c'$$

通过球面单位时间消耗在环境中的溶质量为：

$$Q' = 4\pi a^2 D \frac{\Delta c'}{a}$$

式中 D——溶质扩散系数。

体元内比环境多余的溶质量的耗竭时间为：

$$t = \frac{Q}{Q'} = \frac{a^2}{3D}$$

故临界上升速度为 $v = a/t = 3D/a$。根据斯托克斯定律，黏滞阻力为：

$$6\pi\eta av = 18\pi\eta D$$

而作用于单元体上的浮力为：

$$\frac{4}{3}\pi a^3 \beta_C g \rho_0 \Delta c'$$

故为使浮力大于阻力以导致自然对流，必须：

$$\frac{4}{3}\pi a^3 \beta_C g \rho_0 \Delta c' > 18\pi\eta D$$

或

$$\frac{g\beta_C a^3 \Delta c'}{vD} > 1$$

不等式左边为无量纲的瑞利数，它代表浮力与黏滞力的比值，可作为垂直方向因浓度差（或温度差）引起对流的判据。通常，为计算方便，将铸件高度 h 代替 a，将总的浓度差 Δc 代替 $\Delta c'$，这样瑞利数可表示为：

$$Ra = \frac{g\beta_C h^3 \Delta c}{vD} \tag{5-8}$$

在金属液的上界面为自由界面的情况下，瑞利数超过 1100 时，金属液将由静止状态转变为对流状态；而当 $Ra \leqslant 10^8$ 时，保持层流，高于此值将产生紊流。

5.1.1.2 金属液的对流对凝固前沿的影响

在金属液中，沿晶体长大方向，当温度梯度超过临界值 10℃/cm 时，对流将引起固液界面前沿温度的波动，使界面前移的速度发生紊乱，造成溶质有效分配系数的改变，使同相成分相应地产生波动，即对溶质平衡分配系数 $k_0<1$ 的合金，当界面温度升高且推进

速度减小时，固相溶质浓度下降；反之，当界面温度降低且推进速度增大时，固相中溶质浓度升高，从而在固相中形成带状偏析。

对流对枝晶组织的影响表现在：当对流达到紊流程度时会冲刷枝晶臂，产生大量晶体，促使等轴晶的发展，特别是溶质浓度较高的合金容易借助流动而形成等轴晶；另一方面，即使流动达不到冲断枝晶臂的程度，它也会明显地影响一次枝晶臂间距及二次枝晶臂的生长方向。通常，在静止金属液中，一次枝晶臂间距与冷却速度的1/2次方成反比；而在流动的金属液中则与冷却速度无关，不过，其值较静止金属液中的一次臂间距要大得多。这是由于流动造成固液界面温度的波动，使枝晶尖端参差不齐，那些深入到金属液深处的枝晶，其周围金属液中富集的溶质被流动的金属液及时带走，这里热量的传输也较为强烈，所以其成长速度更快；而那些落后的枝晶成长速度却缓慢下来，直到停止生长。此外，在一次枝晶上流的一侧，由于上述的原因，其二次枝晶较为发达；相反，在一次枝晶的下流一侧，二次枝晶的生长受到抑制。

图 5-3   Al-Cu$[w(\mathrm{Cu})=1.0\%]$
合金在流速为 10cm/s（由右向左）
情况下的凝固组织

柱状树枝晶通常沿着金属液流动的上流方向改变其生长方向，图 5-3 为 Al-Cu $(w(\mathrm{Cu})=1.0\%)$ 合金在金属液由右向左以 10cm/s 的流速流动情况下的凝固组织。造成枝晶生长方向改变的原因，是由于枝晶尖端周围金属液流动而使温度和溶质分布不对称所致，枝晶尖端周围的上流金属液与下流金属液相比，其温度和溶质浓度较低。柱状晶生长方向和其晶体长大的择优取向 [100] 的偏离程度，取决于流速及合金中溶质的浓度，图 5-4 为它们三者之间的关系。从图 5-4 看出，偏离角随流速的增大而增大，但随溶质浓度的增加而减小。这一结果说明，合金中溶质浓度越高，其按择优取向 [100] 方向进行长大的倾向性越大。图5-5是枝晶生长方向、柱状树枝晶晶粒方向同 [100] 晶向的偏离示意图。可以看出，晶粒的轴向同 [100] 晶向的偏离远比枝晶生长方向同 [100] 晶向的偏离大。这种差别显然是由于枝晶二次臂在流体的上流方向远比下流方向发达造成的。

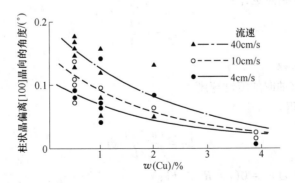

图 5-4   Al-Cu 合金柱状树枝晶生长方向与 [100] 晶向

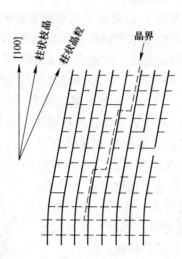

图 5-5 柱状晶晶粒生长方向及枝晶生长方向
同 [100] 晶向的偏离示意图

5.1.1.3 枝晶间的金属液流动

A 流动速度

枝晶间的距离通常在 $10 \sim 100\mu m$ 之间，根据流体力学的观点，将枝晶区作为多孔性介质处理，设想不考虑金属凝固过程中固相的逐渐增加及液相的逐渐减少，即枝晶间的空隙是不变的。此外，还假定空隙通道是直而光滑的。设在一个长度为 L 的圆柱体内，有很多半径为 R 的微小孔道，因此可以引用圆管中液体的流动规律，即在每个圆管中，横断面上任一点的轴向切应力可以表示为：

$$\tau_r = \left(\frac{p_0 - p_L}{L} \right) \frac{r}{2} \tag{5-9}$$

式中 p_0，p_L ——进、出口的压力；

         r ——指定点的半径；

         L ——管道长度。

另外，根据牛顿黏滞定律：

$$\tau_r = \eta \frac{\mathrm{d}v_x}{\mathrm{d}r}$$

式中 η ——黏度系数；

     v_x ——沿管道轴向的流动速度。

代入式 (5-9) 得：

$$\mathrm{d}v_x = \frac{p_0 - p_L}{2\eta L} r \mathrm{d}v \tag{5-10}$$

积分，边界条件为 $v_x = 0 (r = R)$，得：

$$v_x = \frac{p_0 - p_L}{2\eta L}(R^2 - r^2) \qquad (5\text{-}11)$$

当 $r = 0$ 时：

$$v_{x(\max)} = \frac{(p_0 - p_1)R^2}{4\eta L}$$

故平均速度为：

$$\overline{v_x} = \frac{1}{2}v_{x(\max)} = \frac{(p_0 - p_1)R^2}{8\eta L}$$

设压力梯度为常数，即：

$$\frac{\partial p}{\partial x} = \frac{p_0 - p_1}{L}$$

故

$$\overline{v_x} = \frac{R^2}{8\eta}\frac{\partial p}{\partial x} \qquad (5\text{-}12)$$

设上述圆柱模拟体内，单位面积上有 n 个孔道，即：

$$f_L = n\pi R^2 \quad 或 \quad R^2 = f_L/n\pi$$

式中 f_L——液相所占体积百分率。

将上式代入式 (5-12) 得：

$$\overline{v_x} = \frac{f_L}{8\eta n\pi}\frac{\partial p}{\partial x} \qquad (5\text{-}13)$$

设 $f_L^2/8n\pi = K$，式 (5-13) 变为：

$$\overline{v_x} = \frac{K}{\eta f_L}\frac{\partial p}{\partial x} \qquad (5\text{-}14)$$

式中，K 为渗透系数，也可表示为 $K = rf_L^2$，其中 $r = 1/8n\pi$ 是一个与枝晶间空隙和结构有关的常数，因为 n 为单位面积内的空隙数，n 越大，空隙越窄，即枝晶间距越小，K 越小，平均流动速度越小。式 (5-14) 为一维空间的流动，对于三维空间，同时又考虑重力的影响时，枝晶间金属液的平均流动速度可定性地表示为：

$$\overline{v} = \frac{K}{\eta f_L}\nabla(p + \rho_L f_L) \qquad (5\text{-}15)$$

B 金属液的流动对溶质浓度的影响

如果取一个具有固、液两相区同时包括几个枝晶在内的体积单元（见图 5-6）。在这个体积单元内，当凝固进行时，同时也发生金属液流动，如果凝固时体积收缩能够及时得到体积单元以外金属液的流入，补偿收缩，则该体积单元内单位时间平均物质量的变化，等于单位时间流入该体积单元内的液体量，即：

$$\frac{\partial \overline{\rho}}{\partial t} = -\nabla \rho_L f_L \overline{v} \qquad (5\text{-}16)$$

式中 $\overline{\rho}$——包括固、液两相在内的平均密度。

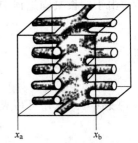

图 5-6 二元合金的一个枝晶

由于 $f_L + f_S = 1$，所以体积单元的平均质量值等于平均密度值：

$$\bar{\rho}(f_L + f_S) = \bar{\rho}$$

$\bar{v}$ 为液态金属在枝晶间流动的平均速度，其意义与式（5-15）相同。式（5-16）等式右边的负号是因为通常液相的密度小于固相，f_L 越大，体积单元的平均密度 $\bar{\rho}$ 越小。

同样，在凝固期间，在体积单元中，根据溶质质量守恒原则，下式是成立的：

$$\frac{\partial}{\partial t}(\bar{\rho}\,\bar{C}) = -\nabla \rho_L C_L f_L \bar{v} \tag{5-17}$$

式中 $\bar{C}$——体积单元的溶质平均含量；

      C_L——体积单元中液相的溶质平均含量。

将式（5-17）展开得：

$$\frac{\partial}{\partial t}(\bar{\rho}\,\bar{C}) = -C_L \nabla \rho_L f_L \bar{v} - \rho_L f_L \bar{v} \nabla C_L \tag{5-18}$$

式中 ∇C_L——在 x、y、z 轴上液相的溶质浓度梯度。

将式（5-16）代入式（5-18）得：

$$\frac{\partial}{\partial t}(\bar{\rho}\,\bar{C}) = C_L \frac{\partial \bar{\rho}}{\partial t} - \rho_L f_L \bar{v} \nabla C_L \tag{5-19}$$

另外，单位时间内体积单元中溶质质量的变化等于其中液相和固相溶质质量变化之和，即：

$$\frac{\partial}{\partial t}(\bar{\rho}\,\bar{C}) = \frac{\partial}{\partial t}(\bar{C}_S \rho_S f_S + C_L \rho_L f_L) \tag{5-20}$$

设固相中无扩散，因此凝固过程中固相溶质浓度不随时间而变化，式（5-20）中 $\bar{C}_S$ 为固相平均溶质含量。为计算简化，设固相密度为常数，且 $C_S^* = C_S$、$C_L^* = C_L$、$k_0 = \bar{C}_S/C_L$。式（5-20）等号右边第一项为：

$$\frac{\partial}{\partial t}(\bar{C}_S \rho_S f_S) = k_0 C_L \rho_S \frac{\partial f_S}{\partial t} \tag{5-21}$$

由于假设凝固过程中不形成气孔，所以有：

$$f_L + f_S = 1$$

即

$$df_L = -df_S$$

故式（5-21）可写成：

$$\frac{\partial}{\partial t}(\bar{C}_S \rho_S f_S) = -k_0 C_L \rho_S \frac{df_L}{dt} \tag{5-22}$$

将式（5-22）代入式（5-20）得：

$$\frac{\partial}{\partial t}(\bar{\rho}\,\bar{C}) = -k_0 C_L \rho_S \frac{\mathrm{d}f_L}{\mathrm{d}t} + \rho_L f_L \frac{\partial C_L}{\partial t} + C_L \frac{\partial}{\partial t}(\rho_L f_L) \tag{5-23}$$

同样，单位时间内体积单元的质量变化等于其中液相和固相质量变化之和，即：

$$\frac{\partial \bar{\rho}}{\partial t} = \frac{\partial}{\partial t}(\rho_S f_S + \rho_L f_L) \tag{5-24}$$

将式（5-24）代入式（5-19）得：

$$\frac{\partial}{\partial t}(\bar{\rho}\,\bar{C}) = C_L \frac{\partial \bar{\rho}}{\partial t} - \rho_L f_L \bar{v} \nabla C_L = C_L \frac{\partial}{\partial t}(\rho_L f_L + \rho_S f_S) - \rho_L f_L \bar{v} \nabla C_L \tag{5-25}$$

由式（5-24）和式（5-25）得：

$$C_L \frac{\partial}{\partial t}(\rho_L f_L + \rho_S f_S) - \rho_L f_L \bar{v} \nabla C_L = -k_0 C_L \rho_S \frac{\partial f_L}{\partial t} + \rho_L f_L \frac{\partial C_L}{\partial t} + C_L \frac{\partial}{\partial t}(\rho_L f_L)$$

将 $f_S = 1 - f_L$ 代入并整理得：

$$-C_L \rho_S \frac{\partial f_L}{\partial t} - \rho_L f_L \bar{v} \nabla C_L = -k_0 C_L \rho_S \frac{\partial f_L}{\partial t} + \rho_L f_L \frac{\partial C_L}{\partial t}$$

两边同时除以 $\rho_L f_L$ 并移项得：

$$\begin{aligned}
\frac{\partial C_L}{\partial t} &= -\frac{C_L \rho_S}{\rho_L f_L} \frac{\partial f_L}{\partial t} + k_0 \frac{C_L \rho_S}{\rho_L f_L} \frac{\partial f_L}{\partial t} - \bar{v} \nabla C_L \\
&= \left(-\frac{C_L \rho_S}{\rho_L f_L} + k_0 \frac{C_L \rho_S}{\rho_L f_L} \right) \frac{\partial f_L}{\partial t} - \bar{v} \nabla C_L \\
&= \left[\frac{\rho_S}{\rho_L}(k_0 - 1) \right] \frac{C_L}{f_L} \frac{\partial f_L}{\partial t} - \bar{v} \nabla C_L
\end{aligned} \tag{5-26}$$

设凝固收缩率为 β：

$$\beta = \frac{\rho_S - \rho_L}{\rho_S}$$

$$1 - \beta = 1 - \frac{\rho_S - \rho_L}{\rho_S} = \frac{\rho_L}{\rho_S} = \left(\frac{\rho_S}{\rho_L} \right)^{-1}$$

将该式代入式（5-26）得：

$$\frac{\partial C_L}{\partial t} = \frac{k_0 - 1}{1 - \beta} \frac{C_L}{f_L} \frac{\partial f_L}{\partial t} - \bar{v} \nabla C_L \tag{5-27}$$

在三维空间的体积单元中，在凝固过程中，温度以及溶质浓度都是 x、y、z、t（时间）函数，即：

$$T = \phi(x, y, z, t)$$

所以

$$\mathrm{d}T = \mathrm{d}i \nabla T + \frac{\partial T}{\partial t} \mathrm{d}t \tag{5-28}$$

式（5-28）等式右边第二项为在 $\mathrm{d}t$ 时间内温度随时间的变量，第一项为在 $\mathrm{d}t$ 时间内温度在 x、y、z 轴上的变量，其中 $\mathrm{d}i$ 为在 $\mathrm{d}t$ 时间内等温线在 x、y、z 轴上移动的距离和方向的向量，设 $\mathrm{d}i/\mathrm{d}t = u$，为等温线在 x、y、z 轴上移动的速度，即凝固速度。在等温面上当达到稳定态时，$\mathrm{d}T = 0$，此时式（5-28）将变为：

$$\frac{\partial T}{\partial t} = -u \nabla T$$

同样，在体积单元中的液相溶质含量 C_L 与温度 T 一样，也可写出下述关系：

$$\frac{\partial C_L}{\partial t} = -u \nabla C_L$$

或

$$\nabla C_L = -\frac{\partial C_L}{\partial t} \frac{1}{u} \tag{5-29}$$

这是由于 C_L 仅取决于温度 T，所以等浓度线的移动速度与等温线的移动速度是一致的。将式（5-29）代入式（5-27）得：

$$\frac{\partial C_L}{\partial t} = -\frac{1-k_0}{1-\beta} \frac{C_L}{f_L} \frac{\partial f_L}{\partial t} + \frac{\bar{v}}{u} \frac{\partial C_L}{\partial t}$$

或

$$\frac{\partial f_L}{f_L} = -\left(\frac{1-\beta}{1-k_0}\right)\left(1-\frac{\bar{v}}{u}\right)\frac{\partial C_L}{C_L}$$

积分得：

$$\ln f_L + \left(\frac{1-\beta}{1-k_0}\right)\left(1-\frac{\bar{v}}{u}\right)\ln C_L + A = 0 \tag{5-30}$$

式中，A 为积分常数，边界条件：当 $C_L = C_0 (f_L = 1)$，C_0 为液相原始成分。因此：

$$\left(\frac{1-\beta}{1-k_0}\right)\left(1-\frac{\bar{v}}{u}\right)\ln C_0 + A = 0$$

故

$$A = -\left(\frac{1-\beta}{1-k_0}\right)\left(1-\frac{\bar{v}}{u}\right)\ln C_0$$

代入式（5-30）：

$$\ln f_L + \frac{1-\beta}{1-k_0}\left(1-\frac{\bar{v}}{u}\right)\ln C_L - \frac{1-\beta}{1-k_0}\left(1-\frac{\bar{v}}{u}\right)\ln C_0 = 0$$

或

$$(k_0-1)\ln f_L = (1-\beta)\left(1-\frac{\bar{v}}{u}\right)\ln C_L - (1-\beta)\left(1-\frac{\bar{v}}{u}\right)\ln C_0$$

$$= (1-\beta)\left(1-\frac{\bar{v}}{u}\right)\ln \frac{C_L}{C_0}$$

令 $q = (1-\beta)\left(1-\frac{\bar{v}}{u}\right)$，代入上式得：

$$(k_0-1)\ln f_L = q\ln \frac{C_L}{C_0}$$

故

$$C_S^* = k_0 C_0 (1-f_S)^{\frac{k_0-1}{q}} \tag{5-31}$$

式（5-31）为固相无扩散液相内存在对流情况下枝晶内溶质分布的情况，该式与 Scheil 公式极为相似，其中决定因素是 q 值的大小，而 q 值是合金凝固收缩率 β、凝固速

度 u 和液体流动速度 $\bar{v}$ 的函数。在合金成分一定的情况下，β 值一定，则 q 值取决于 u 与 $\bar{v}$，u 与 $\bar{v}$ 是影响枝晶偏析的外部因素中的决定环节。由于 $q = (1 - \beta)(1 - \bar{v}/u)$，所以当 $\bar{v} = 0$ 时，式（5-31）变为：

$$C_S^* = k_0 C_0 (1 - f_S)^{\frac{k_0 - 1}{1 - \beta}}$$

该式可以用来描述铸件表皮枝晶内溶质分布的情况，此时，液体流动速度 $\bar{v} = 0$，影响溶质分布的主要因素除 k_0 外，就是凝固收缩系数 β 了，当 $\rho_S > \rho_L$ 时 β 为正；反之，β 为负，从而决定铸件表皮的偏析性质。另外，$u = \varepsilon/\Delta T$，其中 ε 为冷却速度，ΔT 为温度梯度，两者均会通过对 u 的影响而影响枝晶内的溶质分布。

总之，由于 f_S 是小于 1 的分数。对于 $k_0 < 1$ 的合金来说，凡是 k_0 的减小（表现为凝固温度范围宽，固、液两相区宽），凝固收缩率 β 增大，冷却速度 ε 减小，金属液流动速度 $\bar{v}$ 增大，液相内温度梯度 ∇T 增加等都会引起溶质偏析的增加。

5.1.2 金属凝固过程的传热

在凝固过程中，伴随着潜热的释放、液相与固相降温放出物理热，定向凝固时，还需外加热源使凝固过程以特定的方式进行，各种热流被及时导出，凝固才能维持。宏观上讲，凝固方式和进程主要是由热流控制的。金属凝固过程的传热特点可以简明地归结为"一热、二迁、三传"。

"一热"即在凝固过程中热量的传输是第一重要的，它是金属凝固过程能否进行的驱动力。凝固过程首先是从液体金属传出热量开始的。高温的液体金属浇入温度较低的铸型时，金属所含的热量通过液体金属、已凝固的固体金属、金属-铸型的界面和铸型的热阻而传出。凝固是一个有热源非稳态传热过程。

"二迁"指在金属凝固时存在两个界面，即固相-液相间界面和金属-铸型间界面，这两个界面随着凝固进程而发生动态迁移，并使界面上的传热现象变得极为复杂。图 5-7 为纯金属浇入铸型后的主要传热方式示意图，由图可见在凝固过程中随着固相-液相间界面向液相区域迁移，液态金属逐步变为固态，并在凝固前沿释放出凝固潜热，并随着凝固进程而非线性的变化。在金属凝固过程中，由于金属的凝固收缩和铸型的膨胀，在金属和铸型间形成金属和铸型间的界面，由于接触不完全，它们之间存在着界面热阻。接触情况不

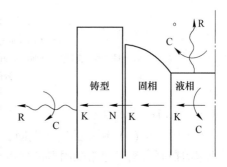

图 5-7　金属凝固过程中的主要传热方式
K—导热；C—对流；R—辐射；N—牛顿换热

断地变化，在一定条件下，会形成一个间隙（也称气隙），因此这里的传热不只是一种简单的传导，而是同时存在微观的对流和辐射传热。

"三传"即金属的凝固过程是一个同时包含动量传输、质量传输和热量传输的三传耦合的三维传热物理过程。在热量传输过程中也同时存在导热、对流和辐射换热三种传热方式。从宏观上看是一维传热的单向凝固的金属，由于凝固过程中的界面现象使传热过程在微观变得非常复杂。当固-液界面是凹凸不平或生长为枝晶状时，在这个凝固前沿上，热

总是垂直于这些界面的不同方位从液相传入固相，因而发生微观的三维传热现象。在金属和铸型界面上的传热也不只是一种简单的传导，而是同时存在微观的对流和辐射传热。

5.1.2.1 典型的凝固方式和传热特点

在凝固过程中，液相向固相的转变伴随着结晶潜热的释放，液相与固相的降温也将释放出物理热。同时，在定向凝固等特殊凝固条件下还需要外加热源使凝固过程以特定方式发生。只有各种热流被及时导出才能维持凝固过程的进行。从宏观上讲，凝固方式和进程主要是由热流控制的。

图 5-8 所示的两种典型凝固方式（定向凝固和体积凝固）是在两种极端热流控制条件下实现的。前者通过维持热流一维传导使凝固界面沿逆热流方向推进，完成凝固过程，称为定向凝固；后者通过对凝固系统缓慢冷却使液相和固相降温释放的物理热和结晶潜热向四周散失，凝固在整个液相中进行，并随着固相分数的持续增大完成凝固过程，称为体积凝固。以上两种典型凝固过程中的传热条件是有代表性的。

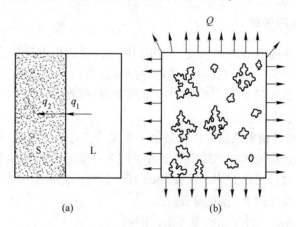

图 5-8 两种典型的凝固方式

（a）定向凝固；（b）体积凝固（糊状凝固）

q_1—自液相导向凝固界面的热流密度；q_2—自凝固界面导入固相的热流密度；

Q—铸件向铸型散出的热量

A 定向凝固过程

对于图 5-8（a）所示的定向凝固，可从凝固界面附近的热流平衡分析入手，获得凝固速率的控制方程。忽略凝固区的厚度，则液体的热流密度 q_1 和固体的热流密度 q_2 与结晶潜热释放率 q_3 之间满足热平衡方程：

$$q_2 - q_1 = q_3 \tag{5-32}$$

根据傅里叶导热定律知：

$$q_1 = \lambda_L G_L \tag{5-33}$$

$$q_2 = \lambda_S G_S \tag{5-34}$$

而

$$q_3 = \rho_S \Delta H R \tag{5-35}$$

式中 λ_L，λ_S ——液相和固相的热导率；

$\quad\quad G_L$，G_S ——凝固界面附近液相和固相中单位长度上的温度梯度；

$\quad\quad \Delta H$——结晶潜热；

R——凝固速率（凝固界面推进速率）；

ρ_S——固相密度。

把式（5-33）~式（5-35）代入式（5-32），则可求得凝固速率为：

$$R = \frac{\lambda_S G_S - \lambda_L G_L}{\rho_S \Delta H} \qquad (5\text{-}36)$$

式（5-36）把凝固速率与凝固过程的传热条件联系在一起，是定向凝固过程研究的一个基本方程，也是凝固固液界面达到稳态时一个基本条件。

常见的两种定向凝固方式如图5-9所示，图5-9（a）为一维温度场中的定向凝固过程，图5-9（b）则反映了普通铸件的局部凝固情况。

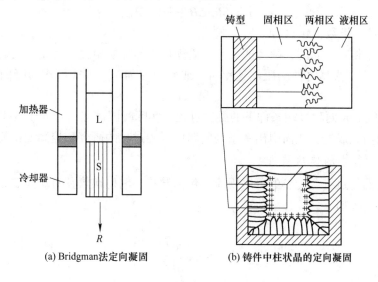

(a) Bridgman法定向凝固　　　(b) 铸件中柱状晶的定向凝固

图5-9　两种定向凝固过程

B　体积凝固过程

体积凝固又称糊状凝固，凝固是在整个液相中进行的，常见于具有一定凝固温度范围的固溶体型合金的凝固过程。对于这一凝固过程，标志凝固速率的主要指标是固相体积分数 φ_s 随凝固时间 t 的变化 $R = \mathrm{d}\varphi_s / \mathrm{d}t$，可称为铸件的凝固速率。作为一种理想的情况，假定液相在凝固过程中内部热阻可忽略不计，温度始终是均匀的，凝固过程释放的热量通过铸型均匀散出，其热平衡条件可表示为：

$$q_1 = q_2 + q_3 \qquad (5\text{-}37)$$

式中　q_1——单位时间铸型吸收的热量；

q_2——整个铸件降温释放的热量；

q_3——凝固过程放出的结晶潜热。

$$Q_1 = qA \qquad (5\text{-}38)$$

$$Q_2 = -\varepsilon V(\rho_S C_S \varphi_S + \rho_L C_L \varphi_L) \qquad (5\text{-}39)$$

$$Q_3 = RV\rho\Delta H \qquad (5\text{-}40)$$

式中　A——铸型与铸件之间的界面面积；

q——铸型与铸件之间的界面热流密度；

ε——铸件的冷却速率，$\varepsilon = dT/dt$，为负值；

R——铸件的凝固速率，$R = d\varphi_S/dt$；

V——铸件体积；

ΔH——凝固潜热；

ρ_S，ρ_L，ρ——固相密度、液相密度及平均密度；

c_S，c_L——固相、液相的质量热容；

φ_S，φ_L——固相体积分数和液相体积分数。

近似取 $\rho_S = \rho_L = \rho$、$c_S = c_L = c$，并且已知 $\varphi_S + \varphi_L = 1$，则由式（5-37）~式（5-40）可以得出：

$$q = (R\rho\Delta H - c\rho\varepsilon)M \tag{5-41}$$

式中　M——铸件模数，$M = V/A$。

R 和 ε 不是相互独立的，两者的关系与凝固过程的传质相关。因此，根据式（5-41），可以由传热条件 q 估算铸件的凝固速率 R，或由 R 估算 q。该式可作为凝固过程控制的依据。

图 5-9 反映的是两种极端条件下的凝固过程，实际凝固过程通常介于两者之间，凝固是在一个区间内完成的，从而引出一系列问题使凝固过程的研究和控制变得复杂。

C　凝固过程中的传热特点

凝固过程的传热符合传热的普遍规律，包括导热、辐射换热及对流换热三种基本传热方式，其控制方程如下：

导热：

$$\boldsymbol{q} = -\lambda \frac{dT}{d\boldsymbol{n}} \tag{5-42}$$

$$\frac{\partial T}{\partial t} + v_x \frac{\partial T}{\partial x} + v_y \frac{\partial T}{\partial y} + v_z \frac{\partial T}{\partial z} = \alpha \nabla^2 T + q_v + \Phi \tag{5-43}$$

辐射换热：

$$q = k\left[\left(\frac{T'_C}{100}\right)^4 - \left(\frac{T_C}{100}\right)^4\right] \tag{5-44}$$

对流换热：

$$q = \alpha_1(T'_C - T_C) \tag{5-45}$$

式中　λ——热导率；

α——热扩散率；

k——传热系数；

α_1——界面传热系数（经验参数，常通过实验确定）；

T——温度；

T'_C——铸件温度；

T_C——环境温度；

$dT/d\boldsymbol{n}$——等温面法线方向的方向导数。

以上述基本方程为基础，在一定的条件下即可进行凝固过程温度场及其演变过程的计算。这些条件包括：物理条件（主要物理性质参数的数值），几何条件（凝固系统的几何形状及尺寸），时间条件（初始条件），空间条件（边界条件）。

图 5-7 所示为纯金属凝固过程中的主要传热方式示意图（铸型与空气之间的辐射和对流传热；铸型内部的导热；铸件固相与铸型间的牛顿换热；铸件固相内部的导热；铸件液相内部的导热，铸件液相与固相间的对流传热；铸件与空气间的辐射和对流传热）。可见即使在形状极其简单的条件下凝固过程的传热也很复杂，进行温度场的精确计算十分困难，需要通过具体分析，忽略次要传热过程而根据主要传热方式进行近似计算。

实际凝固过程的传热还有以下影响因素需要考虑：

凝固过程中由于铸件的收缩将在铸件和铸型之间形成间隙，此间隙在凝固过程中是变化的，并且不同部位（侧面、顶面和底面）的间隙可能不同，因而间隙内的界面热导率常被作为一个课题研究。

结晶潜热的处理是凝固过程研究的又一特殊问题。对于平面界面凝固，可将凝固界面看作是一个移动的热源进行处理。而对于体积凝固过程（温度连续变化），可采用折合质量热容法，其基本原理是把凝固潜热 ΔH 折合到质量热容 C 上，获得一个增大了的折合质量热容 C'，折合质量热容的计算式为：

$$C' = C - \Delta H \frac{\mathrm{d}\varphi_S}{\mathrm{d}T} \tag{5-46}$$

由于 $\mathrm{d}\varphi_S/\mathrm{d}T$ 是与凝固过程相关的，并且由凝固过程的传质和扩散决定，因而不同凝固条件下 C' 可能不同。

常见的凝固并不是按照平面界面进行的，而存在一个凝固区，即糊状区，在该区内存在着传热和传质的耦合问题，需要同时考虑传热、传质过程。为了便于处理，通常先对传质条件简化，并在此基础上进行传热过程的研究。

5.1.2.2　铸件凝固温度场

铸件凝固过程中，许多现象都是温度的函数。因此，研究凝固过程传热要解决的主要问题是各不同时刻，铸件和铸型中的温度场变化。

根据铸件温度场随时间的变化，能够预测铸件凝固过程中其断面上各时刻的凝固区域大小及变化，凝固前沿向中心推进的速度，缩孔和疏松的位置，凝固时间等重要问题。为正确设计浇铸系统，设置冒口、冷铁，以及采取其他工艺措施控制凝固过程提供可靠的依据。这对于消除铸造缺陷，获得健全铸件，改善铸件组织和性能都很重要。

研究铸件温度场的方法有实测法、数学解析法和数值模拟法等。目前，电子计算机数值模拟法发展很快，日臻完善，有广泛的应用前景。温度场数值模拟也是铸件凝固过程中其他场，如应力场、浓度场、液态金属对流场、组织和性能等的模拟和优化的基础。

A　数学解析法

运用数学方法研究铸件和铸型的传热，主要目的是利用传热学的理论，建立表明铸件凝固过程传热特征的各物理量之间的方程式，即铸件和铸型的温度场数学模型并加以求解。

应该指出，铸件在铸型中的凝固和冷却过程是非常复杂的。这是因为，它首先是一个不稳定的传热过程，铸件上各点的温度随时间而下降，而铸型温度则随时间上升；其次，铸件的形状各种各样，其中大多数为三维的传热问题，铸件在凝固过程中又不断地释放出结晶潜热，其断面上存在着已凝固完毕的固态外壳，液固态并存的凝固区和液态区，在金属型中凝固时还可能出现中间层。因此，铸件与铸型的传热是通过若干个区域进行的。此外，铸型和铸件的热物理参数还都随温度而变化，不是固定的数值等，将这些因素都考虑进去，建立一个符合实际情况的微分方程式是很困难的。因此，用数学分析法研究铸件的凝固过程时，必须对过程进行合理的简化。

在铸件和铸型的不稳定导热过程中，温度与时间和空间的关系可用傅里叶导热微分方程式（5-43）进行描述，因为导热方程是从普遍的物理法则——能量守恒和能量转换定律得出的，在推导时未考虑过程的任何具体条件，所以方程式给出的是各参量之间的最普遍关系，它可以确定一切固体和液体内的导热现象。因此，导热微分方程可以用来确定铸件和铸型的温度场。由于导热微分方程式是一个基本方程式，用它来解决某一具体问题时，为了使方程式的解确实成为该具体问题的解，就必须对基本方程式补充一些附加条件。这些附加条件就是一般所说的单值性条件，它们把所研究的特殊问题从普遍现象中区别出来。

在不稳定导热的情况下，导热微分方程的解具有非常复杂的形式。目前只能用来解决某些特殊的问题，例如，对于形状最简单的物体——平壁、圆柱、球，它们的温度场都是一维的，可以得到解决。

下面以半无限大的铸件为例，运用导热微分方程式求铸件和铸型中的温度场。假设具有一个平面的半无限大铸件在半无限大的铸型中冷却，如图 5-10 所示。铸件和铸型的材料是均质的，其热扩散率 a_1 和 a_2 近似地为不随温度变化的定值，铸型的初始温度为 t_{20}，并设液态金属充满铸型后立即停止流动，且各处温度均匀，即铸件的初始温度为 t_{10}，将坐标的原点设在铸件与铸型的接触面上。在这种情况下，铸件和铸型任意一点的温度 t 与 y 和 z 无关，为一维导热问题，

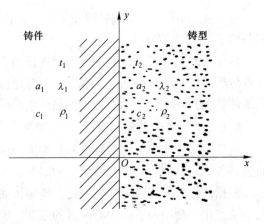

图 5-10 半无限大铸件在铸型中冷却

即
$$\frac{\partial^2 t}{\partial y^2} = 0, \ \frac{\partial^2 t}{\partial z^2} = 0 \tag{5-47}$$

导热微分方程式具体形式可以写成：

$$\frac{\partial t}{\partial \tau} = a \frac{\partial^2 t}{\partial x^2} \tag{5-48}$$

以置换变量法求解，其通解为：

$$t = C + D\mathrm{erf}\left(\frac{x}{2\sqrt{a\tau}}\right) \tag{5-49}$$

式中　t——时间为 τ 时，铸件或铸型内距界面为 x 处的温度；

C，D——常数，可利用单值条件求出；

$\operatorname{erf}\left(\dfrac{x}{2\sqrt{a\tau}}\right) \relbar\joinrel\relbar \operatorname{erf}\left(\dfrac{x}{2\sqrt{a\tau}}\right) = \dfrac{2}{\sqrt{\pi}}\displaystyle\int_0^{\frac{x}{2\sqrt{a\tau}}} e^{-\beta^2}\,\mathrm{d}\beta$，高斯误差函数，可查表求得。该误差函数的性质：

$$\begin{cases} \operatorname{exf}(x) = 0,\ \operatorname{exf}(-x) = -\operatorname{exf}(x) & x = 0 \\ \operatorname{exf}(x) = 1 & x = \infty \\ \operatorname{exf}(x) = -1 & x = -\infty \end{cases}$$

对于铸件，导热微分方程为：

$$\frac{\partial t_1}{\partial t} = a_1 \frac{\partial^2 t_1}{\partial x^2} \tag{5-50}$$

其通解为：

$$t_1 = C_1 + D_1 \operatorname{erf}\left(\frac{x}{2\sqrt{a_1\tau}}\right) \tag{5-51}$$

边界条件：

$$x = 0\,(\tau > 0),\ t_1 = t_f$$

其中，t_f 为界面温度，所以 $C_1 = t_f$。初始条件：$\tau = 0$，$t_1 = t_{10}$，得：

$$D_1 = t_f - t_{10}$$

将 C_1 和 D_1 代入式（5-51），得出铸件温度场的方程式：

$$t_1 = t_f + (t_f - t_{10})\operatorname{erf}\left(\frac{x}{2\sqrt{a_1\tau}}\right) \tag{5-52}$$

对于铸型，导热微分方程为：

$$\frac{\partial t_2}{\partial \tau} = a_2 \frac{\partial^2 t_2}{\partial x^2} \tag{5-53}$$

其通解为：

$$t_2 = C_2 + D_2 \operatorname{erf}\left(\frac{x}{2\sqrt{a_2\tau}}\right) \tag{5-54}$$

利用单值条件求出：

$$C_2 = t_f,\ D_2 = t_f - t_{20}$$

代入式（5-54），得出铸型温度场方程式：

$$t_2 = t_f + (t_f - t_{20})\operatorname{erf}\left(\frac{x}{2\sqrt{a_2\tau}}\right) \tag{5-55}$$

界面温度 t_f 可利用界面处热流连续的关系求得，即：

$$\lambda_1\left(\frac{\partial t_1}{\partial x}\right)_{x=0} = \lambda_2\left(\frac{\partial t_2}{\partial x}\right)_{x=0} \tag{5-56}$$

为此，对式（5-50）和式（5-55）在 $x = 0$ 处求导：

$$\lambda_1\left(\frac{\partial t_1}{\partial x}\right)_{x=0} = \frac{t_f - t_{10}}{\sqrt{\pi a_1\tau}}$$

$$\lambda_2\left(\frac{\partial t_2}{\partial x}\right)_{x=0} = \frac{t_f - t_{20}}{\sqrt{\pi a_2\tau}}$$

代入式（5-56），经整理得：

$$t_f = \frac{b_1 t_{10} + b_2 t_{20}}{b_1 + b_2} \tag{5-57}$$

式中 b_1——铸件的蓄热系数，$b_1 = \sqrt{\lambda_1 C_1 \rho_1}$；

　　　　b_2——铸型的蓄热系数，$b_2 = \sqrt{\lambda_2 C_2 \rho_2}$。

如果 $t_{20} = 0$，并令 $\sigma = \dfrac{b_2}{b_1}$，则：

$$t_f = \frac{t_{10}}{1 + \sigma} \tag{5-58}$$

以上的推算过程中没有计入金属的结晶潜热。若考虑金属的结晶潜热，并认为液态金属与固态金属的导热系数和比热容不同，解法就要复杂得多。

下面分别讨论四种情况下铸件和铸型的温度分布特点。

a   铸件在绝热铸型中凝固

砂型、石膏型、陶瓷型、熔模铸造等铸型材料的导热系数远小于凝固金属的导热系数，可统称为绝热铸型。因此，在凝固传热中，金属铸件的温度梯度比铸型中的温度梯度小得多，相对而言，金属中的温度梯度可忽略不计。

在这种情况下，铸件和铸型的温度分布如图 5-11 所示。因此可以认为，在整个传热过程中，铸件断面的温度分布是均匀的，铸型内表面温度接近铸件的温度。如果铸型足够厚，由于铸型的导热性很差，铸型的外表面温度仍然保持为 t_{20}。所以，绝热铸型本身的热物理性质是决定整个系统传热过程的主要因素。

b   以金属-铸型界面热阻为主的金属型中凝固

较薄的铸件在工作表面涂有涂料的金属型中铸造时，就属于这种情况。金属-铸型界面处的热阻较铸件和铸型中的热阻大得多，这时，凝固金属和铸型中的温度梯度可忽略不计，即认为温度分布是均匀的，传热过程取决于涂料层的热物理性质。若金属无过热浇铸，则界面处铸件的温度等于凝固温度，铸型的温度保持为 T_{20}，如图 5-12 所示。

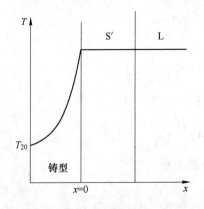
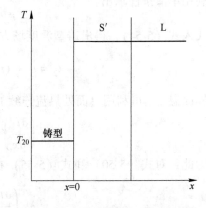

图 5-11   绝热铸型中铸件和铸型的温度分布　　　图 5-12   以界面热阻为主的温度分布

c   厚壁金属型中的凝固

当金属型的涂料层很薄时，厚壁金属型中凝固金属和铸型的热阻都不可忽略，因而都存在明显的温度梯度。由于此时金属–铸型界面的热阻相对很小，可忽略不计，则铸型内表面和铸件表面温度相同。可以认为，厚壁金属型中的凝固传热为两个相连接的半无限大物体的传热，整个系统的传热过程取决于铸件和铸型的热物理性质，其温度分布如图5-13所示。

d　水冷金属型中的凝固

在水冷金属型中，通过控制冷却水温度和流量使铸型温度保持近似恒定，在不考虑金属–铸型界面热阻的情况下，凝固金属表面温度等于铸型温度。在这种情况下，凝固传热的主要热阻是凝固金属的热阻，铸件中有较大的温度梯度，系统的温度分布如图5-14所示。

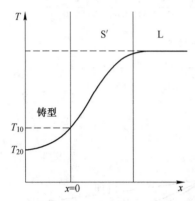

图5-13　厚壁金属型凝固的温度分布　　图5-14　水冷金属型中凝固的温度分布

图5-15所示为铸件和铸型在浇铸后不同时刻的温度场，是由解析法求得的，所用的热物理参数见表5-1。

B　数值模拟法

以上讨论了导热微分方程最简单情况的定解，得出了解的解析表达式，即包括位置和时间的温度场方程式。因此，可以很方便地计算出任何时刻任意位置的温度。但是，除了少数几种极简单的情况外，这种解析表达式大多很难求得。计算机的出现，为人们提供了强大的数值计算工具，解决了数值计算法计算量大的问题，可以获得在工程中令人满意的近似解。近十几年来，铸件温度场的数值模拟有了很大的发展，为铸造工艺优化设计提供了条件。

导热微分方程的数值解法主要有有限差分法、有限单元法、边界元法等，这些方法各有特点。以有限差分法为例，介绍如下。

a　一维系统

图5-16所示为一维传热问题。其导热微分方程为：

$$\frac{\partial t}{\partial \tau} = \alpha \frac{\partial^2 t}{\partial x^2} \tag{5-59}$$

沿热流方向把均质物体分割为若干单元，各单元的端面为一单位面积，单元长度为Δx，用差分代替上述方程中的微分，可得到相应的有限差分算式，即：

$$\frac{\partial t}{\partial \tau} \approx \frac{t(\tau + \Delta \tau, \ x) - t(\tau, \ x)}{\Delta \tau}$$

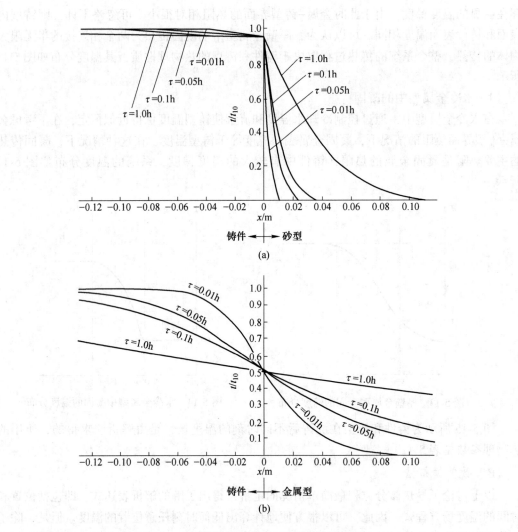

图 5-15   铸铁件在砂型和金属型中的凝固

表 5-1   铸铁和铸型的热物理参数

材料	导热系数 $\lambda/\text{W} \cdot (\text{m} \cdot \text{℃})^{-1}$	比热容 $c/\text{J} \cdot (\text{kg} \cdot \text{℃})^{-1}$	密度 $\rho/\text{kg} \cdot \text{m}^{-3}$	热扩散率 $\alpha/\text{m}^2 \cdot \text{s}^{-1}$
铸铁	46.5	753.6	7000	8.8×10^{-6}
砂型	0.314	963.0	1350	2.4×10^{-7}
金属型	61.64	544.3	7100	1.58×10^{-5}

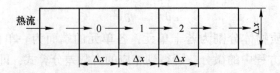

图 5-16   一维均质物体的分割

$$\frac{\partial^2 t}{\partial x^2} \approx \frac{t(\tau, \; x + \Delta x) - 2t(\tau, \; x) + t(\tau, \; x - \Delta x)}{\Delta x^2}$$

所以有：

$$\frac{t(\tau + \Delta \tau, \; x) - t(\tau, \; x)}{\Delta \tau} = \alpha \frac{t(\tau, \; x + \Delta x) - 2t(\tau, \; x) + t(\tau, \; x - \Delta x)}{\Delta x^2}$$

令

$$M = \frac{\Delta x^2}{\alpha \Delta \tau}$$

并取

$$t(\tau + \Delta \tau, \; x) = t_1'$$
$$t(\tau, \; x - \Delta x) = t_0$$
$$t(\tau, \; x) = t_1$$
$$t(\tau, \; x + \Delta x) = t_2$$

整理后得到：

$$t' = \frac{1}{M} \big[t_0 + (M - 2) t_1 + t_2 \big] \tag{5-60}$$

式（5-60）为一维不稳定导热的有限差分计算方程，其中 t_0、t_1、t_2 为 τ 时刻相应单元的温度。$\tau + \Delta \tau$ 时刻单元 1 的 t_1' 温度，可由式（5-60）直接求出，因而称其为显示格式。这种格式虽计算简单，但是 M 取值有限制。如果上式中的 $M < 2$，从方程式可以看出，单元 1 的温度 t_1 对其本身的未来值具有负的效应。换言之，单元在起初时越热，到 $\Delta \tau$ 后就越冷，这与热力学第二定律不符，所以必须有 $M \geqslant 2$。由 M 的定义式可知，当单元划分确定后，即 Δx 确定后，时间步长 $\Delta \tau$ 的取值必须满足 $\Delta \tau \leqslant \frac{\Delta x^2}{\alpha \Delta \tau}$。

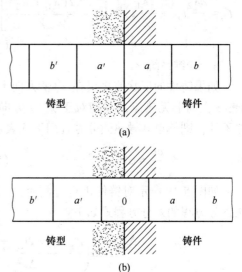

图 5-17 两种不同物体的分割

对于铸件在铸型中的凝固和冷却，则需要解决两种不同材料相接触时的数值计算法。在这种情况下，分界面有两种处理方法（图 5-17）：把两种物体的点分别定于分界面的两侧（见图 5-17（a））和把一点定于分界面上（见图 5-17（b））。在第一种情况下就得到下列方程式，其中下角标 1 和 2 分别指铸件和铸型（见图 5-17（a））。

$$\lambda_{a'a}(t_{a'} - t_a)\Delta \tau + \lambda_{ba}(t_b - t_a)\Delta \tau = c_a \rho_a \Delta x^2 (t_a' - t_a)$$

$$c_a \rho_a = c_1 \rho_1, \; \lambda_{ba} = \lambda_1, \; \lambda_{a'a} = \frac{2\lambda_1 \lambda_2}{\lambda_1 + \lambda_2}$$

令

$$x_A = \frac{2\lambda_2}{\lambda_1 + \lambda_2}$$

则有

$$\lambda_{a'a} = x_A \lambda_1$$

代入上式得：

$$x_A \lambda_1 (t_{a'} - t_a) \Delta\tau + \lambda_1 (t_b - t_a) \Delta\tau = c_1 \rho_1 \Delta x^2 (t_{a'} - t_a)$$

令

$$M_1 = \frac{c_1 \rho_1 \Delta x^2}{\lambda_1 \Delta\tau}$$

则

$$t_a' = \frac{x_A}{M_1} t_{a'} + \frac{t_b}{M_1} + \left(1 - \frac{x_A + 1}{M_1}\right) t_a \tag{5-61}$$

在第二种情况下，应用同一原则可以对 0 点求出（见图 5-17（b））。

$$\lambda_2 (t_{a'} - t_0) \Delta\tau + \lambda_1 (t_a - t_0) \Delta\tau = c_0 (t_0' - t_0)$$

$$c_0 = \frac{c_1 \rho_1 \Delta x^2}{2} + \frac{c_2 \rho_2 \Delta x^2}{2} = \frac{\lambda_1 M_1 \Delta\tau}{2} + \frac{\lambda_2 M_2 \Delta\tau}{2} = \frac{Z \Delta\tau}{2}$$

式中

$$Z = \lambda_1 M_1 + \lambda_2 M_2$$

$$M_2 = \frac{c_2 \rho_2 \Delta x^2}{\lambda_2 \Delta\tau}$$

故

$$\lambda_2 (t_{a'} - t_0) \Delta\tau + \lambda_1 (t_a - t_0) \Delta\tau = \frac{Z \Delta\tau}{2} (t_0' - t_0)$$

$$t_0' = \frac{2\lambda_2}{Z} t_{a'} + \frac{2\lambda_1}{Z} t_a + \left[1 - \frac{2(\lambda_1 + \lambda_2)}{Z}\right] t_0 \tag{5-62}$$

b　二维系统

如果铸件的形状使之仅在 x、y 方向上有热流，z 方向上无热流，或相对于 x、y 方向可忽略不计，则傅里叶导热微分方程用下式表示：

$$\frac{\partial t}{\partial \tau} = \alpha \left(\frac{\partial^2 t}{\partial x^2} + \frac{\partial^2 t}{\partial y^2}\right) \tag{5-63}$$

如图 5-18 所示对铸件进行分割时，二维导热微分方程的差分方程式如下：

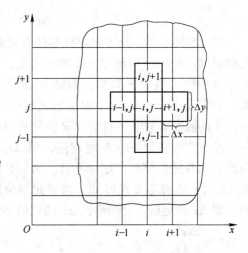

图 5-18　二维系统的分割

$$\frac{\Delta t_{i,j}}{\Delta\tau} = \alpha \left(\frac{t_{i-1,j}^n - 2t_{i,j}^n + t_{i+1,j}^n}{\Delta x^2} + \frac{t_{i,j-1}^n - 2t_{i,j}^n + t_{i,j+1}^n}{\Delta y^2}\right) \tag{5-64}$$

式（5-64）为差分法的基本式，对它进行不同的处理，可以得到不同的计算格式（显示格式、完全隐式、Du Fort-Frankel——D. F. F 格式等）。

将式（5-64）中 $\dfrac{\Delta t_{i,j}}{\Delta\tau}$ 以向前差分 $\dfrac{t_{i,j}^{n+1} - t_{i,j}^n}{\Delta\tau}$ 代替，即得有限差分法的显示格式：

$$\frac{t_{i,j}^{n+1} - t_{i,j}^n}{\Delta\tau} = \alpha \left(\frac{t_{i-1,j}^n - 2t_{i,j}^n + t_{i+1,j}^n}{\Delta x^2} + \frac{t_{i,j-1}^n - 2t_{i,j}^n + t_{i,j+1}^n}{\Delta y^2}\right) \tag{5-65}$$

取 $\Delta x = \Delta y$，并令无因次量 M：

$$M = \frac{\Delta x^2}{\alpha \Delta\tau}$$

得
$$t_{i,j}^{n+1} = \frac{1}{M}\left[t_{i-1,j}^{n} + t_{i+1,j}^{n} + t_{i,j-1}^{n} + t_{i,j+1}^{n} + (M-4)t_{i,j}^{n} \right] \tag{5-66}$$

式中　　　　$t_{i,j}^{n+1}$ —— $\tau + \Delta\tau$ 时刻的 (i,j) 单元的温度；

$\quad\quad\quad\quad t_{i,j}^{n}$ —— τ 时刻的 (i,j) 单元的温度；

$t_{i-1,j}^{n},t_{i+1,j}^{n},t_{i,j-1}^{n},t_{i,j+1}^{n}$ ——相邻各单元在 $\Delta\tau$ 开始时的温度。

　　式（5-66）即为有限差分计算法的显示格式。可见，计算节点 (i,j) 在 $\tau+\Delta\tau$ 时刻的温度值时，只要知道该节点及其相邻节点前一时刻（τ 时刻）的温度值即可，而不需要求解联立方程组，因此称其为显示格式。可以证明，显式格式是条件稳定格式，对于二维系统，此条件为 $(M-4) \geqslant 0$。所以，当 Δx 选定后，$\Delta\tau$ 必须满足：

$$\Delta\tau \leqslant \frac{\Delta x^2}{4\alpha}$$

　　由于 $\Delta\tau$ 的取值有上限限制，不能取得较大，因此显示格式往往需要较长的计算时间。

　　若将式（5-64）中的 $\Delta t_{i,j}/\Delta\tau$ 以向后差分 $\dfrac{t_{i,j}^{n} - t_{i,j}^{n-1}}{\Delta\tau}/\Delta\tau$ 代入，则得到完全隐式格式，该格式是无条件稳定的。在理论上，$\Delta\tau$ 取任何值，计算结果都稳定。因此，$\Delta\tau$ 可以取得较长，缩短了计算时间。但是，完全隐式格式在计算时要求解联立方程组，计算比较复杂。

　　若将式（5-65）以中心差分 $\dfrac{t_{i,j}^{n+1} - t_{i,j}^{n-1}}{\Delta\tau}/\Delta\tau$ 代替 $\Delta t_{i,j}/\Delta\tau$ 则得 D. F. F 格式。此格式兼有显式和完全隐式格式的优点，为无条件稳定且无需求联立方程组。但是 $\Delta\tau$ 取得过大时，计算误差严重，并可能产生振荡现象。

　　此外，还有其他各具特点的格式，也都是由式（5-64）经不同处理得到的。

　　差分法的基本方程也可由能量法推导，也称直接差分法。

　　图 5-18 中相邻四个单元流入 (i,j) 单元的热量为：

$$Q_{i-1} = \lambda_{i-1}\frac{t_{i-1,j} - t_{i,j}}{\Delta x}\Delta y\Delta z\Delta\tau$$

$$Q_{i+1} = \lambda_{i+1}\frac{t_{i+1,j} - t_{i,j}}{\Delta x}\Delta y\Delta z\Delta\tau$$

$$Q_{j-1} = \lambda_{j-1}\frac{t_{i,j-1} - t_{i,j}}{\Delta y}\Delta x\Delta z\Delta\tau$$

$$Q_{j+1} = \lambda_{j+1}\frac{t_{i,j+1} - t_{i,j}}{\Delta y}\Delta x\Delta z\Delta\tau$$

(i,j) 单元的能量增加为：

$$Q_{i,j} = c\rho\Delta t_{i,j}\Delta x\Delta y\Delta z$$

由能量守恒定律得：

$$Q_{i,j} = Q_{i-1} + Q_{i+1} + Q_{j-1} + Q_{j+1}$$

则得：

$$c\rho \frac{\Delta t_{i,j}}{\Delta \tau} = \frac{1}{\Delta x^2} \left[\lambda_{i-1} t_{i-1,j} - (\lambda_{i-1} + \lambda_{i+1}) t_{i,j} + \lambda_{i+1} t_{i+1,j} \right] +$$

$$\frac{1}{\Delta y^2} \left[\lambda_{j-1} t_{i,j-1} - (\lambda_{j-1} + \lambda_{j+1}) + \lambda_{j+1} t_{i,j+1} \right] \qquad (5-67)$$

该式即为相当于式（5-64）的基本方程。若各单元为同一材料，其物理值不随温度变化，即：

$$\lambda_{i-1} = \lambda_{i+1} = \lambda_{j-1} = \lambda_{j+1}$$

则有：

$$\frac{\Delta t_{i,j}}{\Delta \tau} = \alpha \left(\frac{t_{i-1,j}^n - 2t_{i,j}^n + t_{i+1,j}^n}{\Delta x^2} + \frac{t_{i,j-1}^n - 2t_{i,j}^n + t_{i,j+1}^n}{\Delta y^2} \right) \qquad (5-68)$$

由能量法建立差分方程，对变热物性值和不规则单元等情况的处理十分方便。

c　铸件温度场数值计算中的几个问题

（1）铸件-铸型界面的初始温度。一般假设铸型为瞬时充满，即铸件的初始温度（$\tau = 0$）为浇铸温度，铸型为室温。但是，金属液充填铸型后，铸件-铸型界面上的热交换强度很大，在计算时对此处的初始温度必须加以处理。在浇铸初期，热影响区小，界面处可近似为一维导热，则可采用式（5-57）求出界面初始温度：

$$t_f = \frac{b_1 t_{10} + b_2 t_{20}}{b_1 + b_2}$$

（2）凝固潜热的处理。金属凝固释放结晶潜热，使铸件温度下降速度减慢。因此，在计算时必须把潜热的作用考虑进去。下面介绍几种处理结晶潜热的方法，包括温度回升法、等价比热容法、积分法、热焓法。

温度回升法是将每次的计算温度回升到凝固温度 t_{Li} 来体现潜热作用的。假设某单元在不考虑潜热时的计算温度为 t，比凝固温度低 $\Delta t (\Delta t = t_{Li} - t)$，单元固相率增加 Δf_S，Δf_S 与 Δt 之间的关系可表示为：

$$\Delta f_S = \frac{c}{\Delta H} \Delta t$$

式中　c——铸件的比热容；

　　　ΔH——结晶潜热。

由于潜热的释放，将单元温度由 t 回升到 t_{Li}。当各次回升所得当量的固相率之和等于 1（$\Sigma \Delta f_S = 1$）时，潜热释放完毕，温度不再回升。

对于纯金属和共晶成分合金，t_{Li} 为常数。对于有结晶温度范围的合金，其凝固温度随固相率变化。若近似认为液相线为直线，则：

$$t_{Li} = t_L - (t_L - t_S) f_S \qquad (5-69)$$

式中　t_{Li}——固相率等于 f_S 时合金的凝固温度；

t_S，t_L——合金的固相线和液相线温度；

f_S——固相率。

等价比热容法是将凝固潜热折合成比热容，与铸件比热容之和作为等价比热容 C_E 在计算中应用。

设在单位体积、单位时间内固相率的增加率为 $\dfrac{\partial f_S}{\partial \tau}$，相应的潜热释放量为 $\rho \Delta H \dfrac{\partial f_S}{\partial \tau}$，那么在温度区间 (t_L, t_S) 内，导热微分方程可写成：

$$\rho c \frac{\partial t}{\partial \tau} = \lambda \nabla^2 t + \rho \Delta H \frac{\partial f_S}{\partial \tau}$$

作变换得

$$\rho \Delta H \frac{\partial f_S}{\partial \tau} = \rho \Delta H \frac{\partial f_S}{\partial t} \frac{\partial t}{\partial \tau}$$

代入上式，经整理得：

$$\rho \left(c - \Delta H \frac{\partial f_S}{\partial t} \right) \frac{\partial t}{\partial \tau} = \lambda \nabla^2 t \tag{5-70}$$

由式（5-70）可看出，凝固时结晶潜热的释放可等效为比热容的增加，这时等效比热容为：

$$c_E = c - \Delta H \frac{\partial f_S}{\partial t} \tag{5-71}$$

只要知道固相率的表达式，即可由式（5-71）求出等价比热容 c_E。例如，若设凝固潜热在凝固期内是平均释放的，则：

$$f_S = \frac{t_L - t}{t_L - t_S} \quad (t_L \geqslant t \geqslant t_S)$$

代入式（5-71），得：

$$c_E = c + \frac{\Delta H}{t_L - t_S}$$

在进行计算时，在凝固温度范围内，以 c_E 代替 c 即可。

积分法也是在凝固期内以等价比热容 c_E 代替铸件比热容 c 与潜热折合成的比热容 $\bar{c}_p$ 之和，折合比热容与潜热的关系为：

$$c_E = c + \bar{c}_p$$

测定凝固时结晶潜热释放量与温度的关系，即可求出 c_E。

热焓法是将潜热的作用考虑在热焓中，先求出热焓，再由热焓与温度的关系求出温度的方法。由热焓的定义知铸件凝固时的热焓为：

$$\Delta H = \int_{t_S}^{t_L} \bar{c}_p \, \mathrm{d}t$$

$$h = h_0 + \int_{t_0}^{t} c \, \mathrm{d}t + [1 - f_S(t)] \Delta H \quad (t_L \geqslant t \geqslant t_S) \tag{5-72}$$

式中　h_0——基准温度 t_0 时的热焓。

对式（5-72）求温度 t 的偏导，得：

$$\frac{\partial h}{\partial t} = c - \Delta H \frac{\partial f_S}{\partial t}$$

代入式（5-70）可得：

$$\rho \frac{\partial h}{\partial t} \frac{\partial t}{\partial \tau} = \lambda \nabla^2 t$$

整理后，得：

$$\frac{\partial h}{\partial \tau} = \frac{\lambda}{\rho} \nabla^2 t \tag{5-73}$$

将式（5-72）用差分方程替代，根据 h 与温度的关系，求出与 $h(\tau + \Delta\tau)$ 对应的 $t(\tau + \Delta\tau)$，再由 $t(\tau + \Delta\tau)$ 求出 $2\Delta\tau$ 后的 $t(\tau + 2\Delta\tau)$，如此反复计算即可得到任何时刻铸件的温度场。

（3）铸件-铸型界面的处理。液态金属浇入铸型后，由于金属的收缩和铸型受热，铸型-铸件界面处可能出现间隙，使传热变为复合传热过程。在实际计算中，可假定间隙中的传热为对流传热，以等效换热系数 h_e 描述。图 5-17（a）所示为一维传热情况，若考虑界面热阻，则 a 单元的热平衡方程为：

$$\frac{\Delta t_{a'} - t_a}{\dfrac{\Delta x}{\lambda a'a} + \dfrac{1}{h_e}} \Delta\tau + \frac{t_b - t_a}{\dfrac{\Delta x}{\lambda_{ba}}} \Delta\tau = c_1 \rho_1 \Delta x (t_{a'} - t_a) \tag{5-74}$$

式中的等效换热系数 h_e 可由实测来确定。

为了省去砂型各单元的传热计算，有人通过实测导出界面温度的函数，例如界面处铸件与铸型的温差随时间变化的函数，铸型与铸件温度比值随时间变化的函数，铸件界面温度与其峰值的比值随时间变化的函数等。这些函数可作为铸件的边界条件，代入数值计算方程来计算铸件的温度场。

图 5-19 所示为电子计算机数值模拟的 T 形铸件的温度场。

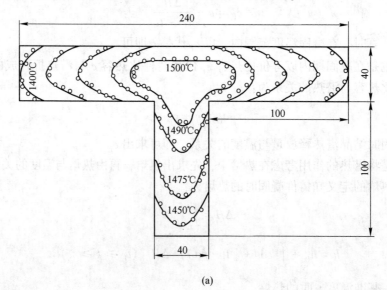

(a)

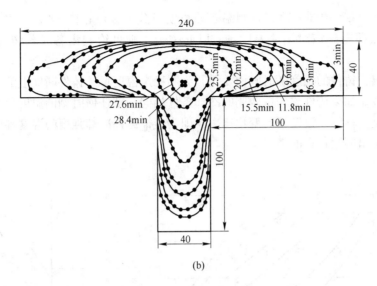

(b)

图 5-19　计算机数值模拟 T 形铸件的温度场

（a）T 形铸件浇铸后 10.7min 时的等温线；（b）T 形铸件浇铸后不同时刻的凝固前沿

C　铸件温度场的测定

铸件温度场测定方法的示意图如图 5-20 所示。将一组热电偶的热端固定在型腔中（如铸型中）的不同位置，利用多点自动记录电子电位计（或其他自动记录装置）作为温度测量和记录装置，即可记录自金属液注入型腔起至任意时刻铸件断面上各测温点的温度-时间曲线，如图 5-21（a）所示。根据该曲线可绘制出铸件断面上不同时刻的温度场（见图 5-21（b））和铸件的凝固动态曲线。

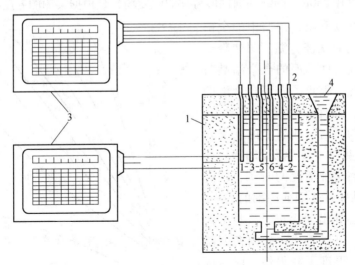

图 5-20　铸件温度场测定方法示意图

1—铸型；2—热电偶；3—多点自动记录电子电位计；4—浇铸系统

铸件温度场的绘制方法是：以温度为纵坐标，以离开铸件表面向中心的距离为横坐标，将图 5-21（a）中同一时刻各测温点的温度值分别标注在图 5-21（b）的相应点上，连接各标注点即得到该时刻的温度场。以此类推，则可绘制出各时刻铸件断面上的温度场。

可以看出，铸件的温度随时间而变化，为不稳定温度场。铸件断面上的温度场也称为温度分布曲线。如果铸件均匀壁两侧的冷却条件相同，则任何时刻的温度分布曲线与铸件壁厚的轴线是对称的。温度场的变化速率，即为表征铸件冷却强度的温度梯度。温度场能更直观地显示出凝固过程的情况。

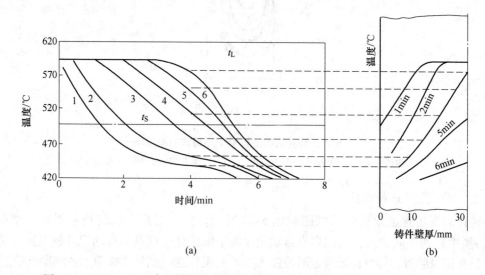

(a)　　　(b)

图 5-21　Al-42.4%Zn 合金铸件温度-时间曲线（a）和铸件断面上的温度场（b）

图 5-22 是直径 250mm 的纯铝圆柱形铸件的温度场，是根据实测的温度-时间曲线绘制的。从曲线上可以看出，铸型中的全部液态合金几乎同时从浇铸温度很快降至凝固温度，接近铸件表面的合金结晶时释放出结晶潜热，阻止了内部合金液的温度继续下降，而保持在凝固温度上，在曲线上表现为平台。曲线上的拐点表示铸件中该等温面上发生凝固的时刻。所以，注意发生这种情况的时刻，就能确定凝固前沿从铸件表面向内部的进程。当铸件的热中心处出现拐点时，整个铸件即凝固完毕。可以看出：凝固初期温度场的梯度大，温度下降得快，以后逐渐缓慢，凝固由表及里逐层到达铸件中心。

对于固溶体合金，由于在固相线附近释放的结晶潜热很少，不能明显地改

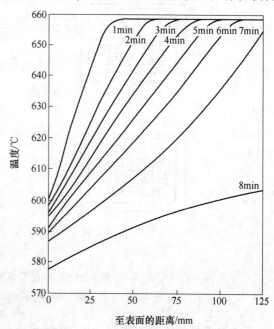

图 5-22　纯铝圆柱形铸件的温度场

变曲线的性质，所以各温度场都看不到明显的固相线拐点，其温度场和纯金属的相似。

图 5-23 所示为共晶型合金的典型温度场，是根据相应的温度时间曲线绘制的。铸型内液体合金很快降至液相线温度，并保持在此温度上。温度场在对应液相线温度和共晶转变温度的地方发生弯曲。

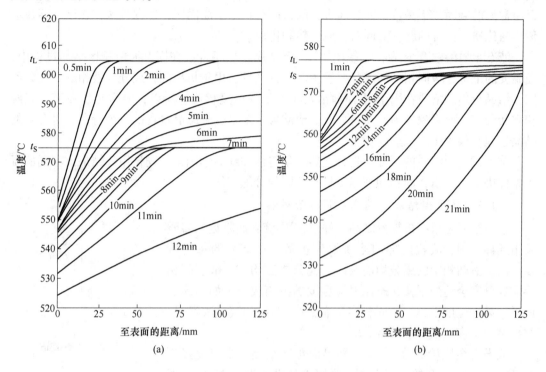

图 5-23　共晶型合金的典型温度场
（a）距共晶成分较远的共晶合金（Al-7.55%Si）；（b）距共晶成分较近的共晶合金（Al-12.3%Si）

某一瞬间温度场中温度相同点组成的面（或线）称为等温面（或等温线），它可能是平面（或直线），也可能是曲面（或曲线）。有时，铸件内的温度场用等温面（或线）表示。圆柱形铸件的等温面为平行于铸件表面的圆柱面，纵断面上的等温线为平行于铸件表面的直线。对于形状不规则的铸件，其等温面一般要由实际测定或通过数值模拟来确定，根据铸件的等温面可以直观地判断铸件的凝固顺序，找出缩孔的位置，这对铸造工艺设计是很有意义的。

5.1.3　金属凝固过程的传质

金属液凝固时出现的固相成分常与液相成分不同，引起固相、液相内成分分布的不均匀，于是在金属液凝固时固相层增厚的同时出现了组分的迁移过程，即传质。凝固过程的溶质传输决定着凝固组织中的成分分布，并影响到凝固组织结构。金属的凝固过程，其传质问题直接和金属的凝固方式相关联，本节主要研究几种基本传质问题。

界面凝固过程中的传质与溶质再分配是最基本的传质问题，对许多复杂传质问题的研究是在此基础上进行的，主要包括：平衡凝固条件下的溶质再分配，固相无扩散而液相均匀混合的溶质再分配，固相无扩散、液相中有扩散而无对流的溶质再分配，液相中部分混合（对流）的溶质再分配。对于枝晶凝固过程中的溶质传输，除液相流动引起长程溶质再分配外，溶质的传输主要是在枝晶本身和枝晶间的液相内进行的。枝晶凝固过程传质研究的主要目标是确定凝固过程的不同时刻析出固相的溶质质量分数及最终凝固组织中微观偏析。

常见的凝固并不是按平面界面进行的，而存在一个凝固区，即糊状区，在该区存在着传热与传质的耦合问题，需同时考虑传热和传质。

液态金属溶解合金元素的能力大于固态金属，单相合金在固、液两相区结晶过程中，随温度的下降，液固相平衡成分要发生改变；并且，由于析出固相成分与液相原始成分不同，结晶析出的溶质在固-液界面前沿富集并形成浓度梯度。所以，溶质必然在液、固两相重新分布，此现象称为溶质再分配。溶质再分配是合金结晶过程的一个特点，对合金的结晶过程有很大影响。

结晶过程中溶质的再分配是合金热力学特性和动力学因素共同作用的结果。不同的凝固条件决定了溶质在固相和液相中具有不同的分配规律。

5.1.3.1　平衡结晶时的溶质再分配过程

平衡结晶是指在极缓慢结晶条件下，固-液界面附近的溶质发生迁移，固、液相内部的溶质发生扩散，在结晶的每个阶段，固、液两相中的成分均能及时、充分扩散均匀，液、固相溶质成分完全达到平衡状态图对应温度的平衡成分，如图 5-24 所示。某一温度下，平衡固相溶质浓度 C_S^* 与液相溶质浓度 C_L^* 之比称为平衡溶质分配因数 k_0。

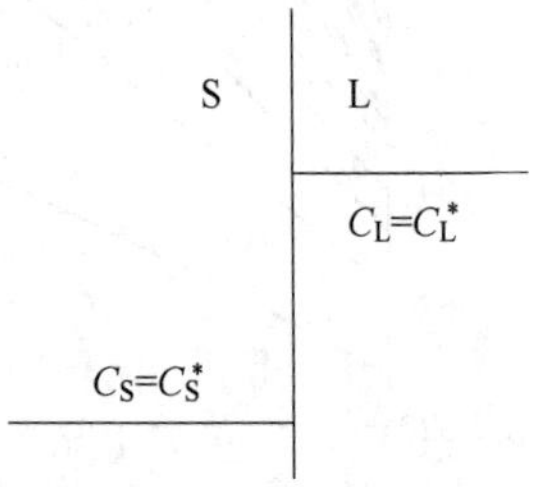

图 5-24　平衡结晶

假设合金原始成分为 C_0，平界面单向结晶。当温度降到 T_L 时，合金结晶开始，析出少量晶体，其成分为 $k_0 C_0$，如图 5-25（b）所示。根据平衡结晶的条件，界面上缓慢析出的溶质原子能够充分扩散到液体中。在以后的冷却和结晶过程中，固相不断增加，液相不断减少，固相成分和液相成分分别沿固相线和液相线变化。假设当温度为 T^* 时，固相成分为 C_S^*，液相为 C_L^*，如图 5-25（c）所示，固相和液相的比例可根据杠杆定律来确定。

经推导可得平衡结晶下的杠杆定律，f_S、f_L 分别为固、液相溶质质量分数。

$$\overline{C}_S f_S + \overline{C}_L f_L = C_0 (f_S + f_L = 1)$$

即

$$C_S^* f_S + \frac{C_S^*}{k_0}(1 - f_S) = C_0$$

$$C_S^* \left[f_S + \frac{1}{k_0}(1 - f_S) \right] = C_0$$

$$C_S^* \frac{f_S k_0 + (1 - f_S)}{k_0} = C_S^* \frac{1 - f_S(1 - k_0)}{k_0} = C_0 \tag{5-75}$$

因此

$$C_S^* = \frac{k_0 C_0}{1 - (1 - k_0) f_S} \tag{5-76}$$

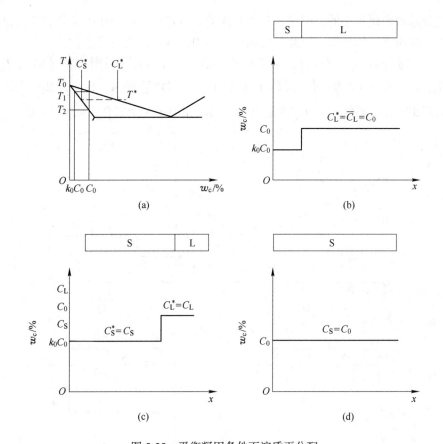

图 5-25 平衡凝固条件下溶质再分配

（a）相图；（b）开始凝固；（c）温度 T^* 时的凝固；（d）凝固完毕

$$C_L^* = \frac{C_0}{1 - (1 - k_0)f_S} \tag{5-77}$$

平衡结晶时，结晶过程中虽然存在溶质再分配现象，但结晶完成以后将得到与液态金属原始成分完全相同的单相均匀固溶体组织。

5.1.3.2 非平衡结晶时的溶质再分配过程

平衡凝固条件在生产中是不可能遇到的，因为液体中溶质的扩散系数只有温度扩散系数的 $10^{-3} \sim 10^{-5}$，特别是溶质在固相中的扩散系数更小。因此，当溶质还未来得及扩散时，温度早已降低得很多了，而使固-液界面大大向前推进，新成分的固相又结晶出来，现在研究的都是非平衡结晶。

非平衡结晶是指单相合金结晶过程中，固、液两相的均匀化来不及通过传质而充分进行，则除界面处能处于局部平衡状态外，两相平均成分势必要偏离平衡相图所确定的数值，此种结晶过程称为非平衡结晶。

A 固相无扩散、液相均匀混合时的溶质再分配

如果通过对流或搅拌使溶质在液相中完全混合。对于 $k_0 < 1$ 的合金，液体凝固时从固相中析出的溶质在整个液相中均匀分布。如果液相体积足够大，那么在凝固初始阶段内

液相中成分总的变化是小的。但是，随着凝固的继续进行，在液相中成分的变化也随之越来越显著，溶质富集越严重，因此在凝固的固相中所含的溶质也越多。

合金原始成分为 C_0，在长 l 的容器中单向结晶。开始时（见图 5-26（b）），$T = T_L$，$C_S = k_0 C_0$，$C_L = C_0$。$T = T^*$ 时（见图 5-26（c）），C_S^* 与 C_L^* 平衡，由于固相中无扩散，所以结晶的固相成分沿斜线由 $k_0 C_0$ 逐渐上升；而液相由于完全混合，则 $C_L^* = \overline{C}_L$。

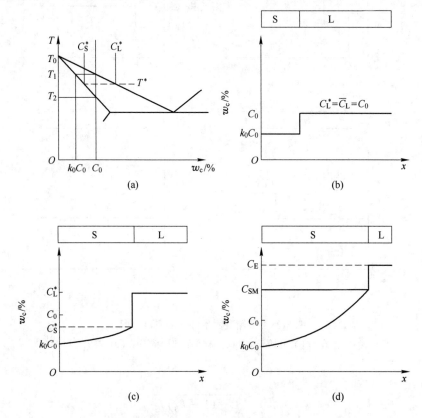

图 5-26 液相充分混合均匀凝固条件下溶质再分配

（a）相图；（b）开始凝固；（c）温度 T^* 时的凝固；（d）凝固完毕

当温度降到固相线时，所有固相平均成分必位于 C_0 之左，显然，合金此时不会完全凝固，在平衡结晶结束温度下还剩有少量液相，最后将结晶成共晶组织。当温度降到某一温度、固相平均成分与合金成分相一致时，结晶才会终止。

假设结晶过程中某一瞬间固、液两相在界面上的成分分别为 C_S^* 与 C_L^*，相应的质量分数分别为 f_S 与 f_L；当界面处的固相增量为 $\mathrm{d}f_S$ 时，其析出的溶质量则为 $(C_L^* - C_S^*)\mathrm{d}f_S$，相应地使剩余液相 $(1 - f_S)$ 的浓度升高 $\mathrm{d}C_L^*$，即 $(C_L^* - C_S^*)\mathrm{d}f_S = (1 - f_S)\mathrm{d}C_L^*$。

$$\left(\frac{C_S^*}{k_0} - C_S^*\right)\mathrm{d}f_S = (1 - f_S)\mathrm{d}\left(\frac{C_S^*}{k_0}\right)$$

于是有：

$$\frac{\mathrm{d}f_S}{1 - f_S} = \frac{\mathrm{d}C_S^*}{(1 - k_0)C_S^*}$$

积分得：

$$-\ln(1-f_S) = \frac{1}{1-k_0}\ln C_S^* + \ln A$$

$$\ln[A(1-f_S)] = -(1-k_0)^{-1}\ln C_S^* = (k_0-1)^{-1}\ln C_S^*$$

$$\ln C_S^* = \ln[A(1-f_S)^{k_0-1}]$$

$$C_S^* = A(1-f_S)^{k_0-1}$$

$$f_S = 0 \text{ 时，} C_S^* = k_0 C_0$$

所以
$$A = k_0 C_0 \tag{5-78}$$

根据界面处固相增量 $\mathrm{d}f_S$ 析出的溶质量 $(C_L^* - C_S^*)\mathrm{d}f_S$ 与剩余液相 $(1-f_S)$ 浓度升高 $\mathrm{d}C_L^*$ 的溶质增量 $(1-f_S)\mathrm{d}C_L^*$ 相等，可推导出非平衡结晶时的杠杆定律——Scheil 方程或称为正常偏析方程，固相无扩散、液相均匀混合溶质再分配规律：

$$C_S^* = k_0 C_0 (1-f_S)^{k_0-1} \tag{5-79}$$

同样
$$C_L^* = C_0 f_L^{(k_0-1)} \tag{5-80}$$

式（5-79）和式（5-80）称为 Scheil 方程。Scheil 方程虽然是在一种极限情况下（液相中完全混合）推导出来的，但其适用范围还是比较宽的，因此它是研究晶体长大过程中溶质分布的基础。需要注意的是，当 $f_S \rightarrow 1$，即临近凝固结束时，该式不适用。Scheil 公式与实际结果的偏差由下列三个原因造成：固相存在扩散，液相中的扩散是有限的；有小枝晶溶化现象，即呈非平面结晶；因有结晶潜热析出，使固相溶解或析出。

B 固相无扩散、液相只有有限扩散而无对流或搅拌时的溶质再分配

假设原始成分为 C_0 的合金单方向平界面结晶。结晶时固-液界面上排出的溶质通过扩散向液相传输，由于扩散有限，所以在固-液界面前沿出现溶质富集边界层。边界层以外液相成分保持为 C_0。

当液态金属左端温度到达 T_L 时，结晶开始进行，析出成分为 $k_0 C_0$ 的晶体。由于 $k_0 < 1$，随着晶体的生长，将不断向界面前沿析出溶质原子并以扩散规律向液相内部传输。设 R 为界面生长速度；x 为以界面为原点沿其法向伸向熔体的纵坐标；$C_L(x)$ 为液相中沿 x 方向的浓度分布，$\dfrac{\mathrm{d}C_L(x)}{\mathrm{d}x}\bigg|_{x=o}$ 为界面处液相中的浓度梯度。则单位时间内单位面积界面处析出的溶质量 q_1 和扩散走的溶质量 q_2 分别为：

$$q_1 = R(C_L^* - C_S^*) = R C_L(1-k_0) \tag{5-81}$$

$$q_2 = -D \frac{\mathrm{d}C_L(x)}{\mathrm{d}x}\bigg|_{x=o} \tag{5-82}$$

结晶初期，$q_1 > q_2$，因此生长的结果将导致溶质原子在界面前沿进一步富集。溶质的富集降低了界面处的液相线温度，只有温度进一步降低时界面才能继续生长。所以这一时期的结晶特点是，伴随着界面的向前推进，固、液两相平衡浓度 C_S^* 与 C_L^* 持续上升，界面温度不断下降。在该阶段，由于浓度梯度随 C_L^* 的增大而急速上升，因此 q_2 增大的速率比 q_1 更快。故 q_1 与 q_2 之间的差值随生长的进行而迅速减小；当 $q_1 = q_2$ 时，界面上析出的溶质量与扩散走的溶质量相等，晶体便进入稳定生长阶段。这时由于界面溶质富集不继续增大，界面处固、液两相将以恒定的平衡成分向前推进，界面必然是等温的。上述过程一

直进行到生长临近结束，富集的溶质集中在残余液相中无法向外扩散，于是界面前沿溶质富集又进一步加剧，界面处固、液两相的平衡浓度又进一步上升，形成了晶体生长的最后过渡阶段。

根据界面前沿液相溶质分布变化情况，将结晶过程分为三阶段：Ⅰ阶段为最初过渡区、Ⅱ阶段为稳定状态区和Ⅲ阶段为最后过渡区，如图 5-27 所示。

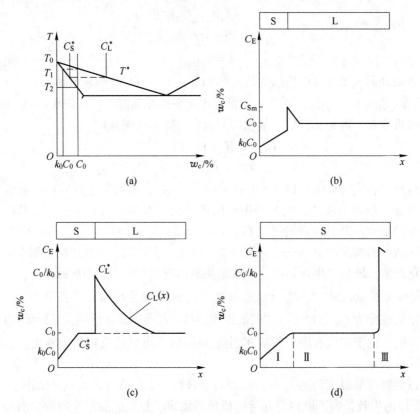

图 5-27　固相无扩散、液相只有有限扩散时的溶质再分配示意图
（a）相图；（b）初期过渡阶段；（c）稳定生长阶段；（d）凝固完毕

下面主要讨论稳定状态时溶质再分配情况。界面前沿液相成分分布 $C_L(x)$ 取决于以下两个因素的综合作用：一方面是由菲克第二定律确定的，它是由于溶质扩散所引起的单位时间内成分的变化；另一方面是固-液界面整体以凝固速度 R 向前推进所引起单位时间内成分的变化，综合两方面的结果为：

$$\frac{\partial C_L(x)}{\partial t} = D_L \frac{\partial^2 C_L(x)}{\partial x^2} + R \frac{\partial C_L(x)}{\partial x}$$

稳定状态时：

$$\frac{\partial C_L(x)}{\partial t} = 0$$

即

$$D_L \frac{\partial^2 C_L(x)}{\partial x^2} + R \frac{\partial C_L(x)}{\partial x} = 0$$

其特征方程为:

$$\lambda^2 + \frac{R}{D_L}\lambda = 0$$

所以

$$\lambda_1 = 0, \quad \lambda_2 = -\frac{R}{D_L}$$

微分方程通解为:

$$y = C_1 e^{\lambda_1 x} + C_2 e^{\lambda_2 x}$$

所以

$$C_L(x) = A + B e^{-\frac{R}{D_L}x}$$

边界条件为:

$$C_L(x)\big|_{x=0} = \frac{C_0}{k_0}$$

所以

$$\frac{C_0}{k_0} = A + B$$

$$C_L(x)\big|_{x=\infty} = C_0$$

$$C_0 = A, \quad B = \frac{C_0}{k_0} - C_0$$

即

$$C_L(x) = C_0 + C_0\left(\frac{1}{k_0} - 1\right) e^{-\frac{R}{D_L}x}$$

上述公式即为蒂勒（Tiller）公式，固相无扩散、液相有限扩散下稳定阶段界面前方液相溶质浓度分布:

$$C_L(x) = C_0\left(1 + \frac{1 - k_0}{k_0} e^{-\frac{R}{D_L}x}\right) \tag{5-83}$$

稳定状态时固相及液相的溶质分布如图 5-28 所示。

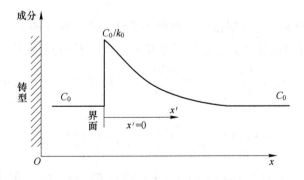

图 5-28　稳定状态时固相及液相的溶质分布

稳定生长阶段，界面两侧以不变的成分 $C_S^* = C_0$ 与 $C_L^* = C_0/k_0$ 向前推进，界面始终处于等温状态，直到最后过渡阶段。稳定生长的结果，可获得成分为 C_0 的单相均匀固溶体。假设参数 R 为界面生长速度；D_L 为溶质在液相中的扩散系数；x 为离开界面伸向液相的距离；$C_L(x)$ 为液相距离界面 x 处的浓度分布。D_L/R 称为溶质富集层的特征距离。C_0 一定时，

R 增大，D_L 减小，k_0 减小，界面前沿溶质富集越严重。$C_L(x) - C_0$ 指界面前沿溶质富集程度，即富集层内某点 x 液相成分与远离富集层 $x = \infty$ 的液相成分的偏差。$x = 0$ 时，$C_L(x) - C_0 = C_0\left(\dfrac{1}{k_0} - 1\right)$，最大；$x = D_L/R$ 时，$C_L(x) - C_0 = C_0\left(\dfrac{1}{k_0} - 1\right)\mathrm{e}$。

C   固相无扩散、液相有扩散并有对流（液相部分混合）时的溶质再分配

前面已提到，实际中不存在完全平衡的凝固，溶质在液相中完全均匀混合情况也很难达到；另一方面，实际凝固过程的液相一般除了扩散，还会在液态金属充型过程中产生液相流动，温度和溶质分布的不均匀性会引起密度不均匀，这将导致宏观及微观区域的液相对流，凝固收缩力也会引起枝晶间的液相对流。因此，实际凝固过程的液相往往既有扩散也有对流，从而造成溶质部分混合。

在这种情况下，固-液界面处的液相中存在一扩散边界层（见图 5-29）。边界层内只依靠扩散传质，边界层外液相因有对流使成分均匀。

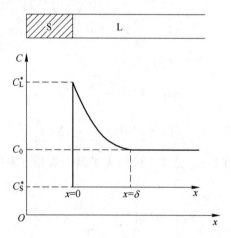

图 5-29   固相无扩散、液相有扩散并有对流时的固、液相成分

如果液相容积很大，边界层以外液相将不受已凝固相的影响，而保持原始成分 C_0；而固相成分 C_S^*，在凝固速度 R、边界层宽度 δ 一定情况下也将保持一定。在达到稳定态时，$x = 0$ 处，$C_L(x) = C_L^* < \dfrac{C_0}{k_0}$，稳态时 $\dfrac{\partial C_L(x)}{\partial t} = 0$，故类似于"液相只有有限扩散"的情况。

$$\frac{\partial C_L(x)}{\partial t} = D_L \frac{\partial^2 C_L(x)}{\partial x^2} + R \frac{\partial C_L(x)}{\partial x} = 0$$

其边界条件为：$x = 0$ 时，$C_L(x) = C_L^*$；$x = \delta$ 时，$C_L(x) = C_0$，解微分方程为：

$$\frac{C_L(x) - C_0}{C_L^* - C_0} = 1 - \frac{1 - \mathrm{e}^{-\frac{R}{D_L}x}}{1 - \mathrm{e}^{-\frac{R}{D_L}\delta}} \tag{5-84}$$

上式中 $C_L(x)$ 为边界层宽度 δ 内任意一点液相成分，如果液相不是充分大，则 δ 以外的 $C_L(x)$ 将不再固定于 C_0 不变，而是随时间逐渐提高的。设其平均成分 $\overline{C_L}$，以 $\overline{C_L}$ 代替 C_0，则上式改为：

$$\frac{C_L(x) - \overline{C_L}}{C_L^* - \overline{C_L}} = 1 - \frac{1 - e^{-\frac{R}{D_L}x}}{1 - e^{-\frac{R}{D_L}\delta}} \tag{5-85}$$

该式适应液相只有扩散的情况，以及液相完全混合的情况。当液相只有有限扩散情况时，$\delta = \infty$，$\overline{C_L} = C_0$，$C_L^* = \dfrac{C_0}{k_0}$，代入上式得：

$$C_L(x) - C_0 = C_0 \left(\frac{1}{k_0} - 1\right) e^{-\frac{R}{D_L}x}$$

下面考虑液相部分混合的稳态时 C_L^* 和 C_S^* 值。因为在稳态凝固时析出的溶质量等于扩散走的溶质量，所以：

$$R(C_L^* - C_S^*) = -D_L \left[\frac{\partial C_L(x)}{\partial x}\right]$$

对前式求导得：

$$D_L \left[\frac{\partial C_L(x)}{\partial x}\right]_{x=0} = -R \frac{C_L^* - C_0}{1 - e^{\frac{-R\delta}{D_L}}}$$

联立可解，在这种条件下，试样的固相中溶质分布由下式描述：

$$C_L^* = \frac{C_0}{k_0 + (1 - k_0) e^{-\frac{R}{D_L}\delta}} \tag{5-86}$$

$$\frac{C_S^*}{C_0} = \frac{k_0}{k_0 + (1 - k_0) e^{-\frac{R}{D_L}\delta}} \tag{5-87}$$

综合上述情况，可以获得任何情况下的 Scheil 公式（修正的正常偏析方程）。

$$C_S^* = k_e C_0 (1 - f_S)^{k_e - 1} \tag{5-88}$$

$$\overline{C_L} = C_0 f_L^{k_e - 1} \tag{5-89}$$

$\overline{C_L}$ 是扩散层以外的液相溶质平均浓度，液相容积很大时，$\overline{C_L} = C_0$；液相容积有限时，$\overline{C_L} > C_0$。上式只适用于（不包括最初和最终过渡区）固-液界面为平面，$\overline{C_L} = C_S^* / k_e$。

其中，有效溶质分配系数 k_e 可用下式表达：

$$k_e = \frac{C_S^*}{C_0} = \frac{k_0}{k_0 + (1 - k_0) \exp\left(-\dfrac{R}{D_L}\delta\right)} \tag{5-90}$$

上式是由伯顿（Burton）、普里姆（Prim）和斯利克特（Slichter）导出的著名方程，它说明了有效分配系数 k_e 是平衡分配因数 k_0 和量纲为 1 的参数 $\dfrac{R}{D_L}\delta$ 的函数。下面分别讨论液体混合的三种情况：

（1）当凝固速度极其缓慢，即 R 趋近于 0 时，则 $\exp\left(-\dfrac{R}{D_L}\delta\right)$ 趋近于 1，此时 k_e 趋近于 k_0，属于液相充分混合均匀的情况，液体中的充分对流使边界层不存在，从而导致溶质完全混合。

（2）当凝固速度极快时，即 R 趋近于 ∞ 时，则 $\exp\left(-\dfrac{R}{D_L}\delta\right)$ 趋近于 0，此时 k_e 趋近于 1，属于液体完全不混合状态；其原因是边界层外的液体对流被抑制，液相只有有限扩散，仅依靠扩散无法使溶质得到混合（均匀分布），此时边界层的厚度为最大。

（3）当凝固速度处于上述两者之间，即 $k_0 < k_e < 1$ 时，属于液相部分混合情况，边界层外的液体在凝固中有时间进行部分的对流（不充分对流），使溶质得到一定程度的混合，此时的边界层厚度较完全不混合状态薄。

实际条件下，即使液体在流动条件下进行结晶，接近固体表面也往往有一层速度接近于 0 的稳定层，这里的结晶近似液相有限扩散情况。又如，在一些铸件、铸锭中，往往存在有定向凝固的区域，此处的结晶虽可近似按液相有限扩散处理，但离界面较远的液相中，总会有不同程度的对流发生，这又与液相均匀混合相似。再如，即使液体在充分搅动的条件下结晶，但局部区域（如两枝晶间或一个枝晶的各分枝间）仍可近似按液相有限扩散处理。

5.2 焊接过程中的冶金传输现象

材料焊接技术的历史可以追溯到数千年以前，但现代材料焊接技术的形成主要以 19 世纪末电阻焊的发明（1886 年）和金属极电弧的发现（1892 年）为标志，真正的快速发展则是 20 世纪三四十年代以后的事。科学上的发现、新材料的发展和工业新技术的要求始终从不同角度推动着材料焊接技术的发展，例如，电弧的发现导致电弧焊的发明，电子束、等离子束和激光的相继问世形成了高能束焊接；高温合金和陶瓷材料的应用促进了扩散连接技术的发展；高密度微电子组装技术的需求推动了微连接技术的进步等。经过一个多世纪的发展，材料焊接技术已经成为材料加工、成型的主要技术和工业制造技术的重要组成部分，应用领域遍及机械制造、船舶工程、石油化工、航空航天、电子技术、建筑、桥梁、能源等国民经济和国防工业各部门，在航空航天、电子技术和船舶等领域甚至成为部门发展的最关键技术。

熔化焊接是最重要的一类冶金连接方法，也是应用最多的一类方法。按被加工的金属质量粗略估计，熔化焊接的加工量应占整个焊接与连接加工量的 80% 以上，实际工程建造和安装中应用的基本都是熔化焊接。所谓熔化焊接，是指焊接过程中，采用合适的热源将需要连接的部位加热至熔化状态并且混合，在随后的冷却过程中熔化部位凝固，使彼此相互分离的工件形成牢固连接的一种焊接方法。因此，采用局部热源加热工件是实现熔化焊接的一个必要条件，即熔化焊接必须要通过热源对工件局部注入热量。不难理解，注入到工件中的热量及其作用模式和热量在工件上的分布与传输现象，必然会对保护介质（保护气体和熔渣）与液态金属的相互作用、焊接熔池凝固和焊接热影响区固态相变等焊接冶金过程产生决定性的影响。

5.2.1 焊接热源

采用能量集中的热源是实现熔化焊接的必要条件。焊接热源的特点（包括能量密度和作用形式等）是影响冶金传输过程的主要因素之一。一般地，对焊接热源的要求是：

热源高度集中、快速实现焊接过程，保证得到高质量焊缝和最小的热影响区。当前，能够实现焊接过程的热源形式主要有电弧热、电阻热、摩擦热和化学热等所代表的传统焊接热源和以激光束、电子束和等离子束流所代表的高能束焊接热源。

每种焊接热源都有它本身的特点，一些常用焊接热源的最小加热面积、最大功率密度和正常焊接规范条件下的温度见表5-2。

表5-2　各种焊接热源的主要特性

热　源	最小加热面积/cm^2	最大功率密度/$W \cdot cm^{-2}$	正常焊接规范下温度
乙炔火焰	10^{-2}	2×10^3	3200℃
金属极电弧	10^{-3}	10^4	6000K
钨极氩弧焊	10^{-3}	1.5×10^4	8000K
埋弧自动焊	10^{-3}	2×10^4	6400K
电渣焊	10^{-3}	10^4	2000℃
熔化极氩弧焊	10^{-4}	$10^4 \sim 10^5$	—
CO_2气体保护焊			
等离子弧焊	10^{-5}	1.5×10^5	18000～24000K
电子束	10^{-7}	$10^7 \sim 10^9$	—
激　光	10^{-8}		—

5.2.1.1　焊接热效率

焊接过程中由热源提供的热量并没有被全部利用，而是有一部分热量损失于金属散热和飞溅等过程，也就是说，用于焊接热量仅是所提供热源的一部分。因此，在电弧焊过程中，电弧功率可由下式表示：

$$P = \eta UI \tag{5-91}$$

式中　P——电弧的有效功率，即电弧在单位时间内提供的有效能量；

　　　U——电弧电压；

　　　I——焊接电流；

　　　η——加热过程中的功率有效系数或称热效率。

在一定的条件下η值是常数，主要决定于焊接方法、焊接规范、焊接材料和保护方式等，一般情况下η值的大小见表5-3。

表5-3　不同焊接方法的热效率

焊接方法	厚皮焊条手工电弧焊	埋弧自动焊	电渣焊	电子束及激光焊	TIG	MIG	
						钢	铝
η	0.77～0.87	0.77～0.90	0.83	>0.9	0.68～0.69	0.66～0.69	0.7～0.85

同样的焊接方法，由于焊条或者焊剂的不同，电流变化时对η值也有一定的影响，因为药皮和焊剂中的稳弧剂、电离度、导热性、熔化数量等均对η有一定的影响。此外，表5-3中激光焊的热效率是在深熔焊条件下的热效率；在热导焊条件下，其热效率要低得多。

5.2.1.2　焊接热源模型

在计算焊接温度场时，必须要了解热源是以何种形式与工件相互作用，即必须建立相应的数学模型。按照热源作用方式的不同，可以将焊接热源分为集中热源、平面分布热源和体积分布热源来处理。当焊件部位离焊缝中心线比较远时，可近似将焊接热源当作集中热源来处理。对于一般的小电流电弧焊，热流分布在焊件上一定的作用面积内，可以将其作为平面分布热源。但是对大电流电弧焊和高能束焊接，由于产生较大的焊缝深宽比，说明焊接热源的热流沿焊件厚度方向上施加很大的影响，必须按某种恰当的体积分布热源来处理。

一般情况下，在采用解析法计算焊接温度场时，均采用集中热源处理，在一定条件下也可以采用平面分布热源来处理，但仅限于高斯热源分布情况。而采用数值法，包括有限差分法和有限元法，由于其具有较大的灵活性，一般采用平面分布热源和体积分布热源来处理，并且其热源的形状和加载形式可以不受限制。

A　集中热源

所谓集中热源，就是把焊接电弧的热能看作是集中作用在某一点（点热源）、某条线（线热源）或某个面（面热源）。显然，这是对于实际情况加以简化的描述。对于厚大焊件表面上的焊接，可以把热源看成是集中在电弧加热斑点中心的点热源。对于薄板对接焊，可以把电弧热看作是施加在焊件厚度上的线热源。对于某些杆件对接焊，可以认为是把电弧热施加在杆件断面上的面热源。

B　平面分布热源

热源把热能传给焊件是通过焊件上一定的加热面积进行的。通常，电弧加热斑点上的比热流分布，可以近似地用高斯曲线来描述。如图 5-30 所示，距斑点中心为 r 的点 A 的热流密度可用下式计算：

$$q(r) = q_{\mathrm{m}}\exp(-Kr^2) \tag{5-92}$$

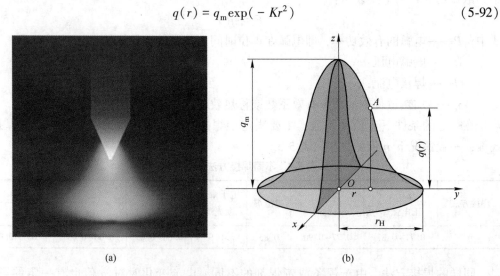

(a)　　　　　　　　　　　　　　　(b)

图 5-30　加热斑点上热流密度的分布

(a) 焊接电弧形态；(b) 热流密度的分布

式中　$q(r)$ ——A 点的热流密度;

　　　q_m ——加热斑点中心最大比热流;

　　　K ——能量集中系数;

　　　r ——A 点与加热斑点中心的距离。

一般可以认为高斯曲线下覆盖的全部热能为电弧有效功率 P,且加热半径范围 r_H 内大约占据热源总量的95%,焊接热源高斯分布公式可表示为:

$$q(r) = \frac{3P}{\pi r_\mathrm{H}^2} \exp\left(-\frac{3r^2}{r_\mathrm{H}^2}\right) \tag{5-93}$$

K 值说明热流集中的程度,由实验可知,它主要决定于焊接方法、焊接规范等。在电弧焊和气焊条件下,不同焊接方法的 K 值见表5-4。从今后发展的趋势来看,应采用 K 值较大的焊接方法,如真空电子束和激光焊接等。

表5-4　不同焊接方法的热源集中系数

焊接方法	K/cm^{-2}
手工电弧焊	1.2~1.4
埋弧自动焊	6.0
TIG 焊	3.0~7.0
气　焊	0.17~0.39

高斯分布热源模式将电弧热流看作是围绕加热斑点中心的对称分布,从而只需一个参数来描述热流的具体分布。实际上,由于电弧沿焊接方向运动,电弧热流围绕加热斑点中心是不对称分布的。由于焊接速度的影响,电弧前方的加热区域要比电弧后方小;加热斑点不是圆形的,而是椭圆形的,并且电弧前、后的椭圆形状也不相同,因此人们又提出了双椭圆热源分布模型,详见相关文献。

C　体积分布热源

对于熔化极气体保护电弧焊或高能束流焊,焊接热源的热流密度不仅作用在焊件表面上,也沿焊件厚度方向上发挥作用,此时应该将焊接热源作为体积分布热源。为了考虑电弧热流沿焊件厚度方向上的分布,可以用椭球体模型来描述。

如图5-31所示,设椭球的半轴分别为 a_h、b_h 和 c_h。设热源中心作用点的坐标为 $(0, 0, 0)$,以此点为原点建立坐标系 (x, y, z)。在热源中心 $(0, 0, 0)$ 处,热流密度最大值为 q_m。热流密度的体积分布可表示为:

$$q(x, y, z) = q_\mathrm{m}\exp(-Ax^2 - By^2 - Cz^2) \tag{5-94}$$

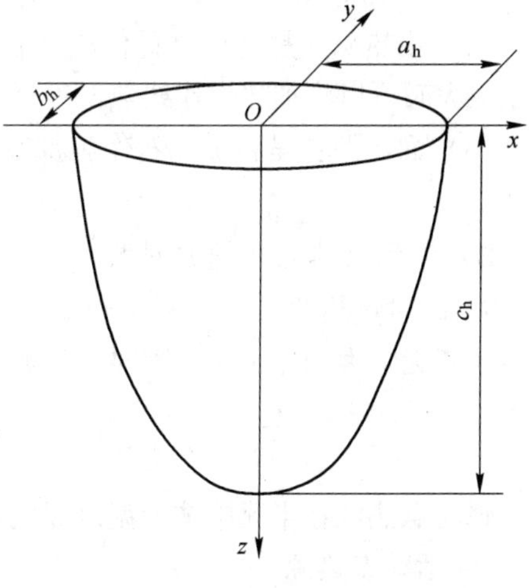

图5-31　半椭球体热源分布示意图

式中,A、B、C 是热流的体积分布函数。假设有95%的热能集中在半椭球体内,可以推导获得半椭球体内的热流分布公式:

$$q(x,\ y,\ z) = \frac{6\sqrt{3}\,P}{a_h b_h c_h \pi \sqrt{\pi}} \exp\left(-\frac{3x^2}{a_h^2} - \frac{3y^2}{b_h^2} - \frac{3z^2}{c_h^2}\right) \tag{5-95}$$

此外，除了半椭球体热源模型之外，还有考虑到热流密度不对称分布的双椭球体热源模型、高能束焊接的锥体、曲面衰减型体热源模型等。

5.2.2 焊接过程的热量传输

焊接工件内各个点上温度的集合称为焊接温度场。温度场通常是空间坐标 $(x,\ y,\ z)$ 和时间变量的函数，即 $T = (x,\ y,\ z,\ t)$。不随时间而变的温度场称为稳态温度场，即 $T = (x,\ y,\ z)$。然而，熔化焊接热过程的重要特征是在焊件形成时变或准稳定的焊接温度场，焊接温度场必然会对接头的组织转变规律甚至力学性能产生重要的影响。焊接过程的热量传输主要表现在焊接过程中形成时变或者准稳定的温度场。因此，掌握焊接温度场的特点及其影响因素是分析焊接过程热量传输的基础。

5.2.2.1 焊接温度场的解析法

由于焊接热过程的复杂性，焊接温度场的解析法需要做一些理想化的假设处理，虽然假设条件与焊接传热过程有较大的差异，但是由于解析法能够将焊接温度场的主要影响因素综合在一个计算公式内，其物理意义比较清晰，计算过程相对简单、快速，而且还具有较强的理论意义。

A　理想化处理

为了计算焊接时金属焊件的加热和冷却过程，必须进行必要的简化处理，以突出所考虑过程的主要特点。

考虑到热源的尺寸，并方便数学处理，可将热源分为：

（1）点热源：是将热源看成是集中在加热斑点中心的一点，如果焊件尺寸很大可近似看成是半无限体时，可以将热源看作点热源处理。

（2）线热源：是将加热看作施加在垂直于板面的一条线上，如果工件很薄，并且在长宽很大时可以将加热看作线热源处理。

（3）面热源：是将加热看作施加在一个平面上，在杆件对焊时可以将加热看作面热源处理。

B　半无限体点热源热过程

a　瞬时点热源

对于无限大物体，某一瞬时点热源公式可表示为：

$$T(x,\ y,\ z,\ t) = \frac{2Q}{(4\pi at)^{3/2}\rho c_p} \exp\left(-\frac{x^2 + y^2 + z^2}{4at}\right) \tag{5-96}$$

瞬时点热源在半无限体上温度场的等温面是以 O 为中心，以 R 为半径的等温半球面。

b　运动点热源

对于运动点热源，其温度计算公式为：

$$T(x,\ y,\ z,\ t) - T_0 = \frac{2P}{\rho c_p (4\pi a)^{3/2}} \exp\left(-\frac{v_0 x}{2a}\right) \int_0^t \frac{1}{t''^{3/2}} \exp\left(-\frac{v_0^2 t''}{4a} - \frac{R}{4at''}\right) \mathrm{d}t'' \tag{5-97}$$

同集中热源运动有关的温度场，在加热开始时，温度升高的范围会逐渐扩大；而达到一定尺寸后，运动温度场的形态达到所谓饱和状态，其形态相对于热源保持不变，仅随热源一起运动。换句话说，热源周围的温度分布很快变为恒定，当热源移动时，位于热源中心的观察者不会注意到在他周围的温度变化，这种状态成为准稳态。从理论上来讲，当恒定功率热源作用时间无限长时，即当 $t \rightarrow \infty$ 时，热传播趋于准稳态。

式（5-97）中，当 $t \rightarrow \infty$，可得到点热源加热半无限体表面的准稳态方程式。以等速沿半无限体表面运动的、有恒定功率的点热源的热传播过程准稳定态方程式，在动坐标系下为：

$$T(R, \ x) - T_0 = \frac{P}{\lambda \pi R} \exp\left(-\frac{v_0 x}{2a} - \frac{v_0 R}{2a}\right) \tag{5-98}$$

式中　R——所考虑的点 A 到动坐标系原点 O 的距离；

x——A 点在动坐标系中的横坐标。

【例 5-1】　在低合金钢厚板进行 MIG 电弧堆焊，工艺条件为：$I = 240\text{A}$，$U_a = 28\text{V}$，$v_0 = 10\text{mm/s}$，$T_0 = 20℃$。低合金钢的物性参数为：$a = 5\text{mm}^2/\text{s}$，$\rho c_p = 0.005\text{J}/(\text{mm}^3 \cdot ℃)$，$T_m = 1520℃$。对于 MIG 焊，$\eta = 0.7$。画出准稳态焊接温度场。

这种厚板堆焊可假设为移动点热源在半无限体上的焊接，其准稳态温度场如图 5-32 所示。

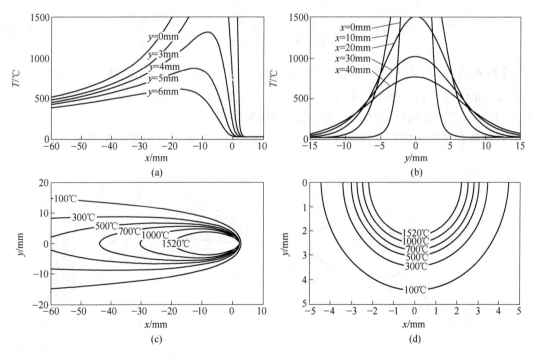

图 5-32　运动点热源准稳态温度场

C　无限大薄板线热源热过程

a　瞬时线热源

对无限大薄板的焊接过程可以将焊接热源看作线热源。对于瞬时能量为 Q 的线热源温度场计算公式为：

$$T(x,\ y,\ t) = \frac{Q}{4\pi\lambda Ht}\exp\left(-\frac{x^2+y^2}{4at} - b_c t\right) \tag{5-99}$$

式中，$-b_c t$ 为表面散热项，若不考虑薄板表面散热，去掉该项即可。

b　运动线热源

与运动点热源类似，运动线热源也可以运用叠加原理推导获得：

$$T(x_0,\ y_0,\ t) - T_0 = \frac{P}{4\pi\lambda H}\exp\left(-\frac{v_0 x}{2a}\right)\int_0^t \frac{1}{t''}\exp\left[-\left(\frac{v_0^2}{4a}+b_c\right)t''-\frac{r^2}{4at''}\right]dt'' \tag{5-100}$$

式中，$r^2 = x^2 + y^2$。

c　准稳态运动线热源

在式（5-100）中，令 $t = \infty$，得到运动热源加热板的准稳态方程式：

$$T(r,\ t) - T_0 = \frac{P}{4\pi\lambda H}\exp\left(-\frac{v_0 x}{2a}\right)\int_0^\infty \frac{dw}{w}\exp\left(-w-\frac{u^2}{4w}\right) \tag{5-101}$$

而

$$\int_0^\infty \frac{dw}{w}\exp\left(-w-\frac{u^2}{4w}\right) = 2K_0(u)$$

函数 $K_0(u)$ 是第二类零阶改进型贝塞尔函数。于是，线热源加热板的准稳态方程式为：

$$T(r,\ t) - T_0 = \frac{P}{2\pi\lambda H}\exp\left(-\frac{v_0 x}{2a}\right)K_0\left(r\sqrt{\frac{v_0^2}{4a^2}+\frac{b_c}{a}}\right) \tag{5-102}$$

【例5-2】　2mm 厚铝镁合金薄板的 TIG 焊接，工艺条件为：$I = 110\text{A}$，$U_a = 15\text{V}$，$v_0 = 4\text{mm/s}$，$\eta = 0.6$，$T_0 = 20\text{℃}$。对于铝镁合金，$a = 55\text{mm}^2/\text{s}$，$\rho c_p = 0.0027\text{J/(mm}^3\cdot\text{℃)}$，$T_m = 650\text{℃}$。忽略表面散热时，画出准稳态焊接温度场。

这种铝合金薄板焊接可以假设为移动线热源过程，其准稳态温度场如图 5-33 所示。

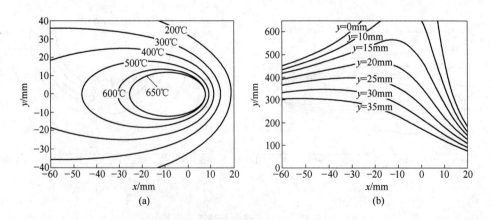

图 5-33　移动线热源准稳态温度场

d　面热源

一般对细杆状工件进行对接时，可以假设热源是一个平面，可认为是瞬时平面热源问题，其计算公式为：

$$T(x, t) = \frac{2Q}{\pi\rho c_p\sqrt{\pi at}}\exp\left(-\frac{x^2}{4at}\right) \tag{5-103}$$

式（5-103）即为瞬时面热源一维导热问题方程。

D 焊接温度场解析公式的无因次形式

把计算公式中的物理量化为无量纲的变量，即无因次量，是传热学的重要研究方法。其主要优点是无因次形式的计算公式，不受工艺条件的限制，易于获得传热过程的一般规律。

a 厚大焊件的情况

将焊接工艺条件（包括焊接参数和焊件的物理性能参数）归结成一个无因次参数，简称为工艺条件无因次参数：

$$n_3 = \frac{qv_0}{4\pi\alpha^2\rho c_p(T_c - T_0)} = \frac{qv_0}{4\pi a^2(H_c - H_0)} \tag{5-104}$$

无因次温度为：

$$\theta = \frac{T - T_0}{T_c - T_0} \tag{5-105}$$

式中　T_c——参考温度；

　　　T_0——初始温度；

$H_c - H_0$——温度 T_c 时单位体积的焓量；

其他符号的物理意义同前。

无因次 (x, y, z) 坐标：

$$\xi = \frac{v_0 x}{2a}, \; \psi = \frac{v_0 y}{2a}, \; \zeta = \frac{v_0 z}{2a} \tag{5-106}$$

无因次距离：

$$\sigma_3 = \frac{v_0 R}{2a} \tag{5-107}$$

将这些无因次参数代入式（5-98），得：

$$\frac{\theta}{n_3} = \frac{1}{\sigma_3}\exp(-\sigma_3 - \xi) \tag{5-108}$$

b 薄板情况

对于薄板公式，当不考虑散热时，定义无因次参数：

$$\sigma_5 = \frac{v_0 r}{2a}, \; d = \frac{v_0 H}{2a} \tag{5-109}$$

其他无因次参数定义同前，并代入式（5-102），得：

$$\frac{\theta d}{n_3} = \exp(-\xi)K_0\sigma_5 \tag{5-110}$$

根据式（5-108）和（5-110）可以看出，焊接温度场的解析解的无因次形式非常简单整洁，便于计算。在采用无因次公式计算焊接温度场时，首先求出工艺条件无因次参数、无因次温度、无因次坐标等，之后计算各无因次参数之间的关系，需要时再转换为实际参数。

E　解析法的局限性

温度场解析公式是在如下一些假设条件的基础上推导出来的：

(1) 热源集中于一点、一线或一面。

(2) 材料无论在什么温度下都是固体，不发生相变。

(3) 材料的热物理性能参数不随温度变化。

(4) 焊件的几何尺寸是无限的（对应于点热源和线热源，焊件分别为半无限大体和无限大薄板）。

这些假设条件与焊接传热过程的实际情况有较大的差异，致使距离热源较近的部位的温度计算发生了较大的偏差。但是这里恰恰是我们最关心的部位。因为从工艺上讲，确定熔化区域的尺寸及形状是十分有意义的；而从冶金科学上来说，相变点以上的加热范围是研究的重点。随着高速度电子计算机的广泛应用，有限差分法和有限单元法在焊接热过程计算中得到应用。由于这两类数值分析方法能够从根本上避免温度场解析公式所固有的缺陷，在焊接热过程的计算方面得到了越来越广泛的应用。

5.2.2.2　焊接温度场的有限差分法

有限差分法从微分方程出发，将区域经过离散处理后，近似地用差分、差商来代替微分、微商，微分方程和边界条件的求解就可归结为求解一个线性代数方程组，得到的是数值解。

A　有限差商基础

通常把一个连续函数的增量与自变量增量的比值定义为有限差商。显然，当自变量的增量趋于零时，有限差商的极限就是这个函数的微商。一般情况下，有限差商是对微商的某种近似，有限差商代替微商必然会引起某种误差。

某点的差商可以在邻点的一侧，也可以位于邻点之间，可以分为以下三种形式：

向前差商

$$\frac{\mathrm{d}f}{\mathrm{d}x} \approx \frac{f(x + \Delta x) - f(x)}{\Delta x} \tag{5-111}$$

向后差商

$$\frac{\mathrm{d}f}{\mathrm{d}x} \approx \frac{f(x) - f(x - \Delta x)}{\Delta x} \tag{5-112}$$

中心差商（向前差商与向后差商的算术平均值）

$$\frac{\mathrm{d}f}{\mathrm{d}x} \approx \frac{1}{2} \frac{f(x + \Delta x) - f(x - \Delta x)}{\Delta x} \tag{5-113}$$

一般情况下，向前差商或者向后差商要比中心差商的截断误差大。此外，对于差商邻点的距离可以相等，都等于 Δx，也可以不相等。本书仅讨论等间距的差分计算，关于非等间距差分计算请参考相关参考书。

一阶差商仍然是 x 的函数，可以继续对它求差商，人们常用一阶向前差商与一阶向后差商来定义二阶差商：

$$\frac{\mathrm{d}^2 f}{\mathrm{d}x^2} \approx \frac{f(x + \Delta x) - 2f(x) + f(x - \Delta x)}{\Delta x} \tag{5-114}$$

B　非稳态导热问题有限差法

对于一般的热传导问题，其温度场不随时间发生变化，称为稳态热传导问题。而对于温度场随时间变化的热传导，我们称为非稳态热传导问题。对于一般的焊接过程，其温度场基本都是随着时间变化的，因此这里仅讨论非稳态热传导问题。

考察在直角坐标中，在整个求解区域布置均匀网格系统的，并具有均匀导热系数的三维导热区域。取 $\Delta = \Delta x = \Delta y = \Delta z$，并把注意力集中于如图 5-34 所示的内部节点 P，在该图中还表示了它的 6 个邻点，先暂不考虑内热源，则基本偏微分方程为：

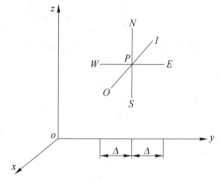

$$\frac{\partial^2 T}{\partial x} + \frac{\partial^2 T}{\partial y} + \frac{\partial^2 T}{\partial z} = \frac{1}{\alpha}\frac{\partial T}{\partial t} \qquad (5\text{-}115)$$

式中　α——导温系数，$\alpha = \dfrac{\lambda}{\rho C_p}$。

图 5-34　空间中某节点 P 及其周围 6 个邻点

a　有限差分的基本格式

在式（5-115）中，方程的左边取时间 t 时的值，方程的右边用前向差分表示，它只包含在 P 点的 $T(t + \Delta t)$ 与 $T(t)$。当在 P 点附近没有内热源时，其有限差分方程为：

$$\frac{T_O - 2T_P + T_I}{\Delta^2} + \frac{T_E - 2T_P + T_W}{\Delta^2} + \frac{T_N - 2T_P + T_S}{\Delta^2} = \frac{1}{a}\frac{T'_P - T_P}{\Delta t} \qquad (5\text{-}116)$$

式中，$T'_P = T_P(t + \Delta t)$，$T_P = T_P(t)$，其余不带（'）的项都在时间 t 取值。上式整理后，得：

$$T_O + T_I + T_E + T_W + T_N + T_S + \left(\frac{1}{Fo} - 6\right)T_P = \frac{1}{Fo}T'_P \qquad (5\text{-}117)$$

式中　Fo——傅里叶数，$Fo = \dfrac{\alpha \Delta t}{\Delta^2} = \dfrac{\lambda \Delta t}{\rho c_p \Delta^2}$。

式（5-117）中，$T'_P = T_P(t + \Delta t)$ 可以根据它本身及其相邻 6 个点在时刻 t 的温度来计算，而它们在时刻 t 的温度是已知的。这样，根据前一个时刻各节点的温度值，可以用式（5-117）直接得出下一个时刻各节点的温度值；一个一个时间步长地推进下去，就可以得出任意时刻各节点的温度值。

应该指出，上述温度场有限差分格式为显式差分格式，有时根据需要还可以使用隐式差分格式和 C–N 格式等。

b　边界节点差分方程的建立

对于一个具体的温度场问题，物体内部的温度场必然受到物体表面条件的影响；反之，物体内部温度场的变化也影响其表面上的条件。因此，为了数值求解，还必须对边界条件进行处理，也就是必须建立边界节点的差分方程。

前面所述的建立内节点差分方程的方法针对的是一般三维温度场问题。为简单起见与便于理解，在此只讨论二维系统的边界节点差分方程的建立，按同样的方法也不难推导出一维或三维系统边界节点的差分方程。在实际的焊接过程中，经常出现的边界条件分别为绝热边界、给定热流密度边界、对流边界、给定温度边界和辐射边界等。

（1）给定表面温度边界。当表面温度边界已知时，可将此温度直接作为其他有关节点差分格式的已知值，直接代入其他有关差分格式即可。

（2）绝热边界条件。图 5-35 为边界条件示意图，其中 NBS 为绝热边界。则根据傅里叶定律和能量守恒定律有：

$$\lambda \frac{\Delta}{2} \frac{T_N - T_B}{\Delta} + \lambda \frac{\Delta}{2} \frac{T_S - T_B}{\Delta} + \lambda \Delta \frac{T_E - T_B}{\Delta} = \rho c_p \frac{\Delta}{2} \Delta \frac{T'_B - T_B}{\Delta t}$$

整理得
$$T'_B = Fo(T_N + T_S + 2T_E) + (1 - 4Fo)T_B \tag{5-118}$$

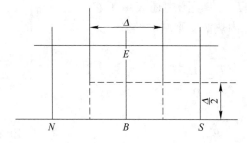

图 5-35　边界条件示意图

（3）给定热流密度 q_r 边界。在图 5-35 中的 NBS 边界，若给定热流密度 q_r，则有：

$$\lambda \frac{\Delta}{2} \frac{T_N - T_B}{\Delta} + \lambda \frac{\Delta}{2} \frac{T_S - T_B}{\Delta} + \lambda \Delta \frac{T_E - T_B}{\Delta} + \Delta q_r = \rho c_p \frac{\Delta}{2} \Delta \frac{T'_B - T_B}{\Delta t}$$

整理得
$$T'_B = Fo(T_N + T_S + 2T_E) + (1 - 4Fo)T_B + \frac{2\Delta t}{\rho c_p \Delta} q_r \tag{5-119}$$

（4）对流换热边界。在对流换热边界 x 方向上热交换可以用下式表示：

$$-\lambda \frac{\partial T}{\partial x} = \alpha_c (T - T_f) \tag{5-120}$$

式中　α_c——对流换热系数；

T_f——物体周围介质的温度。

若图 5-35 中 NBS 为对流换热边界，有：

$$T'_B = Fo(T_N + T_S + 2T_E) + \left(1 - 4Fo - \frac{2\alpha_c \Delta t}{\rho c_p \Delta}\right) T_B + \frac{2\alpha_c \Delta t}{\rho c_p \Delta} T_f \tag{5-121}$$

（5）辐射换热边界。对于两个物体的温度不同，彼此都可以发射辐射能，并且一个辐射体能吸收另一个辐射体的辐射能量。两者之间的热辐射交换可用下式来表示：

$$q_R = \varepsilon C_0 (T_1^4 - T_2^4) \tag{5-122}$$

式中　ε——黑度系数，在 0~1 之间，绝对黑体的黑度系数为 1；

C_0——辐射系数，取 5.67W/（m^2·K^4）；

T_1，T_2——两个辐射体的温度。

若在图 5-35 中 NBS 为辐射换热边界，有：

$$T'_B = Fo(T_N + T_S + 2T_E) + (1 - 4Fo)T_B + \frac{2\varepsilon C_0 \Delta t}{\rho c_p \Delta}(T_f - T_B) \tag{5-123}$$

c　有限差分方程的求解

对于导热问题的有限差分法，是将热传导的偏微分方程转换为一组节点的代数方程。

这些代数方程组均可以转化为含有 n 个未知数、n 个方程的方程组（对于有 n 个节点的传热）问题。在某一时刻，其传热时间为已知，这样我们就可以建立方程组：

$$\begin{cases} a_{11}T_1 + a_{12}T_2 + \cdots + a_{1n}T_n = b_1 \\ a_{21}T_1 + a_{22}T_2 + \cdots + a_{2n}T_n = b_2 \\ \qquad\qquad\qquad \vdots \\ a_{n1}T_1 + a_{n2}T_2 + \cdots + a_{nn}T_n = b_n \end{cases} \tag{5-124}$$

方程（5-124）可简写成：

$$\sum_{j=1}^{n} a_{ij}T_j = b \quad (i = 1,\ 2,\ \cdots,\ n) \tag{5-125}$$

根据上述的有限差分表达式，我们已经知道每个未知节点的温度只与它周围邻点的温度有关，导热差分方程组（5-125）的系数矩阵是稀疏矩阵，因此采用迭代法求解更为合适。迭代法的基本思想是，构造一个由 $\{T_1,\ T_2,\ \cdots,\ T_n\}$ 组成的矢量序列，使其收敛于某个极限矢量 $\{T_1^*,\ T_2^*,\ \cdots,\ T_n^*\}$，而且这个极限矢量就是方程组（5-125）的精确解。根据构造矢量序列的方法不同，有简单迭代法、高斯-赛德尔迭代法与超松弛迭代法等。

5.2.2.3 焊接温度场的有限单元法

有限差分法是以差分代替微分，建立以节点参数为未知量的线性代数方程组。差分法的优点是它所列出的线性方程组格式比较简单，对于形状简单和规则的物体比较合适；其缺点是差分网格大多采用正方形或者矩形等，显得比较呆板。有限单元法（以下简称有限元法），是根据变分原理求解数学物理问题的一种计算方法。有限元法首先从结构力学中得到应用，而后推广到流体力学、热传导等领域。

A 温度场问题有限元法理论基础

用有限元分析热传导的核心是将热传导问题通过泛函转化为变分问题。所谓泛函可以简单地理解为"函数的函数"，即它的变量不是函数的自变量而是函数的本身，泛函的值是由一条曲线的整体性质决定的。变分是为求泛函极值（或最优函数）问题提出的一种数学处理方法，其含义与微分有相似之处，但存在着本质不同。变分是在泛函空间相对某一函数的微小变化，而微分是相对某一自变量的微小变化。在数学上，变分问题最后可处理成微分问题。当泛函的变分为 0 时，其对应的函数即为最优函数。

对于二维瞬态热传导问题的微分方程可表示为：

$$\frac{\partial T}{\partial t} = \frac{\lambda}{\rho c_p}\left(\frac{\partial^2 T}{\partial x^2} + \frac{\partial^2 T}{\partial y^2}\right)$$

$$T\big|_{t=0} = f(x,\ y)$$

$$-\lambda \frac{\partial T}{\partial n}\bigg|_{\Gamma} = \alpha(T - T_f)\big|_{\Gamma} \tag{5-126}$$

其中 $f(x,\ y)$ 是已知的初始温度分布。先固定时间变量，通过变分的方法求取某一具体瞬时条件下的温度分布，再进一步考虑时间的变化，把 $\partial T/\partial t$ 用差分展开处理。式（5-126）对应的泛函为（详见相关参考文献）：

$$J[T(x,\ y,\ t)] = \iint\limits_{D}\left[\frac{\lambda}{2}\left(\frac{\partial^2 T}{\partial x^2} + \frac{\partial^2 T}{\partial y^2}\right) + \rho c_p \frac{\partial T}{\partial y}T\right]\mathrm{d}x\mathrm{d}y + \oint\limits_{\Gamma}\alpha\left(\frac{1}{2}T^2 - T_f T\right)\mathrm{d}s \quad (5\text{-}127)$$

利用变分原理可以证明，微分方程式（5-126）的求解可用泛函式（5-127）取极值的变分法计算来代替。对于一个温度场问题，我们可以把其求解域 D 划分成有限个单元，对于其中任何一个单元作变分计算，则泛函式（5-127）变为：

$$J^e = \iint\limits_{\Delta} F(x,\ y,\ T,\ T_x,\ T_y)\,\mathrm{d}x\mathrm{d}y \qquad\qquad (5\text{-}128)$$

式中 J^e ——定义在单元中的泛函；

      Δ——单元的面积。

如果将区域 D 划分成 E 个单元和 n 个节点，则温度场离散成 T_1，T_2，…，T_n 等 n 个节点温度。将离散的温度函数代入到 J，则泛函 $J[T(x,\ y)]$ 实际上成为一个多元函数 $J(T_1,\ T_2,\ \cdots,\ T_n)$。根据变分原理，可以将式（5-126）转化为多元函数求极值问题，即：

$$\frac{\partial J}{\partial T_k} = \frac{\partial \sum\limits_{e=1}^{E} J^e}{\partial T_k} = \sum\limits_{e=1}^{E}\frac{\partial J^e}{\partial T_k} = 0 \quad (k = 1,\ 2,\ \cdots,\ n) \qquad (5\text{-}129)$$

这样，我们对每个单元计算 $\dfrac{\partial J^e}{\partial T_k}$ 的值之后求和等于 0，可以建立 n 个方程，求解后得到 n 个节点的温度值（T_1，T_2，…，T_n）。

现在面临的问题是如何用节点温度值来表示单元内任意一点的温度值，以方便我们求取 $\dfrac{\partial J^e}{\partial T_k}$。根据变分原理中的试探函数法，对于有限单元内部任一点的温度值可以通过插值函数就可以保证足够的精度。多项式的数学运算（微分与积分）比较方便，并且可以逼近所有光滑函数的局部，通常选择多项式作为温度插值函数。

对于二维温度场问题可以采用三角形单元、矩形单元和任意四边形单元等方法划分。为简单起见，这里针对三角形单元进行讨论。显而易见，三角形单元仅有三个节点，通常采用线性函数，即：

$$T^e = a_1 + a_2 x + a_3 y \qquad\qquad (5\text{-}130)$$

式中，a_1、a_2、a_3 是待定常数，它们由节点上的温度值来确定。将三个节点的坐标及温度代入上式，得到一个三元一次线性方程组，求解以后可以得到 a_1、a_2、a_3 的值，因而就能得到确定的插值函数。将插值函数写成关于节点温度坐标值的一般形式：

$$T^e = N_i T_i + N_j T_j + N_m T_m \qquad\qquad (5\text{-}131)$$

或 $$T^e = [N]^e \{T\}^e$$

式中，$[N]^e = [N_i,\ N_j,\ N_m]$，$\{T\}^e = \begin{Bmatrix} T_i \\ T_j \\ T_m \end{Bmatrix}$；$N^e$ 为形函数，其表达式为单元内部任意一点

坐标$(x,\ y)$ 的函数，它是由单元的形状和尺寸决定的。通过式（5-131）就可以用节点温度表示单元内任意一点温度。对于三角形单元，单元划分之后，其三个顶点 i，j，m 的

坐标 (x_i, y_i), (x_j, y_j), (x_m, y_m) 已知。因此, 形函数 $[N]^e$ 也已知。

对于任意一个边界单元的泛函, 有:

$$J_{\text{边}}^e = \iint_e \left[\frac{\lambda}{2} \left(\frac{\partial^2 T}{\partial x^2} + \frac{\partial^2 T}{\partial y^2} \right) + \rho c_p \frac{\partial T}{\partial y} T \right] \mathrm{d}x\mathrm{d}y + \int_{j_m} \alpha \left(\frac{1}{2} T^2 - T_f T \right) \mathrm{d}s \tag{5-132}$$

对于内部单元没有第二项线积分。对于单元边界 j_m 可以构造一个更加简单的插值函数, 即:

$$T = (1 - \tau) T_j + \tau T_m \tag{5-133}$$

式中 τ——参变量, $0 \leqslant \tau \leqslant 1$。

上式中, $\tau = 0$ 对应于节点 j, $\tau = 1$ 对应于节点 m, 显然有:

$$S_i = \sqrt{(x_j - x_m)^2 + (y_j - y_m)} = \sqrt{b_i^2 + c_i^2} \tag{5-134}$$

单元边界弧长变量 S 和 S_i 可用 τ 联系起来, 即:

$$s = S_i \tau, \quad \mathrm{d}s = S_i \mathrm{d}\tau \tag{5-135}$$

对式 (5-134) 取变分有:

$$\frac{\partial J^e}{\partial T_i} = \iint_e \left[\lambda \frac{\partial T}{\partial x} \times \frac{\partial}{\partial T_i} \left(\frac{\partial T}{\partial x} \right) + \lambda \frac{\partial T}{\partial y} \times \frac{\partial}{\partial T_i} \left(\frac{\partial T}{\partial y} \right) + \rho c_p \frac{\partial T}{\partial t} \times \frac{\partial T}{\partial T_i} \right] \mathrm{d}x\mathrm{d}y + \int_0^1 \alpha (T - T_f) \frac{\partial T}{\partial T_i} S_i \mathrm{d}\tau \tag{5-136}$$

在式 (5-136) 中各个偏微分项均可由式 (5-131) 和式 (5-135) 求得。对于一个三角形单元的三个节点通过化简可以得到如下形式:

$$\left\{ \begin{array}{c} \dfrac{\partial J^e}{\partial T_i} \\[2mm] \dfrac{\partial J^e}{\partial T_j} \\[2mm] \dfrac{\partial J^e}{\partial T_m} \end{array} \right\} = \begin{bmatrix} k_{ii} & k_{ij} & k_{im} \\ k_{ji} & k_{jj} & k_{jm} \\ k_{mi} & k_{mj} & k_{mm} \end{bmatrix} \left\{ \begin{array}{c} T_i \\ T_j \\ T_m \end{array} \right\} + \begin{bmatrix} h_{ii} & h_{ij} & h_{im} \\ h_{ji} & h_{jj} & h_{jm} \\ h_{mi} & h_{mj} & h_{mm} \end{bmatrix} \left\{ \begin{array}{c} \dfrac{\partial T_i}{\partial t} \\[2mm] \dfrac{\partial T_j}{\partial t} \\[2mm] \dfrac{\partial T_m}{\partial t} \end{array} \right\} - \left\{ \begin{array}{c} p_i \\ p_j \\ p_m \end{array} \right\} \tag{5-137}$$

其中, $\begin{bmatrix} k_{ii} & k_{ij} & k_{im} \\ k_{ji} & k_{jj} & k_{jm} \\ k_{mi} & k_{mj} & k_{mm} \end{bmatrix}$、$\begin{bmatrix} h_{ii} & h_{ij} & h_{im} \\ h_{ji} & h_{jj} & h_{jm} \\ h_{mi} & h_{mj} & h_{mm} \end{bmatrix}$ 和 $\left\{ \begin{array}{c} p_i \\ p_j \\ p_m \end{array} \right\}$ 均可用形函数 $[N]^e$ 表示。

将式 (5-137) 代入式 (5-129) 即可建立 n 个线性方程组:

$$\begin{bmatrix} k_{11} & k_{12} & \cdots & k_{1n} \\ k_{21} & k_{22} & \cdots & k_{2n} \\ \vdots & \vdots & \vdots & \vdots \\ k_{n1} & k_{n2} & \cdots & k_{nn} \end{bmatrix} \left\{ \begin{array}{c} T_1 \\ T_2 \\ \vdots \\ T_3 \end{array} \right\} + \begin{bmatrix} h_{11} & h_{12} & \cdots & h_{1n} \\ h_{21} & h_{22} & \cdots & h_{2n} \\ \vdots & \vdots & \vdots & \vdots \\ h_{n1} & h_{n2} & \cdots & h_{nn} \end{bmatrix} \left\{ \begin{array}{c} \dfrac{\partial T_1}{\partial t} \\[2mm] \dfrac{\partial T_2}{\partial t} \\[2mm] \vdots \\[1mm] \dfrac{\partial T_n}{\partial t} \end{array} \right\} = \left\{ \begin{array}{c} p_1 \\ p_2 \\ \vdots \\ p_n \end{array} \right\} \tag{5-138}$$

可以简写为:

$$[K] \{T\}_t + [H] \left\{ \frac{\partial T}{\partial t} \right\}_t = \{P\}_t \tag{5-139}$$

式中，$[K]$ 为温度刚度矩阵；$[H]$ 称为变温矩阵，它是考虑温度随时间变化的一个系数矩阵，是瞬态温度场计算特有的一项；$\{T\}$ 是未知节点温度值的列向量；$\{P\}$ 为等式右端项组成的列向量。

对式 (5-139)，常用差分法将 $\left\{\dfrac{\partial T}{\partial t}\right\}_t$ 展开，建立差分格式，可求解 $\{T\}$。例如，采用两点向后差分格式，可以获得：

$$\left([K] + \frac{1}{\Delta t}[H]\right)\{T\}_t = \frac{1}{\Delta t}[H]\{T\}_{t-\Delta t} + \{P\}_t \tag{5-140}$$

此外，该矩阵的有限差分格式还有 C-N 格式、加列金格式以及三点向后差分格式等。

通过以上讨论我们可以发现，有限元法与有限差分法存在很大的不同。首先，有限差分法无论是在空间还是时间上均采用插商的方法迭代求取不同时间与不同位置的节点温度值；而有限单元法是通过整体的观点利用变分原理求取空间上某一时刻的所有节点温度值，而温度场随时间的变化采用差分法迭代求解。其次，有限差分法不含有网格内部的温度信息，仅求取节点温度；而有限元法通过插值函数能够比较精确地反映单元内部任意一点的温度信息。再次，有限差分法在网格划分上仅能采用形式上规则的网格，不够灵活；而有限单元的网格划分比较灵活。

B　焊接温度场有限元法的数值模拟

随着有限元技术的发展和应用，以及计算机技术的飞速发展，目前已经出现了许多优秀的有限元软件，能够为焊接工作者选用的有限元软件有：ANSYS、MSC. MARC、ABAQUS、SYSWELD、ADINA、NASTRAN 和 MAEC 等。这些大型的有限元分析软件都具有自动划分网格和自动整理计算结果，并形成可视化图形的前后处理功能。焊接工作者已经无需自己编制分析软件，可以利用上述商品化软件，必要时加上二次开发，即可得到需要的计算结果。

有限元法分析的基本流程如图 5-36 所示。一般地，对于温度场有限元分析的基本步骤为：

(1) 定义单元类型、输入材料物理性能参数。

(2) 创建有限元模型、设置网格单元尺寸、网格划分、生成有限元模型。

(3) 选择热源模型、确定边界条件，常见的热源模型有点热源、高斯热源、椭球热源、双椭球热源、移动线热源等，有限元模型的边界条件包括温度边界条件。

(4) 施加载荷和求解包括定义分析类型、设定载荷步选项、设置边界条件和求解运算。

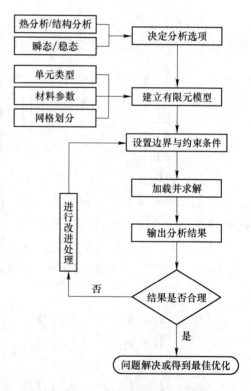

图 5-36　有限元法分析流程图

（5）显示温度场分布云图，既可以对模型的某一时刻的结果列表或图形显示，也可以显示模型中某一点随时间的变化结果。

5.2.3 焊接过程的质量传输

在实际的焊接过程中，焊接冶金传输过程不是仅仅包含热量传输。例如在同样的工艺参数下，获得的焊缝形貌如图 5-37 所示。可以发现，在 5-37（a）中的熔深要明显低于 5-37（b）中的熔深，而且焊缝形貌也有所不同，图 5-37（a）中的焊缝形貌为近半圆形，而 5-37（b）近"丁"字形。焊缝之所以在同样的工艺参数下获得不同焊缝熔深与焊缝形貌，其本质原因是焊接传热过程除了受到热传导影响之外，还受到熔池内部热对流，即质量传输的影响。

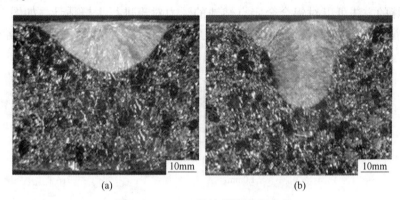

图 5-37 A-TIG 焊接焊缝形貌对比

在金属熔化焊过程中，焊接热过程不仅仅是单纯的热传导过程。金属在热源的作用下发生熔化并形成熔池，焊接熔池在各种驱动力的作用下，还会发生激烈的流动，也必然会发生对流传热过程。实际上，在液态熔池内部的热对流和热传导是不能明确分开的两个传热过程。首先，液态金属保有的热量会在熔池流动过程中传递到其他区域；其次，熔池内部的温度分布是不均匀的，也必然会存在热传导过程。因此在实际的计算或者数值模拟过程中一般采用热流耦合处理。应该指出，虽然在熔池内部存在着热传导过程，但传热机制仍以热对流为主导，而在熔池外部固态区域的传热机制是以热传导为主导。

焊接过程冶金传输主要表现为熔池在各种驱动力条件下的流动。焊接熔池的流动行为不仅对焊缝的表面成型、熔深与熔宽均有重要影响，而且还会对焊接冶金过程产生很大的影响，比如气孔、裂纹和焊缝组织等。

5.2.3.1 电弧焊熔池对流传热

焊接熔池的流动是在各种驱动力作用下的一种传质行为。对于 TIG 焊，熔池中流体流动的驱动力主要包括浮力、洛伦兹力、熔池表面张力和等离子流力。电弧压力是作用在熔池表面的另一个力，但是它对流体流动的影响很小，特别是在 200A 以下，这在 TIG 焊接过程中是很普遍的情况。下面对电弧焊接熔池中这几种驱动力进行逐一分析。

A 浮力

一般情况下，液态金属的密度随着温度的增加而减小。如图 5-38（a）、（b）所示，熔池中心上表面的温度较高，密度较低（a 点）；而熔池边缘温度较低，密度较大（b

点）。在重力的作用下，将引起 b 点较重的液体下沉。结果，液态金属沿熔池边缘下降，沿轴线上升。在浮力作用下的熔池流动行为如图 5-38（c）所示。

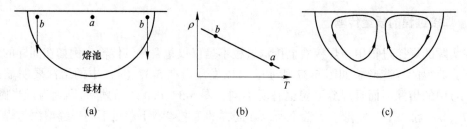

图 5-38　熔池内部浮力对流原理示意图

采用计算的方法可以对铝合金定点熔池的浮力对流进行大概估计，如图 5-39 所示。液态金属沿着熔池轴线向上流动，沿着熔池边缘向下流动。最大速度是沿着熔池轴向的，大约 2cm/s。由于加热熔化时金属膨胀，熔池表面比工件表面温度略高。

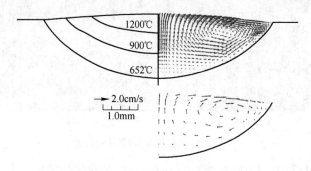

图 5-39　铝合金熔池浮力对流

B　洛伦兹力

这里以直流正接的 TIG 焊接为例来讨论洛伦兹力的产生机理。工件上的电流向着钨极并收敛，也向靠近熔池表面中心收敛。这个收敛电流场和它引起的电磁场一起产生一个向下和向内的洛伦兹力，如图 5-40（a）所示。这样，液态金属沿着熔池轴线被向下推，沿着熔池边缘向上流，如图 5-40（b）所示。熔池表面电流流过的地方称为阳极斑点。阳极斑点越小，电流场从工件（通过熔池）到阳极斑点越收缩，导致更大的洛伦兹力推动液态金属向下流动。

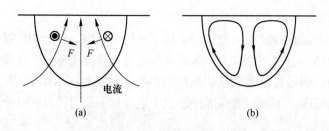

图 5-40　洛伦兹力对流示意图

为分析洛伦兹力的影响，通过对静态铝合金熔池的计算，可以看出液态金属沿着熔池轴线向下流动，沿着熔池边缘向上流动，如图 5-41 所示。电流从工件向熔池表面中心汇聚，洛伦兹力向内和向下，沿着熔池轴线向下推液态金属。最大的流动速度大约为 40cm/s，比浮力对流时的最大流速大一个数量级。与浮力流相比，洛伦兹力引起的熔池对流可以携带热量从熔池的中心向熔池的底部传递，从而使熔深大大增加。为此，有人设计了一个这样的试验，采用一个铜加热棒与低熔点的伍德合金直接接触，这样在热传导的作用下伍德合金发生熔化，这种熔池仅有浮力流的作用。如果将铜加热棒通入 75A 的电流，则熔深显著增加，如图 5-42 所示。因此，洛伦兹力可以使焊接熔池的熔深大大增加。

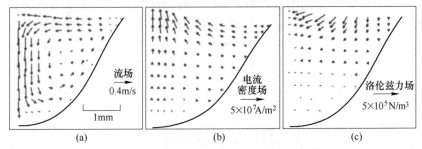

图 5-41 由洛伦兹力引起的对流场
（a）流场；（b）电流密度场；（c）洛伦兹力场

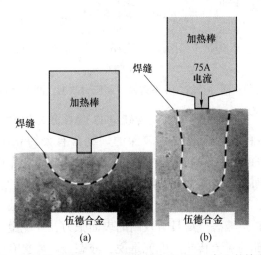

图 5-42 通过浮力流（a）和洛伦兹力流（b）产生的熔池对比

C 表面张力梯度

一般情况下，液态金属的表面张力（γ）随着温度（T）的增加而降低，即 $\partial\gamma/\partial T < 0$，一般称为负温度梯度。如图 5-43 所示，$a$ 点较热的金属具有较低的表面张力，而 b 点较冷的液态金属具有较高的表面张力，b 点的金属将 a 点的金属向外拉。也就是说，沿着熔池表面的表面张力梯度在熔池表面产生一个向外的剪切应力。这导致液态金属从熔池表面中心流向边缘，在熔池表面下面返回，如图 5-43（c）所示。这种表面张力驱动的对流也称为 Marangoni 对流。Marangoni 对流是一种与重力无关的自然对流现象，在具有自由表面的液体中，沿液体表面存在表面张力梯度，就会发生 Marangoni 对流。

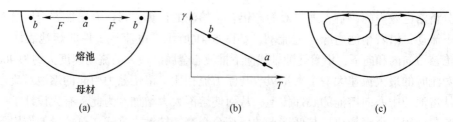

图 5-43　表面张力梯度引起的对流

　　在焊接过程中，Marangoni 对流会将熔池中线的热量携带至两侧，导致熔宽增加，而对增加熔深不利。但是，当熔池的表面存在某些表面活性物质时，表面张力梯度将由负值转变为正值，这样会引起 Marangoni 对流的换向，使熔深增加。在不锈钢焊接中，具有这种作用的活性物质有 O、S、Se 和 Te 等。图 5-44 给出了两种不锈钢表面张力数据，一种比另一种含硫高 0.016%，可以看出在高硫含量的不锈钢表面张力随温度升高而升高，表明硫可以将温度梯度由负转正。

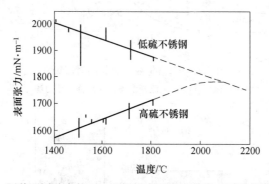

图 5-44　两种不同种类的 316 不锈钢表面张力数据，两者相差 0.016%

　　图 5-45 为 6.4mm 厚 304 不锈钢板不同含硫量的 YAG 激光焊缝宏观形貌对比。较浅焊缝母材含有大约 0.004% 的硫，而另一个较深的焊缝含有大约 0.014% 的硫。由此可见，硫可以明显地提高焊缝的熔深。一般地，在表面没有活性剂时，靠近熔池表面中心较热的液态金属具有较低的表面张力，熔池的边缘较冷的金属具有较高的表面张力，因此中心金属被向外拉；另一方面，有表面活性剂时，熔池表面边缘的较冷液态金属具有较低的表面张力，熔池表面中心的较热液态金属具有较高的表面张力，外侧金属被拉向中心。这种方式有利于热源到熔池底部的对流传热。也就是说，液态金属能更有效地将热量从热源带到熔池底部，使熔深增加。其机理示意图如图 5-46 所示。

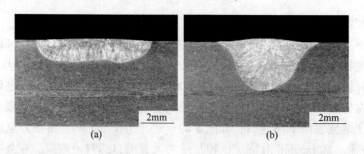

图 5-45　含 0.004% 硫（a）和 0.014% 硫（b）的两种 304 不锈钢 YAG 激光束焊接的焊缝

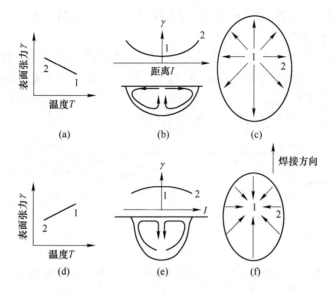

图 5-46 熔池中 Marangoni 对流的 Heiple 模型

(a)~(c) 低硫钢；(d)~(f) 高硫钢

D 等离子流力

等离子体沿着熔池表面高速向外移动，可在熔池表面施加一个向外的剪切应力，如图 5-47 所示。这个剪切应力引起液态金属从熔池表面中心流向熔池边缘，再从熔池表面下面返回，如图 5-47（b）所示。不难理解，等离子流力导致的熔池流动不利于焊接熔深的增加。

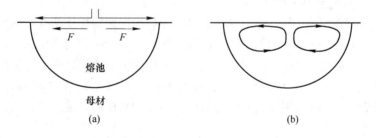

图 5-47 电弧等离子体引起的对流

在实际的研究过程中发现，在 TIG 焊中长电弧产生的等离子剪切应力有可能大于熔池的洛伦兹力和沿熔池的表面张力梯度作用，使熔深变浅，熔宽变宽。如图 5-48 所示为两组焊接时间为 150s、180s 和 210s 的低碳钢定点 TIG 焊缝，一个弧长为 2mm，而另一个弧长为 8mm。弧长 8mm 的焊缝比弧长为 2mm 的焊缝更宽更浅。较长的电弧对母材的加热范围较大，熔池表面电流密度较小，导致熔

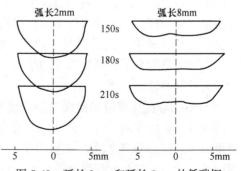

图 5-48 弧长 2mm 和弧长 8mm 的低碳钢定点钨极气体保护焊焊缝

池里的洛伦兹力较小，熔池向纵深发展的能力较弱。此时，等离子流力驱动的强制对流居于主导地位，使熔深变浅。

即使在钢种存在活性物质时，在长电弧条件下等离子流力驱动的强制对流仍然居于主导地位。图 5-49 所示为同样使用 2mm 弧长的 TIG 焊，含 0.0077% 硫的 304 不锈钢上产生的熔深显著大于不含硫的情况。这是因为硫使表面张力梯度的负值较小甚至转正。但是在 8mm 的弧长下，即使母材硫含量较高，焊缝仍然较浅。

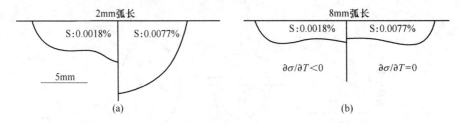

图 5-49　弧长 2mm 和弧长 8mm 的含有 0.0018% 和 0.0077% 硫的 304 不锈钢定点钨极气体保护焊缝

以上主要是针对于 TIG 焊接过程中熔池流动行为中形成共识的认识。实际的电弧焊接熔池流动行为更为复杂，特别是熔化极气体保护焊，除了需要考虑上述的熔池流动的驱动力之外，还必须要考虑熔滴过渡过程的影响。由于熔滴冲击力的作用和电弧压力的大幅度提高，使熔池表面产生了严重的变形，电弧正下方有较大的下凹变形，而电弧后方熔池表面隆起，熔池表面变为复杂形状的曲面，上述各驱动力均受到熔池表面形状的限制，使问题变得极为复杂。对于复杂的熔池流动行为的研究，大量的学者都采用有限元数值模拟的方法，来理解焊接熔池流动行为的特点，在这方面的研究已经取得了较大进展。

5.2.3.2　激光焊接熔池对流传热

根据能量密度的不同，激光焊接存在着热传导焊接与深熔焊接两种焊接模式。热传导焊接与 TIG 电弧焊接具有某些相似之处，而且不存在等离子流力与洛伦兹力，熔池的流动行为相对简单。在热导激光焊接过程中，也可以采用控制熔池表面张力梯度的方法来控制熔池的流动行为。图 5-49 即为不同含硫量的 YAG 热导激光焊的焊缝横截面。由此可见，热导模式的激光焊也可以采用控制表面张力梯度的方法来控制熔池流动行为，进而达到控制熔深的目的。

然而，随着激光能量密度的增大，金属将迅速气化并形成等离子体。在较大的蒸气压力作用下，熔化的金属在其内部形成小孔，通常称为匙孔。在未形成匙孔之前，激光的大部分能量被反射掉，仅有少部分能量被材料所吸收。但是在形成匙孔之后，激光进入匙孔之后会在匙孔壁发生多次反射与吸收，材料对激光的吸收率大大提高，最高可达 98%。因此，匙孔非常有利于材料对激光的吸收。但是，匙孔的存在也增加了激光深熔焊接熔池流动行为的复杂性。

图 5-50 为在激光焊缝横截面熔池流动示意图。无论是热导焊还是深熔焊，Marangoni 对流都起着重要的作用。对于热导焊，熔池的内部主要是存在 Marangoni 对流。而激光未穿透焊的上表面，和激光深熔穿透焊的上下两个表面都存在着 Marangoni 对流，这种效应在焊缝成形的表现就是在焊缝的表面熔宽变宽。对于激光未穿透深熔焊，其焊缝界面大致呈 "T" 形；而对于激光深熔穿透焊，焊缝界面大致呈 "X" 形。相对应的焊缝截面如图

5-51 所示。

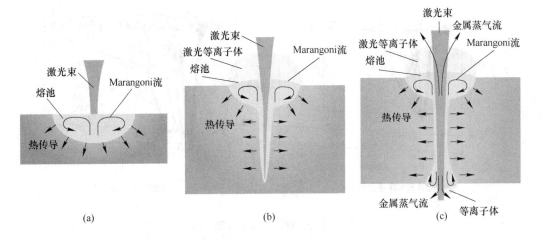

图 5-50　焊缝横截面熔池流动示意图
（a）热导焊；（b）深熔未穿透焊；（c）深熔穿透焊

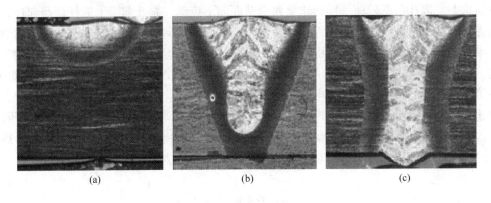

图 5-51　焊缝宏观截面
（a）热导焊缝；（b）深熔未穿透焊缝；（c）深熔穿透焊缝

　　对于激光焊接的熔池流动行为，采用数值模拟技术是一种重要的研究手段。图 5-52 所示为两种典型的激光深熔焊数值模拟结果。在图 5-52 中可以明显地看出，对于激光未穿透深熔焊熔池上部，和激光穿透深熔焊熔池的上下部均出现了 Marangoni 对流，计算的焊缝截面形貌与试验结果基本一致，也证明了 Marangoni 对流对激光焊接熔池流动行为的重要影响。

　　激光焊接过程中匙孔的形态对熔池金属的流动行为有着直接的影响。但是，在焊接过程中匙孔形态并不是一直保持稳定状态，而是处于波动状态，并具有一定的或然性，这导致熔池金属的流动行为极为复杂。因此单纯地用数学手段描述熔池中的力学行为，并进一步采用数值模拟分析，已经不能精确地揭示激光焊接熔池流动行为。采用 X 射线透视摄像的方法，对匙孔及熔池的动态行为进行在线检测是当前最直观地研究方法。虽然这些试验中图像的空间分辨率或瞬时清晰度都很难让人满意，但是试验的结果对于理解焊接过程中熔池内部的动态行为是十分重要的。

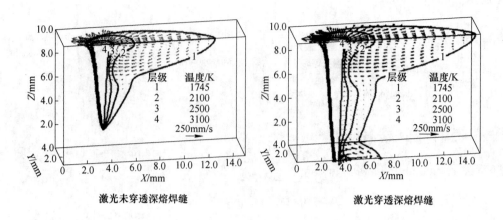

图 5-52　激光焊缝熔池流动行为数值模拟

　　一般情况下，在激光焊接过程中匙孔存在显著振荡，即使在恒定的激光功率和焊接速度下，匙孔开口处的形状和尺寸也是在不断发生变化。在焊接过程中，匙孔壁始终处于高速波动状态，匙孔前壁较薄一层熔化金属沿壁面向下流动，匙孔前壁上的任何凸起位置都会因受到高功率密度激光的辐照而强烈蒸发，产生的蒸气向后喷射冲击匙孔后壁的熔池金属，导致匙孔后方的金属下塌，引起熔池的振荡，并影响熔池流动行为，具有较强的气孔倾向，如图 5-53 所示。匙孔内部的蒸气由高温金属蒸气和匙孔脉动吸入的保护气体组成，这些蒸气在激光的辐照下被部分电离，形成带电等离子体。出自匙孔的蒸气流速很快，接近声速，因此可以听到混乱的噪声。匙孔颈口处的高速流动的蒸气会产生一个低气压区，促使颈口关闭，这是匙孔波动的原因之一。同时，匙孔内金属的强烈蒸发，甚至形成喷射；这种无规律的蒸发引起了液态金属的快速抖动，也会造成匙孔的波动。

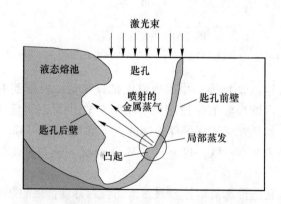

图 5-53　匙孔前壁局部蒸发及其产生的熔池波动

　　在熔池的后部，存在着极为复杂的流动行为。通过 X 射线透射的观察方法，在焊缝中预置钨粒，熔池对流将携带钨粒在熔池内部游走，可以比较直观地再现熔池的流动特征，如图 5-54 所示。观察中发现，在熔池的后方存在着一个或者两个涡流，并且涡流会以极高的速度发生旋转，如图 5-55 所示。

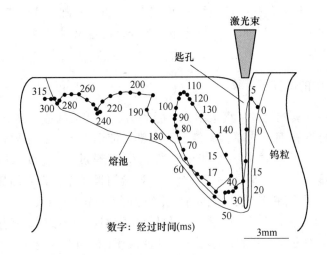

图 5-54 熔池中钨颗粒的运动轨迹

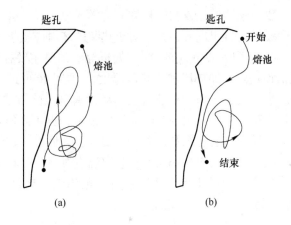

图 5-55 匙孔后部涡流示意图

5.3 金属塑性变形过程中的传热现象

金属在再结晶温度以上的变形称为热变形（hot deformation）。变形后，金属具有再结晶组织而无加工硬化现象。金属只有在热变形的情况下，才能以较小的功达到较大的变形，加工尺寸较大和形状比较复杂的工件，同时获得具有力学性能好的再结晶组织。但是，由于热变形是在高温下进行的，因而金属在加热过程中表面容易形成氧化层，而且产品的尺寸精度和表面品质较低，劳动条件较差，生产效率也较低。自由锻、热模锻、热轧、热挤压等工艺都属于热变形方法。

金属在高温下变形时材料内部的微观组织会经历一系列动态变化，微观组织的变化又影响材料的流动行为。正确理解不同变形条件下材料内部的微观组织演化及其与材料高温变形过程之间的交互作用、建立能反映微观组织演化过程影响的流变应力模型是实现材料变形过程的有限元变形—传热—微观组织演化耦合分析的基础，从而能充分考虑微观组织演化、传热过程和变形过程之间的交互作用，为合理确定材料的锻造加工工艺和控制锻件质量提供科学依据。

5.3.1 热轧过程中的温度场计算

热轧带钢应用于机械制造、汽车制造、船舶制造、桥梁制造、锅炉制造、焊管生产、冷弯型钢等领域及冷轧钢板的原料。传统上，热轧带钢生产过程主要包括坯料准备、加热、除鳞、粗轧、切头、精轧、冷却、卷取和精整等过程。板坯或连铸坯的厚度在200mm 以上，长度一般为 4.5~12m，具有一定容量的板坯库，设有加热炉区（一台或多台步进式加热炉），具有粗轧机，后接精轧机组，热输出辊道（上设层流冷却装置），地下卷取机及成品运输链/成品库的生产线。传统带钢热连轧的布置，在粗轧区及粗精轧间的设备设置可有多种方案。新的短流程工艺和薄板坯连铸轧机迅速发展，开始冲击传统热带钢连轧机的地位。

5.3.1.1 基本原理及理论模型

热轧带钢的坯料一般为连铸板坯或初轧板坯，化学成分、尺寸公差、弯曲度和端部形状应符合要求，对于冷装的坯料应进行检查，对于热装的坯料应提供无缺陷坯，即表面不得有肉眼可见的缺陷，内部不应有缩孔、疏松和偏析等。加热主要控制加热温度、时间、速度和温度制度（包括预热段、加热段和均热段温度）。防止出现过热、过烧、氧化、脱碳或黏钢等现象。采用步进式加热炉，对坯料表面质量有利。除鳞的装置有平辊除鳞机、立辊除鳞机和高压水除鳞箱。广泛采用的是经立辊轧边后，再用高压水（10~15MPa）去除氧化铁皮。为了保证热轧带钢的组织和性能符合要求，轧后必须在较低的温度和较高的速度下进行卷取，卷取温度一般在 500~650℃。卷取温度过高，晶粒粗大。精整是将热轧带钢开卷，经过切头、切边、切成定尺和矫平，可以包装成卷交付，也可以包装单张交付。图 5-56 所示为热轧带钢生产过程示意图。

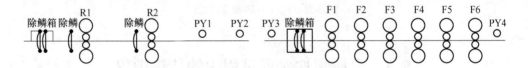

图 5-56 热轧带钢生产过程示意图

在粗轧区，从加热炉出炉的钢坯首先经过粗轧除鳞箱除鳞，然后经过两台粗轧机可逆式轧制。在精轧区，轧件除鳞后，经过六机架连续轧制，将轧件轧制到预期的产品厚度。在此过程中，轧件的热量传递如图 5-57 所示，包括轧件向环境的辐射（q_r）、对流传热（q_c）、与除鳞水的对流换热（q_u）和与轧辊的接触换热（q_d）等，这都将导致轧件的温度下降；此外还有轧制变形区内的塑性变形生热（q_p），这些将导致轧件的温度升高。轧制过程中，轧件与轧辊的相对滑动较小，故摩擦生热（q_f）较小，计算中忽略不计。轧件最终的温度变化规律由这些因素共同决定。概括地讲，影响轧件温度场的主要工艺因素包括除鳞参数、轧制速度、压下量、轧辊温度等。

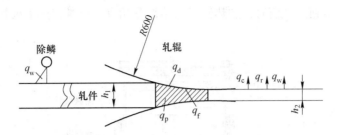

图 5-57 轧制过程轧件传热过程分析

5.3.1.2 计算实例

对于轧制过程的温度场计算数学模型见式（5-141），它是直角坐标系下的三维非稳态导热方程。

$$\rho c \frac{\partial T}{\partial t} = \frac{\partial}{\partial x}\left(\lambda \frac{\partial T}{\partial x}\right) + \frac{\partial}{\partial y}\left(\lambda \frac{\partial T}{\partial y}\right) + \frac{\partial}{\partial z}\left(\lambda \frac{\partial T}{\partial z}\right) + S \tag{5-141}$$

式中 ρ，c，λ ——轧件的密度、比热和导热系数；

   T ——轧件的温度；

   x，y，z ——轧件长度、宽度和厚度方向的坐标；

   S ——考虑轧制塑性变形生热的源项。

初始条件为上一环节结束时的轧件温度场：

$$T\big|_{t=0} = T_0(x,\ y,\ z) \tag{5-142}$$

根据不同时刻轧件所处的位置，轧件的不同部位采用相应的边界条件：

$$\lambda \frac{\partial T}{\partial x}\bigg|_{x=0,\ l} = q_c + q_r \tag{5-143}$$

$$\lambda \frac{\partial T}{\partial y}\bigg|_{y=0,\ \omega} = q_c + q_r \tag{5-144}$$

$$\lambda \frac{\partial T}{\partial z}\bigg|_{z=0,\ d} = q_c + q_r + q_\omega + q_d \tag{5-145}$$

其中，各热流密度符号的意义如图 5-57 所示。

5.3.2 锻造过程中的温度场计算

锻造是一个非常复杂的金属塑性成型过程，锻造时最佳锻造条件的选择并非易事。为了获得最佳锻造条件，锻造温度的确定非常重要。因此，在锻造工艺过程中，模具的加热温度、加热方式、加热装置以及模具温度场的实际状况等对等温锻造工件质量都有影响，必须正确地制定和设计。在此以钛合金等温锻造温度场计算为例予以说明。

5.3.2.1 锻造装置简图及加热系统

图 5-58 所示为电阻丝单加热器等温锻造用模具装置。上下模座及加热器 10 在同一加热空间，加热器装在下模并直接加热下模和活动压头 7，组合凹模 8 通过模座加热到等温锻造所要求的温度，由于上下模被保温罩 6、9 封闭在同一空间中，上模通过热辐射和对流被加热，温度低于下模，其只起施加压力的作用，并不与锻件直接接触，不影响锻件成

型。当模具装置达到热平衡时，加热器只供给部分功率，以维持热平衡状态时模具装置向外散失的热量。

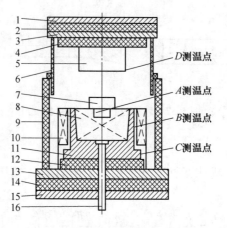

图 5-58　模具装置简图及测温点分布

1—上模底板；2—上模板隔热层；3—上模安装板；4—上模座隔热层；5—上模；6—上保温罩；
7—活动压头；8—组合凹模；9—下保温罩；10—加热器；11—下模座；12—下模座隔热层；
13—下模安装板；14—下模板隔热层；15—下模底板；16—顶杆

　　在许多等温精密锻造实例中，为避免上下模错移，通常在模具上设置导向机构，增加了模具结构的复杂性和装配精度。为了解决这一问题，采用闭式模锻方法，闭式模锻使整个毛坯在组合凹模 8 中成型，活动压头 7 只起中间传递压力的作用，同时是闭式型腔的一部分，这样在放置活动压头时只要一般定位即可，从而简化模具结构和操作。模具加热温度的测量是通过插在上下模测温孔和下模型腔内的热电偶来进行的，测温过程通过 ZWK 型可控硅控温仪来控制。如图 5-58 所示，A、B、C、D 四点为测温点，A 点为模拟结果检测点，B 点是模具温度控制点，同时，B、C 两点为边界条件点，D 点的测量是为了便于计算边界辐射参数。根据实验结果，作了如图 5-59 所示的 A、B、C 三点的温升曲线图。在模具保温 2h30min 后，测量 D 点的温度 600℃。

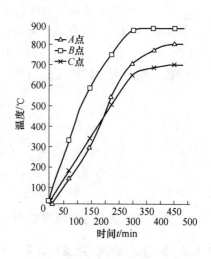

图 5-59　A、B、C 点温升曲线概况

　　从图 5-59 中可以看出，开始加热时，下模外壁温度升温非常迅速，直到温度达到 890℃时，下模外壁开始保温，温度始终保持在 890℃，呈水平直线。当 B 点处于保温状态时，A 点、C 点还在缓慢地升温，当 A 点温度达到 813℃，C 点温度达到 706℃以后，系统进入了平衡保温状态。

　　系统热态模型可表达为：

$$Q = Q_1 + Q_2 + Q_3 + Q_4 + Q' + Q''$$

式中　Q——电能转化而得的热能；

Q_1——上模底板传出的热量；

Q_2——系统内对流、传导以及辐射的热量；

Q_3——保温罩传出的热量；

Q_4——下模底板传出的热量；

Q'——系统蓄热；

Q''——热损失。

5.3.2.2　下模温度场的边界元模拟及模拟结果分析

边界元法是 20 世纪 80 年代兴起的一种数值计算方法，利用控制微分方程的基本解建立相应的边界积分方程，再结合边界的剖分而得到离散算式。由于只在边界上划分，实际上是将问题降维处理，降维的结果必然减少代数方程组的未知数。由于积分方程可用加权余量法得到，即由于近似函数而引起的误差得到合理分配，从而达到最佳效果。因此利用边界元法分析模具温度场问题具有其他方法不可比拟的优越性。

设热传导问题的控制方程为：

$$a\Delta^2 T = \frac{\partial T}{\partial \tau} \quad （在 \Omega 内）\tag{5-146}$$

边界条件：

$$T = \vec{T} \quad （在 \Gamma_1 边界上）\tag{5-147}$$

$$q = -\frac{\partial T}{\partial n} = \overline{q} \quad （在 \Gamma_2 边界上）\tag{5-148}$$

$$\frac{\partial T}{\partial n} = \frac{\alpha}{\lambda}(T_f - T) \quad （在 \Gamma_3 边界上）\tag{5-149}$$

初始条件应满足：

$$T = T_0, \quad t = 0 \quad （在 \Omega 内）\tag{5-150}$$

式中　a——导热系数，$\mathrm{m^2/s}$；

　　T_f——域外气体的温度，℃；

　　α——换热系数，$\mathrm{W/(m^2 \cdot ℃)}$；

　　λ——材料的导热系数。

对式（5-146）引入权函数 T^*，由加权余量法得：

$$\int_0^t \int_\Omega (\Delta^2 T - \frac{1}{\alpha}\frac{\partial T}{\partial n}) T^* \mathrm{d}\Omega \mathrm{d}t$$

$$= \int_0^t \int_{\Gamma_1} (T - \overline{T}) q^* \mathrm{d}\Gamma \mathrm{d}t - \int_0^t \int_{\Gamma_2} (q - \overline{q}) T^* \mathrm{d}\Gamma \mathrm{d}t - \int_0^t \int_{\Gamma_3} [\lambda \frac{\partial T}{\partial n} - \alpha(T_f - T)] T^* \mathrm{d}\Gamma \mathrm{d}t$$

$$\tag{5-151}$$

式中，T^* 为热传导问题的基本解，其表达式为：

$$T^*(r, t; r_i, t) = \frac{1}{[4\pi\alpha(t-\tau)]^{3/2}}\exp\left[-\frac{R^2}{4\alpha(t-\tau)}\right]\tag{5-152}$$

q^* 为基本解的边界法向导数：

$$q^*(r, t; r_i, t) = \frac{\partial T^*}{\partial n} = -\frac{R}{2\alpha(t-\tau)}\frac{\partial R}{\partial n}T^*\tag{5-153}$$

式中，R 表示集中热源点到场点的距离：

$$R = |r - r_i|$$

考虑如下两个函数：

$$T = T(r, t), \quad T^* = T^*(r, t; r_i, t)$$

可以看出，函数 T 和 T^* 是两个伴随方程的解，并且有：

$$\frac{\partial(TT^*)}{\partial \tau} = T^* \frac{\partial T}{\partial \tau} + T \frac{\partial T^*}{\partial \tau} = \alpha(T^* \Delta^2 T - T \Delta^2 T^*) \tag{5-154}$$

上式两端对空间和时间积分，并结合格林第二定理，可得：

$$c_i T_i = \alpha \int_0^t \int_\Gamma \left(T^* \frac{\partial T}{\partial n} - T \frac{\partial T^*}{\partial n}\right) \mathrm{d}\Gamma \mathrm{d}\tau + \iint_\Omega T_0 T_0^* \mathrm{d}\Omega \tag{5-155}$$

式中，

$$c = \begin{cases} 1 & \in \Omega \\ 1/2 & \in \Gamma(\text{光滑边界}) \\ (1 - \theta/2\pi)/(1 - \theta/4\pi) & \in \Gamma(\text{不光滑边界}) \end{cases}$$

根据边界条件式（5-147）~式（5-149），式（5-155）写成：

$$c_i T_i + \alpha \int_0^t \int_\Gamma \left(q^* + \frac{\alpha}{\lambda} T^*\right) T \mathrm{d}\Gamma \mathrm{d}\tau = \alpha \int_0^t \int_\Gamma q T^* \mathrm{d}\Gamma \mathrm{d}\tau + \iint_\Omega T_0 T_0^* \mathrm{d}\Omega \tag{5-156}$$

式中，

$$q = \begin{cases} \partial T/\partial n & \in \Gamma_1 \\ \overline{q} & \in \Gamma_1 \\ \alpha T_f/\lambda & \in \Gamma_3 \end{cases}$$

将热传导的基本解（5-152）沿环向积分可得到轴对称热传导问题的基本解：

$$T_{AS}^* = \int_0^{2\pi} T^* \mathrm{d}\theta = \frac{2\pi}{[4\pi\alpha(t-\tau)]^{3/2}} \exp\left[-\frac{r^2 + r_i^2 + (x - x_i)^2}{4\alpha(t-\tau)}\right] I_0 \frac{rr_i}{2\alpha(t-\tau)} \tag{5-157}$$

轴对称热传导问题基本解的法向导数为：

$$q_{AS}^* = \frac{\partial T_{AS}^*}{\partial n} = \frac{1}{8\sqrt{\pi}[\alpha(t-\tau)]^{5/2}} \exp\left[-\frac{r^2 + r_i^2 + (x - x_i)^2}{4\alpha(t-\tau)}\right] \cdot$$
$$\left\{\left[r I_0\left(\frac{rr_i}{2\alpha(t-\tau)}\right) - r_i I_1\left(\frac{rr_i}{2\alpha(t-\tau)}\right)\right] \frac{\partial r}{\partial n} + (x - x_i) I_0\left(\frac{rr_i}{2\alpha(t-\tau)}\right) \frac{\partial x}{\partial n}\right\} \tag{5-158}$$

式中，I_0，I_1 为零阶和一阶 Bessel 函数：

$$I_0(y) = \frac{1}{\pi} \int_0^\pi e^{y\cos\theta} \mathrm{d}\theta = \frac{1}{2\pi} \int_0^{2\pi} e^{y\cos(\theta - \theta_i)} \mathrm{d}\theta$$

$$I_1(y) = \frac{\mathrm{d}I_0}{\mathrm{d}y}$$

将式（5-157）、式（5-158）代入式（5-156），可得到：

$$c_i T_i + \alpha \int_0^t \int_\Gamma r\left(q_{AS}^* + \frac{\alpha}{\lambda} T_{AS}^*\right) T \mathrm{d}\Gamma \mathrm{d}\tau = \alpha \int_0^t \int_\Gamma q T_{AS}^* \mathrm{d}\Gamma \mathrm{d}\tau + \iint_\Omega r T_0 T_{AS0}^* \mathrm{d}\Omega \tag{5-159}$$

式（5-159）即为轴对称热传导问题的边界积分方程，其中 Γ 为 r 和 x 形成的半平面的边界。对边界积分离散，可建立边界元求解的线性方程组，从而求解边界节点的温度，在已知边界节点温度条件下，由式（5-159）又可求得域内任何一点的温度。

如图 5-60 所示，下模传热方式以导热为主，因其材料本身缺陷产生的周向温度及热流一般是很少的，可以忽略不计，且下模无内热源。所以，只存在第 1 和第 3 边界条件。根据程序计算结果，选取其中 3 个典型面 OP、OQ、OR 面作为研究对象，绘制了 OP、OQ、OR 面的等温线。如图 5-61 ~ 图 5-63 所示，等温线图中，x 轴是以模具下模中心线为轴，下模顶面型腔中心为始点的轴线；R 轴是以下模圆周半径方向为轴，下模顶面型腔中心点为零起点的轴线。该等温线精确地反映了三种典型情况下的温度分布状况。

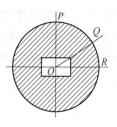

图 5-60　下模座横截面

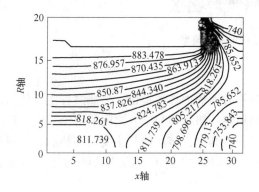

图 5-61　OP 面等温线（1/2）

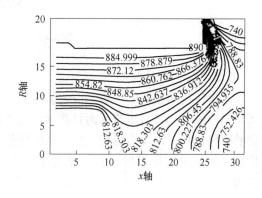

图 5-62　OQ 面等温线（1/2）

三种典型面中的等温线分布与下模中的热流方向垂直，符合热流线必须与等温线垂直相交的理论。模座外壁温度控制在 890℃，下模型腔表面最低温度为 811.739℃，下模型腔表面最高温度为 812.63℃。模座外壁与下模型腔表面最大温差为 78.261℃，该温差非常重要，热电偶正是根据这一温差，并控制模座外壁温度，使下模温度达到等温锻造工艺所要求的范围；下模型腔表面间的最大温差为 0.891℃，

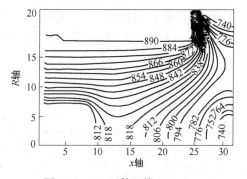

图 5-63　OR 面等温线（1/2）

非常小，使钛合金在理论规定的范围内进行了等温锻造。因此，三种典型面中的等温线分布与实际等温线相吻合。

5.3.3　挤压过程中的温度场计算

静液挤压由于其独特的工艺优势，可以作为多种材料如镁合金、铝合金、钛合金、高温合金、非晶合金、难熔金属等的成型方法。在静液挤压技术中，由于挤压系统中温度的传递主要通过挤压筒进行，坯料通过热传递与挤压筒达到热力学平衡，从而达到预设的温度值。因此，研究挤压筒上温度的瞬态及稳态分布对坯料温度的控制显得尤为重要。

5.3.3.1　几何模型

在仿真中采用与实际设备尺寸相同的几何模型，为了减少后续的计算量，模型忽略了密封件等热容量小的零部件，模型中的主要零部件包括：挤压筒、内衬套、挤压轴等。同时，为了提高计算速度，采用了几何模型的 1/4 作为最终的几何模型，如图 5-64 所示。几何模型采用 SolidWorks 软件建模，并以 STL 格式导入 DEFORM-3D 软件中。其中，挤压筒外径 900mm、内径 300mm、长度 880mm。

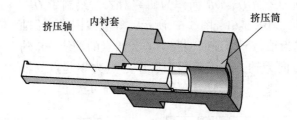

图 5-64　挤压系统的几何模型

5.3.3.2　传热模型

在挤压传热系统中，热源由安装在挤压筒外表面的加热器提供，传热过程主要包括挤压筒的内部导热、挤压筒与内衬套之间的接触换热、挤压筒与空气之间的对流换热、挤压筒的辐射传热，以及内衬套、挤压轴的传热过程。其中，挤压筒是主要的传热载体。根据能量守恒定律和傅里叶定律，结合上述分析，可以给出挤压筒传热系统的导热微分方程为：

$$\rho c \frac{\partial t}{\partial \tau} = \frac{\partial}{\partial x}\left(\lambda \frac{\partial t}{\partial x}\right) + \frac{\partial}{\partial y}\left(\lambda \frac{\partial t}{\partial y}\right) + \frac{\partial}{\partial z}\left(\lambda \frac{\partial t}{\partial z}\right) \tag{5-160}$$

式中　ρ——材料密度，此处取值为 $7.9 \times 10^3 \mathrm{kg/m^3}$；

　　　c——材料比热容，此处取值为 $740 \mathrm{J/(K \cdot kg)}$；

　　　λ——热导率，取值见表 5-5；

　　　t——温度；

　　　τ——时间。

表 5-5　材料物性参数

材料	密度/kg·m⁻³	比热容/J·(kg·K)⁻¹	热导率/W·(m·K)⁻¹	发射率	膨胀系数/K⁻¹
PCrNi3MoVA	7.9×10^3	460	15.2	0.75	14.5×10^{-6}
45#	7.85×10^3	480	45	0.75	11.2×10^{-6}
42CrMo	7.9×10^3	460	15.2	0.75	11.2×10^{-6}

对挤压筒的加热分为两个阶段：一是预热，即将挤压筒的外表面加热到指定的预热温度 200℃（该温度值为静液高温挤压试验中所采用的挤压温度参数之一）；二是保温，即通过对热源的控制，保证挤压筒外面的温度维持在 200℃。两个阶段存在不同的边界条件，对于预热阶段，其第二类边界条件、第三类边界条件、界面边界条件以及辐射边界条件，具体如下：

第二类边界条件，即挤压筒加热外表面上的热流密度值为：

$$-\lambda \frac{\partial t}{\partial n} = P/A \tag{5-161}$$

式中　λ，t——含义同式（5-160）；

　　　　n——加热面外法线方向；

　　　　P——挤压筒加热功率，本实验采用功率为 60kW；

　　　　A——挤压筒的加热表面面积，通过软件可以自动计算。

　　第三类边界条件，即挤压筒传热系统中的零件与周围空气之间的对流换热为：

$$-\lambda \frac{\partial t}{\partial n} = h(t_{w} - t_{f}) \tag{5-162}$$

式中　h——零件与周围空气之间的对流换热系数，此处取值见有限元模型参数设置；

　　　　t_{w}——零件表面温度；

　　　　t_{f}——周围空气温度，仿真中采用与当天试验相同的空气温度（10℃）。

　　挤压筒、内衬套、挤压轴之间的界面接触换热条件为：

$$h_{jm} = \frac{Q_{jm}}{A_{jm} \cdot \Delta t} \tag{5-163}$$

式中　h_{jm}——界面接触换热系数，此处取值为 1.52W/m；

　　　　Q_{jm}——界面热流量；

　　　　A_{jm}——接触界面面积；

　　　　Δt——界面温差。

　　另外，考虑了挤压筒的外端面、外圆柱面等外表面的辐射换热。根据 Stefan-Boltzmann 定律，则辐射边界条件为：

$$\varphi = \varepsilon \sigma A_1 F_{1f}(t_{w}^4 - t_{f}^4) \tag{5-164}$$

式中　φ——零件的辐射换热量；

　　　　ε——零件的发射率；

　　　　σ——Stefan-Boltzmann 常数；

　　　　A_1——零件辐射面积；

　　　　F_{1f}——零件到环境的形状系数；

　　由于 σ 很小，因此本研究忽略辐射换热的影响。

　　保温阶段不存在第二类边界条件，但存在第一类边界条件，即挤压筒加热外表面上的温度恒定值为：

$$t_{wf} = T \tag{5-165}$$

式中　t_{wf}——挤压筒加热外表面上的温度；

　　　　T——恒定温度值，本工作设为 200℃（即挤压筒的保温温度）。

5.4　热处理过程中的传热现象

5.4.1　热处理过程各阶段传热特征

　　钢的热处理是根据钢在固态下组织转变的规律，通过不同的加热、保温和冷却，以改变其内部结构，达到改善钢材性能的一种热加工工艺。热处理一般有加热、保温和冷却三个阶段，在实际的生产工艺中，为了保证产品的性能稳定，一般将加热分为预热、均热两个阶段，所以一般的热处理工艺是由预热、加热、保温、冷却四个阶段组成。

预热段，往往可以初步均匀坯料各部分温度，有利于后续坯料继续加热，同时可以消除坯料内部组织的残余应力，保证热加工前的坯料组织均匀，提升热加工过程中坯料的力学性能，使坯料加工过程中不易损坏。均热段，是保证坯料各部分平稳升温，防止加热过程中出现组织不均匀的情况，在此温度段往往发生坯料的高温组织转变。保温段，往往是保证坯料组织转变完全且均匀分布，对于合金钢来说，也是一个合金化的作用段，是热处理过程中不可缺少的部分，同时保温温度也决定热处理后钢材的组织成分。冷却段，是热处理过程中最为重要的部分，冷却速度直接决定了热处理后钢材的组织成分，其与保温温度也是决定整体热处理中退火、回火、淬火和空火的区别因素。

正确的热处理工艺不仅可以改善钢材的工艺性能和使用性能，充分挖掘钢材的潜力，延长零件的使用寿命，提高产品质量，节约材料和能源；还可以消除钢材经铸造、锻造、焊接等热加工工艺造成的各种缺陷，细化晶粒、消除偏析、降低内应力，使组织和性能更加均匀。探究热处理过程中的传热现象，不仅对钢铁生产工艺中的传热学有进一步的了解，对于钢铁生产的热处理工艺制度设计也有帮助。而探究其过程中的传热现象首先就要了解热处理设备。

热处理设备种类繁多，通常根据它们在热处理生产过程中完成的任务分为主要设备和辅助设备两大类。主要设备是完成热处理主要工序所用的设备，包括加热设备和冷却设备。这类设备对热处理效果和产品质量起决定性的作用，其中又以加热设备最重要，其包括各种热处理炉和加热装置。辅助设备是完成各种辅助工序及主要工序中辅助动作所用的设备及各种工具。以热处理炉为主的主要设备负责热处理过程中的加热、保温或冷却工序，其工作原理直接反映热处理中的传热过程。

按照传热学原理，传热方式分为热传导、热对流和热辐射。热处理炉等主要设备在热处理过程中对坯料进行处理的作用原理大抵与这三种传热方式有关，利用三种方式的结合实现加热、保温与冷却的功能。三者的区别在于传热介质，前两者需要传热物体与受热物体要直接接触，而热辐射是利用电磁波传热而不需要介质。

因此在探究热处理过程中的传热原理时，不妨采取加热介质的不同对热处理炉进行分类，进而探究加热、保温以及冷却过程中的传热与换热机理。一般情况下，预热、加热和保温的换热原理相同，而冷却阶段，由于冷却介质的更换，其冷却过程的换热原理可能与前三阶段并不相同。

5.4.1.1 预热、加热与保温

按加热介质，可将热处理炉分为自然气氛炉、浴炉、可控气氛炉、真空炉、流动粒子炉。

A 自然气氛炉

自然气氛炉大多属于传统的热处理电阻炉，以电为能源，通过炉内电热元件将电能转化为热能而加热工件的炉子，结构简单，操作方便，工作温度范围宽，容易准确控制温度。加热介质大多为空气，氧化脱碳极为严重，金属烧损量大。电阻炉有很多种，以箱式炉、井式炉（图 5-65）为主，结构上有所区别，但加热方式上并无差异，工件表面获得

的热量主要靠电热元件和炉壁表面的辐射热。炉气为自然对流，对流传热量很少，忽略不计。所以换热方式以辐射换热为主，综合换热系数约等于辐射换热系数。这类炉子中的工件加热速度和温度均匀性决定于热源，炉壁，工件的温度和黑度，工件表面积与炉壁表面积之比及热射线被遮蔽情况。

不过，有些气氛炉还会利用热气流进行对钢坯的加热，如带风机的低温热处理电阻炉。这种电阻炉装炉量大和工件相互遮蔽辐射热的情况严重，单靠辐射和自然对流换热难以提高生产率、热效率和温度均匀性，因此要强制炉气对流，形成紊流，综合换热系数约等于对流换热系数。这类炉子的传热速度和温度均匀性主要决定于气流速度及其循环状态。这样对流换热也对工件换热有一定的影响。特别是冷却时，大多以气流来冷却工件，此时换热方式以对流换热为主。

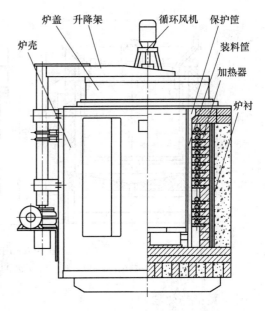

图 5-65 热电阻井式回火炉

还有一部分自然气氛炉是热燃料炉，这一类炉子通过直接燃烧燃料而获得热能，火焰直接加热坯料，这样的加热以辐射传热和对流传热为主，利用烟气余热还可以进行预热等操作。冷却时，大多采用对流换热的气流冷却方式。

B 浴炉

浴炉是利用液体介质加热或冷却工件的一种热处理炉。介质为熔盐、熔融金属或合金、熔碱、油等。盐介质有 $BaCl_2$、KCl、$NaCl$、$NaNO_3$ 等。其优点在于工作温度范围宽（$60 \sim 1350℃$），可完成多种工艺，如淬火、正火、回火、局部加热、化学热处理、等温淬火等，只有退火不能进行；加热速度快、温度均匀，不易氧化、脱碳；炉体结构简单，高温下使用寿命较长；能满足特殊工艺要求，对尺寸不大、形状复杂、表面质量要求高的工件，如刀具、模具、量具及一些精密零件特别适用；炉口敞开，便于吊挂、工件变形小。

与电阻炉相比，浴炉也存在不少缺点：只适用于中小零件加热；需用较多辅助时间，如启动、脱氧等；介质消耗多，热处理成本高；炉口经常敞开，盐浴面散热多、降低热效率；介质蒸发，污染环境；技术要求高，需要防止带入水分，引起飞溅或爆炸等。

浴炉工作时，将工件浸入液态介质中，此时工件本身与外界交换的热量主要通过介质传递给工件，所以对于工件受热来说，一般以对流传热为主。浴炉分为外热式和内热式两种，外热式浴炉主要由炉体和坩埚组成，将液体介质放入坩埚中，热源在坩埚外部，液态介质在坩埚中。热量通过坩埚壁进入介质中，进而传递给介质。而内热式浴炉（图 5-66）的热源在介质中，这一类热源一般是热电偶，所以在此类浴炉中的热传递就少了坩埚壁的热传导。热传递以依靠液态介质换热的热对流为主，对于工件而言，热量的交换也是以对流换热为主，还有少部分热量是热电偶直接辐射传热而来。

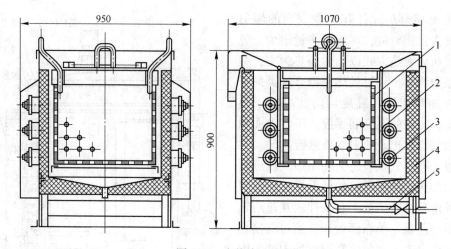

图 5-66 内热式浴炉
1—料筐；2—保护架；3—管状电热元件；4—保温层；5—排油管

C 真空热处理炉

随着精密机械制造业、国防等尖端工业的发展，真空热处理逐渐成为一种新型热处理方法，特别是近年来对零件性能、精度要求的提高使得真空热处理技术越来越受重视。真空热处理一般用于难熔金属和活泼金属的热处理，除此之外，真空热处理也逐渐被应用到钢铁材料的淬火、回火、退火、渗碳、渗氮及渗金属等各领域。

在传统的第一代和第二代真空热处理炉中，一般来说由于真空的环境，工件本身的加热和保温都是通过辐射传热进行的。真空热处理炉也分外热式和内热式。外热式的热源在炉外，这就意味着热量经过炉体的传导和炉内真空的辐射才传递给工件，因此相比于内热式，这种外热式真空炉加热速率慢、加热效率低、生产周期长。而内热式真空热处理炉是将整个加热装置和预热处理的工件均放在真空容器中，此时真空状态下热量的传递方式是辐射传热，而有些真空炉会充入些许的保护气体，此时传热方式还会有对流传热。在冷却时，真空炉往往以气冷和油冷为主，传热方式也都变成了对流换热为主，如图 5-67 所示。

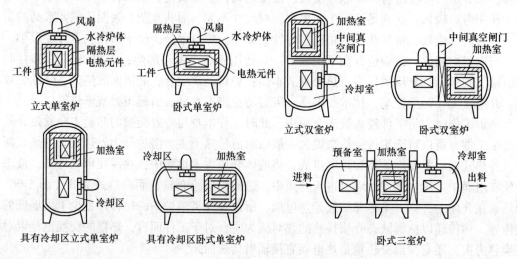

图 5-67 各类内热式真空热处理炉示意图

对于第三代真空热处理炉来说，其加热技术为负压载气加热，低温阶段正压对流加热，所以此时加热与保温状态下的工件换热以对流传热为主。冷却时也以高压气冷和超高压气冷为主。对于气冷方式来说，使用的冷却介质以氢气、氮气、氩气为主，氢气的冷却速度最大，但价格高且容易发生爆炸，所以常使用 99.999% 以上的氮气冷却，冷却效果也比较好。

D 流动粒子炉

流动粒子炉的炉膛内装有石墨或氧化铝等固体粒子，压缩空气或其他高压流体经过炉底布风板吹入炉内，使粒子处于流动状态。流动粒子炉内固体粒子所处的空间称为流化床。

工件在流化床的受热方式有：热气体与工件之间对流换热；流动粒子不断冲击工件表面，进行导热；粒子和气体与工件间的辐射换热。当炉子采用电极加热并以石墨粒作加热介质时，由于石墨粒子不断与工件接触和分离，还发生导电和微弱放电的电加热。

流动粒子炉的换热系数与气流速度、粒子尺寸等有关，粒子较细时，换热系数一般较大。不过，工件在流动粒子炉内的加热速度要小于盐浴炉。

E 其他热处理设备

除此之外，还有一些特殊的热处理操作需要特殊热处理仪器进行，例如表面热处理、局部热处理。目前对于表面热处理来说，最广泛应用的是感应热处理，感应加热可用于淬火、回火、正火、调质、透热等。

感应加热的基本原理是：当感应器（施感导体）通过交变电流时，在其周围产生交变磁场，将工件放入交变磁场中，按电磁感应定律，工件内将产生感应电动势和感应电流，将工件加热。所以感应加热的过程并不是简单的辐射传热，而是利用辐射在工件内部进行热能转换，之后在工件内部通过热传导将热量传递给工件待加热部位，如图 5-68 所示。

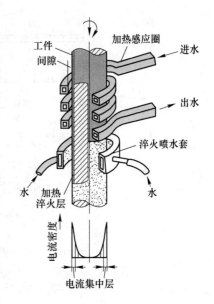

图 5-68 感应加热示意图

热处理过程中的换热方式往往与介质有关，所以热处理过程中的预热、加热、保温、冷却的传热方式也有很大相同之处。工件的预热、加热、保温多以对流传热和辐射传热为主，而真空炉中若是真空环境，则仅有辐射传热。因此，对热处理过程的节能改造大多都是改进热处理的传热过程，特别是介质的不同、换热系数不同、换热效果或效率也就不同，对工件的受热情况也会有影响。所以热处理过程也一直在不断寻找合适的加热或者冷却的介质，从而保证换热过程的高效有序，但并不是换热系数越大越好，而是符合工件工艺生产的换热才是最适宜的。加热保温过程中，对流传热能保证工件的温度均匀性，相比于辐射传热，能够更全面地将热量传递到工件的结构死角处，这应该是气氛炉、浴炉以及流动粒子炉的优点之一。

5.4.1.2 冷却阶段

在热处理过程中，不仅加热是最重要的一道工序，冷却也同样是最重要的步骤。工件加热后需要以不同冷速进行冷却，影响工件冷却速度的因素很多，包括冷却方式、介质类型、介质温度，以及介质、工件的运动情况和操作方法等。基于以上热处理设备，冷却装置（冷却设备）是热处理设备不可分割的一部分，有些热处理炉中自带冷却装置，如某些连续炉、密封箱式炉等。冷却装置包括：淬火装置、缓冷装置、淬火校正装置、淬火成型装置、淬火介质的加热及冷却装置等。在冷却时，冷却介质是气体或液体，工件的换热以对流换热为主，如图 5-69 所示。

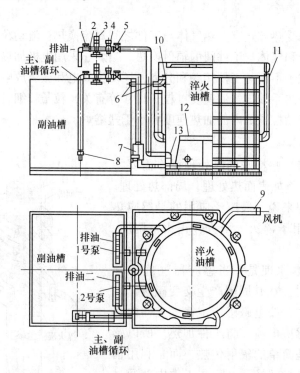

图 5-69　大型工件淬火冷却系统主、副油槽网络图

1，5—手动阀；2—减震管；3—油泵；4—电动阀；6—溢流管；7—混油箱；8—止回阀；
9—排烟管；10—灭火剂喷管；11—搅拌器；12—载料台；13—射流搅拌喷嘴

对于热处理来说，冷却介质主要以气、液为主，冷却介质之间的换热能力相差较大，所以不同冷却介质适用于不同的热处理工艺。一般来说，水的换热系数要大于油，油的换热系数一般又大于气体，水冷的速度要大于油冷，油冷的速度一般又大于气冷，所以在热处理工艺中，气冷一般多用于冷却速度较慢的退火和正火，水冷和油冷多用于冷却速度要求很快的淬火。但是并不绝对，当冷却气体经喷嘴快速喷出时，也就是增大对流换热系数时，其冷却换热速度也可能达到淬火的要求。

在冷却过程中，对流传热是主要的换热方式，换热系数不同，也会影响热处理工艺的产物。对冷却过程施加适当的物理操作，也可能增大换热系数，增强冷却效果，例如搅拌冷却、循环置换冷却、蛇形管或冷却水套冷却。

因此，要对热处理过程中的换热过程有一个清晰地理解，各阶段工件换热的方式和特点，对换热速度是否有要求。对热处理各个阶段的换热特点有所了解，对加速换热效率的方式有所了解，有利于我们在制定热处理工艺时选择适合实际情况的参数与条件。

5.4.2 热处理过程热量计算

炉内的热交换机理是相当复杂的。参与热交换过程的基本有三种物质：高温的炉气、炉壁、被加热的金属，它们三者之间相互进行辐射热交换，同时炉气还以对流传热的方式向炉壁和金属换热，炉壁又将热辐射给金属，炉壁在其中起一个中间物的作用。此外，炉壁又通过传导损失一定热量。

对于炉内复杂的热交换过程进行一些必要的假设以后，可以得到一个用于实际计算的公式。这些假设是：

（1）炉膛是一个封闭体系。

（2）炉气、炉壁、金属的各自温度都是均匀的。

（3）辐射射线的密度是均匀的，炉气对射线的吸收率在任何方向上是一样的。

（4）炉气的吸收率等于其黑度，黑度是就气体温度而言，炉壁和金属的黑度不随温度变化而变化。

（5）金属布满炉底，其表面不能"自见"。

（6）炉壁内表面不吸收辐射热，即投射到该表面的辐射全部返回炉膛。这时通过炉壁传导的热损失可以近似认为刚好由对流传给炉壁表面的热量来补偿。

根据上述假设考察炉膛内热交换的机理，如图5-70所示。所用符号 E、T、ε、A 分别代表辐射能力、温度（K）、黑度、换热面积，角标 g、w、m 分别代表炉气、炉壁和金属。φ 为炉壁对金属的角度系数，$\varphi = A_m / A_w$。Q_w、Q_m 分别代表炉壁和金属的有效辐射，Q 代表金属净获得的辐射热。

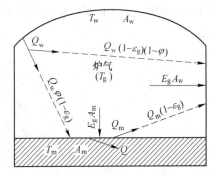

图 5-70　炉膛辐射热交换

运用有效辐射及热平衡的概念，可以推导出炉膛内辐射热交换的计算式。

投射到炉壁上的热量有三部分：炉气的辐射 $E_g A_w$，金属的有效辐射 $Q_m(1-\varepsilon_g)$，炉壁的有效辐射投射到自身 $Q_m(1-\varepsilon_g)(1-\varphi)$。

按炉壁不吸收辐射热的假设条件，炉壁的差额热量等于零，也就是炉壁的有效辐射 Q_w 等于投射到炉壁上的热量，即：

$$Q_w = E_g A_w = Q_m(1-\varepsilon_g) + Q_w(1-\varepsilon_g)(1-\varphi) \tag{5-166}$$

金属表面的有效辐射 Q_m 包括三部分：金属本身辐射 $E_g A_w$，金属对炉气辐射的反射 $E_g A_w(1-\varepsilon_m)$ 以及炉壁有效辐射的反射 $Q_w \varphi(1-\varepsilon_g)(1-\varphi)$，即：

$$Q_m = E_m A_m + E_g A_m(1-\varepsilon_m) + Q_w \varphi(1-\varepsilon_g)(1-\varepsilon_m) \tag{5-167}$$

联立式（5-166）、式（5-167），消去 Q_w，并代入 $\varphi A_w = A_m$，得：

$$Q_m = \frac{E_g A_m(1-\varepsilon_m)\left[1+\varphi(1-\varepsilon_g)\right] + E_m A_m\left[\varepsilon_g + \varphi(1-\varepsilon_g)\right]}{\varepsilon_g + \varphi(1-\varepsilon_g)\left[\varepsilon_m + \varepsilon_g(1-\varepsilon_m)\right]} \tag{5-168}$$

将式（5-168）代入金属的有效辐射公式：

$$Q_m = \left(\frac{1}{\varepsilon_m} - 1\right)Q + \frac{E_m A_m}{\varepsilon_m}$$

经过整理，并代入：

$$E_g = \varepsilon_g C_o \left(\frac{T_g}{100}\right)^4, \quad E_m = \varepsilon_m C_o \left(\frac{T_m}{100}\right)^4$$

可得到金属净获得的辐射热 Q：

$$Q = C_{gwm}\left[\left(\frac{T_g}{100}\right)^4 - \left(\frac{T_m}{100}\right)^4\right]A_m \quad (\text{W}) \tag{5-169}$$

其中

$$C_{gwm} = \frac{5.67\varepsilon_g\varepsilon_m\left[1 + \varphi(1 - \varepsilon_g)\right]}{\varepsilon_g + \varphi(1 - \varepsilon_g)\left[\varepsilon_m + \varepsilon_g(1 - \varepsilon_m)\right]} \quad (\text{W}/(\text{m}^2 \cdot \text{K}^4)) \tag{5-170}$$

C_{gwm} 称为炉气和炉壁对金属的辐射系数。

式（5-169）和式（5-170）就是炉膛内辐射热交换的总公式，可用于计算以辐射方式传给金属的热量。利用这个公式时，其中某些参数可以按照下述方法确定。

（1）C_{gwm} 可以把有关参数代入式（5-170）直接算出系数 C_{gwm}，为计算简便，也可以利用图 5-71 的曲线查出。由式（5-170）可知，C_{gwm} 是 ε_g、ε_m 和 φ 的函数。图 5-71 是对两种 ε_m 值（$\varepsilon_m = 0.85$ 和 $\varepsilon_m = 0.6$）固定条件下绘成的。$\varepsilon_m = 0.85$ 一组曲线（实线）适用于钢铁的加热，$\varepsilon_m = 0.6$ 一组曲线（虚线）适用于铜铝等有色金属的加热。

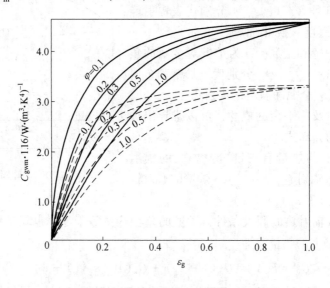

图 5-71 辐射系数 C_{gwm} 的图表

（2）炉壁对金属的角度系数 φ 近似地相当于一个平面和一个曲面组成的封闭体系的情形，角度系数 $\varphi = \dfrac{A_m}{A_w}$。

（3）金属的受热面积 A_m 在加热炉上可以按下式计算：

$$A_m = K[n(b+d)l]$$

式中　n——炉底上钢坯数；

　　　d——钢坯直径或宽度，m；

　　　l——钢坯长度，m；

　　　b——钢坯之间的间隙宽度，m；

　　　K——系数，其值取决于比值，见表5-6。

表 5-6　系数的值

钢坯 b/d	0	0.25	0.5	0.75	1.0	1.5	2	4
方坯与长方坯	1.0	0.99	0.98	0.95	0.91	0.82	0.74	0.52
圆坯	1.0	0.98	0.97	0.93	0.89	0.79	0.71	0.51

（4）T_g 和 T_m 在端部供热逆流式的连续加热炉中，平均温差可以按下式计算：

$$\left(\frac{T_g}{100}\right)^4 - \left(\frac{T_m}{100}\right)^4 = \sqrt{\left[\left(\frac{T_g'}{100}\right)^4 - \left(\frac{T_m'}{100}\right)^4\right]\left[\left(\frac{T_g''}{100}\right)^4 - \left(\frac{T_m'}{100}\right)^4\right]} \quad (5\text{-}171)$$

式中　T_g'，T_g''——炉气开始与离开炉膛时的温度，K；

　　　T_m'，T_m''——金属表面开始与加热终了的温度，K。

在室状炉中，金属温度不随炉长而变，仅随时间变化。炉气与金属表面的平均温度可分别按下式计算：

$$T_g = \sqrt{0.88 T_g' T_g''} \quad (K) \quad (5\text{-}172)$$

$$t_m = \psi(t_m'' - t_m') + t_m' \quad (℃) \quad (5\text{-}173)$$

式中　ψ——系数，取决于比值 t_m''/t_g，见表5-7。

表 5-7　系数 ψ 的值

$\dfrac{t_m''}{t_g}$	0.8	0.85	0.9	0.95	0.98
ψ	0.62	0.64	0.67	0.71	0.75

式（5-169）和式（5-170）是根据对炉膛热交换进行理论分析后导出的，但这个公式比较繁琐。工程上热工计算有时需要一些简捷计算法，即：

$$Q = \alpha_{\sum}(t_g - t_m)A \quad (W) \quad (5\text{-}174)$$

式中的综合传热系数 $\alpha_{\sum}$，根据下列经验公式确定：

室状加热炉

$$\alpha_{\sum} = 0.09\left(\frac{T_g}{100}\right)^3 + (10 \sim 15) \quad (W/(m^2 \cdot K)) \quad (5\text{-}175)$$

连续加热炉

$$\alpha_{\sum} = 50 + 0.3(t_g - 700) \quad (W/(m^2 \cdot K)) \quad (5\text{-}176)$$

【例 5-3】　已知室状炉的炉膛尺寸为 2.0m×1.3m×1.2m。钢坯尺寸为 90mm×90mm×1000mm，20 根并排放在炉底上加热，没有间隙。金属由 0℃加热到 1200℃，钢表面黑度 $\varepsilon_m = 0.85$，炉墙炉顶面积 $A_w = 13.1m^2$。火焰黑度 $\varepsilon_g = 0.55$，燃烧温度为 1750℃，废气出

炉温度为 1250℃。试计算金属得到的辐射热量。

解：

$$\varphi_m = \frac{A_m}{A_w} = \frac{20 \times 0.09 \times 1.0}{13.1} = 0.137$$

根据 $\qquad \varphi_m = 0.137$，$\varepsilon_m = 0.85$，$\varepsilon_g = 0.55$

由图 5-71 查得： $\qquad C_{gwm} = 4.53 \text{ W/(m}^2 \cdot \text{K)}$

求平均温度

$$T'_g = 1750 + 273 = 2023 \text{（K）}，\quad T''_g = 1250 + 273 = 1523K$$

$$T_g = \sqrt{0.88 \times 2023 \times 1523} = 1647K$$

$$t_g = 1374℃$$

由式（5-173）求 t_m，需先知道 $t''_m / t_g = 1200/1374 = 0.87$。

由表 5-7 查得 $\psi = 0.66$，于是得：

$$t_m = \psi(t''_m - t'_m) + t'_m = 0.66 \times (1200 - 0) + 0 = 792℃$$

将以上各值代入式（5-169），便得：

$$Q = 4.53 \times \left[\left(\frac{1647}{100} \right)^4 - \left(\frac{792 + 273}{100} \right)^4 \right] \times (20 \times 0.09 \times 1.0)$$

$$= 4.53 \times 60700 \times 1.8 = 49.5 \times 10^4 \text{ W}$$

习题及思考题

1. 试论述引起金属液产生对流的原因，并对枝晶组织产生怎样影响？

2. Al-Ni($w(\text{Ni}) = 2\%$) 合金在压力铸造下凝固，热梯度可以忽略不计，如果补缩得完全，则整体最终成分是均匀的，试阐述理由。

3. 简述纯金属在凝固过程中的传热方式。

4. 试分析在绝热铸型与金属铸型条件下的铸型与凝固金属中的温度分布特点。

5. 什么是结晶过程中的溶质再分配，它是否仅由平衡分配系数 K_0 决定？

6. 当相图上的液相线和固相线皆为直线时，试证明 K_0 为一常数。

7. 在固相无扩散而液相仅有扩散凝固条件下，分析凝固速度变大（$R_1 \rightarrow R_2$，且 $R_2 > R_1$）时，固相成分的变化情况，以及溶质富集层的变化情况。

8. Ge-Ga 晶体以单向凝固生长，采取强制对流，边界层厚度 $\delta = 0.005\text{cm}$，最初 Ga 成分为 10×10^{-4}（质量分数），设 $D_L = 5 \times 10^{-5}\text{cm}^2/\text{s}$，$k_0 = 0.1$。当凝固速度为 $8 \times 10^{-5}\text{cm/s}$ 时，凝固到 50%，形成的固体成分是多少？

9. 何为温度场，何为准稳态温度场？

10. 试比较焊接温度场三种解法的特点及适用范围。

11. TIG 焊接过程中熔池存在哪几种驱动力？

12. 激光焊接的熔池流动行为有什么特点？

13. 适用交流 TIG 焊实现 1.6mm 厚的大铝板的对接，焊接电流为 100A，焊接电压为 10V，焊接速度为 2mm/s。计算距离熔合线 1.0mm、2.0mm 的峰值温度。假设电弧的热效率为 50%。

14. 适用焊接参数 200A、20V、2mm/s 完成碳钢厚板的表面堆焊，预热温度为 100℃，电弧热效率为 60%。计算焊缝的横截面积。

15. 相同的 304 不锈钢采用两种保护气体进行 TIG 焊，一种是氩气保护，另一种是氩气+0.07%SO_2气体保护，哪个熔深大，为什么？

16. 热轧薄板、厚板、棒材、钢管、型钢（工字钢为例）过程中，其温度场建立有何不同。

17. 热作模具钢挤压筒（内径 300mm，外径 1000mm）采用内部电阻加热方式预热至 400℃时，试求筒壁每平方米的热损失（环境温度为室温）。

18. 直径 4mm 的超长大尺寸主轴在 1000℃终锻，放入 20℃恒温油槽中，求经过 10min 后其内部温度场。

19. 在热处理的传热计算过程中，热物性参数如何确定。

20. 热处理冷却过程中，不同冷却介质有何种冷却效果，试从传热角度解释原因。

21. 选取一个钢种，建立其顶端淬火传热数学模型。

参 考 文 献

[1] 张琦，金俊泽，王同敏，等．金属液在旋转电磁搅拌器作用下的流动分析 [J]．中国有色金属学报，2007（01）：98~104.

[2] 董选普，黄乃瑜，吴树森．真空差压铸造法金属液流动形态的研究 [J]．铸造，2002（07）：415~419.

[3] 刘志明，曲万春，王宏伟，等．低压铸造中液态金属的填充规律及其影响 [J]．特种铸造及有色合金，1999（02）：3~5.

[4] 贾志宏．金属液态成型原理 [M]．北京：北京大学出版社，2011.

[5] 贾志宏，傅时喜．金属材料液态成型工艺 [M]．北京：化学工业出版社，2008.

[6] 林柏年．金属热态成形传输原理 [M]．哈尔滨：哈尔滨工业大学出版社，2000.

[7] 赵镇南．传热学 [M]．2 版．北京：高等教育出版社，2008.

[8] 刘雅政，任学平，王自东，黄继华．材料成形理论基础 [M]．北京：国防工业出版社，2004.

[9] 祖方遒．铸件成形原理 [M]．北京：机械工业出版社，2013.

[10] 周俐．冶金传输原理 [M]．北京：冶金工业出版社，2009.

[11] 胡汉起．金属凝固原理 [M]．2 版．北京：机械工业出版社，2010.

[12] 张文钺．焊接传热学 [M]．北京：机械工业出版社．1989.

[13] 松田福久．溶接冶金学 [M]．东京：日刊工业新闻社，1972.

[14] 雷卡林 H H．焊接热过程计算 [M]．庄洪寿，徐碧宇，译．北京：中国工业出版社，1958.

[15] Wu C S, Xu G X, Li K H, et al. Analysis of double-electrode gas metal arc welding [C]. Proceedings of the Fifth International conference on Trends in Welding Research, ASM International, 2006：813~817.

[16] Jiamin Sun, Xiaozhan Liu, Yangang Tong, Dean Deng. A comparative study on welding temperature fields, residual stress distributions and deformations induced by laser beam welding and CO_2 gas arc welding [J]. Materials and Design, 2014 (63)：519~530.

[17] Kou S. 焊接冶金学 [M]．闫久春，杨建国，张广军，译．北京：高等教育出版社，2012.

[18] 陈俐．航空钛合金激光焊接全熔透稳定性及其焊接物理冶金研究 [D]．武汉：华中科技大学，2005.

[19] Rai R, Kelly S M, Martukanitz R P, et al. A Convective Heat-Transfer Model for Partial and Full Penetration Keyhole Mode Laser Welding of a Structural Steel [J]. Metallurgical and Materials Transactions A, 2007, 39 (1)：98~112.

[20] Matsunawa A, Katayama S. Keyhole instability and its relation to porosity formation in high power laser welding [C]. Joining of Advanced and Specialty Materials Ⅳ, 2002：16~18.

[21] Mizutani M, Katayama S, Matunawa A. Observation of molten metal behavior during laser irradiation-basic experiment to understand laser welding phenomena [C]. Proceedings of SPIE, 2003, 4831：208~213.

[22] 孙蒻泉，等．连铸及热轧工艺过程中的传热分析 [M]．北京：冶金工业出版社，2010.

[23] 朱亚平．带钢热轧过程高精度温度模型研究 [D]．沈阳：东北大学，2008.

[24] 吴树森．材料加工冶金传输原理 [M]．北京：机械工业出版社，2018.

[25] 赵孟军，吴志林，蔡红明．基于 DEFORM-3D 大型挤压筒温度场的仿真分析 [J]．材料导报，2018，32（S2）：548~551.

[26] 周晓光，吴迪，赵忠，等．中厚板热轧过程中的温度场模拟 [J]．东北大学学报，2005（12）：1161~1163.

[27] 熊爱明．钛合金锻造过程变形—传热—微观组织演化的耦合模拟 [D]．西安：西北工业大学，2003.

[28] 刘义平，温治，周钢，等．不锈钢带钢卧式连续热处理炉内传热过程数学模型 [J]．冶金能源，2011，30（06）：23~27，31.

[29] 吴道雄，史鑫尧，张雁祥．真空热处理炉的隔热屏设计及传热学分析 [J]．热处理技术与装备，2015，36（05）：73~76.